国际法视野下
国际水道的环境保护

[爱尔兰] 欧文·麦克因泰里　著
秦天宝　译

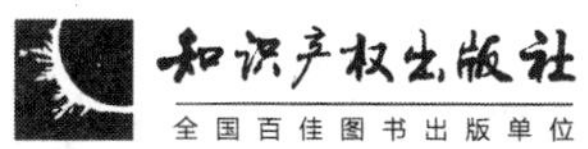

图书在版编目（CIP）数据

国际法视野下国际水道的环境保护 / （爱尔兰） 麦克因泰里(McIntyre,O.）著；秦天宝译. —北京：知识产权出版社，2013.1

ISBN 978-7-5130-1855-5

I.①国… II.①麦… ②秦… III.①国际水道—环境保护—研究 IV.①X522

中国版本图书馆CIP数据核字（2013）第（012301）号

内容提要

公平利用原则为国际水道利用的首要原则。根据该原则，在合理和公平地利用国际水道方面通常要考虑诸多相关因素或标准，其中包括环境保护。然而，相较于社会经济或地质自然等因素，环境保护在公平利用制度中的位置尚不明朗。本书则从法理学说、国际条约、司法实践等多个维度阐明环境因素对公平利用原则的应用产生影响的方法和程序。

责任编辑：龙　文　　**责任出版：**刘译文
装帧设计：紫星光

国际法视野下国际水道的环境保护

Guojifa Shiyexia Guoji Shuidao de Huanjing Baohu

［爱尔兰］欧文·麦克因泰里　著　秦天宝　译

出版发行：	知识产权出版社 有限责任公司	**网　　址：**	http://www.ipph.cn
社　　址：	北京市海淀区马甸南村1号	**邮　　编：**	100088
责编电话：	010-82000860转8123	**责编邮箱：**	longwen@cnipr.com
发行电话：	010-82000860转8101/8102	**发行传真：**	010-82000893/182005070/82000270
印　　刷：	三河市国英印务有限公司	**经　　销：**	各大网上书店、新华书店及相关专业书店
开　　本：	880mm×1230mm　1/16	**印　　张：**	29.5
版　　次：	2014年9月第1版	**印　　次：**	2014年9月第1次印刷
字　　数：	410千字	**定　　价：**	78.00元

ISBN 978－7－5130－1855－5

京权图字：01-2011-3841

目　录
CONTENTS

第一章 绪论

从某些方面来说，关于共享淡水资源利用的国际法问题在近些年基本已经得以解决。“公平利用原则”为国际水道利用的首要规则这一观点已经达成共识①。根据该规则，在合理和公平地利用国际水道方面通常要考虑许多相关因素或标准，包括环境保护②。

① 国际法委员会（ILC）对其1994年通过的《国际水道非航行使用法条款草案》（以下简称《条款草案》）第5条的评论指出：“在关于国际水道非航行利用方面，对所有作为国家通例之证明而经接受为法律者——包括条约条款、国家在特定争端中所取的立场、国际法院和仲裁院的裁决、政府间和非政府间主体所备的法律声明、有见地的评论家的观点以及地方法院在相似案件中的判决——的调查，都揭示了公平利用原理作为决定国家在此领域权利和义务的一项一般法律规则获得了普遍的支持。”参见 International Law Commission, *Report of the International Law Commission on the Work of its Forty-Sixth Session,* UN GAOR 49th Sess., No. 10, UN Doc. A/49/10(1994), at 222。同样地，ILA 在对其2004年《关于水资源法的柏林规则》第5条的评论中，提出了“公平利用”原则，声明：“今日公平利用原则已被广泛接受为管理国际流域的基石。”参见 ILA, *Berlin Rules on Water Resources Law*（2004）, at 20, available at http://www.asil.org/ilib/WaterReport2004.pdf。根据特别报告员的评注意见，《柏林规则》代表着：

“对该协会过去所通过的《赫尔辛基规则》和相关规则的全面修正……。同时……其打算对适用到国际流域的国际习惯法提供一个清晰的、中肯的和一致的声明……。而且……也为解决21世纪国际或全球水管理中正在出现的问题所需法律的发展有所推进。”

② 例如，Article 6 (1) of the 1997 United Nations Convention on the Law of the Non-Navigational Uses of International Watercourses, (1997)36 *ILM* 719 and Article V(2) of the International Law Association’s 1966 Helsinki Rules on the Uses of the Waters on International Rivers, ILA, Report of the Fifty-Second Conference 484,（Helsinki，1966），都强调以下相关因素可以用于决定共享淡水资源的使用分配或份额分配是合理的和公平的：

“——水道国的社会和经济需要；

——依赖该水道（生存）的人口；

然而，核心问题仍然是如何在公平利用制度的决策中对环境保护与社会经济或自然地理环境等因素进行权衡。除了公平利用这一主要原则外，国际法在这一领域中的重大法典，比如国际法协会1966年通过的《国际河流利用规则》（以下简称《赫尔辛基规则》）①和2004年通过的《关于水资源法的柏林规则》（以下简称《柏林规则》）②、1997年联合国国际法委员通过的《联合国国际水道非航行使用法公约》（以下简称《联合国水道公约》）③，都包含有这样的规则：禁止水道国在使用共享流域水资源时对其他水道国造成重大损害。可是，纳入“无害规则”带来了一种疑惑，那就是它是否构成一项主要关于环境保护的独立的实体性规则④，而这就很可能与公平利用规则相冲突；亦或它仅是在为公平利用而平衡各种利益的过程中强调和显示对环境保护的优先性考量。并且，上述提到的每一部法典都包含关于国际水道环境保护的详细的实体性附加条款，而对于这些条款与公平利用这一核心规则之间的重要关系却没有提供

——对水资源现有的和潜在的利用；

——实际或计划利用的效率；

——对其他水道国的影响；

——可替换来源的可能性；以及

——水道特定的自然地理特性。”

① International Law Association, Helsinki Rules on the Waters of International Rivers, *Report of the Fifty-Second Conference of the International Law Association* (1966). See A. H. Garretson, R. D. Hayton and C. J. Olmstead (eds), *The Law of International Drainage Basins* (Dobbs Ferry/Oceana Publication, New York, 1967), Appendix A, at 780.

② 见第1页注①。

③ 1997 United Nations Convention on the Law of the Non-Navigational Uses of International Watercourses, (New York, 21 May 1997), (1997) 36 ILM700 (not yet in force). 虽然有103个国家签署了1997年通过该项公约的决议，但批准的数量仍然不够使其生效。根据《联合国水道公约》第36条规定，该公约的生效需要35份批准、接受、加入或核准书，但是在2003年之前，仅有18个签署国（see United Nations Treaty Collection On-Line, available at http://www.untreaty.un.org）。不过，因为公约是国际法委员会超过20年深思熟虑的产物，其很有可能在确认和解释一般和习惯国际法相关规则方面被视为极有说服力。

④ According to A. E. Utton, “Regional Cooperation: The Example of International Waters Systems in the Twentieth Century” (1996) 36 *Natural Resources Journal,* 151, at 151: 公平利用主义源自水量分配，而“无害”规则则源自环境保护。

太多的指导[1]。然而，国际水道的环境保护与水道的利用显然是不可分割的。就这一点而言，有大量文件足以证明共享水资源的国家之间关于可利用水资源的数量或者质量存在潜在冲突[2]。

因此，为了理解环境考量因素的作用和地位，有必要首先架构出公平利用原则的理论框架，然后详细列举出公平利用原则和无害原则的规范发展和实体内容，还要解释这些原则之间关系的性质。许多权威评论专家的工作为此奠定了重要的基础。例如，McCaffrey 作为国际水道非航行利用方面的国际法委员会资深特别报告员，在该领域的国际法和国际惯例的发展方面展开了许多广泛而权威的研究，他列举了大量由国家提出的用以从各种路径证明领土主权和完整性问题的各种国际法原则[3]。另外在国际淡水法的历史和发展中，包括 Bruhacs[4]、Teclaff[5]、Lammers[6]、Tanzi 和 Arcari[7] 等在内的权威，对 1997 年《联合国水道公约》的背景和谈判过程进行了全面和权威性的研究。一开始出现的一个主要问

① 例如，可参见《赫尔辛基规则》第10条、《柏林规则》第8条和1997年《联合国水道公约》第20~23条。

② See, for example, World Commission on Dams, *Dams and Development: A New Framework for Decision-Making* (Report of the World Commission on Dams,16 November 2000), Report available at http://www.dams.org; M. K. Tolba, O. A. El-Kholy, et al.,*The World Environment 1972-1992, Two Decades of Challenge* (UNEP/Chapman & Hall,1993）. See, further, A. E. Utton, "Regional Cooperation: The Example of International Water Systems in the Twentieth Century" (1996) 36 *Natural Resources Journal*,151.

③ S. C. McCaffrey, *The Law of International Watercourses: Non-Navigational Uses* (OUP, Oxford, 2001).

④ J. Bruhacs, *The Law of Non-Navigational Uses of International Watercourses* (Martinus Nijhoff, Dordrecht, 1993).

⑤ L. A. Teclaff, "Fiat or Custom: The Checkered Development of International Water Law" (1991) 31 *Natural Resources Journal*, 45; L. A. Teclaff, *Water Law in Historical Perspective* (William S. Hein Co., New York, 1985); L. A. Teclaff, *The River Basin in History and Law* (Matinus Nijhoff, The Hague, 1967)

⑥ J. G. Lammers, *Pollution of International Watercourses* (Martinus Nijhoff, The Hague, 1984)

⑦ A. Tanzi and M. Arcari, *The United Nations Convention on the Law of International Watercourses* (Kluwer Law International, The Hague/Boston, 2001).

题是“排水单位”（unit of drainage）的法律定义，国际法原则将适用于该术语[①]。在1997年《联合国水道公约》的谈判过程中，各国坚持其传统偏好，倾向于选择狭义的国际水道（international watercourse）的概念，而不是法律上影响更深远的更具有自然地理整体性的国际流域（international drainage basin）的概念，尽管Brunnée和Toope[②]等权威评论者认为，保护国际水道环境的同时采用生态系统方法的理念，会使限制公约范围的努力显得很多余。

现有大量论著广泛探讨了公平利用原则[③]和预防重大损害原则[④]，本书主要目的旨在阐明环境保护的作用，至少在一定程度上可以得出关于环境考量因素能够如何在实践中影响公平利用原则这样一个宽泛的结论，而这个问题在现有文献中很少被探讨[⑤]。环

① 关于该问题的背景介绍，特别参见 J. Bruhacs, “The Problem of the Difinition of an International Watercourse”, in *Questions of International Law* (Sijthoff & Noordhoff and Academiai Kiado, Budapest, 1986), Vol. 3, 70.

② J. Brunnée and S. J. Toope, “Environmental Security and Freshwater Resourses: A Case for International Ecosystem Law” (1994) 5 *Yearbook of International Environmental Law*, 41; J. Brunnée and S. J. Toope, “Environmental Security and Freshwater Resources: Ecosystem Regime Building” (1997) 91:1 *American Journal of International Law*, 26.

③ 特别参见 J. Lipper, “Equitable Utilization”, in Garretson, et al., *supra,* n. 3; I. Kaya, *Equitable Utilization: The Law of the Non-Navigational Uses of International Watercourses* (Ashgate, Aldershot, 2003); Bruhacs, *supra*, n. 10; McCaffrey, supra, n. 3 at p.3, at 324 et seq.; Tanzi and Arcari, supra, n. 7 at p.3, at 11-24.

④ 特别参见：A. Nollkaemper, “The Contribution of the International Law Commission to the International Water Law: Does It Reverse the Flight from Substance?” (1996) 27 *Netherlands Yearbook of International Law*, 39; A. Nollkaemper, *The Legal Regime for Transboundary Water Pollution: between Discretion and Constraint* (Graham &Trotman, Dordrecht, 1993); G. Handl, “Balancing of Interests and International Liability for the Pollution of International Watercourses: Customary Principles of Law Commission's Draft Articles on the Law of International Watercourses (General Principles and Planned Measures): Progessive or Retrogressive Development of International Law” (1992) 3 *Colorado Journal of International Environmental Law and Policy*, 123; MaCaffrey, *supra*, n. 3 at p.3, at 346 et seq; Tanzi and Arcari, *supra,* n. 7 at p.3, at 142 et seq.

⑤ 关于此问题，一项较早的比较重要的评论可参见 L. A. Teclaff, “The Impact of Environmental Concern on the Development of International Law” (1973) 13 *Natural Resources Journal*, 357. See, also, A. E. Utton, “International Water Quality Law”, in L. Teclaff and A. E.

境考量因素会以很多方式影响该原则。首先，适用公平利用原则有关的许多因素（不同的法典和公约中对该原则的构成有着不同且不尽全面的规定）[①]，很可能被认为在本质上是与环境有关的。其次，将可持续性理念纳入到公平利用原则的首要目的中，表明环境因素将被优先考虑，尤其体现在该原则和国际法院在大陆架划界案件中适用的“公平原则—公平结果”原理之间的权衡中。而且，这是将环境因素纳入有关决定平等和合理制度的考虑清单之中。第三，近来每一项水道公约都明确地对其环境保护规则做出了普遍规定，这是对现行关于公平利用的主流规则的补充，也说明这个问题对于任何关于共有水道利用的现代制度都是至关重要的[②]。这些条款通常对其生效做出了最低限度的程序性和制度性安排。上述后两种路径都提供一个前提，在此前提下，旨在阐明、反映和保护环境利益的日益完善的一般国际环境法规则和原则（无论是已经确立的还是正在形成中的），都可以在该制度内被援引并适用。最后，预防重大损害原则保护国际水道的环境，因此也对保护国家在利用水道或其水体的利益有着不言而喻的意义，并且，其后所有的国际法文件[③]都明确将其确定为独立的、自成一体的国际法规则，对公平利用原则是重要的补充，有助于进一步体现环境因素的重要性。实际上预防损害的一般义务早就在习惯国际法中得以确立，并且其实体性规范越来越成熟和发达，例如包括了审慎注意的概念和合作的辅助性程序义务。

不管怎样，通过对两项原则的起源、发展和适用的详细研究，我们很快可以明确：公平利用原则提供概念性的、实质性的和程序性的框架，在该框架下可以考虑对水道或对其他水道国家造成任何损害的可能性、严重性和平等性、以及对环境保护的考量。当然，这会对一项单一的、本身就界定不确定的规范性原则要求

Utton (eds), *International Environmental Law* (Praeger, New York, 1974)154.

① 例如，参见1997年《联合国水道公约》第6条。

② 例如，参见1997年《联合国水道公约》第20~23条。

③ 例如，参见1997年《联合国水道公约》第7条。

过多；并且 McCaffrey 警告说，“这样已经导致了一定的困惑，还有可能导致一个在适用中已经存在复杂问题的原则超负荷运作”[①]。所以，本书的主要目的是探讨考虑环境因素对公平利用原则的适用产生影响的方法和程序。

从定义来看，因为公平利用要求在有些含糊不清的公平概念的基础上分配国家在国际水道利用中的权利，所以对国际法上公平和公平原则的一般作用进行考察是有用的。一些学者已经对公平在国际法上的地位进行了全面的阐述[②]，尤其指出公平原则在共享自然资源的分配上[③]扮演着核心的角色，而本书则重在探讨公平在共享资源上的分配和利用上的适用，目的是更好地理解该原则在国际淡水资源使用分配中的潜在作用。从这方面来看，考察关于大陆架划界和分配渔业资源及其他海洋资源方面的广泛的判例法非常有启发性。本书也力图使读者理解在一般国际法上公平是如何在有关环境保护的要求上发挥作用的。对公平的作用进行考察是尤为重要的，因为不仅在共享自然资源方面，而且在预防重大损害尤其是对环境损害的义务方面，公平的利益衡量过程（无论其表现形式如何）越来越被认为处于核心地位。例如，在国际法委员会2001年议定通过的《预防危险活动的越境损害的条款草案》中[④]，这一点体现得很明显，该草案建议在预防跨界损害中存

① 第3页注②，第325页。

② Notably: V. Lowe, “The role of Equity in International Law” (1989) 12 *Australian Yearbook of International Law*, 54. Reproduced in M. Koskeniemmi (ed.), *Sources of International Law* (Ashgate, Dartmouth, 2000) 403; T. M. Franck, *Fairness in International Law and Institutions* (Clarendon, Oxford, 1995); R. Higgins, *Problems and Process: International Law and How We Use It* (Clarendon, Oxford, 1994); R. Lapidoth, “Equity in International Law” (1987) 22 *Israel Law Review*, 161; M. Akehurst, “Custom as a Sources of International Law” (1974-75) 47 *British Yearbook of International Law*, 1.

③ 特别参见 I. Brownlie, “Legal Status of Natural Resouces in International Law (Some Aspects)” (1979) 162(I) Recueil des Cours, 249; L. F. E. Goldie, “Equity and the International Management of Transboundary Resources”, in A. E. Utton and L. A. Teclaff (eds), *Transboundary Resources Law* (Westview Press, London/Boulder, 1987).

④ *Report of the International Law Commission* (2001) GAOR A/56/10.

在潜在争议的国家必须根据该草案列举的诸多因素就达成公平的利益平衡进行谈判，尤其作为流域国必须在公平利用原则的指导下建立一个利用共享淡水资源的公平制度。实际上，公平观念在现代环境保护领域中经常被引用。另外，公平概念，比如比例性概念，早就被采用以满足国际法适用的需要。这是由于比例性概念要么能保证在资源的分配和相关国家的自然地理环境或其他条件保持一定程度的关联，要么保证诸如环境保护考量等特定利益不会受到不成比例地负面影响。

另外，为了进一步理解在实践中公平利用原则的适用，考量国家、司法和仲裁实践如何考虑与水道利用有关的因素就显得很有意义。尽管考虑到由于公平利用原则的本质和作用以及国际水道具有多样性，权衡得出这些因素孰轻孰重的确切结论是不可能也是不可行的，本研究依然力图阐明考虑众多相关因素程序中的动态表现、并明确发展趋势或“经验法则”。近来有位学者对各种相关因素在公平利用原则适用中所起的作用进行了全面的考察①，本书试图以其成果为基础，从中得到关于环境因素的作用、运作和意义方面的经验教训。

为了理解环境考量影响公平利用原则适用的动态过程，有必要勾勒出环境保护方面主要的一般国际法和习惯国际法规则的发展、范围和运作。既使不考虑其明确的规范地位，这些规则在阐述环境价值、标准和关切之事项方面，以及提供这些价值、标准和关切事项得以考虑和保护的概念性和程序性框架方面，均发挥着核心作用。它们为潜在的诉求提供了法律基础，同时也说明了与国际水道环境保护有关的一般国际法规则和已建立的习惯法规则的实际适用情况。实际上，综合来看，很明显这些规则和原则组成了一个复杂和相互关联的规则和程序的集合体，它广泛包括了几乎可能引起的与共享国际水道有关的任何环境问题。与该法

① X. Fuentes, “The Criteria for the Equitable Utilization of International Rivers” (1996) 67 *British Yearbook of International Law*, 337. 亦可参见第4页注③，Lipper 文；第3页注③，McCaffrey 书，第3页注⑦，Tanzi 和 Arcari 书 .

律领域相关的国际环境法的主要的实质性原则包括预防跨界污染的义务、合作义务、跨界环境影响评价、可持续发展、代内公平、共同但有区别的责任、风险预防原则、污染者付费原则以及生态系统方法原则。虽然这些原则每一项都在近来的学术文献中得到了全面的探讨[①]，但很少有人试图解释这些原则之间复杂的相互关系，甚至没有一个人力图全面地解释它们在与国际水法适用有关的方面，尤其与在公平利用原则有关的方面所起的作用。因为公平利用原则在很大程度上被看作平衡各种因素或考量的过程，所以新兴的习惯和一般国际环境法的程序性规则在它的实际适用上起着显而易见的重要作用。相关的主要程序规则包括通知义务、持续的信息交流义务、一秉善意协商和谈判义务、警告义务以及解决争议的义务。其中每一项规则都在文献中得到详细考查[②]，虽然其目的不是去理解它们在与公平利用原则的实际适用方面所起的作用。

显然，尽管关于普遍接受的国际环境法的规则和原则的地位还不是那么明确，与环境有关的最被广泛适用的条约性和宣告性文件大部分由目前仍然存在的习惯或已经建立的国家惯例组成。同样，显而易见的是，基本上其中每项规则或原则都直接或间接来自于已经确立的（尽管是相对的）预防跨界损害的义务，并且它们处在一个复杂且不断发展相互关联的法律集合体中。根据定义，这些法律已经发展到能阐明环境关切之事项，它们继续更加强有力地发挥作用。这在适用公平利用原则的背景下是绝对真实的。然而，在该方面，一些规范性概念和制度尤为引人注目，包括可持续发展观念、环境影响评价制度、共享淡水资源共同管理中的联合技术委员会的使用等。实际上，即使在国际法领域，当前的趋势是要求为解决自然资源提供一个公平解决方案，也倾向于加强对环境因素的考虑。

所以，在各种影响该原则适用的因素中，与国际水道环境保护

① 详见本书第七章。

② 详见本书第八章。

相关的考虑因素的重要性和复杂性与日俱增。这种情况主要是因为一般国际法和习惯国际法中出现的一系列规则、原则和法律概念要求加强对国际流域和沿岸国自然环境的各个方面的保护。通过法律要求的逐步完善和对其相互关联性的不断理解，这些规则和原则的规范性内容会越来越明晰。实际上，我们可以说，一般环境法规则规范的不断完善及其范围的日益扩大，加大了在建立一个合理和公平的国际水道利用制度过程中对环境关切之事项的关注。此外，这些规则和原则越来越得到完善的程序规则的支持，进一步增强了它们的规范明晰性和公正性。

第二章　问题、原则和术语

国际淡水，即作为国家的边界或穿越两个或以上国家领土的河流和湖泊，在整个历史长河中都是国家之间冲突的根源。这些冲突既在于人民对水的绝对依赖和伴随而来的共同流域国的互相依存，也在于该领域国际法的可适用原则在历史上就是不确定的。这种相互依存是由于国家对这些水资源只能采取临时或部分的有效控制，因为水资源流过或经过各个国家的领土，所以每一个共同流域国对共享水资源的利用和发展必定会影响下游或相邻流域国的水量或水质，或者可能招致破坏性结果。Bruhacs 认为：

“比如说，一个国家利用水道可能导致水道水量的减少或增加、流向的改变、污染的传送、发生对另一个国家领土普遍损害的后果、限制利用的可能性、对各种工程设施引起损害以及增加保护的成本。”①

上述提到的法律不确定性主要是由一般国际法中所谓的各种原则的不协调导致的这些原则存在于一般国际法中，可以被适用到共同流域国在共同水资源的水量分配或利用分派方面。并且，由于历史上对河流系统工程和水循环缺乏科学和技术的理解，以及随之产生的有效法律术语和定义的缺少，都加剧了这种不确定性。像其他领域一样，该领域法律的各种不确定性都会对避免冲

① J. Bruhacs, *The Law of Non-Navigational Uses of International Watercourses*（Martinus Nijhoff, Dordrecht, 1993）, at 42.

突与解决难题造成不利的影响。

一、潜在冲突

有史以来，淡水资源的利用、发展和分配一直处于被关注的核心点①。文明古国，像埃及、中国和美索不达米亚，为了灌溉和控制洪水修筑了巨大工事，并且对被认为是他们的水资源进行小心翼翼的监视，防止在其疆界之外的任何分水利用②。实际上，世界大坝委员会（WCD）近来注意到，在约旦、埃及和中东的其他地方已经发现了至少可以回溯到公元前3000年的蓄水大坝遗址③。为了大面积灌溉而要求有更多水资源的唯一途径，是主权国家之间进行协商或通过武力征服④。在中世纪的欧洲，河流被用以从事大量的战略性和商业性行为，包括磨面、制衣、造纸、炼铁、造啤酒和工具，以及提取砂金、锡和其他矿物质，当然还被用于灌溉庄稼及为草坪浇水⑤。因此水资源不管对国家也好对个人也好都有显而易见的价值。然而，随着对所有河流系统的水资源利用需求的增加，潜在的冲突也直线增长。需求的增加是由一系列因素带来的，包括世界人口的增长、工业化的发展和现代农业技术的

---

① 关于古代水条约和冲突的实例，参见 L.A.Teclaff, “Fiat or Custom: The Checkered Development of International Water Law”（1991）31 *Natural Resources Journal*, 45, at 60.

② 最近，在“加布奇科沃—大毛罗斯大坝案”（匈牙利诉斯洛伐克）（International Court of Justice, The Hague, 25 September 1997,（1997）*ICJ Reports* 7），Weeramantry 法官在其个别意见书中，号召各学者研究古代各种具有“环境智慧”的水制度，这些制度可以为在国际流域背景下运用可持续发展原则提供启发。这些制度特别包括：斯里兰卡远古时期的灌溉型文明；撒哈拉以南非洲的两种古代文化；伊朗古老的配额制度；中国古代的水道和灌溉工程以及印加文明中的水道和灌溉工程等。详见 O.McIntyre, “Environmental Protection of International Rivers”（1998）10 *Journal of Environmental Law*, 79-91.

③ World Commission on Dams, *Dams and Development: A New Framework for Decision-Making*（Report of the World Commission on Dams, 16 November 2000）, at 8. Report available at http://www.dams.org.

④ Teclaff 举出了一项协定的实例，该协定对来自美索不达米亚城邦乌玛（Umma）和拉格什（Lagash）之间的幼发拉底河的水源进行了划分。参见本页注①.

⑤ Teclaff 文，同上，第61页。

采用。

单独来看人口增长，联合国对几个主要的国际河流体系发表了令人震惊的预测。例如，在底格里斯河和幼发拉底河沿岸，1995~2025年伊拉克和叙利亚的人口数量预计翻两番，而约旦人口数量将是原来的3倍[①]；而在同时期的尼罗河流域，埃及人口预计会由6千万人增加到9千万人，苏丹的人口数量则将超过原来的2倍，从2.4千万人增长到5.6千万人[②]；同样，在恒河流域附近，孟加拉国的人口预计会翻近两番，印度人口也将增加一半[③]。最近，世界大坝委员会预测全世界人口数量在开始稳定或下降之前[④]，将于2050年左右达到一个峰值，即游移在73亿~107亿人之间，其中到2025年大约将有35亿人民居住在水源紧张的国家[⑤]。水资源以前所未有的增长速度被利用，用于农业灌溉，用于地下水道和卫生设备，用于处理工业污染物，作为工业生产原材料，作为无碳能源来源，作为食物来源以及用于娱乐目的。需求增长带来的问题由于水污染造成的可供应水资源质量的恶化而加剧。淡水资源，至少在其本质上是有限资源：

“全世界的水资源中只有2.59%是淡水。而在2.59%的淡水中又有99%以上是以冰或雪的形式存在于两极地区，或者是地下水。地球上现存淡水资源中将近一半封存在生物区、土壤含水量和大气水汽中。开放性的淡水资源——河流和湖泊——是人类水资源的主要来源，包括了剩余的（世界资源研究所，1988）可预计的9.3万立方米的水资源（Shiklomanov, 1990）。”[⑥]

---

① See A. E. Utton, “Regional Cooperation: The Example of International Water Systems in the Twentieth Century”（1996）36 *Natural Resources Journal,* 151, at 153-4, citing United Nations Population Division, Sustaining Water: An Update 4（1955）（low estimates）.

② 同上。

③ 同上。

④ 第11页注③，第3页。.

⑤ 同上，第7页。

⑥ M. K. Tolba, O. A. El-Kholy, et al., *The World Environment 1972-1992: Two Decades*

尽管这个体系具有封闭性，水资源利用量仍以敲响警钟的速度在增长，因而使得利用者之间的竞争愈演愈烈。在过去的50年里，整个世界的水资源利用量由每年1 060立方千米增长到4 130立方千米，增长了将近4倍①。

水质量的不断恶化只能进一步加剧水短缺问题，因为世界范围内产生的污水预计将由20世纪80年代的每年1 870立方千米增加到20世纪末的每年2 300立方千米②。越来越大的水资源压力和日益提高的技术水平通过大坝、水库和其他最大化利用水资源的项目加大了河流系统开发的可能性。单以大坝为例，世界大坝委员会报告说在150多个国家里有超过45 000座大坝③，而每年有160~320个新大坝被建造④，预计每年的投资是320~460亿美元，其中4/5发生在发展中国家⑤。这就增加了共同流域国之间的潜在冲突，因为开发可能损害下游流域国的权利。当然，全球或地区的气候变化对淡水资源的利用和分配可能产生的影响尚未清楚，但可能进一步恶化国家之间的竞争。

应该注意的是，可得淡水资源在世界范围内分布极不平衡，并且受制于水资源利用模式的大量变动。例如，在欧洲，37%的淡水回收用于人类消费或农业，然而在非洲和亚洲，在20世纪80年代90%的回收淡水资源用于上述方面⑥。这些因素可能会导致在水资源上不同的地理和文化价值认知以及在选择处理水资源争端的法律解决方案上的不同偏好。地理政治原因也导致了潜在争端的增加。20世纪持续多年的非殖民地化进程和晚近苏联、前南斯拉夫和前捷克斯洛伐克分裂的结果是，现在有越来越多的水系统被划分为“国际性”的水资源。关于利用这些河流的问题也就成了

---

of Challenge（UNEP/Chapman & Hall, 1993）, at 84.

① 同12页注⑥，第85页。

② 同上。

③ 第11页注③，第8页。

④ 同上，第10页。.

⑤ 同上，第11页。

⑥ 第12页注⑥，第85页。

国际共同关切之事项。1971年总共有214个淡水系统被认定为穿越两个或以上国家的领土[①]，而2000年世界大坝委员会宣称有261个流域分水岭穿越两个或以上国家的政治边界[②]。

二、法律不确定性

关于国际淡水资源利用的一般国际法由于众多原因在传统上深受不确定性之害。首先，在确认并证实共同流域国关于分水配额（即每国可以提取的水量）的各自权利或者利用共享水资源的分配和可许可性方面，各国采用了许多相互冲突的理论或原则。其次，直到最近在该问题上仍然较少有实质性的一般国际法，因为国际社会历史上更多关注航行问题。并且，已有的此类国际法一般是由双边和区域性条约所规定，而不是由多边性或更普遍适用的协定所调整。然而，近来促使该领域的法律法典化的努力得到了很大的支持[③]。最后，法律可能带来的术语和下层或单元模式的不确定以及国际水资源管理问题的普遍复杂性，将导致这一主题产生更多的问题。

（一）分配理论

就分析与国际水道非航行利用有关的国际法的概念框架而言，从传统来看，关于共同流域国利用国际共享淡水资源的权利存在四种相互冲突的理论[④]。该概念框架也已被分成三种主要理

① UN Doc.E/C.7/71, p.4, para.4. 参见 Bruhacs 文，第10页注①，第24页。

② 第11页注③，第15页。

③ 期间最有意义的就是1997年《联合国水道公约》（纽约，1997年5月21日），（1997）36 *ILM* 700（尚未生效），该公约在2003年初只有18个签署国。因为该公约是国际法委员会20多年深思熟虑的产物，其在确认和解释一般国际法和习惯国际法相关规则上被视为极有说服力。

④ 对于各种各样的构想，参见 J. Lipper, “Equitable Utilization”, in A. H. Garretson, R. D. Hayton and C. J. Olmstead（eds）, *The Law of International Drainage Basins*（Dobbs Ferry/Oceana Publications, New York, 1967）, at 18; P. Birnie and A. E. Boyle, *International Law and the Environment*（Clarendon Press, Oxford, 1992）, at 218; J. G. Lammers, Pollution of International Watercourses（Martinus Nijhoff, The Hague, 1984）, at 556. 水分

论[①]，其中每一种理论都试图协调国际水道中国家利用的特定地位与已被一般国际法所认可和保护的领土主权概念[②]。

1. 绝对领土主权

“绝对领土主权”的首要原则，是指某个共同流域国可以自由利用在其领土管辖范围内的水资源而不用考虑下游国或相邻国的权利。某个国家对其领土管辖范围内水资源的绝对主权就使其可以无限制提取水资源或改变水资源的质量，但是其没有权利向上游国家要求连绵不绝的水流或者宣称自己的权利可以对抗相邻国家。这种态度与所谓的“哈蒙主义”关系紧密并且实质上与其同义，哈蒙主义是以美国司法部长命名的，是他首先阐述了该原则。为了宣称美国的绝对权利以对里奥格兰德河流进行分流，司法部长朱德森·哈蒙陈述道：

> “里奥格兰德河流缺乏足够的水提供给两岸国家的居民利用，这一事实没有赋予墨西哥政府任何权利限制美国损害其领土发展或剥夺其居民的特权，这种特权是自然赋予的，而且完全位于其领土境内。承认这样一个原则将与下面这项原则完全对立，即美国对其管辖范围内的自然环境行使完全主权。”[③]

哈蒙进一步探讨补充道，“关于美国是否应该从国际礼让的角度采取行动仍是一个问题，但它仅应该作为一个政策问题。因为以我的看法，国际法上的规则、原则和惯例都未向美国施加这方

配和利用理论分类的起源可以追溯到 Max Huber 1907年的名著：M. Huber, “Ein Beitrag zur Lehre von der Gebietshoheit an Grenzflüssen”, (1907) *Zeitschrift FürVölkerrecht und Bundesstaatarecht*, 29.

① 例如，参见M. Fitzmaurice and O. Elias, *Watercourse Co-operation in Northern Europe - A Model for the Future* (TMC Asser Press, The Hague, 2004) 11-15.

② 关于领土主权、自然资源和环境保护，详见 G. Handl, “Territorial Sovereignty and the Problem of Transnational Pollution” (1965) 69 *American Journal of International Law*, 50; and J. D. Van Der Vyer, “State Sovereignty and the Environment in International Law” (1992) 109 *South African Law Journal*, 472.

③ 21 Official Opinions of the Attorney-General of the United States (1895) 274, at 283. See Birnie and Boyle, *supra*, n. 4 at p.11, at 218; Fitzmaurice and Elias, *supra*, n. 1 at p.15, at 12.

面的任何义务或责任”[①]。然而，美国并没有长期坚持这种主张，它与墨西哥[②]和加拿大[③]签署的一系列双边条约更符合公平利用原则。在对哈蒙主义的详细分析中，McCaffrey 总结指出，美国在该项争端中所持的观点是一种在后来的谈判中特别有用的辩护主张[④]，或者说“哈蒙先生的态度仅反映了一个普通律师的警觉，他决定不必然承认另一方的任何主张”。[⑤]不管怎样，他指出，不久美国最高联邦法院[⑥]、美国国务院与墨西哥政府就采用与司法部长相左的观点，建议国际边界委员会（该委员会创建于1889年）确认事实，并且建议以最好的和最可行的模式规制对该河流（里奥格兰德河）的利用，从而确保每个相关国家及其居民对该河流**合法和公平的权利和利益**”[⑦]。根据里奥格兰德河争端之后的所有后续发展，McCaffrey 很有说服力地强调了该事实：

“与司法部长的孤立看法相对的做法是国会的联合决议、总统的声明、国务院官员的众多调解性发言，所有的主张都试图与墨西哥公平分配里奥格兰德河的水资源”[⑧]。

事实上，在研究了美国大量有关共享淡水资源的争端实践后，McCaffrey 可以得出的结论是“哈蒙的观点很显然是一个不幸运的异端。”[⑨]

---

① 同前页注③，详见 Bruhacs 文，第10页注①，第43页。

② 起始于1906年《美国和墨西哥之间关于为了灌溉目的而公平分配里奥格兰德河河水的公约》，34 Stat. 2953; Legislative Texts, No. 75, at 232; UNTS No. 455。

③ 起始于1909年《边界水条约》，UN Legislative Texts and Treaty Provisions, ST/LEG/SerB/12,260; 36 Stat. 2448; Legislative Texts, No. 79, at 260.

④ S. McCaffrey, *The Law of International Watercourses*（OUP, Oxford, 2001）, at 93-4.

⑤ 同上，第111页，引用了 H.A.Smith, *The Economic Uses of International Rivers*（King & Son Ltd., London, 1931）, at 42.

⑥ United States v. Rio Grande Dam & Irrigation Co., 174 US 690（1899）, 参见 McCaffrey 文，本页注④，第86页。

⑦ US Appendix, 225~226, 参见 McCaffrey 文，本页注④，第93页（强调乃原文如此）.

⑧ 同上，第109页。

⑨ 同上。可参见 McCaffrey 文，本页注④，第102~111页。

Birnie和Boyle指出哈蒙主义在（学术）评论或在国家实践中几乎都没有获得支持[①]。虽然它曾被美国、奥地利、智利、德意志联邦共和国、埃塞俄比亚和印度引用[②]，但是对各国家的实际做法考察发现，即使这些在外交关系中意图主张绝对领土主权原则的国家也并未因此而行动。例如，印度早就宣称在有关对印度河水的利用上享有"完全的自由"[③]，但它紧接着就签署了一个规定对该河水平等分配的条约，尽管各方仍保留各自的法律地位[④]，在争端过程中有一点是印度坚持的，即"双方国家对各自管辖范围内的自然水资源的管理、控制和利用都有完全的、排他的司法管辖权"[⑤]。巴基斯坦认为这种主张严重损害了"巴基斯坦对共享河流所享有的历史的、合法的和平等份额的权利的根基"[⑥]。同样地，关于在法拉卡（Farakka）段恒河上游印度修建大坝所引起的争端，由于其中上游有11公里流经孟加拉国，印度最终在联合国大会特别政治委员会宣示了其一般立场从而断然否定哈蒙主义，并且坚信"对于经过印度部分的河流，印度一直都在坚持这种观点即每个沿岸国都有权对国际河流的水享有合理和公平的份额"[⑦]。事实上，McCaffrey指出，至少在这个争端中，反映出了哈蒙主义"成为下游国家控诉上游国家不合理行为的强大武器"[⑧]。

同样地，虽然奥地利在二战后立即声称"根据领土主权的法律，每个国家都对通过本国领土并处于本国领土内的水道享有完

---

① 第14页注④，第218页。

② 参见Bruhacs文，第10页注①，第44页。

③ 本页注④，Article 11（1）（b）。

④ 1960 Indus Waters Treaty; 419 UNTS 125. 参见Birnie and Boyle文，第14页注④，第219页。See generally, R. R. Baxter, "The Indus Basin", in A. H. Garretson, R. D. Hayton and C. J. Olemstead（eds）, *The Law of International Drainage Basins*（Oceana, New York, 1967）443, at 453.

⑤ Baxter文，同上，第456页。

⑥ McCaffrey文，第16页注④，第117页。

⑦ UN GAOR, 31st Sess., Special Political Committee, 21st Meeting, at 2~3. 参见McCaffrey文，第14页注④，第118页。

⑧ 同上。

全的处分权”[①]，但是它也同意对流经几个国家的河流的发展计划要进行通报，并且考虑那些基于“法律、技术或经济理由”而对该计划提出的反对意见[②]。1954年奥地利与南斯拉夫就德拉瓦河达成了一项协定，“其目的是预防位于上游地带的奥地利发电厂的运营模式对该河造成任何损害”[③]。McCaffrey引用了奥地利一位高官1958年就处理国际河流问题而发表的一段话，即虽然奥地利主要是上游流域国，但是它不遵从哈蒙主义，因为在他看来哈蒙主义应被“废弃”[④]。他也指出在1913年奥地利最高行政法院的一项裁决中，就把下游国家的利益考虑进去并提出了造成损害时的补偿措施[⑤]，该案件牵涉到匈牙利为了本国利益而反对奥地利当局对从莱塔河（Leitha）大量调水所授予的一项许可证。

虽然智利在1921年与玻利维亚在毛里河争端中表现出坚持绝对领土主权原则，但在争端以及随后与玻利维亚关于拉卡河的争端中，智利当局采取措施保证规划中的工程将不会对玻利维亚造成巨大损害，或对玻利维亚这个下游国家的权益有失偏颇[⑥]。另外，1971年，智利与阿根廷达成了一项水道协定，虽然明确承认在调整两国共享河流利用方面的国际法的一般规则，但该协定尤其规定“河流和湖泊的水会以公平和合理方式利用”[⑦]。

---

① 参见“Austrian Statement of Principles Regarding Successive Rivers”, in Economic Commission for Europe, *Legal Aspects of Hydro-Electric Development of Rivers and Lakes of Common Interest*, UN Doc. E. ECE/136（1952）, at 51. 该声明是在奥地利和巴伐利亚州之间发生争端背景下做出的；参见 Fitzmaurice and Elias 文，第15页注①，第12页。

② 同上。

③ Convention between Yugoslavia and Austria concerning Water Economy Questions relating to the Drava, Preamble, 227UNTS 128. 参见 McCaffrey 文，第16页注④，第119页。

④ McCaffrey 文，同上，第119页，引用 E. Hartig, “Ein neuer Ausgangspunkt für internationale wasserrechtliche Regelungen: das Kohärenzprinzip”（1958）*Wasser und Energiewirtschaft*, at 8.

⑤ 同上，第119~21页。

⑥ 同上，第121页。

⑦ 1971 Act of Santiago concerning Hydrologic Basins, para. 1. Text reproduced in（1974）*Yearbook of the International Law Commission*, vol. 2, at 324.

最后，虽然埃塞俄比亚似乎继续主张哈蒙主义，其晚近在1978年宣称“承认开发国家自然资源的所有权利”①。McCaffrey提醒到，这些宣称是在埃塞俄比亚与埃及交流下做出的，这与埃及和苏丹主张在他们之间排他性分配尼罗河所有河水的历史背景不同，这些主张也是为了吸引埃及的合作②。他还指出这样的事实，埃塞俄比亚与埃及，连同其他8个尼罗河流域国家，目前正致力于形成合作框架③。

这种原理在司法或仲裁实践中几乎没有获得过支持，而且其在1938年的一个案件中受到意大利上诉法院的严厉批判，在该案中法院将国际法原则适用到关于利用跨界水资源的争端解决中④。

至于说到在国际公法学家中对绝对领土主权模式的支持，Berber列举了1821~1952年间被认为支持该原则的9位论者⑤。然而，根据进一步考查，McCaffrey指出大部分论者发表其观点都是在国际水道非航行利用受到越来越多关注之前，这可能使他们不能完全理解严重的生态、经济和其他损害，而这些损害正是来自大规模的调水或污染⑥。他进一步注意到，所有被引用的论者只来自4个国家，即奥地利、德国、加拿大和美国，这4个国家都是上游国，至少就某些相关的水道和相邻共同流域而言是上游国⑦。他甚至更明确地总结出，大部分论者看起来是在把国家主权作为基本前提下从抽象的逻辑理论中而不是实际的国家实践中推导出其

---

① See geberally, C. O. Okidi, “Legal and Policy Regime of Lake Victoria and Nile Basins”（1980）20 *Indian Journal of International Law*, 395, at 440.

② 第16页注④，第122页。

③ 同上，第123页。

④ *Société énergie électrique du littoral méditerranéen v. Compagnie imprese elettriche liguri*, 64 *Il Foro Italiano*, Part 1, at 1036（1939）, 9 *Annual Digest of Public International Law Cases 1938-40*（1942）, No. 47; 3 Digest of Intl. Law 1050-51（1938–39）. 详见本书第三章，第66页注①。

⑤ F. J. Berber, *Rivers in International Law*（Stevens & Sons, London, 1959）., at 15~19. 参见McCaffrey文，第16页注④。

⑥ 同上，第126页。

⑦ 同上，第124页。

立场的，这种做法在史密斯（Smith）1931年那本备受推崇的著作中受到猛烈抨击[①]。不管怎样，我们似乎可以得到如此结论，即晚近没有权威性著作支持该观点，相反有很多著作（甚至包括相对早期的作品）则完全回避这一问题。例如奥本海（Oppenheim）早在1905年（当时还处在司法部长哈蒙观点流行的年代之中）的作品中断言：

"就如同独立，领土最高权不允许给予行为无限的自由。这样，根据习惯国际法，尽管一个国家拥有至高无上的领土权，也不能允许其改变境内的自然条件从而给相邻国领土的自然条件带来不利——例如，阻止经由本国领土流向邻国的水流或改变水流方向。"[②]

事实上，史密斯通常将绝对领土主权模式看成是无法容忍的学说，认为该学说是"非常不合理的"[③]。同样，McCaffrey对该模式进行了一项全面的最新研究，并从中明确得出结论："该模式至少是不合时宜的，所以它在当今相互依靠的缺水世界里没有一席之地"[④]。根据Bruhacs的观点，哈蒙主义或者被看做赋予源自主权之全部自由之原则，或者作为一种宣示国际水道的利用尚未受到国际法规制的观点[⑤]。他指出，就后者而言，该学说无法成为一项国际法原则。

---

① 同上，参考Smith文，第16页注⑤，第4~13页。Smith在第259页进一步陈述道："在国际法文献中不存在更广为传诵的错误，也不存在比那些陈旧的根深蒂固的倾向（即太多的公法学家混淆实然法和应然法）更能使我们怀疑科学的错误。"详见I. Kaya, *Equitable Utilization: The Law of the Non-Navigational Uses of International Watercourses*（Ashgate, Aldershot, 2003）, at 6.

② L. Oppenheim, *International Law*（Longmans, Green & Co., London, 1905）, at 175, cited by McCaffrey, *ibid*, at 127.

③ 第16页注⑤，第8页。详见Bruhacs文，第10页注①，第46页。

④ 第16页注④，第114页。

⑤ 第10页注①，第43页。

2. 绝对的领土完整

第二项原则即“绝对领土完整”原则就赋予处于共同流域下游的一个国家有权要求同一流域上游的国家将水流以同等质量持续流入本国的权利，但是并未授权其限制或损害流经本国领土的水流自然流动至更下游的同一流域国。该原则与哈蒙主义截然对立，并且有效授予下游国或相邻国以否决权，因为在国际水道制度下（上游的）任何变化都要求获得其事先同意。就像所设想的那样，这种制度受到下游沿岸国的青睐是因为它的适用可能会阻止上游国家对其水资源的开发。如果上游国经济发展越是落后，并且在开发水资源方面慢于下游国家，这个问题就越是有意义。像哈蒙主义一样，该原则依赖于主权，但它建立在国家平等的基础上，而且更加符合被《联合国宪章》第2条第1款奉为圭臬的主权平等原则[①]。同时，它对关于环境保护的国际法一般原则和一般合作义务亦步亦趋。

该模式可以在沿岸权学说中找到其本源，而沿岸权学说传统上存在于国内法律体系中。英国和美国法院一直坚持这种观点，即利用河流的水只能用于沿岸的土地——与河流相毗邻的土地，同时认为允许任一沿岸人为了生活目的利用所需要的尽可能多的水，尤其是，只有在利用流经沿岸人土地的水流并不会明显减少自然水流情况下，沿岸人才可以将水流用作其他目的[②]。同时，该

① 详见 Bruhacs 文，同上，第47页。

② 有必要指出的是，正在形成中的在水道中保护“环境流量”——与所谓的“生态系统路径”紧密相关——倾向于要求流域的利用者不应减少流域的自然流量以至于造成生态破坏，例如对更下游的具有重要生态意义的湿地造成破坏。参见下文第七章。就国际水道“环境流量”的法律保护，参见 J. Scanlon and A. Iza, “International Legal Foundations for Environmental Flows”（2003）14 *Yearbook of International Environmental Law*, 81; and M. Dyson, G. Bergkamp and J. Scanlon（eds）, *Flow: The Essentials of Environmental Flows*（IUCN）. 就根据美国西部若干州的法律对内流水的法律保护，参见 J. A. Boyd, “Hip Deep: A Survey of States Instream Flow Law from the Rocky Mountains to the Pacific Ocean”（2003）43 *Natural Resources Journal*, 1151.

利用必须是法院能够认为是合理的[①]。英国上诉法院在“John Young and Co V. Bankier Distillery Co. 案”中清晰陈述了英国的沿岸权学说：

“任一沿岸（土地）所有者在不对水流造成明显减少或增加、不明显改变水流特性或质量的情况下，有权按自然水流利用水资源。任何对该权利的侵犯并导致实际损害，将使受害方有权起诉到法院。”[②]

然而，后来衡平法院（Court of Chancery）在1926年“Attwood vs Llay Main Collieries Ltd. 案”中将这一立场复杂化了。在该案中它声称：

“为了本判决的目的，我们完全可以声明一个沿岸（土地）所有者可以为了与河岸住户有关联的一般目的（如家庭需要或饲养牲畜的需求）而取水和用水，同时在行使该权利时，他可以用完所有的水；他也可以为了特殊用途取水和用水，只要该利用者的要求合理且与河岸住户有关，但是他取水和用水的行为不能严重减少水容量和改变水质量；最后，他无权为了与河岸住户无关的目的取水和用水。”[③]

该英国沿岸权学说并不是绝对的，因为它仅允许与沿岸住户有关联的无限制用水。至于美国的沿岸权学说，Kent 法官在1829年进行了总结，声称河流必须保持原状并且沿岸（土地）所有者应该以合理方式利用水资源。[④]

该学说被国际法研究院在其1911年《马德里宣言》中承认为

---

① See L. A. Teclaff, *Water Law in Historical Perspective*（William S. Hein Co., New York, 1985）, at 6-20; Teclaff 文，第11页注①，第63~4页。

② [1893] AC.

③（1926）Ch. 444, at 458.

④ Kent, 3 *Commentaries on American Law*（1829）, at 440. 参见 Teclaff 文，第11页注①，第64页。

确定的一般国际法，尽管承认的方式较为稳健①。该宣言认可了如下事实，即“共同拥有一条河流的沿岸国处于自然地理上永远互相依赖的状态”，并且确认了沿岸国将受其约束的两个基本准则。

其一：

“当一条河流构成两个国家的边界时……没有任何一个国家能以严重干扰其他国家、个人或组织利用的方式利用或允许利用流经其领土的水资源……”②

其二：

“当一条河流绵延不绝地穿过两个或两个以上国家时……当水流到达下游国领土时，任一国家都不能截取如此大量的水以至于严重改变水的成分或者说水流可利用的或本质的特征。”③

然而，虽然1923年国际联盟（LON）在日内瓦签订《关于涉及多国的水电开发公约》的最初草案规定在相关国家之间必须达成协议，但是此观点仍遭到当事国的拒绝，因为它与国家主权原则不一致。从未生效的《公约》第1条最终要求：

“本公约绝不会影响隶属于每一国的下列权利，即在国际法范围内在其领土内从事其任何合适的旨在开发水力的活动。”④

在国内法律体系中传统的沿岸权学说早就在欧洲国家间的条约中找到一席之地，它要求对边界水的流动作任何改变都应获得河流其他当事国的同意⑤。就国家实践而言，Bruhacs详细探讨了阿

---

① International Law Institute, Declaration of Madidrid, 20 April 1911 (1911) 24 *Annuaire de L Institute de Droit International*.

② 同上，第一段。

③ 同上，第二段。详见Teclaff文，第11页注①，第67页。

④ 36 LNTS 77. 到1974年共有17个国家签署了该公约，并有11个缔约国。详见McCaffrey文，见第16页注④，第128~129页。

⑤ 例如，1816年10月7日《普鲁士国王与荷兰国王边界条约》，3 *Martens Nouveau Recueil*(sec. 1) , ar 54-65, 参见Teclaff文，第11页注①，第63页。其他的条约，参见L.

根廷、埃及、西班牙、孟加拉国和阿拉伯国家如何致力于推行绝对领土完整原则以及该原则为何仍旧有众多支持者[①]。然而，他同时也指出在“拉努湖（Lac Lanoux）案”中该原则的适用毫不含糊地受到抵制[②]。事实上，在有关上游沿岸国的工事工程必需要得到下游沿岸国的同意方面，仲裁庭十分明确地指出：

“国家只有在相关国家之间达成（事先）协定才可以利用国际水道的水力的规则，并不是一项确定的习惯法规则，甚至还不是一项法律一般原则。”[③]

McCaffrey 指出西班牙在仲裁过程中早就承认，国家都有权对其他国家的领土造成有限损害[④]，所以该国的立场并不是绝对的[⑤]。无论如何，西班牙的立场建立是在双边条约的基础上[⑥]，而不是一般国际法基础上，然而这遭到仲裁庭的拒绝。

在全面审查国家实践和学术著作中对该原则的支持的过程中，McCaffrey 注意到在“特雷尔冶炼厂仲裁案”中，虽然它事涉跨界大气污染而不是国际水道利用的冲突，但是美国国务院的法律顾问争辩道：

“国际法中一项基本原则是一个主权国家在其领土内享有最高权，该国及其国民有权利用和享用他们的领土和财产而不受来自

A. Teclaff, “The Impact of Environmental Concern on the Development of International Law”（1973）13 *Natural Resources Journal*, at 357-8.

① 第10页注①，第44页。

② Spain v. France（1957）24 *ILR* 101; 12 RIAA 281;（1958）*RGDIP*, at 103. 参见 Bruhacs 文，同上。

③（1975）24 *ILR* 101, at 130.

④ 西班牙承认：“一国有权对一条河流穿越本国的那部分进行单方面利用，但利用的程度只能有可能对其他国的领土造成有限的伤害和最小的不便，而这都在睦邻友好的范围之内”。See（1974）*Yearbook of the International Law Commission*, vol. 2, part 2, at 197.

⑤ 第16页注④，第132页。

⑥ 1866 Treaty of Bayonne and Additional Act.

外部势力的干扰。”①

尽管早期美国多依赖以哈蒙主义为形式的绝对领土主权原则，这种主张多少有些讽刺，McCaffrey 指出，（美国）采用这种完全相反的立场更加能够说明，这些立场只是作为“诉讼策略（tool of advocacy）”而非法律原则而被应用于解决具体的争端。② 埃及则是对该制度始终如一且大肆宣传的国家之一，McCaffrey 注意到，早在1981年埃及在国际论坛上所发表的观点是：

“任何一个沿岸国对流经其领土的河流保持现状都享有全部权利……它来自下列原则，即国家无权采取可能（积极或消极）影响河流在其他国家流向的措施。如果会影响河流水的流量，就不能触及一条河流的上游地区……③ 一般说来，禁止在一条河流上游地区开展任一可能影响下游地区的国家的工事，除非相互之间已进行了谈判。”④

然而，他还注意到，在实践中埃及同意尼罗河流域的上游国家建立工程设施，如乌干达的欧旺瀑布大坝，埃及甚至同意对采取的保护埃及灌溉利益的措施而导致的水力损耗支付大量补偿⑤；同时，埃及为了尼罗河的可持续发展积极参与国际努力以形成一个合作框架⑥。同样地，虽然巴基斯坦是印度河的下游沿岸国，在其早期与印度的外交交往中就采用了与绝对领土完整相一致的观点，之后它很快就建议召开一次会议，旨在就“公平分配”两个

---

① 5 Whiteman, at 183. 参见 McCaffrey 文，第16页注④，第129页。

② 同上，第130页。

③ Para. 3 of “Country Report, Egypt”, a paper presented at the Interregional Meeting ofInternational River Organisations, 5–14 May 1981, Dakar, quoted in B. A. Godana, *Africa's Shared Water Resources: Legal and Institutional Aspect of the Nile, Niger and Senegal River Systems*（Frances Printer, London, 1984）, at 39. 参见 McCaffrey 文，同上。

④ Para. 4.

⑤ See generally, A. H. Garretson, “The Nile Basin”, in Garretson et al.（eds）, *supra*, n. 4 at p.4, 256, at 272.

⑥ McCaffrey 文，第16页注④，第131页。

国家间所有共享水资源达成一致意见。[①] 此外，虽然玻利维亚被认为在与它的上游邻国智利在毛里河（Rio Mauri）和劳卡河（Rio Lauca）的争端中一直坚持绝对领土完整原则，但McCaffrey指出它的论证是建立在1933年的《蒙特维的亚宣言》[②] 基础上而不是一般国际法基础上，同时回溯19世纪30年代以来两个国家之间紧张气氛的背景下能更好地理解其极端立场[③]。

几乎没有评论者支持绝对领土完整学说，甚至更少有人愿意进行严密地论证[④]。例如，Huber在1907年声称，"每个国家必须让河流自然流淌，不能改道损害一个或更多个在该河流上享有权利的其他国家，或者干扰、人为增加或减少其流量"[⑤]。McCaffrey指出，他也坚持，因为有关主权的国际法不够发达，所以相关的法律原则可以从相邻法领域推演出来，它涉及关于合作的法律（通过事先通知与协商、考虑其他国家利益等方式）和公平利用的法律，至少在利益相关者之间存在不可调和的冲突的领域如此[⑥]。同样，1955年《奥本海国际法》第8版的论述[⑦] 被引用以支持该学说，[⑧]McCaffrey注意到这本书的最新版本对这些陈述进行了限制，增加了一些内容，例如"相邻国家不能反对其他沿岸国所从事的

---

① 同上。See generally, R. Baxter, "The Indus Basin", in Garretson et al.（eds）, *supra*, n. 4 at p.14, 442, at 451, 454.

② Declaration on Industrial and Agricultural Use of International Rivers, para. 2, Declaration No. 72 of the Seventh Pan-American Conference, 24 December 1933. Text reproduced in（1974）*Yearbook of the International Law Commission*, vol. 2, part 2, at 212.

③ 第16页注④，第132~133页。

④ 参见Berber文，第19页注⑤，第19~22页。

⑤ M. Huber, "Ein Beitrag zur Lehre von der Gebietshoheit an Grenzflüssen", *Zeitschrift Für Völkerrecht und Bundesstaatsrecht*（1907）, at 160, translated in McCaffrey, *supra*, n. 4 at p.16, at 134.

⑥ 同上。

⑦ H. Lauterpacht, *Oppenheim's International Law*（8th edn）(Longmans, Green & Co., London, 1955）.

⑧ 参见Berber文，第19页注⑤。例如，针对该效果的表述指出，国家不可以对国际水道进行"阻止或使其改道"，"或者对河流河水的利用危及邻国，或者阻止邻国对流经本国部分的河流河水进行恰当的利用"，参见Lauterpacht文，同上，第475页。

工事活动，除非它自己在该河流的利益受到实质性影响”①。而且，正如在绝对领土主权的情况下，大多被引用支持绝对领土完整的著作是在非航行利用受到很大关注之前即在有关非航行利用的国家实践得到实质性发展之前写作的。

最后，Birnie 和 Boyle 不相信该学说已经被确立或有用，他们声称“它只得到国家实践、司法裁决或论者著作非常有限的支持。”②同样地，在评论绝对领土主权和绝对领土完整两种相对的学说时，McCaffrey 总结道：

“本质上，两大学说实际上都是缺乏远见的和法律‘虚无主义’③：他们忽视了其他国家对国际水道水资源的需要和依赖，并且他们否认了主权在带来权利的同时也会产生义务。”④

事实上，Smith 在提及国内法中绝对领土完整学说和绝对领土主权学说的对应概念——绝对沿岸权时，做出了如下总结：

“经验已经证明沿岸权（即绝对领土完整学说）这一古板理论对一个现代社会的合理组织将是一大障碍，每一土地所有者的绝对权学说允许其随意利用通过其土地的水，这显然是荒谬的，也从未被尝试过。”⑤

所以，考虑到国内法律原则在发展国际法一般原则方面的重要性，我们也就不奇怪有关国际水道利用的两项“绝对”理论在国家实践或学说中都难以找到支持。

3. 有限领土主权 / 公平利用

第三种路径是“有限领土主权说”，在国际水道语境下它通常

① R. Jennings and A. Watts (eds), *Oppenheim's International Law* (9th edn)(Longmans, London, 1992) . at 584-5. 参见 McCaffrey 文，第16页注④，第134页。

② 第14页注④，第219页。

③ 引用 Smith 文，第16页注⑤，第144页。

④ 第16页注④，第135页。

⑤ 第20页注①，第145页。参见 McCaffrey 文，同上，第137页。

作为“公平利用原则”被明确表述出来，它赋予每一共有流域国对流经其领土的水源进行公平和合理利用的权利。该原则可以被理解为绝对领土主权原则和绝对领土完整原则的妥协，因为通过承认其他同流域国家公平的和相互关联的权利就限制了上游流域国家的主权和下游流域国家的完整权。该原则的基本观点是，即国家水道属于共享资源，在所有共有流域国家之间存在一种利益共同体。利益共同体的存在要求在国家利益之间达到一种“合理和公平”的平衡，以适应每一国家的需要和利用。为了达到灵活性，“合理和公平”的概念是刻意抽象的，而且只能根据所有相关因素（当然包括对环境保护的考虑）由每一个具体实例来决定。此原则很明显是当前国际水道权利与义务方面的主流理论，我们可以在国家主权平等中找到它的理论来源，根据国家主权平等原则，共享国际水道的所有国家在水资源利用上有平等权利。然而，具体适用该原则去解决抽象争端是不可能的，将其适用到实际争端的解决中则依赖于每一个争端和水道的特定情景。就像有位论者注意到的，“只能对事实进行客观评价，才可能确定一个公平的范围，据此各个流域沿岸国必须将相互间的利益考虑进去”①。在这个方面，公平利用原则的实施是对妨害侵权普通法的重读，这涉及对所有相关因素的平衡，旨在决定所谓的侵权者不合理利用其土地的行为是否导致对原告土地的干扰。值得注意的是，公平利用原则在有关国际水道环境保护方面习惯国际法的发展中发挥了核心的作用。它提供了很多在决定水利用和资源份额分配时应当考虑的要素，并提供了一个更容易考虑生态保育和环境保护的一个理论架构或框架。

在诸多关于其他共享资源划界的国家实践、国际条约法以及地方法院、联邦最高法院和国际法院的裁决中，都可以找到该路

① G. Sauser-Hall, “L’ Utilization Industrielle des Fleuves Internationaux” (1953-II) 83 *Recueil Des Cours*, 465, at 557-8 (translated in Berber, *supra,* n. 5 at p.19, at 38-9. 参见McCaffrey 文，同上，第138页。

径的痕迹。相关国家实践的一个较早的例证是1856年荷兰政府针对比利时改道默兹河进行的交流，它特别强调“双方都有权按照水的自然状态对其加以利用，但是同时要遵从一般法律原则，即每个国家要避免其采取的行动对其他国家造成损害”①。与此相似，在英国和埃及缔结1929年《尼罗河条约》的谈判中②，英国代表在外交部的指示下产生了有效力的一项内容：

“我们承认该原则，即尼罗河水必须作为一个统一单位被考虑，用水设计要保证生活在两岸的居民能根据他们的需要和容量来利用水资源并从中获益；同时，根据此原则，即我们承认埃及对其目前的种植区域享有保持当前水供应量的优先权，以及在未来可能开展的水利工程中公平分享所需额外水量的优先权。”③

因此，上游沿岸国似乎已经承认了公平利用原则的形成，即在涉及现存的水供应量时，优先利用或分配将会是优先考虑的因素。苏丹在国家独立之后，开始对1959《尼罗河条约》进行谈判④，在此谈判过程中它承认，“埃及已经为它实际上灌溉利用所需水容量建构了一种权利”，而除此之外的任何水供应的权利建构必须保证公平分配⑤。在解决巴拉那河水资源利用的争端过程中，阿根廷和巴西最初对相关问题进行协商，并在1972年9月同意在环境领域合作，对在他们管辖范围内所开展的工事提供技术数据以防对相邻区域的人类环境造成明显损害⑥。实际上，在1971年6月，阿根廷和

① Smith文，第16页注⑤，第217页。参见McCaffrey文，同上，第139页。

② 《英国与埃及之间1929年5月7日关于出于灌溉目的利用尼罗河河水的照会》，93 LNTS 44.

③ *Papers Regarding Negotiations for a Treaty of Alliance with Egypt* - Egypt No. 1, Cmd. 3050, at 31(emphasis added). 参见McCaffrey文，第16页注④，第139页。详见Smith文，第16页注⑤，第147页。

④ 《阿拉伯联合共和国与苏丹共和国于1959年12月8日关于充分利用尼罗河河水的协定》，453 UNTS 51.

⑤ Sudan, Ministry of Irrigation and Hydro-Electric Power, *The Nile Waters Question* (Khartoum, 1955) , at 13, cited in McCaffrey, supra, n. 4 at p.16, at 140.

⑥ Agreement between Argentina and Brazil, entered into in New York, 29 September

巴西双方签署了《亚松森（Asunción）法案》，内容包括《关于利用国际河流的亚松森宣言》，其中第2款指出，“对于流经多个国家的河流，不存在双重主权的情况下，每个国家可以根据它的需要利用水资源，只要不对该（拉普拉塔）流域其他任何国家造成明显损害”①。由此可见，他们倾向于承认一种有限领土主权。这里每一个国家对其领土的主权受到了一定限制，即有义务不以对其他国家领土造成明显损害的方式来利用本国领土。与此相似，在智利和玻利维亚关于利用劳卡河（Rio Lauca）的争端过程中，上游国智利承认玻利维亚对水源享有权利，并宣称1933年《蒙得维的亚宣言》②“可以被认为是该问题上普遍被接受的法律原则的一部法典”③。玻利维亚也援引《蒙得维的亚宣言》，在其看来（该宣言）具体体现了国际法，尽管它不承认智利对宣言有正确解释④。该宣言特别提到国家对经过多个国家的河流流经本国管辖范围的部分流域享有“排他性的”开发权，但条件就是“不能损害邻国在其管辖范围内的该部分流域的平等权利”⑤。公平利用原则在一些共享约旦河的中东国家的国家实践及其司法活动中也得到了支持。1954年，美国作为约旦河争端解决的特别调停者在其所作报告中声称：

“叙利亚、黎巴嫩、约旦和以色列已承认对约旦河相互竞争的水源的国际共享原则，并准备根据以下原则在开发河流系统的灌溉和能源潜力上合作制定一份详细的彼此能接受的方案：

1. 约旦河流域有限的水资源应该按其上、下游流经的4个国家公平分享。此原则虽在分别由阿拉伯国家和以色列提出的流域计

1972, cited in McCaffrey, *ibid*, at 141. See further, J. G. Lammers, Pollution of International Watercourses, *supra*, n. 4 at p.14, at 295.

① Reproduced in (1974) *Yearbook of the International Law Commission*, vol. 2, part 2, 322, at 324. 参见McCaffrey文，同上。需要注意的是，巴拉那河位于拉普拉塔河流域内。

② 第14页注④。

③ 参见Lipper文，第14页注④，第27~28页。

④ 参见Lammers文，第14页注④，第289页。

⑤ Paras 2 and 4. 参见McCaffrey文，第16页注④，第142页。

划中不太明确，但双方都明确承认其他国家对可得水资源利用份额的权利。”①

在对以色列国会的讲话中，以色列总理后来把这个由美国特别调停者提出的计划描绘成一个“建构在公认的国际法及程序的原则和规则基础上的”计划②。1907年，在与美国谈判1909年《边界水条约》③的过程中，加拿大清楚地解释了“它原则上认为已经是现行法律”的许多原则，缔约双方之间所有现存及未来的争端都应当以此为基础通过国际司法机构来解决④。这些原则特别包括：“任一国家都不得在获得其他国家同意之前改变水流方向或施加障碍从而给他国造成损害”，以及“每一国家都有权在灌溉用水上享有平等份额”⑤。《边界水条约》最终达成的某些条款“反映了双方一致努力以期达到更加灵活的公平分配”⑥。实际上，美国在与加拿大的关系上既是上游国也是下游国，而在与墨西哥关系上主要是上游国，它在1958年的一份国务院备忘录中承认：“国际司法机构可以在考虑下列指南的同时推演出可适用的国际法原则，这些指南包括‘沿岸国有权在公正和合理基础上对国际河流的利用和惠益进行分享，同时在确定什么是公正和合理时，要特别考虑既有的合法的和有益的用途’”⑦。

该原则一直得到国际司法机构判例法的支持，McCaffrey观察

---

① Press release No. 369, 6 July 1954, *31 US Dept. Bulletin*, No. 787, at 143 (emphasis added). 参见McCaffrey文，同上。

② 参见Lammers文，第29页注⑥，第306页。

③ Treaty relating to Boundary Waters, and Questions Arising Along the Boundary between the US and Canada, Legislative Texts, No. 79, at 260.

④ W. L. Griffin, *Legal Aspects of the Use of Systems of International Waters*, Memorandum of the US Department of State, 21 April 1958, US Senate Doc, No. 118, 85th Cong., 2nd Sess., 1958, at 58. 参见McCaffrey文，第16页注④，第144页。

⑤ Griffin文，同上。

⑥ McCaffrey文（第16页注④，第144页）讨论了第6条，该条为“公平分配”圣玛丽河和麦尔克河河水确定了一项准则。

⑦ Griffin文，本页注④，第89~90页。参见McCaffrey文，同上，第143页。

到“没有已知的国际裁决去支持一个与之相反的规则”[①]。在拉努湖仲裁案中，当事国的请求表明其赞同有限领土主权学说的模式或解释，而仲裁庭本身则明确宣称“相关规则禁止上游国在可能对下游国造成严重损害的情况下改变河水”[②]。更近一些时间，在“加布奇科沃—大毛罗斯大坝（Gabcikovo–Nagymaros）案”中，国际法院对国际流域领域存在的公平利用包含管理原则（的观点）几乎不加质疑[③]。另外，美国联邦最高法院在调整州与州之间在共享水资源利用中发生争端的一长串裁决中，适用了水源“公平分配原则”[④]。其他联邦和州法院的裁决也普遍倾向于支持有限领土主权学说[⑤]。

公平利用原则近来也在该领域的一些重要法典中作为国际法惯例的既有原则得到认可，例如国际法研究院1961年的《关于国际水域的非航行利用的决议》（以下简称）《萨尔茨堡（Salzburg）决议》）、国际法协会1966年的《赫尔辛基规则》、联合国环境规划署1978年的《共享自然资源原则》以及一系列的关于国际水道非航行利用的条款草案，后者被国际法委员会采纳并由委员会作为公约基础推荐给联合国大会[⑥]。此原则近来由国际法协会以通过2004年《柏林规则》的方式进行特别强调[⑦]。《柏林规则》第12条

① 同上，第144页。

② 第24页注②。详见（1974）*Yearbook of the International Law Commission*, vol.2, part 2, 194, at 197.

③ 第11页注②。

④ *Kansas v. Colorado*, 206 US 46（1907）; *Wyoming v. Colorado*, 259 US 419（1922）; *New Jersey v. New York*, 283 US 336（1931）; *Washington v. Oregon*, 297 US 517（1936）; *Colorado v. Kansas*, 320 US 383（1943）; *Nebraska v. Wyoming*, 325 US 589（1945）.

⑤ 例如，*Wurttemberg and Prussia v. Baden*, 116 *Entscheidungen Des Reichsgerichts in Zivilsachen*（1927）Appendix, at 18, 4 *Annual Digest of Public International Law Cases* 1927-28（1931）, No. 86, at 128; *Société énergie électrique du littoral méditerranéen v. Compagnie imprese elettriche liguri*, 64 *Il Foro Italiana*, Part 1, at 1036 91939）, 9 *Annual Digest of Public International Law Cases* 1938-40（1942）, No. 47, at 120. 详见 Lipper 文，第14页注④，第30~32页。

⑥ 关于法典化，参见下文。

⑦ ILA, *Berlin Rules on Water Resources Law*（2004）, at 20, available at http://www.

的评述阐释了公平利用原则，声称“如今公平利用原则已被普遍接受为对国际流域水管理的基础”①。实际上，有限领土主权学说在国际法研究院的1911年《马德里决议》中首次得到认可。公平利用原则现今对1997年《联合国水道公约》所创设的现行的国际水道制度起着举足轻重的作用②。

有限领土主权学说现如今得到了绝大多数评论者的支持③，同时，虽然它获得了学术界的长期支持，但国际公法学家对该学说正确的理论基础尚持不同的观点。例如，胡伯（Huber）在1907年评述瑞士沙夫豪森（Scaffhausen）大区与苏黎世大区在利用莱茵河产生的争端时，利用“相邻法”解释了该学说，“相邻法”特别指出“一个国家既无权影响其他国家也没有义务去容忍那些影响”④。随后一些评论者从水道的地理统一性推出了相邻权利和义务⑤。其他国际公法学家倾向于将有限领土主权学说尤其是公平利用原则建立在公平原则和权利滥用学说的基础上。例如，Fauchille主张“沿岸国的行为受到一定限制以保证与公平原则保持一致”⑥；而Quint总结说“国际相邻法首先是公平法，绝对主权学说导致权利滥用”⑦。

---

asil.org/ilib/WaterReport2004.pdf. 根据特别报告员的评注意见，《柏林规则》“对《赫尔辛基规则》及该协会所不时通过的相关规则的全面修订……它对适用到国际流域的习惯国际法提供了清晰的有说服力的和协调的陈述……同时也推动了为21世纪处理国际或全球水源管理正在出现的问题所需要的法律的发展”。

① 同上，第20页。

② 第14页注③。根据第5条和第6条。

③ 例如可以参见Berber文（第19页注⑤，第25~40页）和Lipper文（第14页注④，第30~32页）中支持该理论而引用的广泛著作。

④ 第26页注⑤，第163~164页，McCaffrey翻译，见第16页注④第147~148页。

⑤ 例如，J. Andrassy, “Les Relations Internstionales de Voisinage”（1951-II）79 *Recueil des Cours*（1952）, 77, at 116-18. 参见McCaffrey文，同上。

⑥ L. P. Fauchille, *Traité de Droit International Public*（2nd part, 8th edn, Rousseau, Paris, 1925）. 参见McCaffrey文，同上。

⑦ A. Quint, “Nouvelles tendances dans le droit fluvial international”（1931）*Revue de Droit International et de Législation Comparé*, 325, translated by Berber, *supra*, n.5 at p.19, at 34~35. 参见McCaffrey文，同上。

既然公平利用原则获得了如此广泛的认可，评论者广泛认为该原则是调整国际水道水资源利用和分配的习惯国际法的首要规则，就一点也不奇怪了①。然而，平衡各种各样的利益和权衡相关因素的过程的复杂性，还伴随着由于缺少司法阐述引起的适用该原则的不确定性，这都意味着想对该原则实际内涵是什么达到广泛一致性还难以预定。因此，这也表明，利用共同管理体系以及发达的组织结构（尤其包括永久性国际河流委员会），会提供一个框架，在此框架内，公平利用原则的具体内涵将被各方同意并采纳，并可随即适用于特定流域。这个模式如果被广泛适用的话，将产生大量国家实践和区域条约法，从而有助于该原则在一般国际法中的适用更加确定。因此，该原则与第四种理论模式（即共同管理）完全吻合。实际上，共同管理有助于（即使不是发挥关键性的作用）公平利用原则的不断发展和充实阐释。

4. 共同管理 / 利益共同体

在“共同管理”路径下流域往往被视为一个统一的整体并且作为一个经济实体来管理，其水资源要么属于特定共同体，要么由各个共同流域国之间通过协议进行划分，同时建立起国际机制以制定和实施旨在管理和开发该流域的共同政策。共同管理机制的结构和目的在不同流域地有不同体现，其中只有一部分在环境管制方面发挥了作用②。共同管理是解决水问题的路径之一而不是国际法的规范性原则，它早被国际社会所认可③，并被包括国际法

① 参见 Berber and Boyle 文，第14页注④，第127页。特别参见 H. L. Dickstein, “Internatioanl Lake and River Pollution Control: Questions of Method”（1973）12 *Columbia Journal of Transnational Law,* 487, at 492.

② 例如，保护莱茵河国际委员会（1963 Agreement concerning the International Commission for the Protection of the Rhine, reprinted in *Tractatenblad Van Het Koninkrijk Der Nederlanden,* No. 104（1963））和摩泽尔河委员会（1961 Protocol concerning the Constitution of an International Commission for the Protection of the Moselle Against Pollution）

③ UN Commission on Natural Resources, UN Doc. W/C. 7/2 Add. 6, 1-7; Economic Commission for Europe, Commission on Water Problems 1971, UN Doc. E/

研究院[①]和国际法委员会[②]之类的国际法编纂机构所采纳。1972年斯德哥尔摩会议所通过的《联合国人类环境会议宣言》(以下简称《人类环境宣言》)第51条建议要求,“应当在利益相关国家间设立流域委员会或其他适当机制促成多个国家共享水资源的合作”,并制定了这些委员会应当遵循的许多基本原则[③]。重要的是,《21世纪议程》第18章的前言指出:

“世界上许多地区的淡水资源出现大范围紧缺、水质逐渐恶化、污染越来越严重,同时不协调行动带来的不断破坏,都要求整体性的水资源规划和开发。”[④]

并且,第18章继续指出:

“对于跨界水资源,需要沿岸国制定水资源战略、编制水资源行动计划并且合理考虑那些战略和行动计划的融合。”[⑤]

水资源共同管理机构的实例包括多瑙河委员会[⑥]、美加国际联

ECE/Water/9 Annex II; Council of Europe Rec. 436 (1965); 1972 Stockholm Action Plan for the Human Environment, UN Doc. A/Conf.48/14/Rev. 1, Rec. 51; *Repot of the UN Water Conference, Mar del Plata, 14-25 March, 1977.* 参见 Birnie and Boyle 文,第14页注④,第223页。

① 1961 Session, Resolution on Non-Maritime International Waters, Article 9; 1979 Session, Resolution on the Pollution of Rivers and Lakes, Article 7 (G). 参见 Birnie and Boyle 文,第14页注④,第224页。

② ILC Yearbook (1984), vol. II, part 1, at 112-16.

③ Report of the United Nations Conference on the Human Environment, Stockholm 5-16 June 1972 (UN Publication Sales No. E.73. II.A.14), Chapter II, Section B.

④ Report of the United Nations Conference on Environment and Development, Rio de Janeiro, 3-14 June 1992, UN Doc. A/CONF.151/26 (vol. II) (1992), at 167, para. 18.3.

⑤ 同上,第169页,第18.10段。

⑥ 1948 Convention regarding the Regime of Navigation on the Danube, 33 *UNTS* 196; 1990 Agreement concerning Cooperation on Management of Water Resources of the Danube Basin. See further, J. Linnerooth, ‘The Danube River Basin: Negotiating Settlements to Transboundary Environmental Issues’ (1990) 30 *Natural Resources Journal*, 629–60.

合委员会[①]、乍得湖流域委员会[②]、尼日尔河委员会[③]、尼罗河常设技术联合委员会[④]、赞比西河政府间监督和协调委员会[⑤]、拉普拉塔河流域政府间协调委员会[⑥]和亚马逊河合作委员会[⑦]。1979年由联合国开展的调查确认了90个与非航行利用相关的共同管理机构，分布在世界上每一个地区[⑧]，而且最近的预测表明“已有超过100个由各国建立的国际河流委员会”[⑨]。

国际水道中存在利益共同体的观点和这些利益能在公平基础上得以确认和保障的相关观点，已经得到国际司法机构裁判的支持。在“奥德河国际委员会领土管辖案”（以下简称“奥德河案”）中[⑩]，虽然案件主要涉及航行权利，国际常设法院还是引用了“指导国际河流法的一般原则”并总结道：

“可航行河流的利益共同体成为一个共同法律权利的基础，其最为重要的特点是对所有流域国在利用整条河流的水资源时完全平

① 1909 Boundary Waters Treaty, *supra*, n.3 at p.16. See further, O. Renn and R. Finson, “The Great Lakes Clean-up Program: A Role Model for International Cooperation?”, EUI Working Paper: EPU No. 91/7（European University Institute, Florence, 1991）.

② 1964 Convention and Statute Relating to the Development of the Chad Basin.

③ 1963 Act regarding Navigation and Economic Co-operation between the States of the Niger Basin, 587 *UNTS* 9.

④ 1959 Agreement between the UAR and the Republic of Sudan for the Full Utilization of Nile Waters, 453 *UNTS* 51, and 1960 Protocol Establishing the Permanent Joint Technical Committee.

⑤ 1987 Agreement on the Action Plan for the Environmentally Sound Management of the Common Zambezi River System（1987）27 *ILM* 1109.

⑥ 1969 Treaty for the River Plate（1969）8 *ILM* 905; 1973 Treaty on the River Plate and its Maritime Limits（1974）13 *ILM* 251.

⑦ 1978 Treaty for Amazonian Co-operation（1978）17 *ILM* 1045.

⑧ See United Nations, *Annotated list of multipartite and bipartite commissions concerned with non-navigational uses of international watercourses*（April, 1979），该清单列举了欧洲48个委员会、美洲23个、非洲10个、亚洲9个。详见 McCaffrey 文第16页注④，第159页。

⑨ McCaffrey 文，同上。

⑩ Judgment no. 16（10 September 1929）, PCIJ Series A, No. 23, at 5–46. Substantially reproduced in C. A. R. Robb（ed.）, *International Environmental Law Reports, Volume 1: Early Decisions*（Cambridge University Press, Cambridge,1999）, at 146–56.

等，并且排除任一流域国对其他国家享有的优先权。”[1]

事实上，在同一段落，国际常设法院提到了“满足正义要求的可能性和对利用的考量”，这表明法院期待对公平的考虑在有效保障有关国家权利方面有一席之地 b。在最近的“加布奇科沃 - 大毛罗斯大坝案”[3]中，国际法院从“奥德河案”中引用了上述段落，声称：

“国际法在现代的发展大大加强了该原则在国际水道非航行利用中的适用，明显的证明就是联合国大会通过了1997年5月21日《联合国水道公约》。”[4]

以该原则为基础，法院得出结论：

“捷克斯洛伐克单方面认为可以掌控共享资源，进而剥夺了匈牙利公平、合理分享多瑙河自然资源的权利，违反了国际法所要求的比例均衡。”[5]

McCaffrey 强调了法院的这一陈述，阐明“利益共同体的概念不仅可以作为”国际水道法的理论基础，而且可以作为通知沿岸国诸如公平利用等具体义务的原则[6]。就共同管理机构采纳并实施利益共同体路径的情况，他进一步解释道：“一个国家在国际水道系统的利益一般通过它当前和未来对水道的利用以及它对水道生态系统健康的关切等来进行界定”[7]。

在国家实践方面，一般来说利益共同体的概念可以回溯到

---

① 同上，第27~28页。

② 参见 McCaffrey 文，第16页注④第152页。

③ 第11页注②.

④ 同上，第85段。

⑤ 同上。

⑥ 第16页注④，第152页。

⑦ 同上，第165页。

1972年法国处理斯凯尔特河开放通航所颁布的一项法令①。该法令中所表达的立场很快就被许多主要调整处理国际河流中航行权的文件所采纳②。但是，一些明确提及利益共同体概念的早期协定并不局限于航行利用。例如，1905年《瑞典与挪威关于卡尔斯塔德（Karlstad）的条约》第4条规定，“构成两国之间边界或位于两国领土内的湖泊与水道或流入上述水域的湖泊与水道流域，应被认为是共有物”③。就现代条约实践而言，南部非洲发展共同体（SADC）所通过的1995年《南部非洲发展共同体区域内共享水道系统议定书》（以下简称《共享水道议定书》）第2条规定，成员国“在公平利用（共享水道）系统和相关资源中要尊重和遵守利益共同体的原则”④。然而，2000年经南部非洲发展共同体修订后的《共享水道议定书》取代了1995年议定书，没有规定任何相对应的条款而是遵循了1997年《联合国水道公约》所采取的路径。1992年《纳米比亚与南非关于建立一个常设水委员会的协定》第1条第2款规定，该委员会的目标就是“作为缔约国的技术顾问来处理与双方享有共同利益的水资源的开发与利用有关的事情”⑤。1990年，尼日利亚和尼日尔缔结了《关于在开发、保护和利用共同水资源方面公平分享的协定》，尽管协定文本采用了“共享流域”的表

---

① Décret du 16 Nov. 1792, L. le Fur and G. Chklaver, *Recueil des Textes de Droit International*（2nd edn, Paris, Dalloz, 1934）, at 67.

② 这些文件当中包括1795年5月16日《法国与巴达维亚共和国和平和结盟条约》第18条,（6 *Martens*, at 532）其主要涉及莱茵河、默兹河、斯凯特河和汉狄（Hondt）河；1803年1月25日《帝国代表团首要决议》（*Reichsdeputationshauptschluss*）（3 Martens, Supp., at 239），其涉及巴伐利亚和瑞士共和国之间共享的莱茵河部分；1811年5月14日《普鲁士与威斯特法利亚勘定边界条约》第7条和第9条。See generally, B. Vitanyi, *The International Regime of River Navigation*（alphen aan den Rijn, Sijthoff and Noordhoff, The Hague, 1979）,at 34-7.

③ 参见Berber文，第19页注⑤，第24页。

④ FAO, *Treaties Concerning the Non-Navigational Uses of International Watercourses: Africa*（FAO Legislative Study 61, 1997）, at 146.

⑤（1993）32 *ILM* 1147（emphasis added）

述[①]。明确采用利益共同体路径的条约作为例证更好，它们通常关注一个单一的共享水道体系或水资源。例如，1957年《玻利维亚与秘鲁关于对共同利用之的的喀喀湖（Titicaca）进行初步经济研究的协定》第1条中就明确提到，“两国对的的喀喀湖湖水享有共同的不可分割的和排他的所有权”[②]。实际上，在20世纪90年代初这些国家就开始建立双边管理局以实施《的的喀喀湖－德萨瓜德罗河（Desaguadero）－波奥坡湖（Poopo）－柯帕萨盐湖（Salar de Copaisa）系统双边管理计划》。McCaffrey观察到，对于现代条约来说更常见的是“将国际水道流域‘视为’共同利益之所在、而非明确‘提及’是共同流域或共同财产”[③]，他为此特别举出一些协定作为例证，有些协定允许一沿岸国为了蓄水等目的而利用另一沿岸国领土[④]，有些协定则关涉以公平分配共享水资源惠益的方式来生产和分配水电能源[⑤]。

许多评论者都提倡国际水道利益共同体原则及利用相关联的共同管理路径，尽管有少数论者认为这一路径已经演化为或者即将演化为一般或者习惯国际法的一项要求。例如，Godana指出国际水道中利益共同体的观念“对于成熟的法律共同体是最恰当的法律原则”的同时，也承认“该理念尚未发展成在条约缺位时调整国际水关系的国际法原则”[⑥]。类似地，Kaya总结道：“共同管理

---

① 参见McCaffrey，第16页注④，第157页。.

② *Legislative Texts*, No. 45, at 168.

③ 第16页注④，第158页。

④ Treaty Relating to Cooperative Development of the Water Resources of the Columbia River Basin, Article 6（17 January 1961）, 15 *UST* 1555, 542 *UNTS* 244; Agreement for the Utilization of the Waters of the Yarmuk River between Jordan and Syria（4 June 1953）, 184 *UNTS* 15.

⑤ Convention between France and Switzerland for the Development of the Water Power of the Rhone, Article 5（Berne, 4 October 1913）, *Legislative Texts*, No. 197, at 708; Treaty between the United States and Canada Relating to the Uses of the Waters of the Niagara River, Article 6（Washington DC, 27 February 1950）, 132 *UNTS* 228.

⑥ B. A. Godana, *Africa's Shared Water Resources: Legal and Institutional Aspects of the Nile, Niger and Senegal River Systems*（Frances Pinter, London, 1985）, at 49.

理论没能从习惯国际法中获得足够的支持”，并进一步论断：

“尽管在有关国际水道间进行的国际合作大量增加，也不够得出（支持）共同管理国际水道的论点。事实上，国家很少愿意将他们在重要资源上的权力让渡给国际机构授权其独立或甚至自治管理国际水道。”①

Caflisch 注意到，在国际法中出现即特定的共享自然资源（如深海海底和天体）是人类“共同遗产”的观点，同时询问这个观点能否转而适用到国际水道中，以及能在多大程度上转而适用到国际水道中②。他继续考虑了把国际水道“非国有化”和将其由单一国家转变为联合组织进行管理的优点，由此得出结论“虽然很清楚的是通过公约可以设立共同管理权，但根据习惯法规则不能坚持认为整个国际水道包括其资源构成了一共同管理权”③。晚近，Fitzmaurice 和 Elias 解释说：

“利益共同体理论应该与所谓的共同管理理论区别开来。后者有一些国家实践来支持，但实践的狭隘性使人怀疑这种可能性，即利益共同体或共同管理理论已经进入习惯国际法的主体。”④

他们也总结出，“不过，北欧国家国际水道的管理很明显遵从共同管理理论，经由联合管理机构——界河委员会——来规范该地区所有国际水道的利用”⑤。

因此，流域国通过条约建立共同管理制度必须是自愿安排的。一般国际法规则不会给流域国施加积极的义务并且强迫其去创立如此制度。根据 Olmstead 的说法，“国际法仅限制国家单独行为的

① 第20页注①，第205页。

② L. Caflisch, “Regles Generales du Droit des Cours d’Eau Internationaux”, 219 *Recueil des Cours* 19（1989-VII）（1992）, at 59-61, cited in McCaffrey , *supra,* n.4 at p.16, at 163-4.

③ 参见 McCaffrey 的总结，同上，第164页。

④ 第15页注①, at 14.

⑤ 同上。

自由而不会要求联合利用”[①]。然而，很明显国家参与这种安排的累积实践应该有助于包含合作义务的各种规则在习惯国际法或一般国际法中（获得）规范地位[②]。反过来，通过善意参与到共同管理机构将能够满足其内在的义务，以此能表现那些程序性规则的实质性内容。有趣的是，1992年联合国欧洲经济委员会（UNECE）在赫尔辛基签订《跨界水道和国际湖泊保护和利用公约》[③]（以下简称《赫尔辛基公约》）截至2000年年底有26个签署国和32个缔约国，它要求“缔约国达成双边或多边协定或其他的安排，以建立开展广泛环境工作的联合机构”[④]。并且，如果认识到流域的自然整体性可以在国际法层面上获得支持，那么由此认为共同管理将成为更易被接受和更具吸引力的路径就合情合理了。实际上，所谓的国际水道环境保护“生态系统”方法的不断进化和发展可能会大大提高对流域自然整体性的法律认识，并因此加大对共同管理机构的需要[⑤]。实际上，在讨论有必要对国际流域“进行生态管理”的背景下，Kaya总结道：

“根据近来研究中对国际法相关渊源的考察发现，看起来有必要建立一个积极而又可以持续修订的条约机制，而这只能在每一个流域建立一个拥有足够权力和措施的共同水机构才能做到。”[⑥]

类似的情况是1997年《联合国水道公约》也积极鼓动流域国进行共同管理安排[⑦]。最有意义的是，该公约第5条第2款所规定的

① C. J. Olmstead, “Introduction”, in Garretson et al., *supra*, n.4 at p.14, at 9.

② 关于合作义务，参见本书第7章和第8章。

③ (1992) 31 *ILM* 1312.

④ 第9条第1款和第2款。

⑤ 参见本书第7章。关于“生态系统路径”，详见O. McIntyre, “The Emergence of an “Ecosystem Approach” to the Protection of International Watercourses under International Law” (2004) 13:1 *Review of European Community and International Environmental Law*, 1.

⑥ 第20页注①，第189页。

⑦ 第14页注③.

且与平等利用规则的实施关系密切的“公平参与”原则①，表明了联合机制可能发挥作用的性质和范围②。国际法委员会在对该公约的前身——1994年《条款草案》的评论中解释道，其第5条第2款涉及的“不仅是利用国际水道的权利，还有为了保护和开发水道而与其他水道国积极合作的义务”③,Tanzi和Arcari认为该条款“不仅要求相互协调而且要求更有意义的合作形式”④。实际上，他们同意如果一个国家不能积极参与到蕴涵于公平参与的程序性要求中，“这会使该国很难声称它的计划内或实际的利用依据《联合国水道公约》第5条是公平的”⑤。沿岸国非常有可能仔细考虑加入或者参与一个区域性水机构或河流委员会的邀请。并且，该公约第8条为水道国施加了一项一般义务，即开展合作“以获得对国际水道的最佳利用和充分保护”，第8条第2款明确建议利用联合机制和联合委员会。它是这样规定的：

“在决定合作的方式时，水道国可以在其认为必要时，考虑建立联合机制或联合委员会，而根据从各个区域现存联合机制和委员会的合作中获得的经验，将有利于在相关举措和程序上的合作。”

这些安排一般会被认为将有效促进该公约第9条要求的数据和信息的常规交换。第9条第1款规定：

“根据第8条，水道国应该定期交换关于水道状况的易得数据和信息，尤其是流域的水文、气象、水文地质和生态特性、其他与水质有关还有相关预报的数据和信息。”

---

① 《联合国水道公约》第5条第2款规定：水道国应该以公平与合理的方式参与利用、开发和保护国际水道。正如本公约所规定的，这种参与既包括有权利利用水道也包括有义务合作保护和开发水道。

② 详见本书第3章。

③ *Report of the International Law Commission on the Work of its Forty-Sixth Session* (1994), A/49/10/1994, at 2220. See also, (1994) 24/6 *Environmental Policy and Law*, at 335-68.

④ 第44页注⑤，第109页。

⑤ 同上。

根据第9条第1款所列举的各种信息，可以很清楚地看出，在遵循《联合国水道公约》第5条和第6条所阐释的公平利用原则的前提下，由共同管理机构所推动的常规信息交换将会在确定一个公平的国际水道利用制度方面起着至关重要的作用。此外，就“预防、削减和控制污染”而言，该公约第21条规定“水道国应该单独或在适当的地方联合起来以阻止、削减和控制可能对国际水道造成实质性损害的污染……”并且“水道国在该方面应该采取措施以协调它们的政策”①。为此目标，第21条提出的共同约定的措施和方法包括“设定共同水质目标和准则”②，因此共同管理机制的潜在作用是明显的。而且，该公约中关于国际水道“管理”的第24条规定：“水道国应该在其中任何一国的要求下协商考虑关于国际水道的管理问题，这有可能包括建立联合管理机制”③。Fitzmaurice和Elias对第24条作了解释，认为它包含的内容“仅是国际水道管理上的程序性规则”。他们要求国家之间进行协商并愿意承认“该公约并未明确要求国际水道的联合管理”④。该条款似乎表明了为了水道环境保护规划目的而利用永久性共同管理机构会产生的效用，并特地进一步规定“管理”是指：

“计划国际水道的可持续发展并且为任何被采纳计划的实施做准备，和同时推动水道的理性且最优利用、保护和控制。”⑤

而1994年对《条款草案》第24条的评论声称，“实践中，各国已经建立了许多联合河流、湖泊及相似的委员会，其中许多担负着管理国际水道的职责”，它强调它“并不要求国家建立诸如委员会或其他管理机制的联合组织”，并且指出“国际水道的管理也可能受到一些非正式安排的影响，例如在相关国家的有关机构或

① 第21条第2款（着重强调）。

② 第21条第3款第a项。

③ 第24条第1款（着重强调）。

④ 第15页注①，第14条。

⑤ 第24条第2款。

其他代表之间召开定期会议”①。最后，公约在处理因为解释或适用公约所产生争端方面为共同管理机制设定了一个角色，它规定：

“如果有关当事国不能通过谈判达成协定……他们可以联合寻求第三方的斡旋或请求第三方的调停或调解，或在恰当的时候利用他们可能已建立的任何联合水道机构。”②

值得注意的是，第8条第2款中明确提及的“建立联合机制或委员会”起初并未包括在1994年《条款草案》中，而是后来加进去的，这大致表明共同管理方式越来越被接受，人们越来越意识到它的优点。

说到它的优点，绝大多数论者同意“所有的沿岸国在国际水道中都是利益共同体的观念强化了有限领土主权学说，而不是与该学说相矛盾”这一观点，同时他们提出了适用联合机制路径所具有的几大优势③。例如，McCaffrey 指出“它更确切地描述了地理事实的规范后果，即水道毕竟是一个整体”，而且，“它意味着集体或联合行动”，“并要求共享治理”④。论者们表达他们的关切已经有段时间了，即如果缺少共同管理安排，传统的国际水法实体性规则，包括无害规则和公平利用原则，可能在处理缺水和水质问题方面受到限制⑤。例如，Utton在1974年论及公平利用时注意到：

“然而，该学说有一个局限性即蕴含了国家主义无效率的隐患。公平利用学说打算将沿岸河资源分成均等的份额，每一个沿岸国对每一份进行独自开发……然而，尽管公平独立开发很令人期待，但

---

① 第42页注③，第301页。

② 第33条第1款（着重强调）。

③ McCaffrey文，第16页注④，第168条。

④ 同上，第169条。

⑤ A. Tanzi and M. Arcari, *The United Nations Convention on the Law of International Watercourses*（Kluwer Law International, The Hague/Boston, 2001）, at 18. 详见L. Caflisch文，第40页注②，第139页。

独自开发不可能对资源进行最有效率的利用。”①

Tanzi 和 Arcari 认为：

“这与下述考量背景有所不同，即，沿岸国通过整体管理和开发追求对国际水道最佳利用的观念，在法律文件和政府间国际论坛中都已获得广泛的接受。”②

他们还注意到，“在公平利用原则的现代意涵里，可持续利用的目的应该与最佳利用的更功利主义的范式相协调”，并且，

“很显然可持续利用的合理实现取决于沿岸国之间在共享水道的联合和整体管理中有同等的合作和参与，我们早在之前就认为其是最佳利用的前提条件。”③

这些论者继续总结道：

“如果进行信息交流、协商和通知对具体确定国家在利用国际水道中实体性权利至关重要的话，很明显，河水最佳和可持续利用的长期目标仅在沿岸国能永久而不是偶尔去进行程序性合作的基础上才能发挥充分的效用。”④

然而，一段时间以来，专门为国际水道环境管理的特定目标建立共同管理机制的有效性已经很明显，并且会越来越有效。Von Moltke 指出：

“为环境管理创建新机构的趋势不是新的趋势，它内在于问题的本质之中。在管理环境资源的最古老机构中，就是那些处理分配和利用水资源的机构……。”⑤

---

① A. E. Utton, “International Water Quality Law”, in L. Teclaff and A. E. Utton (eds), *International Environmental Law* (Praeger, New York, 1974) 154, at 182.

② 第44页注⑤，第18条。

③ 同上，第20页。

④ 同上，第20~21页。

⑤ K. von Moltke, “International Commission and Implementation of International

他继续引用早期的例子，包括维也纳大会建立但是直到1868年的《曼海姆条约》才开始发挥作用的莱茵河委员会①、1878年建立的多瑙河委员会、1889年建立的美国与墨西哥的国际边界和水委员会②。实际上，Von Moltke详细引用了经合组织（OECD）在1977年组织的国际河流流域委员会工作研讨会上所编纂报告的最终评论，该报告注意到：

"在过去十年里，在国际水域中为解决跨境污染问题国际合作显著加强。越来越多的委员会建立起来，并且还有更多的正在谈判之中，因此经合组织国家中其淡水水体受到跨界污染的每一个边境都将很快有一个委员会负责。"③

报告继续评论了这些委员会共同拥有的一个特征的意义，即，委员会拥有科学和技术的专业知识，并且他们通常能根据这些专业知识提供公正的建议④。

因此，"共享资源"建立在共同财产的基础之上并且在很多国际论坛上被作为描述跨界自然资源⑤包括淡水资源⑥法律地位的一种方法而被提出，但这一激进的概念遇到了各国普遍地反对⑦，

Environmental Law", in J. E. Carrol, *International Environmental Diplomacy*（Cambridge University Press, Cambridge, 1988）, at 89.

① 关于1815年《维也纳会议最终法案》文本，参见 *Droit International et Histoire Diplomatique*（Paris, 1970）, Vol. II, at 6.

② Von Moltke文，第45页注⑤，第89~90页。

③ 同上，第91页。

④ 同上，第92页。关于共同管理机制在国际水道环境保护中所起的重要意义，详见本书第九章。

⑤ 特别参见 UNEP Governing Council's Draft Principles of Conduct in the Field of the Environment for the Guidance of States in the Conservation and Harmonious Utilization of Natural Resources Shared by Two or More States, 17 *ILM* 1097（1978）; Article 3 of the Charter of Economic Rights and Duties of States, UNGA Res. 3281（XXIX）.

⑥ 特别参见Sections G and H of the Mar del Plata Action Plan, *Report of the United Nations Water Conference, Mar del Plata, 14-25 March 1977*, UN Doc, E/CONF.70/29（1977）, at 49-55.

⑦ 见 Tanzi and Arcari文，第44页注⑤，第22页。详见 S. Schwebel, *Second Report*

然而，其“共享资源”概念下隐含的基本观念和利益共同体理论构成了国际水道法领域的基础[①]。国家在缺少法律强制义务的情况下仅是做了实际和有效的安排以认可国际水道或流域的整体特性，水道国之间的相互依靠以及合作也达到了最佳利用的优势。实际上，就像 Cecil Olmstead 在1967年所能看到的那样：

> “因为人类不能改变既定的地理事实，也很难改变已成型的政治疆域，它必须为了全体人类利益最大化在开发国际资源中合作。虽然国际法并未要求流域国联合开发水资源，然而，因为认识到了他们的共同利益，越来越多的国家自愿达成关于国际流域的联合计划和开发协议。”[②]

此外，我们有可能确认这些趋势，即国际水道或多或少有可能从采用共同管理安排中获益。例如，McCaffrey 指出，联合机制广泛利用国际水道尤其可能和在流域中相毗邻的国家建立联合机制[③]，因为这些国家的利益通常是显而易见而且联系紧密的。[④]

（二）术语

国际法中在本领域传统的不确定性因为术语和概念的不确定性而恶化，后者部分是因为一般国际法法典化的历史性缺失，部分是因为法律工作者对于流域系统如何工作缺少专业理解。目前来说，在这方面最重要的问题是确认和定义国际法将产生作用的

---

on the Law of the Non-Navigational Uses of Internatioanl Watercourses, UN Doc. A/CN.4/332 and Add. 1（1980）, reprinted in [1980] 2（1）*Yearbook of International Law Commission* 159, at 180-97. 实际上，Fitzmaurice 和 Elias（第15页注①，第10~11页）指出，虽然国际法委员会随后在1980年代放弃了该概念，“（由于）……其全新而模糊的特性以及法律后果方面的不确定性，（委员会）明确认可了在国际水道领域采用‘共享资源’主义的最低价值。……该观点在多瑙河质量中作为‘共享资源’由国际法院在‘加布奇科沃—大毛罗斯大坝案’将多瑙河认定为一项‘共享资源’，就是对这种观点的支持”。

① Tanzi and Arcari 文，同上，第23页。

② 第41页注①，第7页。

③ 第16页注④，第159页。

④ 同上，第168页，在这里他指出界河：“很显然涉及河流两岸的任何工事——例如大坝——都应该受共同流域国相关协定的主题并行密切的合作”。

流域的单元模式，亦即构成一个特定的国际水资源系统的任何可接受的法律定义的范围。当前，对于采用更狭义、更传统的“水道（watercourse）”概念，还是更广义、更先进、科学上更合理的“流域（drainage basin）”概念应该构成法律进一步发展的基础，还存在分歧①。也可能提出第三条路，即河流系统的国际特色可以在水道国任何行动产生跨界作用的基础上进行定义。

1815年《维也纳会议最后文本》②、1919年《凡尔赛和约》③和1921年《巴塞罗那公约和规约》④都有对国际河流的传统定义。这些定义有其局限性，人们应该注意到这些法律文书主要是从航行的视角来看待河流的。Bruhacs 指出在许多水道条约中都对什么构成国际河流或者水道采用了限制性解释，他声称：

“大约有1/3的条约适用于所谓的边界河流，即那些被化作边界的河流或湖泊或穿越边境的河流，因此条约在地理上的适用范围与涵盖了整体河流的国际水道的定义并不完全一致。”⑤

他继续指出，“此外，不同的条约常常可以适用于同一条河流”⑥。他还引用了国家在此问题上对国际法委员会1974年调查表的反应⑦，指出，“超过一半的国家主张国际流域的概念应该与国际

---

① See J. Bruhacs, “The Problem of the Definition of an International Watercourses”, in *Questions of International Law*（Sijthpff & Noordhoff and Academiai Kiado, Budapest, 1986）, Vol. 3, at 70.

② 第46页注①，第108条。

③ Treaty of Versailles, Article 331, *British and Foreign State Papers*, 1919, Vol CXII,（HMSO, London, 1922）.

④ Article 1, League of Nations Treaty Series, Vol. 2, at 37.

⑤ 第48页注①，第73页。

⑥ 同上。

⑦ *ILC Yearbook* 1974, Vol. II Part One at 149. 参见 Bruhacs 文，同上。

国际法委员会所提出的问题是：

（A）淡水利用法律问题的合理范围应该是什么；而且淡水污染法律问题的合理范围又应该是什么？

（B）国际流域的地理概念对研究国际水道非航行利用的法律问题是一个合理的基础吗？

河流的传统定义相关联"①。很明显国家关心的是：调整河流管理方方面面的多个主权的制度，可能会导致领土的大肆扩张②。Bruhacs总结指出，这些国家更愿意利用限制性的国际水道的定义，因为它符合国际实践，而对更大范围领域的考虑可能必然招致一些问题亦或因为他们希望保留行动的自由③。Teclaff从另一个角度宣称，在某种程度上（国家）不愿意接受国际河流的法律统一性，是因为缺少构成形成中的国际法原则基础的国家实践，但是主要是因为国家希望对各自边界内所有的水都有完全的控制权。因此，他做出总结：认识到所有河流流域水体的整体性对发展适宜的国际法原则是必不可少的④。然而Bruhacs也注意到，一些传统定义的追随者在接受国际水道分类扩大化时在某种程度上还举棋不定⑤。例如，他指出法国声明接受国际流域概念以保护水资源免受污染⑥，巴西和德国则是传统定义的拥护者，已经签署了领土适用范围扩大到流域系统的公约。⑦

1. 国际流域或国际水道

随着对水循环科学理解的发展，很明显，"早期的最小化的路径"⑧亦即国际河流的概念"不够全面，无法为对水源利用中国家权

（C）国际流域的地理概念对研究国际水道污染的法律问题是一个合理的基础吗?

① 这些回应包括：德意志联邦共和国（国际法委员会1976年年鉴，第II卷，第1部分，第160页），澳大利亚（同上，第161页），巴西（第162页），加拿大（第163页），哥伦比亚（第162页），厄瓜多尔（第163页），西班牙（第162页），波兰（第169页），等等。

② Fitzmaurice and Elias 文，第15页注①，第9页。亦可参见 J. Sette-Camara, "Pollution of International Rivers"（1984）186 *Recueil des Cours*, at p.128.

③ 第48页注①，第73页。

④ 第11页注①，第45页。

⑤ 第48页注①，第74页。

⑥ *ILC Yearbook* 1976, Vol. II, Part One, at 165.

⑦ 巴西：1978 Convention on Water Economy in the Amazon Basin（1978）17 *ILM* 5. 德国：1976 Convention concerning the Protection of the Rhine Against Chemical Pollution（1977）16 *ILM* 242.

⑧ UN Doc. E/C. 7/2, para. 1.

利进行充分的法律分析提供基础①，因为它没有反映出这样一个事实，即任何淡水水体都是由不同的地质成分构成的，而它们结合在一起形成了一个统一的整体。这些地质成分包括地表水（即河流、湖泊和运河）、地下水以及整个集水区域。因此，后来人们的注意力转移到了国际流域的概念，它将”提供事实上的水经济模式并可能籍此解决相关争端②。尽管坚持沿岸国权利学说，流域的概念或至少是河流系统整体论的基本概念，19世纪后半叶中开始得到国家法律体系的承认③。例如，美国内陆水道委员会一开始就赞同该方式，并在它的最后报告中宣称：为了最大限度利用它的水资源，河流流域应该被视为一个整体④。河流流域一体化概念对国际水资源的发展是合理的观念，最早由国际法委员会在其1956年的杜布罗夫尼克会议上提出。这次会议上通过的一项决议声称：

> “不管是从将河流流域视为统一整体的观点来看，还是从最多样性地利用水的观念来看，沿岸国应该尽最可能地团结一致充分利用河流水源，目的是保证所有国家的最大利益。”⑤

在此之前，该概念在国际层面上已经取得了一定进展。例如联合国秘书长在1956年明确宣布“河流流域的开发现被认为是经济发展的一个显著特色”⑥。国际法委员会在1958年的纽约大会上确认通过这一概念，当时人们原则上同意在一流域中的河流和湖泊体系应该被看作统一整体而不是割裂开来⑦。这种趋势又在国际

---

① C. J. Olmstead, “Introduction” , in Garretson et al.（eds）, supra, n. 4 at p.14, at 4.

② A. M. Hirsch, “Some Aspects of River Utilization in Arid Areas”（1961）20 *American Journal of Ecology and Society*, 286, quoted by Olmstead, *ibid.*

③ Teclaff 文，第11页注①，第65页。

④ S. Doc. No. 469, 62nd Cong., 2d Sess. 52（1912）; Teclaff, *ibid*, at 66.

⑤ International Law Association, Report of the Forty-Seventh Conference（Dubrovnik,1956）, at 242.

⑥ 21 U. N., ESCOR, Annexes at 6（E/2827）（1956）; 参见 Teclaff 文，第11页注①，第66页。

⑦ Agreed Principle I, Resolution（1）, “The Uses of Waters of International Rivers” , International Law Association, *Report of the Forty-Eighth Conference*（New York,1958）, at 99.

法研究院1961年《萨尔兹堡宣言》中得到重申[①]，它扩展了国际法研究院关于共享水资源讨论的范围，即从处理单条河流到处理处于同一分水岭中的所有河流。以下是流域的一个一般定义：

"流域是这样一个区域，该区域涉及在地表和地下集汇流经水道的水流并可以补充静水水源。根据地形地图，地面排水道由一条分水岭围起来以作标记，而地下分水岭的位置则需要更详细的地下水文图。"[②]

紧接着国际法协会在《赫尔辛基规则》中对该概念下了定义，该文件是由知名的国际法组织关于这一主题的第一次主要的法典化努力，该定义认为流域"是扩展到或穿过两个或更多国家领土的地理区域，它被水系的分水岭围起来，包括地表水和地下水，而所有的水都流入一个共同的终点"[③]。在该定义下，一条国际河流仅是流域的一部分，流域可以由许多河流（无论是国际河流或其他河流）以及诸如地下水这样的水体组成。Teclaff认为，《赫尔辛基规则》虽然没能明确声称但也暗示了地下水和港湾水以及地表水，通过循环体系互相连接，因此为水环境制定法律和管理体系的整体模式奠定了基础[④]。值得注意的是流域概念已经被国际法协会在2004年《柏林规则》所采用，该文件是"对《赫尔辛基规则》及该协会所不时通过的相关规则的全面修订"：

"它对适用到国际流域的习惯国际法提供了清晰的有说服力的协调的陈述，同时也推动了为21世纪处理国际或全球水源管理正

---

① International Law Institute, 'Resolution on the International Non-Maritime Waters'（Salzburg, 1961）49 *Annuaire de L'Institute de Droit International* II（Salzburg Session, September 1961）, at 381-4.

② Vizgazdalkodasi Lexikon（Encyclopedia of Water Management）, at 812. 参见Bruhacs文，第48页注①，第75页。

③ Article II, International Law Association, Helsinki Rules on the Uses of the Waters of International Rivers, *Report of the Fifth-Second Conference of the International Law Association*（1966）. 参见Garretson等文，第14页注④，附录A，第780页。

④ 第11页注①，第69页。

在出现的问题所需要的法律的发展。”[①]

《柏林规则》认为“流域是由相互连接的水源系统的地理限制所决定的区域，其地表水通常流入一个相同的终点”[②]，而“国际流域则涵盖两个或更多个国家”[③]。

国际流域的概念或至少国际水道一体化概念，已经得到各种背景的论者的支持。例如美国人 Teclaff 力挺该概念，虽然河流流域存在以下事实：

“它绝对不是一个一直稳定或界限明晰的区域，但是不管是这个事实还是地表水和地下水流的复杂性都不会使这个一般性的命题无效，即可以找到流域出口的水体形成了一个独立的体系。气候、地貌、土壤和植被一起使河流处于一种微妙平衡中。如果这些因素中的任何一个有了变化，整个河流系统马上会做出回应以恢复平衡。”[④]

Bruhacs 特别列举了这一概念的支持者如[⑤]，德国法学家 Kaufman[⑥]、意大利法学家 Decleva[⑦] 和美国法学家 Utton[⑧]，但是他也举了反对该概念的西方论者的例子[⑨]。他列举了社会主义法学中

① ILA, *Berlin Rules on Water Resources Law*（2004）, supra, n. 123, commentary, at 2-3. Available at http://www.asil.org/ilib/WaterReport2004.pdf.

② 第3条第5款。

③ 第3条第13款。

④ L. A. Teclaff, The River Basin in History and Law（Martinus Nijhoff, The Hague, 1967）, at 11-12. 所以，Teclaff 可能是早期对以所谓“生态系统路径”保护国际水道的赞同者。详见本书第七章，和 McIntyre 文，第41页注⑤.

⑤ 第48页注①，第76页。

⑥ E. Kaufman, “Regles generales de la paiz”（1935）54 *Recueil des cours de L'Academie de Droit International*, at 390.

⑦ M. Decleva, *L'utilizzazione delle acque nel diritto internazionale*（Universita di Trieste, 1939）, at 104-105.

⑧ A. E. Utton, “International Water Quality Law”, in L. A. Teclaff and A. E. Utton（eds）, *International Environmental Law*（Praeger, New York, 1974）, at 171 and 185.

⑨ G. Suaser-Hall, “L'utilization industrielle des fleuves internationqux”（1953-II）83

在该问题上的差别，赞同国际流域的有俄罗斯法学家Klimenko与南斯拉夫法学家Andrassy，而斯洛伐克法学家Cuth①、罗马尼亚法学家Duclulescu②和保加利亚法学家Kutikov③则反对该概念。Klimenko的观点认为，“领土限制不能得到保证④，且水道的相互连接产生了共同利益，同时为国家创设了明确的权利，也施加了明确的义务”⑤。另外，他明确将水道概念扩展至包括地下水流⑥。Andrassy在他为国际法协会准备的草案中声称，水道系统的自然统一性是循环系统的统一性，他将流域看做应当适用国际法规则的一种区域⑦。可是，他在同一本著作中也承认，水道或河流系统的应然法律统一性的观点不会被国际法认可⑧。

在国际实践中，该概念得到了一些支持。例如，1923年《关于影响多个国家水力发展的日内瓦公约》草案中提到了“构成位于多个国家领土的流域一部分的水体”，在委员会报告中该术语被解释为“一个由水道及其支流带走水体的区域”⑨。然而，该公约的实际文本剔除了此术语，且该公约只是被寥寥几个国家批准而从未生

Recueil des cours de L'Academie de Droit International, at 476; A. Patry, “Le regime des cours d'eau internationaux”(1963)*Candian Yearbook of International Law,* at 173.

① F. Cuth, *The Non-navigational Uses of Rivers and International Law*(Bratislava, 1968), at 12-13.

② V. Duculescu, “*L'utilization des fleuves internationaux en vue des irrigations, la lutte pour prevenir et combattre les inundations*”(1971)*Revue Roumaine d'Etudes Internationales,* at 168.

③ V. Kutikov, “Quelques aspects de l' evolution recente du droit international en Europe”, Conference sur le droit international, Lagonissi, 1966,(Geneva, 1967), Vol. I, at 11.

④ B. M. Klimenko, *International Rivers*(Moscow, 1969), at 23, 参见Bruhacs文，第48页注①，第76~7页。

⑤ 同上，第13、15和16页。

⑥ 同上，第25页。

⑦ J. Andrassy, “Utilisation des eaux internationals non maritimes(en dehors de la navigation)”, *Annuaire de L'Institute de Droit International*(1959), Vol. 1, at 210. 参见Bruhacs文，第48页注①，第77页。

⑧ 同上，第166页。

⑨ 参见Bruhacs文，第48页注①，第77页。

效。另外，在同样主题的1973年公约草案中，亚非法律咨询委员会的次委员会在该草案第1条中规定，所制定出的规则应适用于国际流域水体的利用[①]。然而，该提议最终也没能反映在公约的终稿中。更重要的是存在一种现状，即许多国际水道条约的领土适用范围扩展到了有关国际流域的整个区域。根据Bruhacs的研究，此类公约的数量从1950年的3个增加到了1971年的25个[②]。重要的实例包括美国与加拿大之间在1909年签订的《边界水条约》，该公约适用于圣玛丽河和麦尔克河流域；1969年的《拉普拉塔河流域条约》；1978年的《亚马逊协定公约》；1960年的《印度河水条约》；1963年的《尼日尔河法案》；1959年埃及与苏丹之间的《尼罗河协定》和1976年《防止莱茵河污染协定》。在支持流域概念上应当注意这样一种现象：在回应国际法委员会1974年的调查表时[③]，少数国家在水道整体性的基础上接受了国际流域的概念[④]。就司法裁决而言，国际常设法院裁定"国际河流"的术语应当适用于整个河流体系，包括完全属于一国的支流，虽然我们应当记住该规则是为自由航行权而制定的。[⑤]我们也应该注意与国际水问题有关联的联合国机构都一致认为流域是水源管理的单位[⑥]。

可是，在所有国际法典化机构中最重要的机构——国际法委员会经过深思熟虑，最终否决了流域这一概念[⑦]。当国际法委员会第一任特

---

① 同上。

② 同上，第77~78页。

③ 第48页注⑦。

④ 美国（《国际法委员会1976年年鉴》，第II卷，第1部分，第164页）、芬兰（同上，第165页）、匈牙利（第166至167页）、菲律宾（第168页）、瑞典（第169页）、阿根廷（第176页）、巴巴多斯（第171页）、印度尼西亚（第173页）、巴基斯坦（第173页）、荷兰（第173页）；参见Bruhacs文，第48页注①，第79页。

⑤ *Territorial Jurisdiction of the International Commission of the River Oder case, supra*, n. 10 at p.36.

⑥ 例如，Integrated River Basin Development（UN Doc. E/30 066/Rev.1）. 参见Bruhacs文，第48页注①，第79页。

⑦ Teclaff文，第11页注①，第70页。参见（1974）*Yearbook of the International Law Commission*, Vol. II, Part 1, at 149.

别报告员建议“国际水道”就是国际河流流域的同义词时，[①]各国分成了两派，下游国家青睐于整体性的河流流域模式而上游国家则反对。为了达成协调意见，第二任特别报告员提出了“河流体系”概念，[②]它被委员会作为工作假说而采纳，其被定义为：

“由诸如河流、湖泊、运河、冰川和地下水等水文要素组成，正是由于它们的自然地理关系组成了一个统一的整体；因此，任何影响体系中一部分水体的用途也会影响其他部分水体。……推而及之，如果一个国家水体的一部分没有受到其他国家水体利用的影响或没有影响到其他国家水体的利用，这些河流就不会被认为是被包括在国际水道体系中。”[③]

然而，这个概念被第三特别报告员排除，因为他感到该概念与河流流域概念太相近，所以缺少灵活性，过于僵化。他关心的是利用河流体系的概念可能允许在分配水资源时考虑到土地的利用，并且它可以“引入法律的上层建筑，从中也许能推导出不能预见的原则”[④]。

国际法委员会在1994年完成了在该主题上的工作并且采纳了一系列《条款草案》[⑤]（以及一项关于承压地下水的决议），它建议联合国大会考虑由其或由全权大使参加的国际会议在《条款草案》基础上通过一项公约。《条款草案》未采用更广泛的流域概念，相反继续以国际水道（的概念）为基础，“水道”被定义为“地表水和地下水

① *First Report on the Law of the Non-Navigational Uses of International Watercourses*（1976）2 *Yearbook of the International Law Commission*, Vol. II, Part 2, at 191; U.N. Doc. A/CN.4/295, para. 49（1976）. 详见 Teclaff 文，第11页注①，第70页。

② *Reconsideration of Draft Articles Submitted by the Special Rapporteur In his First Report*（1980）*Yearbook of the International Law Commision*, Vol. II, Part. 1, at 167–70, U.N. Doc. A/CN.4/332 and Add.1（1980）.

③ *Report of the International Law Commission on the work of its Thirty-Second Session*, 35 U.N. Gaor Supp.（No. 10）at 247, reprinted in U.N. Doc. A/35/10（1980）.

④ *Report of the International Law Commission on the work of its Thirty-Sixth Session*, 35 U.N. GOAR Supp.（No. 10）at 213, reprinted in U.N. Doc. A/39/10（1984）.

⑤ 第42页注③。

系统，由于他们之间的自然关系，构成一个整体单元，并且通常流入共同的终点”①。该定义已经深深渗透在1997年《联合国水道公约》中②。根据《条款草案》的评注意见：

“短语‘地下水’指的是由许多不同因素构成的水文体系，其水流从中会从地表之上和之下流动。这些因素包括河流、湖泊、蓄水层、冰川、水库和运河。只要这些因素互相联系，他们就构成了流域的一部分。”③

在早期草案中对《条款草案》范围的限制是水流系统必须“流入一个共同的终点”，这一限制以加入“通常（normally）”这个单词而被修改。根据评注意见，该项修正为：

“有意去反映关于水流运动复杂性的现代水文知识，并反映一些特例，如里奥格兰德河、伊洛瓦底河（Irawaddy）、湄公河和尼罗河，这些河流通过地下水整体或部分流入海洋，很多支流相互之间间隔可能有300公里（三角洲），在一年的某一特定时间处于枯水期不能流入湖泊，在其他时间无法流入海洋。”④

国际法委员会的《条款草案》和1997年《联合国水道公约》代表着目前该领域法典化最为详尽和合意的努力；因此，其中包含的“国际水道”的定义可以被作为一般国际法最准确的表述。

然而，值得注意的是采用“流域”还是“水道”概念的争论，很大程度上可能因为一些事件而中止，至少在有关共享国际水资

---

① 第2条b款。第2条的全文是：

“为了本条款的目的：

“(a)‘国际水道’是指其组成部分位于不同国家的水道；

“(b)‘水道’意指其自然地理关系是一个统一整体且通常流入共同的终点所的地表水和地下水组成的体系。

“(c)‘水道国’是指部分国际水道位于其领土内的国家。”

② 第14页注③，第2条。

③ 第42页注③，第200页（以下称为“评注意见”）。

④ 同上，第201~202页。

源的环境保护要求上如此。在1992年《赫尔辛基公约》[①]和1997年《联合国水道公约》等一些重要的多边公约中采纳所谓的环境保护"生态系统路径"，将会增强对流域自然整体性的法律认知，从而突破国际水法的传统局限而扩大其适用范围[②]。例如，Birnie和Boyle总结道：

"让人质疑的是，委员会在术语上的谨慎选择能否以一种有意义的方式真正起到限制该种义务潜在范围的作用。任何保护河流'生态系统'的努力都不能避免影响到周围的土地或他们的'环境'。"[③]

同样地，Brunnee和Toope总结道，"可以说，国际法委员会已将流域路径引入到《条款草案》中，同时避免公开采用有争端的术语"[④]。他们的结论建立在如下事实上：在《条款草案》和《联合国水道公约》中，"生态系统导向的问题是通过诸如禁止对其他水道国家及其环境造成损害等规则来最大程度地含蓄表达，而不是通过相关条款明确限定其范围"[⑤]。

2. 具有跨界影响的流域单元的定义

定义"国际水道"问题的另一个替代性方法，是从沿岸国行动所产生跨界影响的角度来界定水道的国际特征。该种方法受到了Bruhacs的推崇[⑥]，它建立在"英挪渔业案"引申出来的原则

① 第41页注③。

② 详见本书第七章，及O. McIntyre, "The Emergence of an 'Ecosystem Approach' to the Protection of International Freshwaters under International Law", *supra*, n. 5 at p.41.

③ P. Birnie and A. E. Boyle, *International Law and the Environment* (2nd edn, OUP, Oxford, 2002), at 314.

④ J. Brunnee and S. J. Toope, "Environmental Security and Freshwater Resources: A Case for International Ecosystem" (1994) 5 *Yearbook of International Environmental Law*, 41, at 60. See also, J. Brunnee and S. J. Toope, "Environmental Security and Freshwater Resources: Ecosystem Regime Building" (1997) 91:1 *American Journal of International Law*, 26.

⑤ 同上。

⑥ 第48页注①，第80页。

上[1]，即一个国家的任何行为如果仅在其领土范围中造成影响，就不在国际法的适用范围内，国际法规则只适用于一个行为的影响超出了国家边界的情况。水流的地理或水文统一性本身没有太大意义，国际法仅在流域任何一部分的利用造成了跨界影响时才发挥效用。换句话说，跨界影响要求国际法规则仅适用于国际属性的相关水道。Bruhacs 引用了一些支持该方法的论者的观点[2]，包括 Decleva[3]，Drager[4]，Andrassy[5] 和 Cuth, 他们认为一条河流的地理位置不能预先决定它是国内的还是国际的，但是“重点是通过其利用而建立的关系”[6]。类似地，Bruhacs 指出，Klimenko 总结说“因为河流的利用涉及国际问题”，所以相互间的联系得以确立[7]。Chauhan 赞同该观点，他强调了地理概念和法律概念之间的区别，同时提出从法律的角度来看“国际性”问题，一条（国际性）河流要受到由多个国家根据国际法文件或措施所引发的一些权利、利益或主张的约束[8]。可是，该方法遭到多数论者的诟病，包括 Kaya，他指出：

“否认一条其组成或穿越两国之间边界的水道之国际特征并不能阻止它在其他国家的领土上或者在来源国管辖范围之外的区域产生一些影响，且可能是带来法律后果的影响”[9]。

他继续总结道“从这个意义上讲，‘国际化的’河流概念看起来并不足够全面来构筑一个框架，在该框架内可以充分考察一个

---

① （1951）*ICJ Rep.*, at 132.

② 第48页注①，第80~81页。

③ 第52页注⑦，第101~104页。

④ J. Drager, *Die Wasserentnahme aus internationalen Binnengewassern*（Bonn, 1970）, at 93.

⑤ 第53页注⑦，第211页。

⑥ 第53页注①。

⑦ 第53页注④，第9页。

⑧ B. R. Chauhan, *Settlement of International Water Law Disputes in International Drainage Basins*（Erich Schmidt Verlag, Berlin, 1981）, at 94.

⑨ 第20页注①，第18~19页。

以上的国家对同一流域的利用”①。

国际实践中存在该路径的一些例证。例如1967年《捷克斯洛伐克与奥地利边境水条约》②第1条规定，该条约适用于跨界水体或位于国家边界附近的水，在这里一缔约国境内所采取的水经济措施可能对另一国家领土上的水环境产生有害影响。类似情况还有1962年《法国与瑞士保护莱芒湖防止污染条约》也适用于支流，但是仅适用在这些支流造成湖泊污染的情形下③。国际法委员会在一定程度上赞同这个观点，并在1980年采纳了“河流系统”的工作假说④。“河流系统”这一定义由国际法委员会明确规定为“如果一个国家水体的一部分没有受到其他国家水体利用的影响或没有影响到其他国家水体的利用，这些河流就不会被认为是被包括在国际水道体系中”⑤。可是这个概念后来被废除了。

更早一点在1976年，国际法委员会特别报告员 R.D.Kearney 说起国际流域概念时认为该术语仅适用在流域的其他部分可能产生相互作用的情形中⑥。Bruhacs 推崇了这种定义“国际水道”的模式，他认为这表明“在弥补国际水道的传统概念与国际流域理念之间存在的差别上取得了巨大的进步”⑦。为了获得支持，他赞同 Andrassy⑧ 的观点，即它的采用“会将在国际水道上引起诸多理论分歧的问题简化为一个提供证据的简单事项⑨。然而，他也承认，采用（这种路径）也可能引起一些问题。他特别提到了这一事实，即水利用和随之发生在另一国家领土的后果之间的因果关系是非

① 同上，第19页。

② 1967 Treaty between Austria and Czechoslovakia concerning the Regulation of Water Management Questions relating to Frontier Waters, 728 *UNTS* 313

③ 参见 Bruhacs 文，第48页注①，第81页。

④ 第55页注②和第55页注③。

⑤ 同上，第247页。

⑥ 第55页注①，第287页。

⑦ 第48页注①，第83页。

⑧ 第53页注⑦，第147页。

⑨ 第48页注①，第82页。

常难以确立的，尤其在涉及地下水时[①]。不管怎样，该路径的优劣之争更多是一种学术辩论，因为当“国际水道”的定义由国际法委员会采用并纳入到1997年《联合国水道公约》时，它清晰地强调了地理因素而不是水利用的跨界影响。

3. 上下游河流和界河

国际法委员会在《条款草案》中和联合国大会在1997年《联合国水道公约》中最终采用“国际水道”这一定义看起来已经使得“上下游河流（successive river）”和“界河（contiguous river）”这些术语在国际法中变得过时。一条上下游河流[②]就是流经一国以上领土的河流，而一条界河或边界河流[③]就是使两个国家或多个国家的领土相互分开的河流。一个国际流域可能永远无法成为界河，因为从定义上看它要占据两个或多个国家的领土。这种区分看起来在地理位置上的重要性要大于其在法律上的重要性，在“奥得河案“中[④]，国际常设法院在适用国际法规则时并没有在两种类型河流间进行区分。因此，这种区别没有法律意义。一些论者推崇对两种河流分别对待[⑤]，像Lipper所指出的那样，甚至地理上的区分可能不切实际，因为一条河流可能既是上下游的又是分界的[⑥]。

---

① 同上。

② 国际法委员会1994年《条款草案》的评注意见（第55页注①，第223页）将“上下游水道”界定为“从一个国家（经上下游）流入另一个或多个国家的水道”，并注意到：“以前特别报告员的第二份报告包含有关于上下游水道条约条款的指示性清单，这些条款主要涉及分配水源、限制上游国家的行动自由、分享水源利益，或者是以其他的方式公平分配利益，或者是确认有关国家相互关联的权利”[（1986）*Yearbook of the International Law Commission*, vol II, Part I, at 103 *et seq*.]。

③ 国际法委员会1994年《条款草案》的评注意见（同上）“分界水道”是指，“一条在两国或两个以上国家领土之间穿行或位于其领土之上，因而起分界作用的河流、或湖泊、或其他水域”，并注意到：“以前特别报告员的第二份报告包含有关于分界水道条约条款的指示性清单（按区域分类），这些条款承认在利用该水体时沿岸各国享有公平的权利”（同上）。

④ *Territorial Jurisdiction of the International Commission of the River Oder Case, supra*, n.10 at p.36.

⑤ 参见J. Lipper, 第14页注④，第17页注释3。

⑥ 同上。

4. 非航行利用

在国际法委员会关于国际水道的工作的早期阶段，它对淡水非航行利用的类型化设计了一个方案，各国在回应国际法委员会1974年调查表时普遍接受了该方案，这也成为委员会工作的基础。① 委员会将淡水的利用列举如下：

a. 农业利用

（1）灌溉

（2）排水

（3）废物处理

（4）水产品生产

b. 经济和商业利用

（1）能源生产（水力发电、核和机械操作）

（2）制造业

（3）建筑业

（4）除了航行以外的交通运输

（5）木材漂流

（6）废物处理

（7）提炼

c. 家庭和社会利用

（1）消耗（饮用、做饭、洗涤、洗衣等）

（2）废物处理

（3）娱乐（游泳、运动、钓鱼、划船等）②

---

① Replies of Governments to the Commission's Questionnaire, UN Doc. A/CN.4/294 and Add.1（1976）*Yearbook of the International Law Commission*, at 148–83; Replies of Governments to the Commission's Questionnaire（1978）*Yearbook of the International Law Commission*, at 254–261.

② 参见Kaya文，第20页注①，第11~12页。

然而，该方案似乎对委员会的工作没有产生什么影响，因为非航行利用的概念是不证自明的。在1997年《联合国水道公约》下更具有法律意义的是“人类基本需要”这一观念，它与第10条第2款下的优先措施或特别保护是一致的①。所以，《联合国国水道公约》拒绝定义非航行利用，相反在第1条将其范围描述成（公约）适用于“为了除了航行以外的目的利用国际水道及水体”。

5. 消耗和非消耗利用

Lipper对水资源的消耗和非消耗利用作了区分②。消耗性利用就是减少已存水的数量的利用，因而在分析水利用上具有重大意义。非消耗利用的意义在于其造成水质下降以至于不再适合其他用途。不过这种区分似乎在国际法上并没有权威，或者说并无明显的意义。

三、结语

因此，有一个普遍一致的观点是，公平利用原则是现今适用于国际淡水资源利用和保护中最优先的法律规则。然而，作为可以适用于任何水道利用的一项灵活原则，虽然这些水道在地理位置、沿岸国的人口或社会经济发展等方面呈现出多样性，但它仍不可避免地存在规范上的模糊性。这种缺陷在一定程度上可得以改善，至少在国际水道的有效环境保护方面如此，即组建永久性的和有技术能力的机构机制以促使共同管理模式的建立和运作。国际法委员会和联合国大会对“国际流域”这一概念的采用，已大大解决了与水道单元模式定义有关的历史性难题，国际规则将适用于该定义。另外，鉴于“生态系统路径”的出现和持续发展，定义本身如今已越来越不重要，至少在国际水道环境保护越来越重要的背景下是这样的。所以，现在更应当认真考察平等利用学说可能具备的实体和程序意义。

---

① 详见本书第六章。

② 见上。

第三章　公平利用原则

由于水资源需求的不断加大，在国际水道非航行利用领域进行国际合作和寻求有效争端解决机制的需求越来越明显。然而，这两个目标都要求国际社会确认水道利用的实体性法律原则并普遍承认这些原则的效力。此外，所确认的实体性法律原则应当足够详细和明确，进而使任何争端的结果或谈判过程达到某种程度的可预测性。在权威性和合法性上获得几乎一致支持的国际法实体性规则是公平利用，这是一个有点儿含糊并且可变通的原则，即沿岸国家利用权的确定应符合公平和合理的观念并且应该同时考虑到所有相关情况。国际法委员会（ILC）1994年《条款草案》第5条的评注意见提出：

“一项关于作为国家通例之证明而经接受为法律者——包括条约条款、国家在具体争端中的立场、国际裁判机构的裁决、政府间组织和非政府组织的法律声明、资深论者的意见、同类案件上地方法院的裁判——的调查结果显示，在这个领域公平利用作为一项一般法律规则在决定国家权利和义务方面获得了压倒性的支持。”①

然而，很明显是该原则的灵活性使其为国际水道的沿岸国家所接受，但是它不可避免地因为某些法律不确定性而受到影响。

① International Law Commission, *Report of the International Law Commission on the Work of its Forty-Sixth Session,* UN GAOR 49th Sess., Suppl. No.10, UN Doc. A/49/10(1994), at 222.

正如Barrett所指出的：

“这里的问题……是这项习惯原则很难被定义。“公平利用”究竟要求什么？习惯不会也不能说明白，这必须在个案的基础上通过谈判确定。”①

同样，Lipper指出：

“确定国际法下一条国际河流的各个沿岸国享有利用该河流河水的权利——公平利用的权利——打开了一道最复杂和困难的问题的大门——每个共同沿岸国可以在何种程度上共同利用该水域。”②

实际上，他接着解释说：

“没有可以适用于所有河流的固定的公式，可以在每一个有特殊情势的个案中为共同沿岸国提供合适的水分配（方案），并为不同的水用途之间的冲突提供一个明智的解决方案。”③

本章主要考察公平利用原则，该原则作为一个正在演化中的实体性规范规则和程序规则体系，其功能是便于实体性规范规则的实际应用。根据Bruhacs的说法，这个概念可被视为一种：

“意在确立沿岸国的利用权的方法，其中特别包括根据预先的公平性和合理性要求而产生利益冲突的解决措施和方法，以及为达到该目标所应用的程序。”④

公平利用原则的发展体现在地方、联邦和国际司法机构通过

---

① S. Barrett, *Environment and Statecraft: The Strategy of Environmental Treaty-Making* (OUP, Oxford, 2003), at 126.

② J. Lipper, “Equitable Utilisation”, in A. H. Garretson, R. D. Hayton and C. J. Olmstead(eds), *The Law of International Drainage Basins (Dobbs Ferry/Oceana Publications*, New York, 1967), at 41-2.

③ 同上。

④ J. Bruhacs, *The Low of Non-Navigational Uses of International Watercourses* (Martinus Nijhoff, Dordrecht, 1993), at 159.

的裁判和双边与多边条约安排的协定等。此外，这一原则最重要的概念性要素通过一些学术性组织、国际机构以及杰出的国际公法学家的工作被广泛地讨论。

一、公平利用原则的发展和接受

1. 地方法院的裁判

尽管地方法院的裁判不能为确定国际水道中国家利益的原则提供权威，但是他们可以提供一国国内法在资源开发利用观念上转变的证据。例如，美国法院在确定特定用途是否合理上，随着时间的推移将重点从（沿岸权学说的角度）保护一条河流的自然流动转移到了考察该项利用所产生的社会效益及其公平性[①]。关于合理性确立了一般性的评判标准，该标准允许法院在个案的解释中有相当的自由裁量权。1883年，明尼苏达州最高法院列举了在确定利用合理性时必须考虑的因素：

“在决定什么是合理利用时必须要考虑主要用途；适用的场合和方式；利用的对象、范围、必要性和时间；河流的自然性和大小；从属于何种行业类型；利用一方要说明利用的必要性和重要性及对另一方损害的程度；该国工厂和机械以及将水用作动力方面水平改进的情况；在类似的案例中该国普遍的和确定的惯例；以及每个特定案件所有其他纷繁复杂的情势下要铭记对该水体利用都要考虑的合理性和正当性问题……。”[②]

这种通过考察多种多样的因素以此来确定某条河流相互竞争的沿岸用途是否公平合理的方法，实际上构成了联邦法院和国际法院处理国家间水资源利用争端等所采用类似方法的先例。

---

① 例如，可参见 L. A. Teclaff, “Fiat or Custom: The Checkered Development of International Water Law” (1991) 31 Natural Resources Journal, 45, at 64, 他认为这种趋势仅表现在该国的东部地区，“密西西比河西部则适用另一套习惯规则，即所谓的‘先占’”。

② *Red River Roller Mills v.Wright,* 30 Minn. 249.253,15 N.W. 167,169 (1883); 参见Teclaff 文，同上。

有时，地方法院可以对提交其解决的争端适用或考虑国际法的原则。例如，1938年一家法国公司（Societé Energie Electrique du Littoral Mediterranien）在意大利提起索赔的案件中，指控意大利公司（Compagnia Imprese Electtriche Liguri）在意大利领土上开发新电厂对其利益产生了不利的影响。意大利最高终审法院指出：

"国际法承认，作为因河流而产生的一种伙伴关系的参与方，每个沿岸国有权对（流经该国的）一部分享有所有源于该河流的惠益……一个国家不能无视她的国际责任…不得妨碍也不得破坏……其他国家根据自己国家的需要利用河流水流的机会。"①

2. 联邦法院的裁判

虽然联邦法院严格来说在性质上属于国内法院，但其关于州际争端解决的裁判为国际司法机构提供了有用的指导。这一点在很大程度上依赖于美国州际裁判的"特雷尔冶炼厂仲裁"（Trail Smelter arbitration）案中体现得很明显，国际仲裁庭指出：

"然而，关于空气污染和水污染，美国最高法院的某些裁判可以正当地在国际法领域内发挥指导作用，因为国际案例中，通过类比而参考该法院在联邦各州之间或这些州之间关于准主权的争论所做出的先例是合理的，（此举）并没有违反国际法的通行规则，也无法从美国宪法中固有的主权限制推论出拒绝这些先例的理由。"②

事实上，法院继续坚持这些裁判是"有用的，至少他们是各

① *Société énergie électrique du littoral méditerronéenV.Compagnie imprese elettriche liguri*, 64 *IL Foro Italiano*, Part 1, at 1036 (1939),9 *Annual Digest of Public International law Cases 1938-40* (1942), No. 47; 3 Digest of Intl. Law 1050-51 (1938-39). See A. E. Utton, "International Water Quality Law" (1973) 13 *Natural Resources Journal,* 282-314, at 287.

② *Trail Smelter Arbitration (U.S. v. Canada)* (1941) 3 RIAA 1911, at 1964; see Utton, *ibid*, at 288.

州寻求合理解决相互冲突的主张的例证”①。Laylin和Bianchi指出，基本政策、经济、实际情况、生态和科学问题等“在州际和国际争端中没有本质的区别”②。美国最高法院早些时候曾表示，“无论是作为国际法院还是国内法院，我们都会根据个案具体情况的要求，而适用联邦法、州法和国际法……”③。事实上，McCaffrey介绍，“‘公平、合理利用国际水道的义务’起源于美国最高法院于20世纪初在州际分配案例中的裁判，并获得其他联邦州裁判的支持……”④。

在“特雷尔冶炼厂仲裁案”中，仲裁庭所依据的一个相关案件是“新泽西诉纽约（New Jersey v. New York）案⑤”，该案中新泽西州寻求限制纽约州从特拉华河（Delaware River）引水。引水会因为河流用于卫生设施和盐度增加而影响河流的质量。美国最高法院要求纽约州修改计划，裁决“这两个州在该河都有现实的和实质性的利益，而这些利益必须是协调的……”⑥，并裁定在这种情况下“（各方）应始终努力达成一项公平的方案，而不是冠冕堂皇地相互指责”⑦。较早的联邦案例可以追溯到1907年“堪萨斯诉科罗拉多（Kansas v, Colorado）案”，该案件就支持有限的领土主权原则。在审理有关阿肯色河（River Arkansas）的州际争端中，美国最高法院认为，该两州的权利必须“在权利平等的基础

① See J. Austin, “Canadian-U.S. Practice and Theory Respecting the International Law of Rivers: A Study of the History and Influences of the Harmon Doctrine” (1959) 37 *Canadian Bar Review*, 393, at 432. 亦可参见 Utton 文，同上，第289页。

② J. G. Laylin and R. L. Bianchi, “The Role of Adjudication in International River Disputes: The Lake Lanoux Case” (1959) 53 *American Journal of International law*,30,at 156；参见 Utton 文，同上，第289页。

③ *Kansas v. Colorado,* 185 US 125, 146-147 (1902); 参见 Utton 文，同上，第288页。

④ S. C. McCaffrey, *The law of International Watercourses: Non-Navigational Uses* (Oxford University Press, Oxford, 2001), at 324.

⑤ 283 US 336 (1931).

⑥ 同上，第342~343页。

⑦ 同上。参见 Utton 文，第66页注①，第290页。

上加以考虑，尽可能保证科罗拉多的灌溉利用，同时没有损害堪萨斯州对该河流的类似利用”①。后来，在“内布拉斯加诉怀俄明（Nebraska v. Wyoming）案”中，美国最高法院裁定，在诸多应予考虑的因素中，包括“对下游地区浪费型利用的实际影响”和“上游地区的损害与下游地区的利益对比，如果要对前者施加限制的话……”。② 当前，美国有丰富的州际诉讼和州际条约实践，这些为适用国际法有关水资源共同利用的一般原则提供了丰富指导③。

1927年涉及符腾堡（Wurttemberg）（与普鲁士）和巴登（Baden）之间争端的“多瑙河沉降（Donauversinkung）”案中，德国最高法院在考虑禁止损害原则中似乎主张用一种灵活平衡权利的方法。符腾堡和普鲁士抗议通过符腾堡的多瑙河流量减少。法院指出：

“每个国家都服从于基于国际法的一般原则的限制，防止对另一国际社会成员权利的侵犯。任何国家都没有权利通过利用国际水道的天然水域而严重伤害其他国家的利益。”④

法院接着解释：

“这项原则的应用由每一个具体案件的情况决定。因此，相关国家的利益同样也要平等衡量，也就是说，它不仅必须考虑对邻国造成的绝对损害，也要考虑一个国家获得的利益和其他国家遭

① 206 US at 100 (1921). 参见 Bruhacs 文，第64页注④，第155页。

② 325 US 589 at 618 (1945). 参见 Utton 文，第66页注①，第291页。

③ 关于美国关于共享淡水资源州际诉讼和州际协议的全面汇编，参见 G. W. Sherk, *Dividing the waters: The Resolution of Interstate water Conflicts in the United States* (Kluwer Law International, London/The Hague/Boston, 2000). 关于美国最高法院适用“公平分配”原则情况的具体分析，参见 A. D. Tarlock, “The Law of Equitable Apportionment Revisited, Updated, and Restated” (1985) 56 University of Colorado law Review, 381 .

④ *Württemberg and Prussio V. Baden,* 116 *Entscheidungen Des Reichsgerichts in Zivilsachen* (1927) Appendix, at 18, 4 *Annual Digest of Public International law Cases 1927-28* (1931), No. 86, at 128. See McCaffrey's Second Report (UN Doc. A/CN.4/399), para. 166; 参见 Bruhacs 文，第64页注④，第155页；参见 Utton 文，第66页注①，第290页。

受损害之间的关系的重要性。”①

在苏黎世（Zurich）州和阿尔高（Aargau）州之间的争端中，瑞士联邦法院认为，如涉及流经多个州的水道，任何一州都无权在其领土上采取可能对其他州带来损害的措施②。印度河委员会在信德（Sind）与旁遮普（Punjab）关于印度河水的争端中说，所有沿岸方必须获得“共同河流的公平份额”③。最近，阿根廷最高法院在该国两省之间关于水资源的争端中似乎支持和运用该原则④。

3. 国际司法机构的裁判

国际司法机构已在一些情况下支持公平利用原则。在“拉努湖仲裁案”中，仲裁庭承认有必要协调各国的利益，裁定法国有义务在开展分流工程之前征询西班牙的意见并维护其权利⑤，这可能被视为是对公平利用原则某种形式的适用，因为它宣称“必须考虑开展工程对所有利益（无论其性质）的影响，即使这些利益并不对应某项权利”⑥。此案涉及西班牙反对法国在卡罗尔河（Carol River）建立水力发电厂的计划，虽然仲裁庭承认一个上游国家必须按照善意规则考虑到各种不同的相关利益，但它否定了西班牙的诉求，这是因为流往西班牙的水无论在数量上还是质量上都没有变化⑦。它也可能被视为对“默兹河（River Meuse）案”的支持，

---

① 同上。

② (1921) 15 *American Journal of International law,* 149, at 160. 参见 Utton 文，第66页注①，第291页。

③ *Report of the Indus Commission* 10-11 (1942). 参见 Utton 文，同上，第291页。

④ *Province of La Pampa v. Province of Mendoza,* Supreme Court of Justice of Argentina (December 1987), summarized in United Nations, *International Rivers and Lakes Newsletter,* No. 10 (May 1988), at 2-5.

⑤ *Lac Lanoux arbitration (Spain v. France)* (1957) 24 ILR 101; (1957) 12 RIAA 281; (1958) RGDIP, at 116-17. See P. Birnie and A. E. Boyle, *International Law and the Environment* (Clarendon Press, Oxford, 1992), at 220; Bruhacs, *supra,* n. 4 at p.64, at 156; A. P. Lester, “River Pollution in International Law” (1963) 57 *American Journal of International Law*,828.

⑥ *Lac Lanoux* arbitration, para. 138f. 参见 Birnie and Boyle 文，同上，第222页。

⑦ Digested in (1959) 53 *American Journal of International law,* 156 at 170; 3 *Digest of International Law*, 1069. 参见 Utton 文，第66页注①，第287页。

该案中，公平被视为一般法律原则[①]，但仍然有一些论者对把公平作为资源分配的主要原则不屑一顾[②]。

这一原则得到了适用于共享资源类似问题的同类原则的支持。例如，在关于下游沿岸国在河流整个可航行河道自由航行问题的“奥德河案”中，国际常设法院认为在所有沿岸国存在航行的利益共同体[③]。关于跨界空气污染的“特雷尔冶炼厂案”中，仲裁庭认为：“根据国际法原则……任何国家都无权利用或允许利用其领土，以致让其烟雾在他国领土或对他国领土……造成损害”[④]。虽然这一阐述并不能同时表明该原则赞同公平利用原则，但它的确支持通过以有限领土主权的路径来解决水争端。有趣的是，面对缺乏解决水污染的国际案例法的情况下，仲裁庭参考了美国最高法院关于水质的一些案例，用法院的话说就是：“最接近的类似案件就是水污染案件”[⑤]。同样，在“科孚海峡（Corfu Channel）案”中，国际法院重点申明，每个国家“都有义务不得故意允许其领土被用于侵犯他国权利的行为”[⑥]，这很显然是遵守了有限领土主权的基本原则。关于管辖权问题，国际常设法院在“荷花号（Lotus）案”中，亦遵循了有限领土主权的路径（假定在国家层次上水的利用受制于国家法律和法规），并指出：

“……国际法施加于一个国家的首要限制是——并不存在与之相反的许可规则——它不得以任何形式在其他国家的领土上行使其权力。言下之意，管辖权是在特定领土范围内的，一个国家不得在其领土之外行使管辖权，除非根据国际习惯或公约可以引申

① *Diversion of water from the Meuse Case,* PCJ. *Series* A/B, No. 70 (1937), at 73 (Judge Hudson's individual opinion). 参见 Bruhacs 文，第64页注④，第156页。

② See I. Brownlie, "Legal Status of Natural Resources in International Law (Sorne Aspects)" (1979) 162(I) *Recueil des Cours,* 249, at 287.

③ *Territorial Jurisdiction of the International Commission of the River Oder Case,* PCIJ, Series A, No. 23 (1929), at 28~29. 参见 Birnie and Boyle 文，第69页注⑤，第220页。

④ 第66页注②。See (1941) 35 *American Journal of International law,* 684, at 716.

⑤ 同上，第714页。

⑥ *Corfu Channel Case (Merits) (United Kingdom v. Albania),* (1949) ICJ Rep. 22

出一项许可规则。”①

但是在最近，公平利用原则“作为这一领域根本准则”的地位，由国际法院在“加布奇科沃—大毛罗斯大坝案”②的判决中得到了确认。其中，特别法官 Skubiszewski 将其视为提到“公平合理利用的基准”③。

在处理有关大陆架划界和共享渔业资源分配的争端时，国际法院通过基于对所有相关因素的考虑的特定利益平衡，力求达到符合现有国际法原则的公平结果④。这种方法已经被1982年《联合国海洋法公约》（UNCLOS）⑤法典化，该公约规定，“为实现公平的解决方案”，大陆架划界是“应该通过在《国际法院规约》第38条所提及国际法的基础上达成协定来实现”⑥。《联合国海洋法公约》（UNCLOS）为拥有相邻或相向海岸的各国之间划定经济专属

---

① PCIJ. Series A, No. 10, at 18-19.

② *Case Concerning the Gabcikovo-Nagymaros Project (Hungary/Slovakia)* (International Court of Justice, The Hague, 25 September 1997), (1997) ICJ Reports 7, at paras 78, 85, 147 and 150. See further, O. McIntyre, “Environmental Protection of International Rivers”, Case Analysis of the ICJ Judgment in the Case concerning the Gabcikovo-Nagymaros Project (Hungary/Slovakia) (1998) 10 *Journal of Environmental Law*, 79.

③ 参见 Skubiszewski 法官的《不同意见书》，同上，第235页，第8段。参见 McCaffrey 文，第67页注④，第325页。

④ *North Sea Continental Shelf Case* (1969) ICJ Rep.,50,para. 93; *Fisheries Jurisdiction Case (United Kingdom v. Iceland) (Merits)*, (1974) ICJ Rep., 3; *Tunisia-Libya Continental Shelf Case* (1982) ICJ Rep., 18; *Malta-Libya Continental Shelf Case* (1985) ICJ Rep., 13; *Gulf of Maine Case* (1984) ICJ Rep., 246. 参见 Birnie and Boyle 文，第69页注⑤，第221页、第126~127页。关于公平作用的一般性介绍，参见 V. Lowe, “The Role of Equity in International Law” (1989) 12 *Australian Yearbook of International Law,* 54; and R. Jennings, “Equity and Equitable Principles” (1986) 42 *Annuaire Suisse de Droit Jnternational,* 27. On the role of equity in maritime delimitation, see E. Jiménez de Aréchaga, “The Conception of Equity in Maritime Delimitation”, in 2 *International Law at the Time of its Codification – Essays in Honour of R. Ago*（1987）, 229.

⑤ （1982）21 ILM 1261.

⑥ Article 83（1）（重点强调）.

区规定了类似的解决路径[①]。有论者认为，这种做法意味着公平原则已成为共享资源划界的习惯法。尽管在这个问题上存在许多看法，Bruhacs试图对公平原则在这方面发挥的作用进行阐释[②]。他主张，传统上在国际法规则中只有“法内”衡平（infra legem equity）（即在法律适用范围内）发挥作用，排除了“法外”衡平（praeter equity）（即填补法律空白）和“违法”衡平（contra legem equity）（即违反了某项法律规范）。然而，他接着断言，随着国际法最近的发展，主要体现在国际法院过去20年来所做出的裁决，公平获得了一个新的功能，这个原则已成为划界的规则[③]。首先，“公平”被作为“实际法律规范”的代表，尽管后来“国际法院自身逐渐疏远了这种做法，但这个词却成为国际法实体规范中一个更重要的要素[④]。他承认，综观这些发展，“资源分配中也存在主权因素”[⑤]，这表明传统的主权概念亦可适用于对公平的要求。

“渔业管辖权案”清楚地表明了国际法院重视公平在渔业资源分配中作用的做法。法院提到各国“有义务考虑其他国家的权利和保护的需求”[⑥]，并建议双方必须“在合理考虑对方合法权利的基础上谈判……从而实现以具体情势等事实为基础而公平分配渔业资源”[⑦]。关于这一段裁判，McCaffrey指出，“如果在这句话中的‘渔业’被‘水’取代，也同样适用于沿岸国的义务问题”[⑧]。同样，在“缅因湾（Gulf of Maine）案”中，法院指出：

“关于海洋划界的一般国际法的基本原则……规定，当行动中

① Article 74.

② 第64页注④，第160页。

③ 同上。

④ 同上。

⑤ 同上。

⑥ 第71页注④，第31页，第71段。

⑦ 同上，第33页，第78段。

⑧ 第67页注④，第344页。

应适用公平标准时划定边界线，以期达成一个公平的结果。”①

事实上，应该提到的是，在制定和实施环境保护国际法律制度时公平考量越来越重要。McCaffrey 注意到了：

“公平……在努力保护全球环境方面，特别是在预防平流层臭氧层消耗和全球气候变化以及保护生物多样性方面的重要作用。这些领域的传统制度，可视为代内公平原则的实施，即那些目前生活在地球上人之间的公平。”②

然而，许多论者依旧对公平可以在共享资源领域促进协定和解决争端上发挥作用表示十分怀疑。例如，布朗利（Brownlie）认为，公平“作为解决复杂问题的思想和方案库”的作用很小，并且令人失望③。

并且，他告诫说：

“通过仔细考察，参照与海洋划界有关判例法，不会为解决国际水道中适用公平原则所涉问题以及为（作为一项习惯国际法规则）确定其性质和内容提供任何具有决定性意义的线索。”

然而，Tanzi 和 Arcari 的总结则指出：

“把公平利用作为一种致力于协调沿岸国之间的冲突要求的路径，揭示其与‘公平原则–公平结果’学说之间的紧密关联，该学说被国际法院在诸多大陆架划界案件中所发展和适用。”④

“突尼斯—利比亚大陆架（Tunisia-Libya Continental Shelf）案”中法院采用了这一路径，指出“适用公平原则的结果必须是公平

---

① 第71页注④，第339页。

② 第67页注④，第344-345页。

③ 第70页注②，第288页。

④ A.Tanzi and M. Arcari, *The United Nations Convention on the law of international Watercourses* (Kluwer Law International, The Hague/Boston , 2001), at 98.

的”①，“不过，其结果是主要的，原则服从于目标”②，之后，有必要准确地确定必须适用公平利用原则的目标。幸好，1997年《联合国水道公约》第5条第1款第2句明确阐释了这些目标：

“特别是，国际水道应当由水道拥有国利用和开发，以实现其最佳和可持续利用并因此从中获益，同时考虑到有关水道国家的利益，并与水道的充分保护相一致（下划线表示强调）。”

虽然最佳利用的目标不是新的，参考了各个水道国最大限度地提高水的利用经济利益，同时最大限度地减少对各国的危害这一传统目标③，而增加“可持续利用……并与水道的充分保护相一致”的目标则强调了公平利用原则所固有的环保价值④。事实上，将这两个目标同时纳入说明大会工作组中在两种代表团之间达成了妥协，“环保”代表团争取插入《公约》第5条的修正案，明确提出“国际水道的可持续管理和风险预防原则”，而其他代表团“则假设第5条主要调整国际水道的经济开发事宜，反对在该项关于公平利用的条款中加入任何可持续发展的要求”⑤。

4. 条约法

虽然有关国际水道利用制度的国际条约为该领域的一般国际法提供了最重要的单一渊源，但只有少数明确规定了公平利用原则或涉及合理和公平分享的概念。1992年联合国欧洲经济委员会

---

① 第71页注④。详见下文第五章。

② 同上。

③ 例如，《赫尔辛基规则》第4条的评注意见解释指出，“公平分享理念为每个流域国家在用水方面提供了最大的惠益和最小的损害”，ILA, *Report of the Fifty-Second Conference* (1966), at 487. 类似地，以条约的实践为例，1977年《恒河水分享协定》［（(1978) 17 *ILM* 103）］和1996年《法拉卡（Farakka）恒河水分享条约》［（(1997) 36 *ILM* 519）］的序言都提及了“各方共同努力使水资源获得最佳利用”的愿望。详见 G. Hafner, “The Optimum Utilisation Principle and the Non-navigational Uses of Drainage Basins” (1993) 45 *Austrian, Journal of Public International Law*,113.

④ 详见本书第七～九章。

⑤ 详见 Tanzi and Arcari 文，第73页注④，第110~117页。

《赫尔辛基公约》[①]为最近通过且明确规定该项原则的最好例证，其第2条第2款c项要求各方：

“采取一切适当措施……确保以公平合理的方式利用跨界水，同时特别考虑到他们的跨界性质和造成或者可能造成跨界影响的活动的情形。”

一些早在20世纪就缔结的双边国际条约将共享水利用的原则纳入其中。[②]另外，如Bruhacs列出的大量条约的指导原则和宗旨，都默示地承认了各方都应该公平地分享资源这项一般原则[③]。这包括在公平分配基础上[④]，或在合理性[⑤]、高效[⑥]、最佳利用基础上[⑦]，或在考虑相互利益的基础上确定共享水资源的利用权[⑧]。但是，Bruhacs也承认，在作为国际水道利用的主要立法渊源的国际条约

---

① (1992) 31 *ILM*1312.

② 1866 Additional Act, concluded between Spain and France, Article VIII; 1863 Treaty between Belgium and the Netherlands on the diversion of water from the Meuse, Articles 5 and 11. 参见Bruhacs文，第64页注④，第185页。

③ Bruhacs文，同上，第156页。

④ 特别是，1957 Paatsojoki River Agreement between Norway and the USSR, Preamble; 1929 Treaty between Haiti and the Dominican Republic, para. 10（“公平公正的方式”）; 1957 Lake Titicaca Agreement between Bolivia and Peru, Article 4（规定要对有效和高效满足供电需求开展研究）; 1969 River Plate – Basin Treaty, Article I（“多种的和公平的用途”）; 1971 Agreement between Ecuador and Peru; 1978 Amazon Treaty.

⑤ 特别是，1956 Convention between the Federal Republic of Germany and France on the Regulation of the Upper Course of the Rhine, Preamble（关于建立更公平的制度）; 1949 Reno di Lei Agreement between Italy and Switzer-1and, Preamble.

⑥ 特别是，1944 Rio Grande, Colorado and Tijuana River Treaty, Preamble; 1946 Salto Grande Agreement, Preamble; 1953 Yarmuk River Agreement between Jordan and Syria, Preamble（管制水的有效利用）; 1956 Convention between the Federal Republic of Germany and France on the Regulation of the Upper Course of the Rhine, Article 2（应以最合理的方式开展工程，旨在获得最大的经济效率）; 1958 0uz Treaty, Article l; 1961 Columbia Treaty, Preamble: 1964 Chad Basin Convention, Article 9; 1964 River Niger Agreement, Article 2.

⑦ 特别是，1923 Geneva Convention, Article 5; 1960 Indus Waters Treaty, Article VII; 1977 Ganges River Agreement, Preamble.

⑧ 特别是，1946 Protocol between Iraq and Turkey, Preamble; 1966 Lake Constance Agreement, Anicle l; 1979 Parana River Agreement.

中，很少发现关于合理和公平分享原则的明确声明[①]。然而这一事实不应被视为对公平利用原则合法性的背离，而应被视为反映了国家不愿用过分正式的条约法来处理特定的河流流域问题。应该指出，原则适用的不确定性这是可以理解的，这是因为在确定影响该原则的各个要素的先后顺序时缺乏权威性的指导意见。早期，国际社会曾试图缔结一项普遍性质的多边条约，如主要涉及国际水道航行也包含非航行利用条款的1921年《巴塞罗那公约和规约》、国际联盟1923年《关于利用影响多国之水电的日内瓦公约》（尚未生效），这些活动对国际法律发展影响不大，但是为这一法律领域后续的编纂活动铺平了道路。

5. 国际法编纂

在这一领域内法律编纂的重要性，主要是源于关于该主题没有普遍被接受的一般国际法，尽管流域问题构成"我们尝试处理国际环境问题最早的和最广泛的经验"，但现在"仍然是最重要和最普遍的环境问题类型"[②]。在此领域，很少有普遍适用的国际公约或者重要的国际仲裁或者司法裁判，国家的行为主要由大量调整特定流域系统的具体双边或者区域协定[③]来调整[④]。因为这些条约是专门处理具体问题的，其主题必然是多样的[⑤]。关于法律的仲裁或司法渊源，Bruhacs 指出，只有国际司法机构在关于国际

---

① 第67页注④，第156页。

② R. B. Bilder, "The Settlement of Disputes in the Field of the International Law of the Environment", (1975) 144:I *Recueil des cours,* 139.

③ 关于这些协定的普查，参见 United Nations, *Legislative Texts and Treaty Provisions Concerning the U tilization of International Rivers for Other Purposes than navigation* (ST/LEG/SER.B/2); *Report of the Secretary-General of the United Nations on Legal Problems Relating to the Utilization and Use of International Rivers* (A/5409, 15 April 1963, Vols. I, II and III) and the supplement thereto (A/Cn. 4/274, Vols. I and II). See generally, A. H. Garretson, R. D. Hayton and C. J. Olmstead (eds), *The law of international Drainage Basins* (Dobbs Ferry/Oceana Publications, New York, 1967), at 625.

④ Bilder 文，本页注②，第168. 页。

⑤ 参见 Bruhacs 文，第67页注④，第11页。

水道非航行利用的法律争端中做出过少数司法裁决[1]。这包括“赫尔曼德河三角洲（Helmand River Delta）案”（1872年和1905年）、“圣胡安河（San Juan River）案”（1888年）、“库什卡河（Kushk River）案”（1893年）、“法伯（Faber）案”（1903年）、“默兹河引水（Diversion of Water from the River Meuse）案”（1937年）和“拉努湖案”（1957年）等案件的裁决。当然，现在也有必要把国际法院关于“加布奇科沃 - 大毛罗斯大坝案”这个有巨大影响力的裁决包括在内[2]。但是，Bruhacs 承认由国际法院在不同案件的附带意见中做出的论述，可以推广并适用于该领域的法律[3]。这些例证包括引用了相关原则，诸如在“北海大陆架案”[4]和“渔业管辖权案”[5]中引用了合理和公平参与原则，在“核试验案”[6]参考了领土主权冲突的决议。具有重要意义的还有“特雷尔冶炼厂案”[7]和“科孚海峡案”[8]，这两个案件确认各国有义务不利用或不允许利用其领土损害其他国家的权利。基于上述理由，一些涉及国际法发展的知名国际和非政府组织和机构迄今一直在努力编纂这一领域的国际法，这包括国际法研究院（IIL/IDI）、国际法协会（ILA）以及最重要的国际法委员会（ILC）。

值得一提的是，1997年《联合国水道公约》[9]具有巨大影响力的意义可能在于它是经由国际法编纂而形成的，其前身——国际法委员会的《草案条款》也是由国际法委员会在这个领域漫长而深入的研究和编纂的结果。除了对国家实践进行历史考察之外，国际法委员会也会通过详细问卷的方式讨论国家在一系列关键问

① 同上，第13页。

② 第71页注②。

③ 第64页注④，第11页。

④ 第71页注④。

⑤ 同上。

⑥ (1974) ICJ Reports, at 256, 427: Dissenting Opinion of Sir G. Barwick.

⑦ 第66页注②。

⑧ 第66页注②。

⑨ (1997) 36 *ILM* 700.

题上的意见和偏好。该公约虽然由联合国大会通过，但没有生效，因为它未能获得必需的35个国家的批准⑩，而事实上，也许永远也不会通过。但是，它很可能享有相当的权威，一方面是因为它是该领域最高水平的法律编纂，另一方面是因为国际法委员会作为整个联合国系统范围内负责编纂和逐步发展国际法的主管机关的合法性⑪。

国际法编纂机构往往易于接受公平利用习惯原则的存在和权威。合理和公平地分享理念，首次提出是在国际法研究院1911年马德里会议上⑫。在1933年由第七次美洲国家国际会议通过的《关于国际河流工业和农业利用的蒙得维的亚宣言》规定：

“国家享有为工业或农业目的而对国际河流流经其管辖范围内的部分进行开发的专属权利。但这项权利的前提条件是，其行使以不伤害邻国平等利用其境内河流部分的权利为必要。”⑬

因此，该宣言确认了共同沿岸国平等利用国际水道的权利，并在实际层面上，强调各国有义务不干预这种权利。早在1958年，国际法协会的纽约会议约定了调整位于两个或两个以上国家领土的流域河水利用的习惯国际法规则，并确定其中一项规则是：

“每个共同沿岸国有权合理地和公平地分享该流域河水的有益用途。怎样才算是一个合理和公平的份额，这是一个由各个具体案件所有的相关因素来决定的问题。”⑭

---

⑩ Article 36.

⑪ 关于国际法委员会在国际法编纂和不断发展方面的作用，参见 G. Hafner and H. L. Pearson, “Environmental Issues in the Work of the International Law Commission” (2000) 11 *Yearbook of international Environmental Law,* 3.

⑫ *Annuaire de l 'Institut de Droit International,* 35 8-9 (Madrid Session, 1911).

⑬ *The International Conference of American States First Supplement 1933-1940* (Washington DC, Carnegie Endowment for International Peace, 1940) at 88 (着重强调).

⑭ International Law Association, *Report of the Forty-Seventh Conference* (New York, 1958) at 100 (Agreed Principle 2). 参见 Teclaff 文，第65页注①，第68页。

这等于一个相当复杂的原则公式，并成为国际法协会《赫尔辛基规则》进一步细化的规则的先导①。最早详细规定公平利用原则的是国际法协会1961年通过的《关于非海运国际水域利用的萨尔兹堡决议》②，基于国家对国际水域的利用权由公平原则予以确定的理论前提。该决议第3条承认了公平利用原则的管理意义，并规定按照这个原则解决争端。它确定了规范性的指南以协助该原则的适用，包括：

- 各国不应采取会影响其他国家利用的工程或设施，除非达成公平的解决方案并提供充分的损害赔偿；
- 未予事先通知之前不得开展这些工程或设施；
- 如遇有反对意见，各国应该进行谈判以期在合理时间达成一致意见；
- 各国必须避免开展可能使争端加剧的工程或设施，或采取其他措施；
- 如果有关国家未能在合理的时间内达成协定，反对国提交给司法或仲裁解决的反对意见不妨碍他国继续进行。③

该决议还建议，在进行谈判时各国可求诸于技术委员会，当不能在合理的时间内达成协定时各国可提交司法或仲裁解决。国际法研究院1961年的决议还建议为流域开发规划以及预防和解决争端设立公共机构。

国际法协会在其1966年赫尔辛基会议之前，曾进行过一次非常全面和详细的法律编纂尝试，该次会议通过了《关于国际河流河水利用的规则》，现在通常称为《赫尔辛基规则》④。鉴于诸如“利用自己财产（*sic utere tuo*）”原则和有限主权学说无法有效“分析

---

① 本页注④。

② 49 Annuaire del’ Institut de Droit International II, 381-4 (Salzburg Session, September J 961); (1962) *56 American Journal of International Law*, at 737.

③ 同上。

④ *Report of the Fifty-Second Conference of the International Law Association* (Helsinki, 1966). 关于《赫尔辛基规则》的文本，参见附录A，Garretson等文，第76页注③，附件二；McCaffrey文，第67页注④，第465页。

复杂的污染问题”，国际法协会认为解决水道争端的一般原则争端迫切需要更明确的规则。①1966年《赫尔辛基规则》的颁布是国际法协会10年来关于这个主题工作的集中体现。《赫尔辛基规则》采纳了公平利用原则，授权各国“合理和公平地分享水域利用的利益”②并认可其既定国际法原则的地位，评注意见将其描述为“该领域国际法的主要原则”。该规则第5条提供了一个在确定什么是第4条语境下“合理和公平份额”时需考虑因素的非穷尽清单：

- 该流域的地理情况，特别是流域各国领土内的流域范围；
- 该流域水文地理，特别是流域各国对水的贡献；
- 影响流域的气候；
- 过去该流域河水的利用，特别是当前的利用；
- 流域各国的经济社会需求；
- 流域各国人口对该流域水的依赖；
- 流域各国用其他方式满足经济和社会需要的比较成本；
- 其他可用资源的情况；
- 避免流域水利用中不必要的浪费；
- 作为调整利用时发生冲突的手段对一个或多个共同流域国补偿的可行性；及
- 没有对其他共同流域国造成实质损害的情况下，一个流域国可在何种程度上满足其需要。

根据该规则第8条第1款的规定，将允许新的用途与现有的用途竞争，从而使所有用途处于审查下，并拒绝遵循由美国西部各州所推崇的事先分配原则。它规定：

“现有的合理利用可继续适用，除非有因素证明继续利用已不再重要，它需要被修改或终止，以适应有竞争性、与之不兼容的用途。”

---

① Lester文，第69页注⑤，第833页。

② 第4条。

此外，该规则第6条明文规定，任何一种或者一类用途都不必然地优先于其他用途或者其他种类的用途。应当指出的是，根据其第4条规定，每个流域国家都有合理和公平分享的权利，不是关于水体本身，而是其有益的用途。

《赫尔辛基规则》还特别关注消除和预防污染，根据其第10条的规定，这是在决定什么是公平利用时必须要考虑的一个主要问题，因为该原则有促进“共同沿岸国各种各样不同用途”相融合的目的①。该规则还规定了争端解决，承认各国有义务寻求一个和平解决方案②，并介绍了协助实现这一目标的特别方法。每个流域国家应为其他流域国家提供“有关水体、其用途、关于水体的活动等方面……相关的、合理的、可得的资料”③，就“任何可能引发争端而改变流域制度的拟议工程或建筑”向其他国家提供通告④，应“提供给接收方合理的时间使其做出评估……提出意见”⑤。未能提供这种通告将影响决定什么是合理和公平的分享该流域河水⑥。凡发生争端时，各国应按以下顺序寻求一个解决办法：

- 谈判⑦；
- 提交一个联合机构⑧；
- 由第三国、一个合格的国际组织或一个有资格的个人来斡旋或调解⑨；
- 调查委员会或特别协调调查委员会⑩；

① 附录A，Garretson等文，第76页注③，第795页。

② 第27条。

③ 第29条第1款，关于评注意见，参见附录A，Garretson等文，第76页注③，第816页。

④ 第29条第2款，参见附录A，Garretson等文，第76页注③，第817页。

⑤ 第29条第3款。

⑥ 第29条第4款。

⑦ 第30条；Garretson等文，第76页注③，第820页。

⑧ 第31条。

⑨ 第32条。

⑩ 第33条。

- 诉诸特设仲裁庭或国际法院[①]。

在随后所有与水资源相关的法律编撰中，国际法协会反复重申公平利用原则的首要性。例如，国际法协会1980年《关于国际水道水流管理的贝尔格莱德条款》[②]，主要涉及为了防洪和利用最优化等目的而采取的“旨在控制、减少、增加或者其他方式调节国际水道的水流的管制性措施”，其中公平利用原则占据着绝对中心的位置[③]。这些措施可能包括“利用水坝、水库、堤堰和沟渠等方式来存储、释放和转移水”[④]。其第2条规定：

“在公平利用原则下，流域国家应一秉善意和睦邻友好的精神，合作评估需求和可能性事件以及编制管制计划。在适当时，各国应该联合进行管制。”

其第6条间接提及了该原则在划定流域国家共享水资源利用权方面的作用，强调每个流域国家都负有避免对其他流域国家造成实质伤害的基本义务[⑤]。它规定如下：

“每个流域国家不得进行有可能造成其他流域国家实质伤害的管制，除非后者被保障享有他们根据公平利用原则而有权获得的有益用途。”

值得注意的是，国际法协会通过的2004年《关于水资源法的柏林规则》确认了公平利用原则的首要地位，它是对《赫尔辛基规则》和该协会所不时通过的相关规则的全面修订，并且——

“它对适用到国际流域的习惯国际法提供了清晰的有说服力的和协调的陈述，同时也推动了为21世纪处理国际或全球水资源管

① 第34条。

② ILA, *Report of the Fifty-Ninth Conference* (Belgrade, 1980).

③ 第1条。

④ 同上。

⑤ 详见本书第四章。

理正在出现的问题所需要的法律的发展。”[①]

《柏林规则》关于“公平利用”的第12条的评注意见，明确重申“如今公平利用原则已经被普遍接受为管理国际流域河水的基础”[②]。为了与1997年《联合国水道公约》的精神保持一致，《柏林规则》第13条修订了《赫尔辛基规则》中“决定某项利用是否公平合理”的一系列相关要素[③]。

之后由政府间组织和非政府组织所颁布的法律声明则严格遵循了《赫尔辛基规则》。例如，1974年经济合作与发展组织《关于跨界污染原则的理事会建议》第二部分（Title B），它包含了一系列在为一般性跨界污染问题寻求解决方案时需要考虑的典型要素[④]。特别明显的是，于1972年由亚非法律磋商委员会成立的国际河流常设分委员会，在1973年提出了一套明显参考国际法协会路径的主张[⑤]。其第3项的部分规定如下：

“1. 每个流域国家都有在其领土范围内合理和公平地分享国际流域河水有益利用的权利。

“2. 什么是合理和公平的分享应由有利益相关的流域国家在考量每一具体情况下的所有因素后决定。”

仿效国际法协会的模式，上述第3项主张进一步提供了用来确定“什么是合理和公平的分享”的10个相关要素的非穷尽清单。然而，在国际法委员会决定开始这个主题的工作之后，该委员会关于国际河流的工作于1973年暂停。不过，我们可以说，这一事

---

① ILA, *Berlin Rules on Water Resource law* (2004). Available at http://www.asil.org//ilib/WaterReport2004.pdf .

② 同上，第20页。

③ 详见评注意见，同上，第21页。

④ OECD Recommendation C(74)224 (14 November, 1974), reproduced in OECD, *OECD and the Environment* (OECD, Paris, 1986), at 142.

⑤ Asian-African Legal Consultative Committee, *Report of the Fourteenth Session* (10-18 January 1973, New Dehli); at 7~14.

实本身带给国际法委员会的工作和以及脱胎于该工作的《条款草案》和《联合国水道公约》更大的合法性和权威性。

在1977年召开联合国水大会通过的《马德普拉塔行动计划》[①]包含一系列关于水资源管理和利用的全面建议和决议。其第90条建议规定如下：

“国家间有必要在共享水资源方面加强合作，尤其重视在国际边境线上不断增强的经济、环境和自然的互相依赖性。根据《联合国宪章》以及国际法原则，这些合作必须建立在所有国家的平等、主权和领土完整的基础上，并遵循《联合国人类环境会议宣言》第21条原则[②]中表达的原则。”

值得注意的是，其第91条建议进一步规定：

“关于共享水资源的利用、管理和开发，国家政策应该考虑到每个共同资源的国家都有权平等地利用这些水资源，以此促进团结与合作。”

国际法委员会（ILC），作为国际法编纂最重要的机构，20多年来一直关注这一法律领域，最终于1994年通过了关于这一主题的一整套《条款草案》[③]。联合国大会于1970年第一次呼吁由国际法委员会发展和编纂有关法律[④]，1974年国际法委员会成立了国际水道非航行利用法的小组委员会。20年后，委员会将其协议通过的《条款草案》提交联合国大会，以期制定一项国际公约。为了

① *Report of the United Nations Water Conference*, Mar del Plata 14-25 March 1977 (UN publication sales no. E77.II.A.12), part one.

② 根据原则21：“根据联合国宪章和国际法原则，各国按照其环境政策开发自己自然资源的主权权利，并有责任确保在其管辖或控制的活动不致损害其他国家或其管辖范围以外区域的环境”。*Report of the United Nations Conference on the Human Environment,* Stockholm 5–16 June 1972 (UN Publication, Sales No. E.73.II.A.14), Chapter 1.

③ *Report of the International Law Commission on the Work of its Forty-Sixth Session* (1994), A/49/10/1994. See also (1994) 24/6 *Environmental Policy and Law,* at 335~368.

④ UN General Assembly Resolution 2669 (XXV) of 8 December 1970.

服务于国际水道和人类需求的多样性，它认为《条款草案》应为“框架协定”构成基础：

“该框架协定将在相关国家间缺乏具体协定时为国际水道非航行利用规定一般原则和规则，并为今后协定的谈判规定指南。”①

该《条款草案》的规定几乎没有变化，便构成了1997年《联合国水道公约》的基础②。1997年《联合国水道公约》第二部分（包括第5~10条）规定了这些一般原则。第5条规定了调整各国关于国际水道利用基本权利和义务的核心原则，即公平利用原则和公平参与的补充原则。此外，它确定了公平利用原则的主要目标，即最佳利用和可持续利用。它规定：

“1. 水道国家应以公平、合理的方式在各自领土上利用国际水道。特别是，水道国家在利用和开发国际水道时，以旨在实现最佳和可持续利用并从中获益，同时考虑相关国家利益，并与该水道的充分保护相一致。

“2. 水道国家应用公平合理的方式参与国际水道的利用、开发和保护。正如本公约所规定的，这种参与既包括利用水道的权利也包括在其保护和开发中合作的义务。”

该《条款草案》的评注意见明确指出，第5条第1款中公平利用规则的表述，尽管是以义务的形式表达，也赋予了一个水道国家相对应的“在其领土内，合理和公平地分享或分配国际水道的用途和惠益的权利”③。第5条第1款通过规定以实现最优利用来开发和利用国际水道，明确指出公平利用的广泛内涵。评注意见将这个目标描述为“为所有水道国家实现尽可能最大的利益”和实现“最大可能满足他们的需求并同时尽量减少损害，或者减少每

① See commentary to Article 3(1), para. 2, *Environmental Policy and Law,* 24/6 (1994), at 340.

② 第77页注⑨。

③ Commentary to Article 5, para. 2; *Environmental Policy and Law,* 24/6 (1994), at 340.

个国家未满足的需要”[①]。评注意见进一步阐述了最佳利用，指出它不等于：

“实现‘最大’的利用，技术上最有效的利用，或者最大货币价值的利用，更不是以长期亏损为成本的短期收益，也不意味着有能力最有效利用水道的国家——无论是从避免浪费的经济角度或者从其他角度来看——应该享有优先利用的权利。”[②]

国际法委员会在第5条表述所采用的路径，可以认为其参考了1972年斯德哥尔摩会议通过的《人类环境宣言行动计划》的第51条建议[③]。第51条建议规定：

“在利益相关国家就多个国家共有水资源创建流域委员会或者其他适当的合作机制时……相关国家应在适当时考虑下面的原则：

“(ii)从环境的角度出发，所有水资源开发和利用活动的基本目标是确保各国对水的最佳利用并避免污染；

“(iii)多个国家共有水文区域的净效益应当为受影响的国家公平共享。”

因此，至少从1972年以来，国际淡水资源的环境保护已被认为是在其惠益公平共享的核心要素。有趣的是，《条款草案》的评注意见d认为，第5条第1款明确要求，“最佳利用”目标——在当时它没有提及可持续利用——以与水资源的充分保护相一致的方式实现，意味它应与《21世纪议程》中追求的可持续发展原则一致，即“水资源的开发和管理应以综合方式进行”，“特别是将其纳入环境、经济和社会考虑”[⑤]。

---

① Commentary, *ibid*, para. 3; *Environmental Policy and Law,* 24/6 (1994), at 341.

② Commentary, *ibid.*

③ 第84页注②，第二章第二目。

④ Commentary to Article 5, para 3; Environmental Policy and Law, 24/6 (1994), at 341.

⑤ *The United Nations Programme of Action from Rio, the Earth Summit, Agenda 21*，第18章："保护淡水资源的质量和供应：对水资源开发、管理和利用采用综合性方法"，第18段，第169页。

体现在第5条第2款中的公平参与原则受到公平利用规则的约束，也是其补充，因为在水道开发中各个水道国家积极参与和合作被认为是实现最佳利用的关键所在。根据评注意见，将其纳入到第5条表示该委员会认可“水道国家的合作行动是为各个国家创造最大效益所必要的，有助于维护利用的公平分配……”；同时“达到最佳利用和收益最大，势必要通过水道国家参与水道的保护和开发过程中的合作”[①]。因此，各水道国家有权利也有义务在“保护和开发国际水道”时与其他国家积极合作。公平参与原则与1997年《联合国水道公约》第8条所规定利用、开发、保护国际水道中进行合作的一般义务相关联[②]。此外，该公约第5条第2款纳入并明确宣示公平参与原则，明显地推动了共同流域国采用共同管理的路径，因为很显然共同管理的安排或机构可在实际执行中发挥重要作用[③]。

在简要地顺带提及公平利用的概念起源时，对《条款草案》第5条的评注意见为该项规则的内涵提供了进一步指导。它指出，该原则起源于限制传统的领土主权观念的必要性。水道国家在其领土内利用国际水道河水的权利是一种主权权利，水道流经或者分界其国土的每个国家都享有该权利。在国家主权平等的基本原则下，每个水道国家对该水道都享有“在质量上与其他水道国平等的、相关的”利用权利[④]。但是，它着重指出“权利平等原则”不是赋予每个水道国家均等地分享水道的用途和惠益，也不是说水量本身将分成相等的份额[⑤]。相反，在数量或质量方面，并非所有水道国家的所有合理、有益的用途都能得到充分实现，国际惯例承认各国的权利必须加以调整，以维护各国的平等权利。按照第6条的规定，这些调整在公平的基础上和并对所有相关因素进行

① Commentary, para. 5, 第84页注③。

② 详见本书第七章和第八章。

③ 详见本书第二章和本书第九章

④ 评注意见，第5段，第84页注③。

⑤ 同上。

具体权衡后确定，而公平与否要考察每个具体个案的情况和背景。

第6条对第5条中规定的公平、合理利用规则在国家间实施时的方式提供了详细指导。为此，它制定了一个非穷尽的指示性的因素清单，主要涉及有关国际水道的性质以及有关水道国家的需要和用途，这一清单是国家和国际争端解决机构在确定特定情况下什么是合理和公平的利用要考虑的。第6条规定：

"1. 为了在第5条的含义范围内公平合理地利用国际水道，必须考虑所有有关因素和情况，包括：

"a. 地理、水道测量、水文、气候、生态和其他属于自然性质的因素；

"b. 有关的水道国家的社会和经济需要；

"c. 每个水道国家依赖该水道的人口；

"d. 一个水道国对水道的一种或多种利用对其他水道国的影响；

"e. 对水道现有的和潜在的用途；

"f. 水道水资源的养护、保护、开发和节约水道水资源，以及为此而采取措施的费用；

"g. 某一特定计划或现有利用的其他价值相当的替代方案可能性。

"2. 在适用第5条或本条第1款时，有关的水道国应在需要时本着合作精神进行协商。

"3. 每项因素的权重要根据该因素与其他有关因素的相对重要性加以确定。在确定一种利用是否合理和公平时，一切相关因素要同时考虑，在整体基础上做出结论。"①

第6条是对早前试图阐明公平与合理利用之确定相关问题的提炼，例如1983年由埃文森（Evensen）向国际法委员会提交的条款草案第8条，该条比较了水体的需求、用途和贡献、替代水资源的供应、为达到最佳利用而开展的项目合作，以及由流域国家带来的

① 关于每一种类型因素的含义和可能的意义的详细讨论，参见本书第六章。

污染[①]。

第1款（a）项提及了可能会影响水道自身特点的物理或其他自然因素，如可用水的数量和质量。这些因素还包括水道和水道国之间的自然关系。根据《条款草案》的评注意见：

"'地理'因素包括：在各水道国境内的国际水道的范围；与水道河水的测量、描述和绘图普遍相关的'水道测量'因素；尤其与河水特性（包括水流量）及其分布相关的'水文'因素，包括每个水道国家的河水对该水道的贡献。"[②]

第1款（b）项和（c）项涉及相关国家的社会、经济和人口需求，而第1款（d）项规定要考虑一个水道国对河水的利用对其他水道国的影响。第1款（e）项规定考虑水道现有和潜在的用途，但两者都不是优先考虑事项。事实上，《联合国水道公约》第10条明文规定，除了与人类的基本需要有关外，任何一种或者一类用途都不应给予优先考虑：

"1. 如无相反的协定或习惯，国际水道的任何利用均不对其他利用享有固有的优先地位。

"2. 假如某一国际水道的各种利用发生冲突，应当参照第5条～第7条加以解决，尤应顾及维持生命所必需的人的需求。（联合国文件官方翻译如此，但考察其英文"vital human needs"，将其翻译为"人的基本生存需求"似乎更佳，译者注）"

该公约第8条创建了一项一般合作义务，而第9条要求水道国定期进行数据和资料交换。

① J. Evensen, First Report on the law of the Non-Navigational Uses of international Watercourses, UN Doc. A/CN.4/367, reproduced in (1983) 2 Yearbook of the International law Commission, Part I, at 155. See P.-M. Dupuy, "Overview of the Existing Customary Legal Regime Regarding International Pollution", in D. B. Magraw (ed.), *International Law and Pollution* (University of Pennsylvania Press, Philadelphia, 1991), at 77.

② Commentary to Article 6, para. 4; *Environmental Policy and Law,* 24/6~ 342-3.

6. 国际公法学家

今天，在实践中，公平利用原则在学者中得到普遍的支持[①]。例如卡亚（Kaya），在对原则进行详尽研究的过程中，总结指出：

“值得注意的是，研究国际水道非航行利用法的国际公法学家绝大多数都认同，相同水道的沿岸国之间相互的权利和义务以及对国际水道的平等利用是这一领域国际法的主要原则。”[②]

Berber[③]于1959年、Lipper[④]于1967年引用一系列著作和作者的理论学说用以支持该原则，表明这种支持是持续的、强有力的。事实上，早在1975年诸如Bilder等权威学者就得出结论，由于其被广泛地认同和普遍地接受，这个所谓的公平利用原则是最接近于一般（国际）法的[⑤]。

二、公平利用原则的概念基础

在本书第二章中，公平利用原则被作为“有限领土主权”学说的一种表现而被引入，旨在调和“绝对领土主权”和“领土绝对完整”学说这两个截然对立的观点。Barrett回忆了科斯（Coase）的论点，即：

“外部性的方向取决于权利的初始分配。如果上游有污染的权利，下游国家就会遭受外部性。但是，如果下游国家有不受到伤

① 例如，参见Birnie and Boyle文，第69页注⑤，第127页；McCaffrey文，第67页注④，第325页；McCaffrey, *Second Report of the Special Rapporteur on the Non-Navigational Uses of International Watercourses* (1986) *Yearbook of the International Law Commission*, vol. 2, part l, 87. at 103-30; Tanzi and Arcari文，第73页注④，第11~17页；Barrett文，第64页注①，第126页。详见本书第二章。

② I. Kaya, *Equitable Utilization: The Law, of the Non-Navigational Uses of International Watercourses* (Ashgate, Aldershot, 2003), at 81.

③ F. J. Berber. Rivers in International Law, (Stevens & Sons. London, 1959), at 25-40

④ J. Lipper, “Equitable Utilization”, *supra,* n. 2 at p.64, at 30-32.

⑤ 第76页注②，第167页。

害的权利，那么上游国家就遭受禁止开发的影响。”①

并得出结论认为“国际法同时承认‘上游国家’和‘下游国家’——也就是污染者以及受害者——的权利②。事实上，在《联合国宪章》第2条第1款中获得权威表述和体现的各国主权平等，强调了法律对上游和下游国家或者造成污染和遭受污染的国家的权利的承认与保护。McCaffrey解释说，“公平分享权利的一个重要基础是权利平等的概念”③，国际常设法院在“奥德河案”④中也承认了这点，并在国际法院最近的“加布奇科沃—大毛罗斯大坝案”中得到确认，法院引用“奥德河案”的裁判指出：

“可航行河流利益共同体成为共同法律权利的基础，其基本特点是所有沿岸国在利用河流整个水道中完全平等并排除任何一个沿岸国优于其他沿岸国的特权。国际法的现代发展也已加强了用于国际水道非航行利用的这一原则。”⑤

当然，平等权利不是每个国家均等分享该水域，而是与共同沿岸国享有平等的在考虑所有相关因素下公平分享水道用途和惠益的权利。

在更为概念的层次上，公平利用原则就弗兰克（Franck）所说的“广泛周密考虑过的公平”提供了一个相当显著的例子⑥，即将公平标准的表述为调整标准的标准，或者换一种说法，“公平自身就是一项法律规则”⑦。作为一个规则的情况下，公平：

---

① 第64页注①，第123页。

② 同上，第124页。

③ 第67页注④，第329~330页。

④ 第70页注③，第27页。

⑤ 第71页注②，第56页，第85段。

⑥ T. M. Franck, *Fairness in International Law and Institutions* (Clarendon, Oxfor, 1995), at 65. See also, T. M. Franck and D. M. Sughrue, “The International Role of Equity-as-Fairness” (1993) 81 *Georgetown Law Journal*, 563.

⑦ I. Scobbie, “Toni Franck’s Fairness” (2002) 13 *European Journal of International Law*, 909, at 913.

"不是减轻一项正当法律不公平适用情况的例外，它本身就是适用于完成资源分配的主要规则。这种分配模型提供给司法机构更多的自由裁量权……确保对公平的考虑来决定结果。因此，根据这个公平模型做出的决定很容易被更公开地分配……"①

弗兰克（Franck）强调公平利用的程序性、制度性本质，他明确提及诸如1997年《联合国水道公约》第5条第1款等旨在公平基础上分配资源的文件的谈判，"（表明它）寻求就应当适用的合法性和公平分配的复杂情势达到共识……这包括需要协调相互冲突的利益的论证过程"②。事实上，他称这些规则为"诡辩规则"，因其有"多层次的复杂性"③因而他们有一定的弹性，并"通常需要对该规则在各种情况下的含义作一个有效、可信的、制度化的、合法的解释……④。事实上，公平利用的这种理解支持了本书第二章提出的观点，对该原则的有效适用而言，共同管理安排和机制事实上是不可缺少的。弗兰克解释说，这些规则"从公平性话语转变到了包括多种多样与追求分配正义相关联的社会经济因素"，虽然他承认，这些因素与传统规范性规则包含的管制性因素不同，但是他主张，判例的积累会导致确定性的增强⑤。他说，在具体的主题或情势下寻求对一项规则进行解释或者特定化的共识，"关键是制度化的多边主义"⑥。这表明，共同管理安排在确保切实有效实施该原则方面可以发挥多么重要的作用。

但是，现在急需该原则的合理的确定性和可预见性，个别论者已经批评了原则的法律不确定性⑦。Scobbie 指出，实践中，这一规

① Franck 文，本页注③，第65~66页。

② 同上，第67页。

③ 同上，第75页。

④ 同上，第81~82页。

⑤ 参见 Scobbie 文，第91页注④，第915页。

⑥ Franck 文，第91页注③，第87页。详见 Scobbie 文，同上。

⑦ 例如，可参见H. Ruiz-Fabri, "Règles coutumières générales et droit international fluvial" (1990) 36 *Anntuaire Francaise de Droit International*, 819, at 839.

则将导致一个“在法律之下讨价还价”的过程，即谈判将在“当事方对裁判结果的内容的期望和预测的基础上”展开，而且“利用体现‘广泛周密考虑过的公平’的规则作为决定性标准，使谈判过程复杂……”[①]。“如果预计的裁判结果是不透明、不确定的”，他问，“各方如何才能确定他们所拥有的谈判筹码并该如何利用它们”。因此，任何可以作为这一原则实际操作以及其任何相关因素的适用及可能产生的影响方面的指南，很可能都是有益的、有用的。

三、公平利用和环境保护

显然，公平利用原则在促进国际水道环境保护中起着至关重要的作用，它提供了一个可以考虑环境因素的概念的、实体的和程序的框架。Barrett 指出，“环境争端的解决几乎总是要求相互让步、妥协以及平等交换”，他在讨论与国际河流利用有关的几个主要水道和环境争端时，总结指出：

> “用来平衡各方公平的决定不是随意做出的。通过谈判解决的格兰德河、科罗拉多河和印度河的争端都涉及了‘公平利用原则’，表明它不只是适用于个案以达成妥协，而是习惯法。”[②]

McCaffrey 指出，旨在管制污染以及对水质和生态系统产生其他不良影响的法律制度，无论在国家和国际层面，传统上“基本都与那些控制水量分配的制度相分离”，但接着表示“最好的办法显然成为一种整体行动方法，即明确地把分配和保护同时考虑在内”[③]。考虑到该原则在环境保护方面可以起到的重要作用，他说，“在国际层面上公平利用本身的概念在一定程度上被要求承担这两种功能”，他甚至警告说“这会导致一定程度的混乱，也许会导致

① Scobbie 文，第91页注④，第924页。

② 第64页注①，第126页。

③ 第67页注④，第325页。

这项实施已经是复杂问题的原则超负荷运转”[①]。

另外，当作为一个“过程”来看时，公平利用原则在确保决定国际水道利用制度时与环境保护有效整合考虑的作用就很清楚了[②]。McCaffrey 解释说：

“一秉诚信地履行公平利用的义务以及与之密切相关的，防止损害的义务……意味着一个国家必须：合理注意避免剥夺共同沿岸国的公平份额……并进行跨界（环境）影响评价（TEIA），以确定计划的行动是否可能对其他沿岸国产生不利影响，如果答案是肯定的，就要通知其他相关国家。”[③]

因此，基于1997年《联合国水道公约》[④]第12条和1992年《赫尔辛基公约》[⑤]第3条第1款h项以及适用更广泛的1991年《关于跨界环境影响评价的埃斯波公约》[⑥]的进行跨界环境影响评价的义务，McCaffrey 认为，公平利用原则的实际履行涉及一项程序，对国际水道规划进行特定用途的国家必须通过公认的环境影响评价和方法，确定对其他水道国可能产生的不利影响，并在影响开始显现时通知这些国家。通知将启动国际法之下的一般程序步骤，如协商、谈判或可能是第三方争端解决方式，每一个步骤都受到诸多先例中所理解的、该原则的实质意义的指导。McCaffrey 再次强调了公平利用的程序性因素，认为“它不仅是一个规则，它是一个动态的过程，很大程度上取决于共享淡水资源的各国的积极合

---

① 同上。

② 参见 McCaffrey 文，同上；他在第343页指出：“因此，公平合理利用的义务最好被理解成是一种程序。一国履行该义务取决于它可以定期收到其他国家关于水道的数据和信息，向他国提前通知其可能影响他国的新用途，开展跨界环境影响评价以确定其境内活动可能对他国利用水道产生不利影响的时间。这同样适用于共享水道的其他国家”。

③ 同上。

④ 第77页注⑨。

⑤ 第75页注①。

⑥ (1991) 30 *LIM* 802

作”[①]。事实上，法国在批准1992年《赫尔辛基公约》时，对公平利用原则更规范化的理解中有所保留，宣称“公平合理利用的概念并不构成习惯法原则的承认，而只是说明了公约缔结方合作的原则”。[②]有趣的是，除了一般提及合作[③]、信息交换[④]、通知[⑤]等义务，还要求进行协商和谈判[⑥]，这些都贯穿了1997年《联合国水道公约》的全文；此外，第5条第2款规定了所谓的“公平参与原则”，它“不仅牵涉利用国际水道的权利，也对水道国家在保护和开发国际水道中的积极合作义务做出了规定”[⑦]。Tanzi 和 Arcari 说，这些内容要求加强合作并提高这种合作的意义，这个事实“是由第5条的整体结构所确认的；据此，第1款规定的公平利用原则与第2款规定的公平参与原则也相互关联[⑧]。他们建议：

“在公平利用规则及其相关规则的实施过程中提高合作的关键作用，并通过整个公约阐明一般合作义务的法律意义。这就是说，如果一个沿岸国家未能一秉善意与其共同沿岸国协商与合作以协调各自在整个水道中的利益（和 / 或确认共同利益），它很难主张其计划的或实际的利用……根据《公约》第5条是公平的。”[⑨]

强调各国合作义务的程序方面，只是在适用公平利用原则中强化了环境价值和目标的考量，作为一种确认、理解和阐明环境关系的手段，它近年来发展迅速。例如公认的环境影响评价方法论，为事前关注（环境因素）提供了一个日益成熟的预防性的过程。

---

① 第67页注④，第345页。

② Declaration made by France, 14 August 1998, *Multilateral Treaties Deposited with the Secretary-General, Status o sot 30 April 1999* (1999), at 897. 参见 Tanzi and Arcari 文，第72页注④，第97页。

③ 第8条。

④ 第9条和第11条。

⑤ 第12~16条。

⑥ 第11条和第17条。

⑦ ILC commentary to Article 5, *supra,* n. l at p.63, at 220.

⑧ 第73页注④，第109页。

⑨ 同上。

在《条款草案》的讨论中，一些国际法委员会委员认为，应根据如1992年《里约宣言》[①]原则4和《21世纪议程》第18章（关于淡水资源质量和供应保护）所包含的可持续发展概念在近期的发展等晚近相关发展重新审查这些理念，这可能是一个有望提高《条款草案》环境性质的行动。不过，通过的《条款草案》以及现在的《联合国水道公约》[②]都将重要的环境考量纳入其中。例如，第5条第1款规定，为了“以公平合理的方式”利用国际水道，“水道国在开发、利用水道时应与水道的充分保护相一致”，此外，所列举的公平合理利用相关因素包括“生态及其他自然因素”[③]及“保育、保护、开发和节约利用水道水资源和采取措施的成本”[④]；第5条第2款规定水道国在“保护水道时有合作的义务”；而第8条要求，各国“应进行合作……以达到国际水道的最佳利用和充分保护”，它也可能被证明“没有一种用途……比其他用途享有必然的优先性”的环境惠益，[⑤]否则，无论会对环境产生何种损害，既定的经济用途传统上都被认为是更重要；另外，“利用冲突……应参照第5条~第7条加以解决，尤应估计人的基本生存需求”这一事实[⑥]可以证明环境的重要性，因为“人类的基本生存需要”往往会要求水的供应应有一定的质量[⑦]。事实上，《联合国水道公约》包括一个完整的第四部分“保护、保存和管理”，其条款就“保护与保存生态系统”、“预防、减少和控制污染”、“外来物种或新物种的引入”、“保护和保持海洋环境”等规定了详尽的规范，所有这些都阐述了与自然环境保护相关的公平利用学说固有的重大义务，都超出了国际水道本身[⑧]。

① Adopted at the 1992 United Nations Conference on Environment and Development, UN Doc. A/CONF.151/5Rev. l, reproduced in (1992) 31 ILM 874.

② 第77页注⑨。

③ 第6条第1款a项。

④ 第6条第1款e项。

⑤ 第10条第1款。

⑥ 第10条第2款。

⑦ 关于“人的基本生存需求”的可能含义，详见本书第六章。

⑧ 详见本书第七章。

被1997年《联合国水道公约》宣示的公平利用原则之环境特征和功能最具重要意义的，是将实现国际水道及其惠益的“最佳利用和可持续利用”纳入该原则的共同目标。正如上文所述，在边界划界或自然资源分配适用公平时，公平的结果取决于公平原则的应用，所以纳入实现“可持续利用……并与水道的充分保护保持一致”的目标（这也是解释和适用规则的基石）意义重大。此外，规定这一基本规则的是第5条第1款这一核心条款。根据Tanzi和Arcari说法，这反映了公约起草者“对公平利用的传统学说施加的一些‘公益限制’——特别是……水道的可持续性和环境保护方面——的努力……”①他们进一步提出：

“因为它们被规定在第5条，这些‘公益限制’不是简单地被当作特定利用的公平性评价的一项考虑因素，而应被当作为公平原则本身固有的价值。因此，任何无视这样一个标准而对国际水道的利用（通过举例来说，显然是不可持续的水道利用），对于该公约规定的管制目标来说都是不公平的和不合理的。”②

这种分析为“环境保护因素在公平利用原则的适用中占据了优先的特殊地位”的观点提供了重要支持。他还认为：

“在第5条明确提到可持续利用而不是将其规定在第6条列举的有关因素中，从根本上提高了可持续发展概念在公平利用原则适用中的规范意义。”③

关于可持续发展概念的实际意义，他们指出“第5条第1款中可持续利用的概念代表了可持续发展概念在自然资源管理领域的具体应用”④，此外，“可持续发展经常被视为‘伞形概念’，包含了更

① 第73页注④，第104页。

② 同上。

③ 同上，第114页。

④ 同上，第115页。

多旨在落实它的具体原则[①]。在这些更具体的原则中，他们列出了代际公平原则和风险预防原则。为了进一步支持这一很有说服力的观点，他们指出，国际法院在“加布奇科沃—大毛罗斯大坝案”中间接承认了“可持续发展的概念、风险预防行动和今世后代利益之间的密切关系”[②]，法院在判决中指出：

“在环境保护领域，环境损害不能逆转的特征和这种损害补偿机制固有的局限性要求警惕和预防。……由于新的科学见解和日益意识到持续不断追求干预而给人类——今世后代——带来的风险，在过去20年间大量的文件制定和规定了新的规范和标准。这种新的规范必须被考虑到，这种新的标准必须获得应有的重视…… 协调经济发展与保护环境的要求体现在可持续发展的概念中。”[③]

因此，我们可以令人信服地主张，《联合国水道公约》第5条第1款提及可持续发展的概念，在适用公平利用规则方面，间接推动了1992年联合国环境与发展会议进程出现的多项重要环境原则。事实上，《联合国水道公约》的序言特别提及：

“(缔约各方)表示深信缔结一项框架公约将保证国际水道的利用、开发、养护、管理和保护，并促进为今世后代对其进行最佳和可持续利用；”[④]

和：

“回顾1992年的联合国环境与发展会议在《里约宣言》和《21世纪议程》中通过的原则和建议。”[⑤]

此外，虽然第20条隐含的所谓的“生态系统方式”[⑥]在第5条

① 同上。

② 同上，第116页。

③ 第71页注②，第78页，第140页(引用作者的强调)；参见Tanzi and Arcari文，同上。

④ 第77页注⑨，序言，第5段。

⑤ 同上，第7段。

⑥ 关于国际水资源的生态系统方式的一般介绍，参见O. Mcintyre, “The Emergence

中没有提到，Tanzi 和 Arcari 总结认为它隐含在公平利用原则的适用中，因为“它代表了与可持续发展原则相关的整体概念框架的一个组成部分”①。在这方面，他们同意 Brunnée 和 Toope 的观点，后者认为，通过促进可持续发展的概念及相关原则，“一个生态维度被引入（国际水道法），它至少要求人类的发展必须尊重环境承载能力的限制，而不论其跨界影响”②。最近关于国际水道保护的公约性文件将生态系统的保护和共享水资源的可持续利用关联起来，这种做法越发普遍。例如，1992年《赫尔辛基公约》要求各方：

“特别是，采取一切适当的措施：

“a. 确保跨界水电利用符合生态友好与合理的水资源管理、水资源保护和环境保护的目标；

“b. 确保以合理和公平的方式利用跨界水；

“c. 确保生态系统的保护和必要时的恢复。”③

同样，1994年《多瑙河公约》指出可持续水管理的目标“必须是避免长期的环境损害和保护生态系统”④。Tanzi 和 Arcari 阐述隐含于1997年《联合国水道公约》第5条第1款的生态系统方法时，指出：

“《联合国水道公约》第5条规定的公平利用原则所隐含的生态系统保护获得了第1款最后一段的确认，据此国际水道最优和可

---

of an ‘Ecosystem Approach’ to the Protection of International Watercourses under International Law” (2004) 13 *Review of European Community and International Environmental Law,* 1. 详见本书第七章。

① 第73页注④，第117页。亦可参见 A. Tanzi, “The UN Convention on International Wate-rcourses as a Framework for the Avoidance and Settlement of Water Law Disputes”, (1998) 11 *Leiden Journal of International Law,* 441, at 457.

② J. Brunnée and S. J. Toope, “Environmental Security and Freshwater Resources: A case for International Ecosystem Law” (1994) 5 *Yearbook of International Environmental Law,* 41, at 65-70.

③ 第75页注①，第2条第2款 b、c、d 项。

④ 1994 Convention on Co-operation for the Protection and Sustainable-Use of he Danube River (26 June 1994), *Multilateral Agreements* 994/49; (1994) 5 *Yearbook of International Environmental Law,* doc. 16.

持续利用目标必须与“同水道的充分保护保持一致”。考虑到这部分表述回忆《公约》第四部分国际水道的“保护、保存和管理”，并考虑到以生态系统方法为蓝本的环境条款，我们完全可以肯定，这种方法能很好地适用于公平利用原则。”①

将国际环境法这些更为具体的原则间接地融入可持续发展概念以及公平利用原则的结构和适用中的重要意义，在于过去数十年中该原则获得了高度的规范阐释和精妙的内涵解释②。例如，风险预防原则对于跨界环境影响评价的必要性及其实施的意义被越来越清楚地了解；而生态系统方法对于那些反对计划的和现存的水道利用方式的议题或者对环境损害概念之法律认识的意义，也越来越明显。换言之，这些原则更清楚地表明了公平利用原则内在的环境权利和义务的存在、本质和范畴，因此协助各方行使这些权利和履行这些义务。

四、结语

因此，很明显，尽管公平利用原则（或者也许是）相对缺乏规范性的实体内核，但它已被公认是国际法中有关国际水道非航行利用的主要规则。作为一项国际法原则，它似乎已经“非常”发达了，其概念起源于地方和联邦法院的实践，国际司法机构和在这一法律领域从事编纂工作的机构以各种各样的形式采纳了它，各国也在共享水资源的利用和保护制度的谈判中采用了它。然而，尽管从一般看来它内涵含糊，但清楚的是，1997年《联合国水道公约》③在阐述该原则④时在其关键目标中纳入了可持续发展的概念以及环境保护

① 第73页注④，第117页。

② 关于各种既有的和新出现的国际环境法实质性和程序性规则和原则的法律地位和规范性内容的详细考察，参见本书第七章和第八章。亦可参见 O. McIntyre, “The Role of Customary Rules and Principles of International environmental Law in the Protection of Shared International Freshwater Resources” (2006) 46/1 *Natural Resources Journal*,157.

③ 第77页注⑨。

④ 例如，可参加1992年联合国欧洲经济理事会《赫尔辛基公约》，第75页注①。

的具体要求，这将环境保护因素提升到了优先位置，并为可资适用的、已经和正在形成的一般国际环境法规则提供了一个框架，而这些规则也反映了上述重要因素并维护其内在利益。

但是，必须注意的是，1997年《联合国水道公约》① 和本领域国际法的所有其他重大编纂②与相关公约③包括了次级的和密切相关的实体性规则，亦即各国在利用国际水道河水时不造成对其他水道国的重大损害的义务的规则。这项义务已于习惯国际法中被明确确立，可追溯到“特雷尔冶炼厂仲裁案”④ 和1972年《斯德哥尔摩人类环境宣言》的原则21⑤。尽管关涉对“损害”相邻水道国的利益这一更广泛的概念，但是1997年《联合国水道公约》第7条所规定的义务仍然对水道本身的环境保护具有明显的意义，从而保障了这些国家利用水道或河水的利益。正是基于这一点，有必要研究不损害责任的规范意义和它与公平利用原则关系的本质。

---

① 第77页注⑨，其第7条第1款规定：“水道国应在利用其领土上的国际水道时，采取一切适当的措施防止对其他水道国造成重大损害”。

② 例如，《赫尔辛基规则》第10条专门规定了防止因“水污染而对共同流域国造成实质性损害”的义务。

③ 例如，关注预防、控制和减少“跨界影响”的1992年联合国欧洲经济理事会《赫尔辛基公约》的第2条和第3条，将“跨界影响”界定为：“因人类活动造成的跨界水体之条件变化而引起的对环境的重大不利影响，该跨界水体的自然起源全部或者部分位于另一方管辖下的区域内。”

④ 第66页注②。

⑤ Adopted at the 1972 United Nations Conference on the Human Environment, UN Doc. A/CONF.48/14. 原则21规定：“根据联合国宪章和国际法原则，各国按照其环境政策开发自己自然资源的主权权利，并有责任确保在其管辖或控制的活动不致损害其他国家或其管辖范围以外区域的环境。”《里约宣言》的原则2规定了几乎完全相同的一项原则。关于“不损害”规则或一般国际法的“预防”原则的详细分析，详见本书第四章和第七章。

第四章　预防重大损害规则

长久以来，人们已经认识到公平利用原则在平衡所有的相关因素和利益方面固有的局限性。这一原则十分模糊，并且难以为利用国际间共享淡水资源的争端提供现成的解决方案。事实上，这一原则“并不能优先排除国家会为了如同让沙漠开花之类的命运多舛的计划去牺牲对人的生存需求的满足”[①]。因此，1997年《联合国水道公约》[②]中就增加了一些分配和保护共享水资源的实质性规则，作为对公平利用这项核心规则的补充，其中最重要的就是水道国有义务不对其他水道国造成重大损害[③]。该公约第7条规定如下：

“1. 水道国在其领土上利用国际水道时，应采取一切适当措施，防止造成其他水道国的重大损害。

“2. 凡对另一个水道国家造成重大损害，造成这种损害的国家，如果缺乏相关的利用协定，应当合理遵循第5条和第6条的规定，与

---

① A. Nollkaemper, “The Contribution of the International Law Commission to International Water Law: Does It Reverse The Flight From Substance?” (1996) XXVII *Netherlands Year-book of International Law,* 39, at 45.

② 1997 United Nations Convention on the Law of the Non-Navigational Uses of International Watercourses (New York, 21 May 1997), (1997) 36 //M700.

③ 其他补充的实体性规则包括1997年《联合国水道公约》规定的防止损害的义务（第27条）、保护人的生存需求（第10条第2款）、保护水道生态系统（第20条）、防止污染造成重大损害（第21条第2款）、保护海洋环境（第23条）和确保国际水道的可持续发展）（第24条第2款a项）。

受影响的国家协商，采取一切适当措施以消除或减轻这种损害，并酌情讨论赔偿事宜。”

该项义务存在于一般国际法之中，受到了大量国家实践的支持①。一项关于河流流域水平的条约实践的考察，发现了包括最小流量要求②、防止有害的影响③、水的质量保护④和清洁技术的应用⑤等诸多实质性条款。事实上，Handl指出⑥，许多有关国际水道利用的条约含有有关防止和消除水污染的一般性规定，这些在《赫尔辛基规则》第10条中有明确的表述⑦。第10条第1款规定：

“为了符合国际流域公平利用的原则，国家

“a. 必须防治对国际流域内任何新的形式的水污染或者造成现有水污染的恶化，以免对共同流域国家领土范围内造成实质性的损害，并且

“b. 应采取一切合理措施，以遏止国际流域内现有的水资源污染，避免在共同流域国家领土范围内造成实质性损害。”

国际法协会2004年《柏林规则》⑧重申并强调了这一义务，并特

---

① 对“无害”规则在一般国际法中规范地位和内容的讨论，参见本书第七章。

② 例如，Article 6, Agreement on Co-operation for the Sustainable Development of the Mekong River Basin (5 April 1995), (1995) 34 *ILM* 864; Article l, Annex II, Treaty of Peace between Israel and Jordan (26 0ctober 1994), (1995) 34 *ILM*43.

③ 例如，Article 7, Agreement on Co-operation for the Sustainable Development of the Mekong River Basin, *ibid.*

④ 例如，Article 3, Annex II, Treaty of Peace between Israel and Jordan, *supra,* n. 4 at p.64.

⑤ 例如，Article 3(2)(b), Agreement on the Protection of the River Meuse (26 April 1994), (1995) 34 *ILM* 851.

⑥ G. Handl, “Balancing of Interests and International Liability for the Pollution of International Watercourses: Customary Principles of Law Revisited” (1975) *Canadian Yearbook of International Law,* 156, at 171.

⑦ International Law Association, Report of the Fifty-Second Conference (Helsinki, 1966) 484, at 496~497.

⑧ ILA, Berlin Rules on Water Resources /aw (2004), available at http://www. Asil.org/ilib/WaterReport2004.pdf.

根据特别报告员的评注意见（同上，第2页），《柏林规则》表明：

别增加包括避免跨界损害[①]和防止或尽量减少环境危害[②]的专门条款，明确了不对其他流域各国造成重大损害的义务和公平利用原则之间的联系。其中，明确“公平利用原则”的第12条规定：

“在各自领土范围内，流域各国应以公平、合理的方式管理国际流域，并尊重不对其他流域国家造成重大损害的义务。”[③]

规范性更强同时获得广泛适用的1992年联合国欧洲经济委员会《关于跨界水道和国际湖泊保护和利用的赫尔辛基公约》[④]特别规定了“预防、控制和减少已造成的或可能造成跨界影响的水体污染”的义务[⑤]，以及“确保保护生态系统和在必要时恢复生态系统”的义务[⑥]。此外，许多权威的政策宣言，例如《21世纪议程》，进一步支持了这样一个新兴的规范性义务。

不损害原则也和大量的法律格言和学说有联系，包括以不损害他人财产的方式利用自己的财产（*sic utere tuo ut alienum non laedas*）的格言、权利滥用（*abus de droit, Rechtsmissbrauch*）的原理、和睦邻友好（*droit international de voisinage, Nachbarrecht*）的原理[⑦]。麦卡弗里

“对协会先后通过的《赫尔辛基规则》和相关规则进行全面修订……着手对适用到国际流域的习惯国际法提供了清晰的有说服力的和协调的陈述，同时也推动了为21世纪处理国际或全球水源管理正在出现的问题所需要的法律的发展”。

① 《柏林规则》第16条规定：

“流域国在在管理国际流域的水时，应避免和防止在其领土的行为或不行为对其他流域国家造成重大损害，这些流域国家有权利公平、合理地利用水”。

② 《柏林规则》的第8条规定：

“各国应采取一切适当措施以防止或减轻环境损害”。

③ 第12条第1款（重点强调）。

④ (1992) 31 *ILM* 1312. 该公约开放给联合国欧洲经济理事会的成员国签署，截至2000年底共有26个签署国和32个缔约国。

⑤ 第2条a项。

⑥ 第2条d项。

⑦ 一般参见 S. McCaffrey, The law of International Watercourses: Non- Navigational Uses (Oxford University Press, Oxford, 2001), at 349~353; A. Tanzi and M. Arcari, *The United Nations Convention on the law of International Watercourses* (Kluwer Law International, The Hague/Boston, 2001), at 142~143.

指出，上述学说中没有一项是绝对规则或禁律，并解释：

“在国际层面上，所有这三个学说都试图调和不同国家在同一地区或共享资源方面表面上冲突的权利。实际上，他们是通过要求以相对于其他国家合理地行使权利的方式来界定相关国家的权利，借此来协调相关权利。在很大程度上，他们发挥了缓和绝对规则作用的功能。”①

他还指出，就“不损害”格言而言，有关研究已经得出结论，“罗马人创造了‘一套水的法律体系，来保障古老的权利，调整实际需求，并且在公平原则下通报情况’”，并进一步阐述：

“罗马法的其他原理表明，重点不应当简单地置于损害的原因上，而是当事人是否有权利造成损害：主张自己权利的人不伤害任何人（neminem laedit qui jure suo uritur）；除非他做了他没有权利做的事情，没有人会被认为对他人造成了损害（nemo damnum facit nisi qui id fecit quod facere jus non habet）。”②

因此，他得出结论：

“不损害学说的这种形式不仅描述了一个独立的原则，其实是与适用公平利用学说的方式相一致……法律可以允许在公平的情况下造成事实上的损害……。”③

在另外两个“基础性”学说中我们可以得到相似的结论。所谓的权利滥用原理被认为“是指某一国以在某种程度上阻碍其他国家享有自己的权利的方式行使本国的权利”④，并将被“作为检验一个国家有以任何它希望的方式利用其领土的自由的标准：该自由必须一秉善意

① 同上，第351页。
② 同上，第350页。
③ 同上。
④ A. Kiss, “Abuse of Rights”, in R. Bernhardt (ed.), 7 *Encyclopedia of Public International law*, 1 (1984).

且不得以对其他国家造成不合理伤害的方式行使"①。因此，它和绝对的领土主权原则背道而驰，与有限的领土主权原则相一致，因而与公平利用完全一致。同样，睦邻友好原理或"近邻法（law of voisinage）原则坚持认为，一个人自身权利的行使不应影响其近邻的权利"②。McCaffrey解释说，"成为一个好邻居不仅意味着避免对邻近的其他国家造成重大损害，而且还要容忍那些国家的活动产生的一定程度损害"③。这一原理也是合理利用概念的中心，就像Andrassy解释的那样，"界定一个既定有害影响的原因是否被允许，不是由固定的规则决定的，而是通过适用公平原则确定"④。因此，上述这三个学说都成为现代"无伤害"原则的基础，完全符合公平利用原则，实际上还暗示他们和公平利用原则之间是互补的关系。

然而，并不是所有的论者都同意所谓的"无伤害"原则在一般习惯国际法中的地位⑤。例如，Barrett引用了一个作者的言论，后者就针对1972年《斯德哥尔摩宣言》原则21里清晰表达的原则的构成⑥，指出：

"理论和言语上各国可能同意著名的1972年《斯德哥尔摩宣言》

① McCaffrey, *supra,* n. 7 at p.104, at 352.

② 瑞士联邦法院对阿尔高大区（Argovia）和索洛图恩大区（Solothurn）间争端裁决（1900年）的一段话，翻译自D. Schindler, "The Administration of Justice in the Swiss Federal Court in the International Disputes" (1921) 15 *American Journal of International law,* 149, at 172-3，转引自Tanzi和Arcari书，第104页注⑦，第143页。

③ 第104页⑦，第353页（重点强调）。

④ J. Andrassy, "Les Relations Internationales de Voisinage" (1951-11) 79 *Recueil des Cours,* 77, at 112, cited by McCaffrey, *ibid.*

⑤ 关于该原则在一般国际法中规范地位和内容的讨论，参见本书第七章。

⑥ Adopted at the 1972 United Nations Conference on the Human Environment, UN Doc. A/CONF.48/14. 原则21规定：

"按照联合国宪章和国际法原则，国家有主权按照其自身的环境政策利用自己的资源，并有责任确保在其管辖或控制的活动不至于超出国家管辖范围损害到其他国家或地区的环境。"

《里约宣言》原则2，规定了几乎完全相同的原则，adopted at the 1992 United Nations Conference on Environment and Development, UN Doc. A/CONF. 151/ 5Rev.l, reproduced in (1992) 31 //M 874.

原则21。……当涉及的实践和行动属于该原则的第二部分，即规定国家不受损害的权利时，通常反而会被忽视。”①

他对此现象的原因进行了猜测并得出结论认为，不确定性，包括与危害起因相关的科学上的不确定，以及原则的解释和应用而引起的法律上的不确定性，是缺乏实际遵守的主要原因：

“‘不损害’原则常常被忽视的其中一个原因是，许多环境问题的原因和结果是不确定的。如果无法知道损害是否由某一特定的活动造成，以及这一活动的减少或改变是否会降低伤害时，‘不损害’原则很容易被规避。”②

他继续指出：

“此外，很难说‘不损害’原则实际要求各国做什么。这可能被解释为要求各国不会造成‘严重的’损害（如‘特雷尔冶炼厂仲裁案’的判决），但是什么时候损害才算是严重呢？这可能要求某些环境阈值没被超过或者是关键的临界点没有被违反，但是如何才能建立这些标准呢？‘损害’在这里是个模糊的概念。”③

然而，风险预防原则的适用有助于解决科学的不确定性④这一长期存在的问题，而且实践和先例的积累也有助于判定某一特定的损害是否足以构成严重的或“重大的”危害。实际上，在习惯法下的规范性内容，1997年《联合国水道公约》将其明确纳入一项单独的实质性条款，这一做法大大消除了审查其在习惯性国际法中地位的现实必要性，尽管其在习惯法下的规范内容还取决于其在《联合国水道公约》项下的适用情况。

---

① S. Barrett, *Environment and Statecraft: The Strategy of Environmental Treaty-Making* (OUP, Oxford, 2003), at 122, citing Bjorkbom, a Swedish diplomat, commenting in 1988.

② 同上。

③ 同上，第122~123页。

④ 关于风险预防原则及其在国际水道中的适用的讨论，详见本书第七章。

一、重大损害

作为治理的主题，实际上所有相关的条约制度都有对其他国家造成“损害”或“伤害”的概念。

“(这些概念)仅指一国作为国际社会的主权成员而遭受的物质而非道德损害，可能以对其荣誉的歧视、对其主权的侵犯等形式出现。总而言之，从描述的国家惯例模式的角度看，仅水体中污染物跨界穿越这一事实……并不能构成代表国家实践的常规模式意义上的损害。”①

在实践层面上，McCaffrey 指出，“‘损害’可能以水量减少的形式出现，例如新的上游工程或地下水的抽取”②；他进一步指出，

“损害有可能源于诸如污染、干扰鱼类的回游、相邻水道一岸上进行的工程导致了对岸的冲蚀、因为上游的伐林或不合理的放牧行为造成不断增加的淤积、对径流环境的阻碍、改造河道引起的对下游河床的侵蚀、对河岸生态系统有负作用的行为、大坝的决堤以及发生在一个沿岸国而对其他沿岸国有负面影响的活动，而这些影响将在水道中传递或长期存在。”③

他进一步解释道，至少在一般国际法中，防止损害的义务并不局限于一个国家对水道的直接利用，因为并不是只有直接利用才会对另一国家造成损害，因为“一个国家与水道即使没进行直接相关联的某些活动(如砍伐森林)也有可能对另一国家造成损害影响(如洪水)”④。同样地，1966年《赫尔辛基规则》第10条

① G. Handl 文，第103页注⑥，第171页。关于相关的国家实践，详见 G. Handl, “Territorial Sovereignty and the Problem of Transnational Pollution” (1975) 69. *American Journal of international law*, 50, at 53-4. On the concept of environmental damage, see further, M. Bowman and A. Boyle (eds), *Environmental Damage in International and Comparative Law: Problems of Definition and Valuation* (OUP, Oxford, 2002).

② 第104页注⑦，第348页。

③ 同上，第348~349页。

④ 同上，第349页。

的评注意见指出，“一国的领土受到侵害并不必然与另一个国家水的利用相关”[①]。McCaffrey建议，尽管1997年《联合国水道公约》第7条中不损害规则的内容似乎过于狭隘，因为它责令国家防止通过利用国际水道而对其他国家造成损害，也应在考虑国家实践或围绕国家间水争端引起的一些紧急情势的情况下从广义上对这一规定加以解释[②]。的确，在1997年《联合国水道公约》第20~23条中得到积极运用正持续形成的所谓“生态系统方法”，有望增强第7条作广义解释的可能性，至少在涉及生态或环境损害时如此[③]。

（一）损害的界限

一些关于国际水道利用或污染的条约条款对于什么类型的损害或侵害应被禁止的规定十分模糊[④]，国家实践和案例法通常要求损害必须足够严重的或者重大的。例如，在“特雷尔冶炼厂仲裁案”中，仲裁庭认为有必要满足“该案有很严重的后果”这一条件，并考虑受影响财产经济价值减少的因素[⑤]；然而在“潘顿包装公司和卡素科（Peyton Packing Company and Casuco）案”中，墨西哥试图证明从美国跨界流动过来的污染物对华雷斯城

① 第103页注⑦，第500页。

② 第104页注⑦，第349页。

③ 关于“生态系统方法”的讨论，参见本书七章。See further, O. McIntyre, “The Emergence of an ‘Ecosystem Approach’ to the Protection of International Watercourses under International Law” (2004) 13:1 *Review of European Community and International Environmental Law*, 1.

④ 例证包括：1973年《乌拉圭和阿根廷之间关于普拉塔河的条约》第47条为了确定缔约国对“损害”责任的目的，将“污染”定义为“人类直接或间接将可能导致有害影响的物质或能量引入水环境”，(1974) 13 *ILM* 251；1963年《匈牙利和罗马尼亚之间关于国家边境制度和边境水资源合作的条约》第16条第1款规定，“缔约国应确保边境水保持良好状态”，567 *UNTS* 330；1956年《德国、法国和卢森堡关于开放摩泽尔航道的条约》第55条要求“缔约各国应采取必要措施，确保摩泽尔河的水域和它的支流不受污染的状态”，*BGBL* 1956 11, 1838。参见G. Handl文，第103页注⑥，第172~173页。

⑤ *Trail Smelter Arbitration (U.S. v. Canada)* (1941) 3 *RIAA* 1911, at 1965. 实际上，McCaffrey指出，因为仲裁庭“试图在加拿大的产业和受影响的美国农业之间寻求平衡，第7条在很多方面都可以看做是对这一著名裁决所体现原则的法典化”，第104页注⑦，第354~355页。

（Ciudad Juarez）的居民造成了严重的伤害①。根据国际联合委员会在“雨河与伍兹湖污染（Pollution of the Rainy River and the Lake of the Woods）案”中的意见，1909年《边界水条约》②第4条中项下的“损害”（injury）还应包括阻碍对有关水道的休闲利用③。《赫尔辛基规则》第10条与对环境的重大损害后果相关联④，在此领域国际法编纂的很多尝试都采取了类似的方法⑤。另外，关于这一议题的国际法文献的调查有力地支持了习惯国际法中存在着禁止损害的界限⑥。

在试图解释第7条所禁止的损害的严重程度时，国际法委员会在早些时候曾把它解释为“明显的损害（appreciable harm）”，但1994年《条款草案》用“重大的损害（significant harm）”替换了“明显的损害”这一术语，即“必须对利用造成确实的损害；例如，对受影响国家的公共健康、工业、财产、农业或环境有不利

① 6 (1968) Whiteman, *Digest of International Law,* 258.

② *USTS* No. 548.

③ International Joint Commission, *Report on the Pollution of the Rainy River and Lake of the Woods (1965), at 16.*

④ 第103页注⑦。

⑤ 例如proposition VIII, para. I of the draft propositions of the Asian-African Legal Consultative Committee, UN Doc. A/CN.4/427 (Vol. 1), 226, at 229 (1974); Article 5 of the Inter-American Draft Convention on Industrial and Agricultural Use of International Rivers and Lakes, OAS Official Records, OEA/Ser. I/V1.2 (English) CIJ-79, 19 (1965); Preamble (para. 10) and Article 2 0f the 1969 Draft European Convention on the Protection . of Freshwater- Against Pollution, CECA Doc. 2561, 2, at 3 and 4~5 (1969); Article I of the Madrid Resolution of the Institute of International Law, 24 *Annuaire I.D.I*, 365~366 (1911).

⑥ 例如 C. B. Bourne, “The Right to Utilize the Waters of International Rivers” (1965) 3 *Canadian Yearbook of International law,* 187. at 208~213; H. Smith, *The Economic Uses of international Rivers* (King & Son, London, 1931), at 151; G. Gaja, “River Pollution in International Law” (1973) *Recueil des Cours*, 354, at 370; A. P. Lester, “River Pollution in International Law” (1963) 57 *American Journal of International law*, 828, at 851; E. J. de Arechaga. “International Legal Rules Governing the Use of Waters of International Watercourses” (1960) 2 Inter-American law Review, 329, at 332; 1. Brownlie, “A Survey of Customary Rules of Environmental Protection” (1973) 13 *Natural Resources Journal*, 179, at 180.

的影响”[①]。应该重点指出的是，国际法委员会在对1994年《条款草案》的评注意见中，清楚地解释了用“重大的”替换“明显的”并不是打算提高适用的标准，而是为了避免因为术语“明显”有“可衡量的（measurable）”和“重大的”双重意思而引起的混淆[②]。McCaffrey得出结论，在一般国际法中，没有对他国造成损害超过某个点就构成错误的明确界限，但是“国内法和国际法都采用了更加具有灵活的标准，根据这一标准一个人或者国家相对于其邻居或者共同沿岸国对其财产或领土的利用应当是合理的[③]。

然而，尽管存在弹性，我们依然有可能就关于重大损害界限的含义和《联合国水道公约》将其纳入规定所隐含目的等得出具体的结论。

首先，重大的界限可被视为将所谓的“微量（de minimus）”规则予以法典化，这一规则由友好睦邻的一般性原则引申而来，涉及“忽略细小的非重大的不便利的义务”[④]。国际法委员会的评注意见[⑤]和对联合国大会的《联合国水道公约》工作组通过的对第3条（亦即《联合国水道公约》第一次利用“重大”术语的条款）的理解声明都支持了这一观点，该声明指出：

> “本公约中本条或其他地方的术语‘重大的’并不是以‘实质性的（substantial）’的意思而使用的。要避免的是重大的负面影响。……尽管这个影响必须用客观证据来举证且从本质上来说不是细小琐碎的，但它不需要上升到实质性的程度。”[⑥]

---

① (1988) *Yearbook of the International Law Commission,* vol. 2, part 2, at 36.

② International Law Commission, *Report of the International Law Commission on the Work of its Forty-Six Session* (1994), U-N Doc. A/49/10/1994, at 212.

③ 第104页注⑦，第365页。

④ E. J. de Arechaga, “International Law in the Past Third of a Century” (1978-1) 159 *Recueil des Cours*, 9, at 194. 一般参见Tanzi和Arcari书，第104页注⑦，第148页。

⑤ 本页注②，第212页。此处委员会强调“术语‘重大的’并非在‘实质性’的意义上使用”。

⑥ UN Doc. A/51/869 (1997), at 5 (emphasis added). 相见Tanzi和Arcari书，第104页注⑦，第149页。

第二，考虑到公平合理利用原则，推断某些非常严重的损害或不合理的风险有可能被自动禁止，显得相当合乎情理。例如，McCaffery 的结论是，“可以肯定，导致某些形式的损害本身有可能被认为是不合理的，例如当损害危及人类健康或损害无可挽回或损害具有永久性时。[①]”显然，有些最为严重形式的环境污染损害就属于这类。

第三，在尝试理解纳入重大界限的理由时，Tanzi和Arcari建议：

“决定‘重大界限’的最终目的是为国家在国内采用具体的立法和行政上的预防措施提供指导，这些措施在国际上被认为是‘合适’的。”[②]

换句话说，在《联合国水道公约》第8条和第9条及第三部分项下的合作过程中，这一界限将有助于国家了解他们本应该同意和采用的标准。这在防止、减少和控制污染等方面的作用效果特别显著，如第21条第3款就规定了下列义务：

“（各水道国）应进行协商，以期商定彼此同意的预防、减少和控制国际水道污染的措施和方法，如：

“a. 订立共同的水质目标和标准；

“b. 确定处理点源和非点源污染的技术和做法；

“c. 制定应禁止、限制、调查或监督让其进入国际水道水中的物质清单。”

他们指出，确认并采取合理措施的过程，可以参考《联合国水道公约》序言第9段所提“现行关于国际水道非航行性利用的双边和多边协定”的最近的公约惯例，特别是1991年《跨界环境影响评价公约》[③]和1992《关于跨界水道和国际湖泊保护和利用的公约》[④]；前者要求缔约国在涉及可能导致重大跨境影响的拟议活动

① 第104页注⑦，第365页。

② 第104页注⑦，第149页。

③ (1991) 30 *ILM*802. 参见国际法委员会评注意见，同上，第239页。

④ (1992) 31 *ILM* 1312. 参见国际法委员会评注意见，同上（重点强调）。

方面，建立“一个环境影响评价程序，允许公众参与和编制环境影响评价文件”，后者第2条第1款提到“缔约国应该采取一切适当的措施去预防、控制和减少任何跨界影响”[①]。他们指出，“在这两个条约中，意图被预防的不利跨界环境结果或影响，都是由术语“重大的”所限定的[②]。更具体地说，他们观察到了前一项公约的附录一提供了有可能造成重大跨界不利影响的活动的清单，附录三提出了协助决定未被列入附录一活动清单中的活动的环境影响的一般标准，而附录四则为某项列入附件一的拟议活动是否可能产生重大跨境影响这一问题规定了调查程序[③]。同样，他们指出，1992年《赫尔辛基公约》第9条要求共同沿岸国为建立一个合作组织而缔结协定或安排，该机构的任务主要包括编制共同水质目标和标准，附录三为此目的提供了一些指导方针[④]。显然，共同的管理机构可能发挥潜在的重要作用，以澄清这一系列不确定的义务和标准的实质。当然，反过来这些标准说明了1997年《联合国水道公约》第7条内含的“审慎注意（due diligence）”义务的性质。

最后，McCaffrey 从一个更为程序性的角度建议：

“（重大）界限的功能是就下列问题引发讨论……如：损害是否发生以及在何种程度上已经发生；如果是这样，指控方坚持免受损害是否合理。”[⑤]

因此，协商或谈判的出发点必须着眼于某一个特定的利用行为和其造成的损害是否合理和公平。他指出，美国最高法院的做法为：

“指控方，例如该州正在寻求阻止另一个州改道或者实施新用途，有义务指出这项新用途将对其造成损害。一旦做出该项指控，则另外

① 第104页注⑦，第150页。

② 同上。

③ 同上。

④ 同上。

⑤ 第104页注⑦，第367页。

那个州就有责任证明该项用途在公平利用原则下是可以获得许可的。”①

虽然不能说在国际法下举证责任转移到被指控对别国造成重大损害的国家，但“拉努湖案”② 和1997年《联合国水道公约》第6条第2款以及该公约第三部分清楚表明，一旦受到影响的国家提出初步证明，指控该界限已经被逾越，则“被指控的国家就有义务就相关问题与受到影响的国家进行协商”③。当然，被指控的国家也可以辩解，受影响国家可以通过采取合理措施避免或实质性缓解该损害，或者为受到影响的国家带来远大于带来的任何损害的利益。因此：

“损害界限的功能是可以指明关键点，据此一个沿岸国家如果认为受到另一个河道国家行为的损害，它可以和该国家交涉，并合理预期该国家会以适当地方式予以回应。”④

随之发生的讨论将会集中在每个国家主张的用途是否合理和公平。

因此，重大损害的界限本质上是一个灵活的标准，介于最严重、无法弥补的损害和轻微、琐碎的干扰之间，这样有利于促进针对特定的水道积极商谈并通过适当的法律、行政标准和安排，并作为水道国之间讨论某项特定用途是否符合公平合理利用原则的出发点。

（二）审慎注意（Due Diligence）

值得指出的是，国际法委员会1991年《条款草案》第7条创设了一项“严格的避免造成损害的结果义务”⑤，规定“水道国家必须以不造成明显损害的方式来利用国际水道”⑥，后来被1997年《联合国水道公约》采纳的1994年《条款草案》的规定更富弹性——

① 同上，第366页。

② *Lac Lanoux* Arbitration (Spain v. France) (1957) 24 //R 101; (1957) 12 RIAA 281; (1958) *RGDIP*.

③ McCaffrey 书，第104页注⑦，第367页。

④ 同上，第368页。

⑤ Tanzi 和 Arcari 书，第104页注⑦，第151页。

⑥ (1991) *Yearbook of the International Law Commission,* vol. 2, part 2, at 66.

“将这项结果义务转化为审慎注意义务”[①]。国际法委员会关于1994年《条款草案》的评注意见明确指出，其第7条“创设了一项水道国家应审慎注意以不对其他水道国家造成重大损害的方式利用国际水道的一般义务”[②]。评注意见进一步赞许地谈及了“阿拉巴马案”提出的“审慎注意”的定义，其将该概念描述为“一种与主题的重要性以及与正在行使的某项权力的尊严和效力相对称的注意”，“通常政府在国内关注事项中也会施加这种注意”[③]。在水道的语境下，“主题的重要性”可以用来暗示相关活动的性质，同时暗示在本质上有危险时，“所要求的注意接近严格责任对注意的严格程度；以及不至于发生该损害事件的实质性保障”[④]。此外，评注意见在论及第7条规定的“无害”规则与第5条和第6条规定的公平利用原则之间关系的实质时解释说，“无害”规则“不是要保证在利用国际水道中将不会发生重大损害”，“这是一种行为义务，而不是结果义务”[⑤]。Tanzi和Arcari解释说，联合国大会工作组将国际法委员会《条款草案》第7条第1款中“应审慎注意”的措辞替换为“应采取一切合理的措施”：

“没有偏离由国际法委员会1994年提出的预防义务的审慎注意的性质。新的措辞只是采用了最严格的——尽管仍然是完全抽象的——术语表达了审慎注意概念。”[⑥]

在起草1994年《条款草案》第7条第1款的过程中，国际法委员

---

① Tanzi和Arcari书，第104页注⑦，第152页。

② 第111页注②，第236页。

③ *The Geneva Arbitration (The Alabama Case) reported in J. B. Moore, History and Digest of the International Arbitrations to which the United States has been a Party,* vol. I(1898), at 572~573 and 612 respectively. See ILC Commentary, *ibid,* at 236~237.

④ *The Geneva Arbitration (The Alabama Case) reported in J. B. Moore, History and Digest of the International Arbitrations to which the United States has been a Party,* vol. I(1898), at 572~573 and 612 respectively. See ILC

⑤ McCaffrey书，第104页注⑦，第373页。

⑥ 第104页注⑦，第153页。

会在很大程度上依赖于行之有效的传统做法，即通常缔约国承诺采取一切“可行的”或“适当的”措施，防止、减少或减轻污染或不利影响①。关于这种传统的规定，有论者曾指出：

“很显然，这样的协定没有创设不污染这种严格的义务（结果义务），而只有义务“努力”在审慎注意规则的基础上防止、控制和减少污染。基于这个原因，违反这种义务包含了过错责任（rectius：未能审慎注意）。”②

这再次明确指出，履行第7条项下的审慎注意义务，通常会涉及在国家或区域层面上采用适当的立法、行政法规和标准。事实上，仅是正式通过这些标准并不能确保遵守，它需要伴随积极的执法。Tanzi和Arcari认为，“考虑预防时履行审慎注意义务，不仅要通过立法和行政法规，而且要通过这种规定的实际执行”③。这种情况下，涉及的法规往往包含一般的环境保护法和具体的水污染法。

McCaffrey就在实践层面上对审慎注意标准的实施提出了许多有趣的问题。首先，他说，国际法委员会的一些委员担心，这可能会不适当地支持损害来源的国家，因为“将仅有来源国有机会证明它是否已做出审慎注意以防止对其他水道国造成可能的损害”④，因此，他赞同关于来源国应该承担责任证明它已做出审慎注意的建议⑤。其次，他指出，尽管这种情况下不太可能出现法律或外交索赔，“一个未能行使审慎注意的国家（例如没有适当的立法和行政措施到位）将被认

① 国际法委员会评注意见，第111页注②，第237页及以下。

② R. Pisillo-Mazzeschi, “Forms of International Responsibility for Environmental Harm”, in F. Francioni and T. Scovazzi (eds), *International Responsibility, for Environmental Harm* (Graham & Trotman, London, 1991) 15, at 19. See also, R. Pisillo-Mazzeschi, “The Due Diligence Rule and the Nature of International Responsibility of States” (1992) 35 *German Yearbook of international Law,* 36; P.-M. Dupuy, “La diligence due dans le droit international la responsabilite”, in OECD, *Aspects Juridiques de la Pollution Transfrontiere* (1977), 396.

③ 第104页注⑦，第154页。

④ [1988] *Yearbook of the International Law Commission,* vol. 2, part 2, at 30, para. 163, quoted by McCaffrey, *supra,* n. 7 at p.104, at 375.

⑤ 同上。

为是违反这种义务，即使没有因此而产生重大损害”[1]，这一结论强调了审慎注意义务的性质是行为义务，而不是结果义务。最后，受《联合国水道公约》项下预防义务和公平利用原则间关系的性质的暗示，他指出，即使来源国已做出审慎注意以防止损害发生，但这种损害仍然发生了，它还应证明其对水道利用产生的损害也是公平和合理的。如果来源国家可以证明，受影响的国家将不得不忍受该损害，但它通过第7条第2款可获得适当的补偿[2]。他解释说：

> “即使来源国已做出审慎注意，同时它的利用是公平和合理的，它也可能要用适当的方式来补偿受到影响的国家，以此作为平衡利益和损害整体的一部分。……这种补偿方式最好被当作一个构成公平和合理利用制度的利益和负担‘一揽子方案’的一部分。”[3]

因此，虽然源于公平合理利用制度的伤害可能被允许，但在来源国没有做到审慎注意的情况下这不可能被容忍。

从环保的角度来看，最有趣的是委员会的建议“审慎注意义务作为一个客观的标准，可以从调整国际水道利用的条约”[4]以及“从诸多多边公约”中推导出[5]。评注意见参考了印度和巴基斯坦之间的《印度河水条约》第4条第10款作为前者的例证，该款规定：

> “每一方都宣称其有意尽可能地预防对类似性质的用途产生负面影响的河流水域的不当污染……并同意采取一切合理措施，以确保任何污水和工业废水被允许排入河流之前以不会对他们的利用产生实质性影响的方式得到处理。”[6]

有关的多边公约的例子包括：1982年《联合国海洋法公约》第

---

① 同上，第379页。

② 同上，第375~377页。

③ 同上，第377页。

④ 国际法委员会评注意见，第111页注②，第237页。

⑤ 同上，第238页。

⑥ 1960 Indus Waters Treaty, 419 *UNTS* 125. 参见国际法委员会评注意见，同上，第238页（重点强调）。

194条第1款，其规定“国家应采取……所有的必要措施……以防止、减少和控制任何来源的海洋环境污染，为此根据其能力而利用其所掌握的最佳可行的办法”[1]；1972年《关于防止倾倒废物和其他物质污染海洋的伦敦公约》第1条规定，要求各国“采取一切切实可行的步骤，以防止由倾倒废物及其他物质而污染海洋”[2]；1985年《关于保护臭氧层的维也纳公约》第2条，责成各方“采取一切适当措施……以保护人类健康和环境免受不利影响……”[3]；1988年《关于管理南极矿产资源活动的惠灵顿公约》第7条第5款要求“各方应做出适当的努力……以实现任何人在南极进行矿产资源活动不得违反本公约目标和原则的目的”[4]；1991年《跨境环境影响评价公约》第1条第2款，要求各方注意可能造成重大跨界影响的拟议活动，建立“允许公众参与准备环境影响评价文件的环境影响评估程序”[5]；1992年《关于跨界水道和国际湖泊保护和利用的公约》第2条第1款规定，“各缔约方应采取一切适当措施，防止、控制和减少任何跨界影响”[6]。因此，委员会的评注意见仅是间接提到关于某一特定水道利用的一般性公约中具体的环境条款，或者是全文均关涉环境保护议题的传统文件。特别尖锐的是，该委员会参考了《埃斯波公约》和《赫尔辛基公约》，考虑到前者项下的跨界环境影响评价对于做出审慎注意以及一般性遵守“无害”规则具有的意义[7]，才承认后者体现了与国际淡水资源保护有关的最为发达和复杂的规则、方法和标准这个事实。此外，国际法委员会的评注意见也提到了德国和瑞士在莱茵河污染争端过程中对审慎注意义务的考虑，当时后者承认“未能通过充分管制本国的制药行业以防

① (1982) 21 *ILM* 1261. 参见国际法委员会评注意见，同上（重点强调）。

② (1972) 11 *ILM* 1294; J046 UNTS 120. 参见国际法委员会评注意见（重点强调）。

③ (1987) 26 *ILM* I 529. 参见国际法委员会评注意见，同上（原文强调）。

④ (1988) 27 *ILM* 868. 参见国际法委员会评注意见，同上，第238~239页（原文强调）。

⑤ (1991) 30 *ILM* 802. 参见国际法委员会评注意见，同上，第239页。

⑥ 第104页注④. 参见国际法委员会评注意见，同上（原文强调）。

⑦ 关于环境影响评价作为履行审慎注意义务一种方法的意义，详见本书第七章和第八章。

止（污染）事故发生而做到审慎注意①。因此，这似乎可以说，在考虑第7条的结论和结构时，环境保护总是在委员会成员考虑因素的最前列。McCaffrey 指出：

“必须承认，在国际环境法特别是共享自然资源法中赋予审慎注意概念以内容方面获得了很大进展。在这些领域中，做出审慎注意……一般是指通过并有效执行立法和行政措施，保护其他国家和国家管辖范围以外的地区。标准的保护——应该采取怎么样的严格措施——可能在某些情况下通过参照在该领域的国际约定的最低标准而定。”②

他解释说，除了条约，这些标准可能被规定在“某些软法文件中，如决议、国际机构的决定中，甚至诸如《21世纪议程》的行动计划之中”③。McCaffrey 承认：

“就国际水道而言，可能很难确定就某一方面的问题存在这种普遍接受的最低标准，因为每个水道都有其独特性，而这个领域全球化文件又很缺乏。”④

他认为，“在西欧等很多区域，情况则有所不同，这些地区的标准和做法有着重要的共同性”⑤。同样，Nollkaemper认为所要求的审慎注意标准，可“参照诸如最佳可得技术等标准”来确定⑥。再者，1992年《赫尔辛基公约》在这方面似乎特别具有启发性。

此外，很明显，1997年《联合国水道公约》的目的是适用“一个

① 参见国际法委员会评注意见，第111页注②，第239页。关于该案的详细讨论，参见 Pisillo-Mazzeschi 文，第116页注②，第31页；A. Kiss, “Tchernobale'ou la pollution accidentelle du Rhin par les produits chimiques” (1987) 33 *Annuaire Francais de Droit International,* 719.

② 第104页注⑦，第374页。

③ 同上。

④ 同上，第374~375页。

⑤ 同上，第375页。

⑥ A. Nollkaemper,The Legal Regime for Transboundary water Pollution: between Discretion and Constrain(Graham & Trotman, Dordrecht, 1993), at 50~51 .

共同的审慎注意标准于‘无害’规则，以及第四章规定的（国际水道环境与生态系统）保护和维持义务。”[1] 事实上，联合国大会工作组在其关于第21~23条的报告中附加了解释声明，指出，“如国际法委员会的评注意见所反映的，这些条款对水道国施加了审慎注意标准”[2]。Tanzi 和 Arcari 解释说：

> “这种声明的基本原理是，格外谨慎起见（ex abundante cautela），恰恰是避免进行中的条款递交的规定可能以下列这样一种方式被解释，即用以支持保护和维护义务是结果义务这种不合理的要求，因为这种主张会在水道水质恶化时被认为自动违反了该义务。”[3]

因此，尽管防止因国际水道的污染或以其他方式对水道生态系统产生影响而对合作沿岸国造成损害的义务可以根据公约获得相当程度的说明，但其确切的规范含义还有待通过特定情况所要求的标准来决定。

此外，虽然履行第7条项下预防的审慎注意义务一般会涉及通过环境保护立法和行政法规，很显然“它不可能规定适用于所有国家的硬性统一标准”[4]。“阿拉巴马案”中仲裁庭提及“正在行使的权力的尊严和效力”，有关活动将允许考虑相关国家的能力[5]。就国际法委员会关于第7条的评注意见中所提及的“诸多多边公约”而言，例如，1982年《联合国海洋法公约》第194条第1款要求各国利用“他们掌握的最佳可行的手段，并考虑自己的能力……”[6]。同样，《伦敦倾废公约》第2条要求各缔约国“根据他们的科学、技术和经济活动”采取措施[7]。此外，1992年《里约宣言》原则11的阐释性意义已经通过《公约》序言明确提到该宣言而被确认，它在提到各国通过有效的环

① Tanzi 和 Arcari 书，第104页注⑦，第154页。

② UN Doc. A/51/869 (1997), at 5.

③ Tanzi 和 Arcari 书，第104页注⑦，第154页。

④ Tanzi 和 Arcari 书，同上。

⑤ 第115页注③。

⑥ 第118页注①（重点强调）。

⑦ 第118页注②。

境立法的一般性义务时，规定“某些国家应用的标准也许对其他国家尤其是发展中国家不合适，会对他们造成不必要的经济和社会损失”[①]。但是，如果认为适用“共同但有区别的责任”或“代内公平”原则必然意味着相关的审慎注意应根据国家的规则和标准来确定，将是不正确的结论。在“阿拉巴马案”中，仲裁庭驳回了英国的论点，即审慎注意义务标准应该根据政府在国内日常工作中关注的问题来确定，并明确表示，英国“不能证明以它所掌握行为的法律手段不充足为借口而未能审慎注意是正当的。”[②] 国际法委员会关于《条款草案》中国际责任条款的评注意见采用了类似的路径：

“在确定一国是否遵守了其审慎注意义务时，该国的经济水平是一个必须考虑的因素。但是，一个国家的经济水平不能被用来解除这种义务。”[③]

在国际责任方面，委员会列出了实现利益衡平时要考虑到的各种因素，“各国可能受影响的预防标准适用于相同或类似活动和适用于类似的区域或国际实践的标准”[④]。然而，考虑到新兴的“共同但有区别的责任”原则或“代内公平”原则完全与国际环境法最近和当前的趋势相一致，这进一步支持了第7条的主要关涉预防环境损害的提议[⑤]。

最后，Tanzi和Arcari认为，为了与前面引用的国际法委员会的“适用于类似的区域或国际实践的标准”保持一致，在相关条约中为第7条项下预防的审慎注意义务确定一项客观标准，“被委员会明确提到可作为引导审慎注意义务最相关的条约是……1992年联合国/欧洲

---

① 第106页注⑤。

② 第115页注③，第771页。详见Tanzi和Arcari书，第104页注⑦，第155页。

③ Report of the International Law Commission on the Work of its Fiftieth Session, UN GAOR 53d Sess., Suppl. No. 10, UN Doc. A/53/10 (1998), 36. 详见Tanzi和Arcari书，第104页注⑦，第154页。

④ ILC Report (1998), *ibid*, at 56-7.

⑤ 关于“共同但有区别的责任”或者“代内公平”原则以及在国际水道环境保护中如何适用该原则，详见本书第七章。

经济委员会的公约”①；他们进一步指出，第7条第1款的措辞“与1992年联合国/经济委员会公约第2条第1款的语言一致”，并在此基础上得出如下结论：

“这种起草方面的巧合可以为下列论点提供理由，即《纽约公约》第7条下特定情况中应当采取的‘所有适当措施’的具体决定——应遵守的审慎注意标准——也应该依据1992年联合国/欧洲经济委员会公约包含的更为具体的指导性原则而做出，特别是‘最佳可得技术’②和‘最佳环境管理’③所组成的生态标准以及‘前期环境影响评价’④和‘风险预防原则’⑤的指导原则。”⑥

因此，在任何特定情况下，一水道国家在第7条第1款下可以期待审慎注意标准与在国际环境法范畴内持续发展且日益复杂的原则、方法、运作标准以及程序和信息需求等之间建立联系，是有可能的⑦。事实上，这一现实被国际法院在“加布奇科沃—大毛罗斯大坝案”中已明确确认，法院在裁决中指出：

“在环境保护领域……在过去20年中大量的（法律）文件发展和规定了新的规范和标准。各国在开展新的活动以及继续之前已经开展的活动时，必须考虑到这种新的规范，同时对这种新的标准给予适当的重视。”⑧

---

① 第104页注⑦，第156页。

② 第3条第1款f项，第104页注④。

③ 第3条第1款g项，同上。

④ 第3条第1款b项，同上。

⑤ 第2条第5款a项，同上。

⑥ 第104页注⑦，第156页。

⑦ 关于新兴的实体性和程序性规则及原则，参见O. McIntyre, “The Role of Customary Rules and Principles of International Environmental Law in the Protection of Shared Internatioanl Freshwater Resources” (2006) 46/1 *Natural Resources Journal* 157. 详见本书第七章和第八章。

⑧ *Case Concerning the Gabcikovo-nagymaros* project (*Hungary/Slovakia*) (International Court of Justice. The Hague. 25 September 1997), (1997) ICJ Reports 7, at 78, para. 140.

二、与公平利用的关系

不造成重大损害义务的意义在于它与公平利用的主流学说的关系，后者“作为确定国家在国际水道非航行利用权利的一般法律指导原则……获得了“压倒性的支持”①；也在于在何种程度上限制了公平利用所规定的开放式的利益平衡程序。依据Nollkaemper观点，表明“对某些利益带来损害的利用是一种先天的不公平，亦或者即使是公平的然而却是错误的”②。在谈到国际法委员会将某些实体性规则特别是不造成重大损害的义务纳入草案的做法时，他指出该委员会的工作是：

“谨慎地寻找一种规范，该规范不仅仅是按照公平利用原则考虑因素清单中的另一个因素：这些因素比其他因素更重要，甚至会是优先确定某些特定用途的合法性（根本不需要考虑平衡）。”③

然而，仔细审查1997年《联合国水道公约》，很明显禁止造成重大损害和其他实体性规则均受公平利用原则的约束。因此，尽管意义深刻，但禁止造成重大损害原则对在公平利用要求下程序性利益平衡的影响仍是有限的。Nollkaemper列出了这种新的实体性规则的两个特点来支持他的结论④。第一，它们的起草采用了一种含糊不清的术语，例如，通常依靠阈值的确定。禁止“重大”损害提供了一个明显的例证。第二，《联合国水道公约》没有抛弃公平利用原则或以任何方式挑战或降低其卓越的地位。事实上，许多条文似乎证实了他的立场。最重要的是，第7条本身规定，其利用造成重大损害的水道国“应……采取一切适当措施，并考虑第5条和第6条的规定”⑤，这显然意味着，第7条所载的禁止义务是服从于公平利用原则的。事实上，

① *Second Report of Special Rapporteur McCaffrey* (1986) *ILC Yearbook*, vol. 2, part 2, para. 169.

② 第102页注①，第48页。

③ 同上，第52页（原文强调）。

④ 同上，第54页。

⑤ 第7条第2款（重点强调）。

国际法委员会较早的条款草案已明确地确定了他们的立场，指出”其利用造成损害的国家……应当与遭受这种损害国家……在考虑到第6条所列举因素的情况下就确定何种程度上的利用是公平、合理的进行协商”[①]。此外，第10条第1款强调“任何利用均不得对其他利用享有固有的优先地位”，第10条第2款接着规定任何利用国际水道产生的冲突“应参照第5~7条加以解决，尤应顾及人的基本生存需求”。因此，第7条所载的禁止造成重大损害和人类的生存需求至少是值得特别一提的。同样，虽然1997年《联合国水道公约》规定，“水道国应当在……可持续利用要求下开发和利用国际水道”[②]并参与“规划国际水道的可持续发展”[③]，很明显水资源可持续利用原则也服从于公平利用原则及其涉及的利益平衡。在《条款草案》的评注意见中，国际法委员会明确指出第24条第2款（a）项“绝不会影响第5条和第7条的适用，他们为整个《条款草案》确立了框架基础”[④]。

这种做法与联邦、国际法庭采取的做法相符合，与编纂共享自然资源法，特别是共享淡水资源的机构的做法相符。在“多瑙河沉降案”中，德国的高等法院（Staatsgerichtshof）在符腾堡州和普鲁士州反对巴登州对多瑙河利用的诉讼中，指出：

“每一个国家在穿越其领土的国际河流上行使主权，受到不损害国际社会其他成员的利益这一义务的限制……没有国家可以实质性损害其邻国对该条河流流量的自然利用。这一原则已在国际关系中获得了越来越多的承认……这项原则的适用视每个具体案件的情况而定。关于国家的利益问题必须以一种互相平等的方式加以权衡。”[⑤]

尽管McCaffrey主张，“利用自己财产”（sic utere tuo）原则的这

① 第111页注②，第236页。

② 第5条第1款。

③ 第24条第2款a项。

④ 第111页注②，第301页。

⑤ *Württemburg and Prussia v. Baden,* 116 *Entscheidungen Des Reichsgerichts in Zivisochen* (1 927) Appendix, 1 8; 4 Annual *Digest of Public International Law Cases* 1927~1928 (1931), No. 86, 128, at 131.

种原理“使它在功能上相当于公平利用学说”①，进而，“利用自己财产原则如此解释不仅完全与公平利用相一致，在本质上它也与后一原则相融合”②，事实不可否认，禁止重大损害的规定始终服从于国家利益的综合平衡。同样，在“加布奇科沃—大毛罗斯大坝案”中，国际法院坚定支持公平利用的原则作为国际水法的指导性规则，争端应该依据这个规则（来解决）③。McCaffrey 承认，“这表明法院认为无害原则作为一个解决国际共享淡水资源用途和利益分配这一复杂问题的机制，用处不大”④。联合国环境规划署颇具影响力的1978年《关于在环境领域指导国家保护和和谐利用两个或多个国家共享自然资源的行为原则》将上述两项原则联系在一起，但是明确表明公平利用原则优先⑤。与此同时，原则3接着阐述了各国有必要“在最大可能范围内避免并尽可能地减少其对其管辖范围外环境的不利影响”，原则1规定：

> “与共享自然资源公平利用的概念保持一致，各国为了控制、防止、减少或消除由资源利用导致的不利环境影响而开展合作，是有必要的。”

这一规定让人想起1997年《联合国水道公约》第5条第2款阐述的“公平参与原则”。同样地，尽管其1979年《雅典决议》似乎更多地强调了无害义务⑥，但更值得注意的是国际法学院（Institute of International Law）1961年《萨尔茨堡决议》⑦，因为只有它的序言提到“不对他国造成非法损害的义务”而其规范性条款“强调各国利用

---

① 第104页注⑦，第357页。

② 同上。

③ 第122页注⑧，第78、85、147、150段。一般参见 O. McIntyre, “Environmental Protection of International Rivers” (1998) *Journal of Environmental Law,* 79.

④ 第104页注⑦，第356页。

⑤ UNEP Governing Council Decision, 19 May 1978, (1978) 17 *ILM* 1097.

⑥ McCaffrey 指出，虽然第2条规定，国家有责任确保在其管辖或控制范围内的活动不会造成跨界有害污染，但满足这项义务需要采取“适合于特定环境的”所有要求的措施。他进一步指出，该决议的一个特点是强调合作。参见 McCaffrey 书，第104页注⑦，第364页。

⑦ (1974) Yearbook of the Intentional Law Commission, vol. 2, part 2, at 202.

共享水道的平等权利，并宣布，任何关于各自利用权利程度的分歧‘应该在公平的基础上解决’”①。最后，国际法协会（International Law Association）1966年《赫尔辛基规则》②无意禁止损害本身，而是将其视为实现公平分配水道用途和利益所需考虑的要素之一。例如，第V条第2款K项在列举确定什么是属于第IV条所指的合理、公平分享时所需考虑到的因素时，其中之一就是“流域国家的需要可以得到何种程度的满足，而不会对共同沿岸国造成实质损害”。

因此，禁止造成重大损害和1997年《联合国水道公约》所规定的其他实体性规范，没有提出利益的等级划分，它不能损害水道国平衡所有相关利益的自由。正如McCaffrey所总结的，“因水量不足而由一个国家或另一个国家产生的持续的损害，在达到公平分配的过程中只是一个辅助的作用”③。但是，低估这种规范的潜在作用将是一个错误。Nollkaemper认为：

> “其法律意义不在于它是一项‘王牌规则’，可以优先于任何与之冲突的规范。相反，它们将对水法的语言和术语有一个缓慢传播的影响。它们提供了方向感、价值和目标，其中必须适用公平利用原则。因此，它们可能在特定情况下更改利益平衡的结果。”④

这一结论要求人们质疑为何国际法委员会乃至联合国大会在第6条列出的清单涉及的公平与合理因素中，没有简单地规定对造成重大损害禁止或其他实体性规范，而是在公约中将它们独立规定。Nollkaemper暗示，这些实体性规范近年来已成为国际水法话题讨论的中心，尽管国际法委员会准备认可这方面的发展，但是它并不准备审查公平利用原则的所有事项⑤。在对国际法委员会的考虑进行详细研究后，他认为“这些发展的论据大多数开始于20世纪80年代（该委

① McCaffrey书，第104页注⑦，第363页，提到了第2条和第3条。

② 第103页注⑦。

③ 第104页注⑦，第325页。

④ 第102页注①，第54页。

⑤ 同上，第53页。

员会工作的后期阶段），对委员会来说出现的太晚了，他们坚持（采用）便利店公平利用原则[①]。事实上，在Rosenstock特别报告员的首份报告中，他指出，虽然自《条款草案》的一读通过以后，国际社会已经通过了，除此之外，《21世纪议程》、1991年《关于环境影响评价的埃斯波公约》[②]和1992年《联合国欧洲经济委员会关于跨界水道和国际湖泊保护和利用的赫尔辛基公约》[③]，“在这些文书没有要求对一读通过后的草案文本进行根本修改”[④]。Nollkaemper批评该委员会“已从对公平利用原则的实体性概念的法律意义进行阐释（的努力）中畏缩不前”[⑤]。其他著名的评论家也批评国际法委员会采取这一立场。例如，Hey指出，在《联合国水道公约》通过之前，必须对《条款草案》进行“根本性转变”，如果它们“是要促进而不是妨碍《21世纪议程》的执行”[⑥]；同时，Rahman指出，条款“在根本性问题上似乎在向后退”[⑦]。

---

① 同上。

② 第118页注⑤。

③ 第104页注④。

④ *First Report of Special Rapporteur Rosenstock*, UN. Doc. A/CN .4/451 (1993), para. 4.

⑤ 第102页注①，第53页。

⑥ E. Hey, “Sustainable Use of Shared Water Resources: The Need for a Paradigmatic Shift in International Watercourses Law”, in G. H. Blake et al. (eds), The Peaceful Management of Transboundary Resources (Graham & Trotrman/Martinus Nijhoff, Dordrecht/Boston/London, 1995) 127~152, at 127

⑦ R. Rahman, “The Law on the Non-Navigational Uses of International Watercourses: Dilemma for Lower Riparians” (1995) 8 *Fordham International Law Journal,* 9, at 22. For further critical reviews of the Draft Articles at first reading, see G. Handl, “The International Law Commission’ s Draft Articles on the Law of International Watercourses (General Principles and Planned Measures): Progressive or Retrogressive Development of International Law” (1992) 3 *Colorado Journal of International Environmental Law and Policy,* 123, at 133; C. D. Hunt, “Implementation: Joint Institutional Management and Remedies in Domestic Tribunals (Articles 26-28 and 30-32 ILC Draft Rules)” (1992) 3 *Colorado Journal of International Environmental Law and Policy,* 281, at 282; G. Radosevich, “Implementation: Joint Institutional Management and Remedies in Domestic Tribunals (Articles 26-28 and 30-32 ILC Draft Rules)” (1992) 3 *Colorado Journal of International Environmental Law and Policy,* 261, at 268. 关于条款草案二读的关键性评论，详见E. Benvenisti, “Collective Action in the Utilization of Shared Freshwater: The Challenges of International Water Resources Law” (1996) 90 *American Journal of International*

因此，与这些实体性规范相关的正在形成中的权威的重要性，似乎隐藏在被《联合国水道公约》第5条和第6条单独纳入的表象之后。保护诸如饮用水和家庭需要等人类根本利益，尽管已经被确定为在公平利用原则下平衡利益时要被考虑的一个因素①，还是得到了第10条第2款的进一步保证，该条规定“国际水道的各种利用发生冲突，应……加以解决，尤应顾及人的基本生存需求”。不过，无论是国际法委员会还是1997年《联合国水道公约》都没有定义“人的生存需求”；例如它是否包括对人们生计的影响，现在还不清楚。一段时期以来，正在形成的话语讨论和不断发展的国家实践曾建议，人类的生存需求应该享有某些优先地位，并在一定程度上不受一个开放式平衡利益的影响②。这种利用的优先权在《21世纪议程》③中得到承认并在关于河流流域的条约实践中得到支持。例如，1944年《墨西哥和美国关于科罗拉多河、蒂华纳河（Tijuana）和格兰德河水利用的条约》第3条就赋予了家庭和市政利用的最高优先权④。事实上，Caponera尽管也赞同“无优先原则”，但也指出“水法中可以确立的唯一优先权是为了家庭和畜牧用途（饮用目的）。”⑤条款草案的评注中，委员会建议，（在下列情况下），重大损害本身仍然可以是合法的：

> “一个对人体健康和安全造成重大损害的利用被认为在本质上是不公平和不合理的。该委员会的一些委员认为，（至少）认识到任何形式的极端损害不可能通过活动获得的利益来平衡，也是非常重要的。”⑥

Law, 384~415. 详见Nollkaemper文，第102页注①，第41页。

① 参见第6条第1款b项“有关的水道国的社会和经济需求”或第6条第1款c项“每一水道国依赖水道的人口”。

② 例如，参见Hey，第127页注⑥，第130~133页。

③ Para. 18.47.

④ III *UNTS*, no. 25.

⑤ D. A. Caponera, *Principles of Water Law and Administration: Notional and International* (Balkema, Rotterdam, 1992) at 147~148.

⑥ Commentary on Article 7, *supra,* n. 2 at p.111, at 242, para. 14. 见Nollkaemper文，第102页注①，第61页。

再次，该委员会并没有定义“人类健康和安全”，但是看来很可能包括因上游的利用而使下游饮用水缺乏、食物缺乏或疾病从而威胁人类健康的情况。事实上，保护人类生存需求义务似乎在《联合国水道公约》第27条得到了进一步的暗中支持，其规定：

“水道国应单独地并在适当情况下共同采取一切适当措施，预防或减轻、减少国际水道有关的可能对其他水道国有害的状况，例如洪水或冰情、水传染病、淤积、侵蚀、海水入侵、干旱或荒漠化，不论是自然原因或人的行为造成的。”

同样地，水道的保育和环境保护已被纳入为在公平利用原则下需要被考虑的一个因素①，但这些价值在《联合国水道公约》项下获得了额外的保护。②尤其是，第20条责成水道国“单独地和在适当情况下共同保护和保全国际水道的生态系统”，第21条第2款规定，他们：

“应单独地和在适当情况下共同地预防、减少和控制可能对其他水道国或其环境造成的重大损害——包括对人体健康或安全、对水的任何有益目的的利用或对水道的生物资源造成损害的国际水道污染。”

这不完全是巧合，有许多迅速形成的权威成为一个规则，为污染防治目标③和更普遍地保护生态系统的目标④提供特殊的法律保护。不过，目前还不清楚上述有关条款是否能为国际水道干流毗连土地的地区创造义务。这个问题可能很重要，例如对流域山坡上的森林砍伐与下游侵蚀和洪水相关，开凿河流营造运河导致水位下降和栖息地枯竭，或大型水坝造成附近区域干枯。为实现上述第20条的目标，国际法委员会引用了“生态系统”的定义，认为这项规定适用于“由生物

① Article 6(l)(f).

② 关于相关条款的详细讨论，参见本书第七章。

③ 例如，参见 J. Lammers, *Pollution of International Watercourses: A Search. for Substantive Rules and Principles of Law* (Martinus Nijhoff, The Hague, 1984) at 350-5 I; *Fourth Report by Special Rapporteur McCaffrey* (1988) ILC Yearbook, Vol. II, Part I, paras 38~88.

④ 例如，参见对第20条的评注意见内容，第111页注②，第5~9段。关于水道生态系统的保护，见 McIntyre 文，第109页注③。

和非生物互相依赖、相互作用成为一个群落从而组成一个生态群”①。然而，就《联合国水道公约》的一般范围，第1条指出，它“适用于国际水道及其水为航行以外目的的使用，并适用于同这些水道及其水的使用有关的保护、保全和管理措施”②，而第2条a项将“水道”定义为“地面水和地下水的系统，由于它们之间的自然关系，构成一个整体单元，并且通常流入共同的终点。”这些条款表明，公约的实体性条款保护国际水道干流所毗连土地的区域。此外，第20条表述非常原则，没有指示任何可能需要哪些措施，例如对保护湿地和河口生态系统或保护流域森林有益的洪水，以“保护和保全国际水道的生态系统”。虽然第21条a项似乎包含着与国际水道污染有关的更为详细和严格的义务，基于上述这两项规定的保护仍然很容易受到源于利益平衡的挑战。

共享淡水资源可持续利用的概念在1997年《联合国水道公约》中得到突出地强调。它在规定了公平利用核心原则的第5条中被特别提到。在责成水道国“公平合理地利用国际水道”之后，第5条立即规定“特别是，水道国在利用和开发国际水道时，应使该水道实现最佳和可持续的利用和受益”③。第5条将可持续发展的概念纳入其中，这表明作为一项因素它可能享有真正的优先权，甚至在某种程度上限制利益平衡的自由，所以“不是每项对水的利用都完全符合可持续发展的理念”④。事实上，国际法委员会只是在最新的《条款草案》中纳入了可持续利用，以前的版本均只提到了

---

① Commentary on Article 20, *ibid*, para. 2.“生态系统”的定义就其范围而言非常广泛。更广义含义的界定，参见 E. O. Wilson, The Diversity of Life (Harvard University Press, Cambridge, Mass, 1992) at 396，其中“生态系统”被界定为“生物体生活的特定环境，例如湖泊或森林（或更大规模的海洋、或整个星球），和与之紧密接触的环境的物理部分”。

② 重点强调。

③ 第5条第1款。

④ Nollkaemper文，第102页注①，第67~68页。亦可参见 J. Brunnée and S. J. Toope, “Environmental Security and Freshwater Resources: A Case for International Ecosystem Law” (1994) 5 *Yearbook of International Environmental Law,* 4l, at 67.

最佳利用的目的。在国际法委员会的早期审议中，一些委员担忧可持续利用或发展的概念过于含糊或仍在发展之中①，晚近才将其列入第5条的事实，可能也说明了这个概念的潜在意义。该概念也被纳入到第24条，该条要求水道国"…… 就规划国际水道的可持续发展进行协商"②。然而，该委员会在对早期的《条款草案》进行评论时，表示把它列入第24条不会破坏平衡各方面利益的自由，并指出这个规定"不会影响第5条和第7条的适用"③。近几年，可持续发展的概念在国家实践④、司法判决⑤、权威学术组织的法律编纂⑥和法律文献⑦中发展迅速，可以被视为国际习惯法中新兴的最重要的规则或原则之一。事实上，"加布奇科沃—大毛罗斯大坝案"中对该原则的提及表明，根据习惯国际法它可以在国际水道环境保护中起主导作用⑧。

有许多原因可以进一步解释国际法委员会乃至联合国大会为什么不愿意提出强硬的实体性规范，而这些规范对法律确定性有很明显的益处。Nollkaemper 暗示，对实体性规范和价值缺乏政治共识导致难以对实体性规则获得一致意见，而程序规则达成一致只需要较少的共识，且不会损害国家的实体性政策⑨。在严格禁止重大损害的情况下，

---

① 参见 M. Kroes, "The Protection of international Watercourses as Sources of Fresh Water in the Interest of Future generations", in E. Brans et al. (eds), *The Scarcity of water: Emerging Legal and Policy Responses* (Kluwer Law International, The Hague, 1997).

② 第24条第2款 a 项。

③ 对第24条的评注意见，第104页注⑦，第3段。

④ 例如，可持续发展的概念被下列公约列为目标，特别是，Article 2(5)(c) of the 1992 Helsinki Convention, *supra,* n.4 at p.104; Article l of the 1995 Mekong Agreement, *supra.* n.2 at p.103: Article 2 0f the 1994 Convention on Co-operation for the Protection and Sustainable Use. Of the Danube River (1994) 5 *Yearbook of International Environmental Law*；亦可参见《21世纪议程》。

⑤ 例如，加布奇科沃—大毛罗斯大坝案，第122页注⑧。

⑥ 例如，参见国际法协会2004年《柏林规则》第7条，第103页注⑧。

⑦ 一般参见 E. Hey 文，第127页注⑥。

⑧ 第122页注⑧。详见本书第七章。

⑨ 第102页注①，第48~49页。亦可参见 M. Koskenniemi, "Peaceful Settlement of Environmental Disputes" (1991) 61 Nordic Journal of International Law, 73, at 74; and B. G. Ramcharan, "The International Law Commission: Its Approach to the Codification and

难以取得共识似乎有合理的实际理由。这种规则将是僵化的，并不可避免地有利于下游国家，这方面早已形成了确定的用途（如水电或农业灌溉利用），以牺牲上游任何新的利用为代价，后者可能会损害这些现有的利用。基于下列事实，这个问题将进一步被激化：在许多国际水道中，下游流域国家一般发展较早，严格禁止造成重大损害将有效地保护现有权利，并“将因此妨碍中上游国为他们国家的社会福利追求合法权益的新的发展机会”①。在这一点上，尼罗河流域提供了一个案例，一项将在严格禁止造成重大损害基础上的主张合法化的规则，严重限制了埃塞俄比亚的发展潜力②。事实上，一些权威评论家总结说，引入严格的绝对的禁止重大跨境损害的义务，将背离国际习惯法，因为国家实践、司法判决和学术著作几乎都没有为此类规则提供依据③。同样地，1986年国际法协会通过的《适用于国际水资源的补充规则》第1条规定：

“流域国家应该限制和防止在其领土内可能对任何其他共同流域国产生实质损害的行为或不行为，只要公平利用原则的适用……没有证明这在特定情况下是一个例外。”④

国际法委员会不愿提出严格的实体性规则的另一个原因，在于流域内各种各样的自然、地理、社会、经济和政治特征。事实上，在国际法委员会的审议过程中，许多国家“表示怀疑起草将适用于一般水道的国际水道非航行利用条款的可行性，因为它们在规模、位置和特

Progressive Development of International Law” (Martinus Nijhoff, The Hague, 1977) at 106.

① Nollkaemper文，第102页注①，第57页。

② 参见F. Pearce. *The Damned: Rivers, Dams and the Coming world, Water Crisis* (Bodley Head, London, 1992) at 36~40.

③ 特别参见C. B. Bourne, “The International Law Commission’s Draft Articles on the Law of International Watercourses: Principles and Planned Measures” (1992) 3 *Colorado Journal of international Environmental Law and Policy,* 65, at 85~88; P. K. Wouters, “Allocation of the Non-Navigational Uses of International Watercourses: Efforts at Codification and the Experience of Canada and the United States” (1992) 30 *Canadian Yearbook of International Law,* 43, at 87.

④ ILA, *Report of the sixty-second conference* (Seoul, 1986) para.18.

征方面很不相同”[①]。

无论如何，现在非常清楚的是，平衡各国的各自利益的过程是确定国际水道合法用途的关键，而防止重大损害的义务只是一个因素，尽管它是这个过程中一个潜在的非常重要的因素。正如McCaffrey所指出的：

“因为两个国家都有可能受到损害，损害不能独自成为决定性标准。我们的目标是找到一种平衡，使每个国家的损害是最小的，或者是针对承担更大损害的国家提供某种形式的赔偿。”[②]

McCaffrey引用美国最高法院回溯“堪萨斯州诉科罗拉多州案”的判例法[③]后，进一步解释：“事实损害与法律伤害的区别对于理解公平利用是至关重要的”，并且“只有对在公平分享国际水道的用途和利益中受到法律保护的利益造成了伤害，才会被禁止”[④]。因此，他断定“尽管损害是需要考虑的重要因素，但禁止的并不是事实损害本身，而是剥夺一个国家公平分享的权益”[⑤]。然而，在讨论考虑对1997年《公约》项下现有利用予以保护的相对重要性时[⑥]，话题被限制在有义务不对其他水道国家造成重大损害的概念上[⑦]；McCaffrey建议在适用公平利用学说的过程中，不造成重大损害的义务可能具有重要的里程碑意义：

“程序上，在一个国家证明其某项现有的国际水道的利用已经或者可能遭受重大损害之后，提供证据的责任转移到被申诉引起或可能

① Topical Summary of the discussion held in the Sixth Committee of the General Assembly during its Forty-Sixth Session, UN Doc. AJCN.4/L.469 (1992) para. 18.

② 第104页注⑦，第327页。

③ 第104页注⑦，第327页。

④ 第104页注⑦，第329页。

⑤ 同上。

⑥ 关于在考虑公平利用相关各因素时给予相对重要性的讨论，参考本书第六章。

⑦ 例如，美国最高法院在1982年关于科罗拉多州和新墨西哥州在弗梅乔（Vermejo）河争端的判决中指出，“支持保障现有的经济的公平要素通常有优先性”，*Colorado v New Mexico*, 459 US 176 (1982), at 187.

引起损害的国家，该国需要证明其对国际水道的行为或者利用对其他国家是公平合理的。”①

国际法委员会对《条款草案》第7条的评注意见就支持了这一观点，其简单、清楚地指出“要证明某一特定的利用行为是公平合理的举证责任，归于那个对水道利用造成重大危害的国家”②。

然而，尽管流域各国利益的公平平衡仍然是这个领域内法律的一项重要原则，但是，无害规则，特别是它在污染损害中的适用，已经不仅仅是一项需要考虑的其他因素了。这个反映在联合国大会工作组最终为第7条第2款所选定的措词中，它没有采用“符合第5条和第6条”的表述，而是要求必须采取措施消除或减轻损害“适当顾及第5条和第6条的规定”。在工作组的讨论过程中，这一措辞是一个最有争议的话题之一③；Tanzi 和 Arcari 解释说，“这一点被认为在公平利用和无害原则之间进行抽象平衡时至关重要”④。他们指出，如果国际法委员会提出的措辞被保留，“它会剥夺第7条第2款中最重要的规范意义”⑤。一些顶尖学者最近指出，这两个原则在事实上并不矛盾。例如，McCaffrey 总结：

“是无害规则的灵活性使得它们兼容，即使与公平利用的原则兼容，既使不是完全一致……而不是禁止造成损害本身……法律会考虑到相关的情势。在达到公平合理分配共享淡水资源的用途和利益时，也遵循了相同的程序。……因此，没有必要去‘调和’无害原则和公平利用原则。他们在现实中，如一枚硬币的两面。”⑥

他随后详细阐述了这一论断，并指出这两个原则涉及一个程序，

---

① 第104页注⑦，第329页。

② 第111页注②，第241~242页，第14段。

③ 关于工作组的谈判，详见 A. Tanzi, “Codifying the Minimum Standards of the Law of International Watercourses: Remarks on Part One and a Half ” (1997) 21 *Natural Resources Forum*, 109, at 112~114.

④ 第104页注⑦，第162页。

⑤ 同上。

⑥ 第104页注⑦，第370~371页。

如果一个国家有初步确凿的证据证明因为其他国家对国际水道的利用使其受到重大损害，举证责任将被转移到被指控的来源国，由其证明它已经为防止损害做出了审慎注意，而且，即使它已经完全履行了审慎注意义务，它也必须证明其行为或利用是公平、合理的。在后一过程中，损害的严重性和来源国的行为将和所有的相关因素一并被考虑，以确定是否是公平和合理的利用[①]。因此，McCaffrey 的结论是：

"从这个角度看，无害义务与公平利用的原则同步作用，当利益平衡构成的公平利用制度在某一个方向上走的太远时，它们会发出警报。因此，并非与公平利用不相容，而是无害义务成为了公平利用过程的一个必要组成部分。"[②]

与此相似，Tanzi 和 Arcari 认为，在1997年《联合国公约》的文本中，这两项原则之间已经建立了一个非常精妙且深思熟虑的平衡，而且，无论如何，将一项原则明确凌驾于另一原则之上都是不切实际的。他们指出，"考虑到与每一条国际水道有关的各不相同的物理、经济和社会特征，可以认为，该公约难以在条文中对两个原则做出更好的安排"[③]；进一步来说，"这些条款的措辞似乎都经过了深思熟虑，就是为了使两者获得完全相同的重视"[④]。事实上，很多人都观察到，"法律上的模糊性经常协助各方在达成协议的过程中推开或避免谈判出现绊脚石"[⑤]。他们争辩说，"这种平衡的规范性措施的具体应用，主要取决于相关利益方的协议，他们可以从公约的

---

① 同上，第380页。

② 同上。

③ E. Benvenisti, "Collective Action in the Utilization of Shared Freshwater: The Challenges of international Water Resources Law" (1996) 90 *American Journal of International Law,* 384, at 402.

④ 同上，第178页。

⑤ E. Benvenisti, "Collective Action in the Utilization of Shared Freshwater: The Challenges of international Water Resources Law" (1996) 90 *American Journal of International Law,* 384, at 402.

抽象性表述中受益”[①]。与此类似，Brunnée 和 Toope 认为，第5~7条一起，“提供促进所有参与者对共同利益的认定和参与的程序[②]。Tanzi 和 Arcari 也看到了两项原则在水资源国际争端解决中的程序性意义，并解释说：

“一个单独的条款中提出无害规则，赋予它相对于其他单项因素的优先性。在功能方面，这种优先意味着假定一项会造成重大损害的利用存在不公平性。根据第10条第2款‘尤应估计人的基本生存需求’，这个假定可能受到其他相关因素的挑战。”[③]

然而，虽然他们承认“重大损害的发生可以作为判定一个利用中公平性的因素”，但他们认为，“这并不意味着无害规则服从于公平利用原则。它只是强调后者是前者所固有的，反之亦然”[④]。

三、环境保护

如上所述，与国际水道的环境保护相关的因素被包括在《联合国水道公约》第6条所列举的“公平合理利用相关”清单中。第6条列举了“生态……因素”[⑤]和“水道水资源的……养护和保护”[⑥]等。然而，这些规定并没有给予环境保护应被优先考虑的地位，在某个特别案例中，平衡利益时环境保护可能被放在了次要的地位。《联合国水道公约》第5条本身规定国家公平合理利用水道时，必须“与充分保护该水道时相一致”[⑦]。这表明第5条要求保护水道有一个最低标准。换言之，与充分保护水道不一致的水道利用将不被认为是公平的或者合理的，或者说保护的目标不能简单地被假定的利益所践踏[⑧]。委员会

① Tanzi 和 Arcari 书，第104页注⑦，第178页。

② 第130页注④，第59页。

③ 第104页注⑦，第179页。

④ 同上。

⑤ 第6条第1款 a 项。

⑥ 第6条第1款 f 项。

⑦ 第5条第1款。

⑧ Nollkaemper 文，第102页注①，第64页。

对“充分保护”这一短语给出了一个广泛的定义，包括：控制洪水、污染和侵蚀，减轻干旱，以及控制盐碱化[⑨]。由此可见，这一规定清楚地希望创建与环境保护相关的义务。

《联合国水道公约》还明确创建了与公平利用原则相分离的且与环境保护有关的实体性义务，但是，如上所述，这些义务在涉及公平利用时确切的规范性地位仍有些不清楚。这些实体性规则包括保护国际水道生态系统、防止由污染造成重大损害、保护海洋环境和确保国际水道可持续发展的义务[⑩]。事实上，国际法委员会考虑将“保护和保全国际水道生态系统”的义务[⑪]作为对第5条规定要求的适用，各国公平和合理利用国际水道时，应与“充分保护相一致”[⑫]。另外，尽管污染不是对其他国家或环境造成重大损害的唯一的甚或是主要的原因，委员会还是阐明并提出了一个特殊的显然更严格的防止污染的规定[⑬]。为了这项条款的目的，“国际水道污染”被定义为“人的行为直接或间接引起的国际水道在成分上或质量上的任何有害变化”[⑭]。这一定义非常宽泛，而第21条第2款可适用于减少水道流量的情况，其结果（例如）是导致了下游水域的盐碱化以及更为“传统”的污染案件，如上游国家倾倒的有害物质。然而，这些实体性环境义务仍然基本上从属于更广泛的公平利用原则并受利益平衡的约束。不过，考虑到它们被明确地规定既从属于公平利用原则又与公平利用原则分离，他们很可能对其他因素享有一定的优先权，尽管这种优先的准确价值仍不清楚。Nollkaemper指出，委员会所提出的后被纳入《联合国水道公约》的生态系统和环境保护法律制度“昭示着预期规范的发展”，“可以证实某些主张并可能改变平衡行为的结果”[⑮]。

《联合国水道公约》中与环境保护有关的实体性规则和原则，最

⑨ 对第5条的评注意见，第111页注①，第4段。

⑩ 参见第102页注③。

⑪ 根据第20条。

⑫ 对第20条的评注意见，第111页注①，第3段。

⑬ 第21条第2款。

⑭ 第21条第1款。

⑮ 第102页注①，第67条。

重要的意义就是可持续发展。在最近的“加布奇科沃—大毛罗斯大坝案”中[①]，匈牙利主张环境保护的某些规范已经被纳入一般国际习惯法之中，对此，国际法院赞许地提出它自己的声明：

“各国确保在其管辖和控制范围内的活动对其他国家或国家控制范围以外区域的环境的一般义务，现在是国际环境法的主体部分。”[②]

国际法院进一步同意匈牙利的申诉，在裁定匈牙利没有丧失其“公平合理分享国际水道资源的基本权利”之前，认为斯洛伐克营建的水坝群中的一部分违反了“主权和领土完整原则”和“与国际河流有关的一般习惯规范”[③]。因此，国际法院明确支持调整国际淡水资源利用和分配的主要规则是“公平利用”原则。然而，Weeramantry法官在其个别意见书中主张利用可持续发展原则，他认为可持续发展“不仅仅是一个概念，而是一项对决定案件具有规范价值的至关重要的原则”[④]。斯洛伐克认为“可持续发展概念的实质在于一项原则，即解释和适用环境义务应当考虑发展需求”。对此，Weeramantry得出结论认为，可持续发展，“在全世界接受的基础上”，为协调“发展的需求和环境保护的必要性”提供了必要的基础[⑤]，“本案为适用（可持续发展）原则提供了一个特别的机会”。他进一步指出，“审理一个重大水利工程项目的本案，有机会汲取过去的智慧并从一些加强了可持续发展概念的原则中获得经验”[⑥]。值得一提的是，Weeramantry是国际法院中一位资深且备受尊敬的法官，同时也是国际环境法的资深评论家，他的意见在未来争端中很有说服力并可能影响这个领域国际法的发展。

无论如何，评论家似乎对于防止损害的一般义务，尤其是防止国

---

① 第122页注⑧，第53段。

② *Legality of the Threat or Use of Nuclear- Weapons,* Advisory Opinion, ICJ Reports (1996) at 241~242, para. 29.

③ 第122页注⑧，第78段。

④ Separate Opinion of Vice President Weeramantry, at 1. 参见McIntyre文，第125页注③，第87页。

⑤ 同上，第2页。

⑥ 同上。

际水道污染引起的损害的更为具体的义务，在国际水法的核心原则中拥有非常特殊的地位表示认同。例如，Tanzi 和 Arcari 指出“没有足够的实践和权威可以证实存在无损害规则的例外，可以排除国际水道在其适用范围的利用”①，此外，1997 年《联合国水道公约》第 5 条第 1 款纳入“可持续利用”的做法“进一步提高了国际水道环境保护中水法基本原则的适用性”②。同样，McCaffrey 认为，“各国越来越将污染国际水道和水生态系统退化视为一种特殊形式的损害，要适用不同于分配和利用一般制度的制度”③。

四、结语

因此，很明显，禁止造成重大损害规则在有关国际水道非航线利用的国际法规则中享有优先地位④。这项规则不是一项绝对的结果规则，而是一项在审慎注意标准基础上形成的适用于沿岸国行为的相对规则。然而，同样清楚的是，公平利用原则基于每个案件的具体情况公平平衡所有相关因素，仍然是当前主要的规则，并提供了一个所有其他国家都要遵守的规范性框架。换句话说，虽然禁止造成重大损害规则和其他一些主要关注环境保护的实体性规则享有一定的优先性，但这仅意味着这些实体性规则所代表的利益在平衡过程中获得了优先的权重或其他形式的优先性，如允许对不公平进行反驳推定。因此，继续研究公平原则在共享自然资源的分摊和分配利用中的作用是有益的，以便获得对公平利用运作过程的动态理解。

---

① 第 104 页注⑦，第 176 页。

② 同上，第 177 页。

③ 第 104 页注⑦，第 364 页。

④ 例如，国际法协会 2004 年《柏林规则》第 8 条的评注意见（第 103 页注⑧，第 17 页），讨论了防止或减少环境危害的义务，其毫不含糊地指出：

“处理国际环境问题的国际习惯法早已明确表示，环境损害需要获得与其他种类的一般损害不同的特别注意”。

第五章　公平和共享自然资源的利用

一、国际法上的公平

按照国际法院的观点，“公平作为一个法律上的概念，它是对正义理念的一种直接阐释。法院的使命就是管理正义，那么法院就一定要适用它”①。如果没有争端，在国际法上谈“公平”的作用就没有意义。有一个不争的事实是，在与共享自然资源有关的国际法领域，公平发挥着越来越重要的作用。这种作用包括为国际社会缔结创建共享资源制度的条约以及为资源争端的判决或裁定的做出过程提供了指南和公平的原则。围绕公平原则作用的争论逐渐加深，源于国际法上不存在一个具有普遍意义的公认的公平的内涵这一事实。在此意义下，布朗利将公平定义为“对明智适用既定法律规则通常所必需的平等、合理的政策性的考虑”②。Lowe 在检视诸多仲裁庭对公平概念的适用后认为，“关于公平的实用定义应该是：公平是关于正义的普遍原则，它有别于任何一个国家的法理体系或内国法”③。他还强调说，“公平在国际法中对

---

① *Case concerning the Continental Shelf (Tunisia/Libyan Arab Jamahiriya)*, ICJ Reports (1982) 18 at 60, para. 71.

② I. Brownlie, *Principles of Public International Law* (4th edn), (OUP, Oxford, 1979) at 26.

③ V. Lowe, “The Role of Equity in International Law” (1989) 12 *Australian Yearbook of International Law*, 54(reprinted in M. Koskenniemi(ed.), *Source of International Law*(Ashgate, Dartmouth, 2000)403), where he refers, at 54, to the definition of the phrase “law and equity” used by the Tribunal in the 1922 *United States—Norway* Arbitration(1923) 17 *American Journal of International Law,* 362, at 384, and to the fact that the phrase was adopted

法律规则和法律原则产生了日渐深入的影响，至少和对其他法律体系的影响一样强烈”①。Franck将公平作为一种考量正义的方法引入到共享资源分配中，他解释到：

“在这项任务中，公平提供了重要的支持，能在一个弹性的法律结构中，在考虑每一个争端的独特性和新的资源恢复和管理技术的快速演变的情况下，为法官提供自由裁量的尺度。”②

然而，很明显的是，《国际法院规约》通过两种截然不同的方式在国际法上适用公平原则。首先，在国际法渊源中，《国际法院规约》第38条第1款在列出国际法院应当适用于国际法渊源中提及“一般法律原则为文明各国所承认者”③。由于公平的概念特别是公平原则在很多国内法律体系中都可以被找到，公平作为构成国际法的规范体系的一个核心要素可以发挥其作用④。国际法庭在解决国家间争端时可以在未经当事主体明确授权的情况下适用公平原则。这一点已经被Hudson法官在“默兹河分流案”（Diversion of Water from the River Meuse）中确认，他主张“众所周知，公平原则长期以来被视为国际法的一部分，并且经常被

by the Tribunal in the *Cayuga Indians* Arbitration, see F. K. Nielsen, *American and British Claims Arbitration* (Government Printing Office, Washington DC, 1926)307, at 320-21.

① *Ibid.*

② T. M. Frank, *Fairness in International Law and Institutions* (Clarendon, Oxford, 1995), at 56.

③ 《国际法院规约》第38条第1款规定：

“法院对于陈诉各项争端，应依国际法裁判之，裁判时应适用：

“（子）不论普通或特别国际协约，确立诉讼当事国明白承认之规条者。

“（丑）国际习惯，作为通例之证明而经接受为法律者。

“（寅）一般法律原则为文明各国所承认者。

“（卯）在第五十九条规定之下，司法判例及各国权威最高之公法学家学说，作为确定法律原则之补助资料者。”

④ 例如，参见Lowe文，第140页注③，第55页；他参考了R. David and J. E. C. Brierley, *Major Legal Systems of the World Today* (Stevens & sons, London, 1968)，总结指出：“诉诸正义的一般原则以协助法律的‘正当’适用，是世界各主要法律体系共同特征”。

国际法庭适用"[①]。其次，根据《国际法院规约》第38条第2款的规定，法院拥有经当事国同意本着"公允及善良"原则裁判案件之权[②]。换句话说，只要争端的当事方明确要求，法庭可以不顾及既定法律规则而按照更宽泛的正义的理念去断案。Goldie注意到国际法上这两种关于公平的适用方式，暂且把"国际公平"界定为"支持、提升、执行那些被同一时代的社会公众确认有效的关于公平正义的认识的权利、利益和诉求等概念的纲要"[③]。他进一步说明：

"在国际法上，这些概念反映了法学和法律的基本原则，这些基本原则要表达和适用当今世界主要法律体系广泛普及的公正、理性和价值。国际上的公平……进一步实施以调和实证国际法适用到那些具体的情势，这些情势会产生异常、不公正或非正义，用亚里士多德的术语，称作'失衡'。"[④]

很清楚的一点是，在国际水法中得以发展的公平利用原则，几乎是一个公平概念的经典案例。正如Lowe指出的，"将抽象规范适用于具体案件，有必要诉诸那些'公平'主题下的原则和技术"[⑤]。为了使公平利用原则更有可预测性，并被更好地理解其可能的适用，有必要澄清"公平"在国际法上是如何被理解的[⑥]。为了实现这个目的，有必要清楚地区分《国际法院规约》中"公平"的两种可能的含义。

---

① Individual Opinion of Judge Hudson, PCIJ Series A/B, No 70, at 76–77.

② 第38条第2款规定：

"前款规定不妨碍法院经当事国同意本'公允及善良'原则裁判案件之权。"

③ L.F.E. Goldie, "Equity and International Management of Transboundary Resource", in A. Utton and L. Teclaff (eds), *Transboundary Resources Law* (Westview Press, London/Boulder, 1987)103 at 107.

④ *Ibid.*

⑤ *Supra,* n. 3 at p.140, at 55.

⑥ 本章我们主要关注公平概念在确定共享国际水资源制度中的运作，因此讨论代内公平和代际公平等新兴的国际环境法原则将超出本章的范围。关于这些原则及其对国际淡水法的影响的讨论，参见本书第七章。

（一）“公允及善良”的公平

Berber解释说，在做出一项“公允及善良”的决定时，“国际法庭不得不参照与法律无关的一些原则，如正义、道德、效率、政治谨慎以及常识等来做出决定”[①]。在这一点上，Cheng称“公平”为“纯粹的公平”，它“不仅能够根据法律（*secundum legem*）、法律之外的法（*praeter legem*）适用，如果有必要，还可以违反法律的规定（*contra legem*）进行适用”[②]。然而，大多数评论者认为《国际法院规约》中“公允及善良”条款中的“公平”不是指基本的或补充性的法律规则，而是法庭在调解基础上解决争端的能力。例如，Lapidoth认为，依据“公允及善良”做出的决定“完全不必与司法上应该考虑的事项有关”[③]。与此类观点类似，Goldie分析了Anzilotti法官的结论，后者指出，“根据‘公允及善良’原则做出的决定其特征表现与其说是公平不如说是妥协的结果”[④]。按照劳特派特（Lanterpacht）的观点，一项按“公允及善良原则”做出的决定“意味着承认在当事国之间创造了一种新的法律关系……它明显不同于构成国际法乃至任何法律体系一部分的公平原则的适用”[⑤]。Cheng也认同这种观点，他对比了两种形式公平的功能后认为，《国际法院规约》第38条第1款寅项“展现了法律的潜在规则”，而第38条第2款则允许创建新的规则[⑥]。因此，“公允及善良”的“公平”既不是指在法律规则下需要考虑的事项，也不是指构成国际法的规则和原则体系的组成部分。如果我们要检验国际法

① F.J. Berber, *Rivers in International Law* (Stevens & Sons, London, 1959), at 266-7.

② B. Cheng, *General Principles of Law as Applied by International Courts and Tribunals* (Stevens, London, 1953), at 20. See Goldie, *Supra,* n. 3 at p.142, at 107.

③ R. Lapidoth, "Equity in International Law" (1987) 22 *Israel Law Review*, 161, at 172, quoted by Lowe, *Supra*, n. 3 at p.140, at 56.

④ Goldie, *supra*, n. 3 at p.142, at 107, commenting on D. Anzilotti, *Corso di Diritto Internazionale* (Athenaeum, Rome, 1928) at 64.

⑤ H. Lauterpacht, *The Development of International Law by the International Court of Justice* (Stevens & London, 1958), at 213.

⑥ Cheng, *supra*, n. 2 at p.143, at 19.

院的观点，很明显的一点就是，在适用“公平”时，他们将公平作为一项一般法律原则。举例来说，在“北海大陆架案”（North Sea Continental Shelf Case）中，法院认为：

“不论法庭经过怎样的法律推理，它的判决应是正义的，也因此应当是公正的。然而，当谈及法庭分配正义或声明法律时，其意义在于判决考虑的客观公正性都在法律规则之内而非法律规则之外……这个案例中的判决按‘公允及善良’做出，不存在任何问题。”①

在“自由区案”（Free Zones Case）② 中，国际常设法院（PCIJ）明确不考虑一般性地适用“公允及善良”的“公平”原则，当时该法院拒绝在缺乏明文约定的情况下考虑用上述方式解决问题。尽管事实上在争端当事国间的仲裁协定通过授权法“解决……所有问题”的方式，同意国际常设法院用这种方法裁决案件，但该法院依然认为：

“即使假定当事国授权法院可以无视它所承认的权利，并单纯考虑便利的因素来解决争端与《国际法院规约》的矛盾，这种具有明显例外性质的权力也必须从清晰、明确的规定中获得，而这一规定无法在当事国的特别协定中找到。”③

同时，需要指出的一点是，无论是国际法院还是国际常设法院，都未曾根据“公允及善良”原则审理案件，因为争端当事国都不愿意赋予上述两法院如此宽泛且自由的裁量权④。

---

① *Norhe Sea Continental Shelf Cases (Germany/Denmark /Netherlands),* ICJ Rep. (1969), 3, at 48. On the *North Sea Continental Shelf Cases* generally, see W. Friedamann, *“The North Sea Continental Shelf Cases*-A Critique” (1970) 64 *American Journal of International Law,* 229.

② *Free Zones of Upper Savoy and the District of Gex(France v. Switzerland)* (1930), PCIJ, Ser. A, No. 24, 5.

③ *Ibid,* at 10, See Brownlie, *Supra,* n. 2 at p.140, at 27.

④ 国际法院确认了联合国另一个裁判机构在确认责任后可以利用“公允及善良”

（二）作为一般法律原则的公平

《国际法院规约》的起草者认为“被文明各国所承认的一般法律原则，在国际法的渊源中，因其社会基础和理性特征而成为共同的法律基础”[①]。按照Goldie的观点，《国际法院规约》第38条第1款寅项适应了一般法律原则的演变，因为其通过持续澄清正义的中心理念和将理念转化为规则的方式正是在国内法律体系中确立[②]。因此，一般原则是组成国际法的重要渊源，因为其已经“被文明国家的国内法通过国内裁判的方式所承认，并获得了使之成为法律规则的实证属性”[③]。同时，这些积极的认可确保其反映了基本的社会价值。公平原则通过国内法中的广泛认可而进入国际法的一个典型例证是罗马法中的一条格言，即“不守约者不得要求践约”（*inadimplenti non est adimplendum*）。Goldie指出这条格言体现在英美衡平法中，在*Cherry v. Bouthee*[④]一案的裁决中得到多次印证[⑤]。在“默兹河分流案”中，Anzilotti法官谈到该原则时认为它是“正义的、公正的、被普遍认可的，当然必须也应该适用到国际关系中”[⑥]。在同样的案例中，Hudson法官认为“根据《国际法院规约》第38条，如果该条不是如此独立的话，法院有一定的自由考虑将公平原则视为其必须使用的国际法的一部分”[⑦]。事实上，Hudson法官的个别意见引用了几项英美衡平法的传统原则，

原则来计算赔偿。参见劳工组织行政法庭的裁决（ICJ Reports (1956)77, at 100），该法庭支持：

“既然无法根据任何具体的法律规则来精确计算应当支付的实际数额，法庭（通过“公允及善良”原则的计算）确定了法庭认定的实际赔偿数额。”

See further, Franck, *supra,* n. 2 at p.141, at 54.

① C. de Visscher, *Theory and Reality in Public International Law,* cited in Goldie, *Supra*, n. 3 at p.142, at 105.

② Goldie, *ibid*, at 106.

③ De Visscher, *Supra,* n. 1 at p.145.

④ 4 My & Cr. 442, 41 Eng. Rep. 171 (ch. 1829).

⑤ *Supra,* n. 3 at p.142, at 106.

⑥ (1937) PCIJ Ser. A/B No. 70, at 50.

⑦ *Ibid,* at 77.

这些原则可能对跨界资源争端的解决具有直接的意义，这包括“求助于衡平法救济者自身必须清白”、“求助于衡平法者自身必须公正行事”和“平等即衡平法”①。其中，第一项原则能够明显地适用于争端一国根据国际法寻求救济的情况，它必须一秉善意并履行相关的程序和实体义务。然而，Lowe 提醒道，“从国内法律体系提炼公平原则将其适用于国际法体系是个难点”。在提及这一特定原则时，他问道：

“一国政府更迭情况下‘干净的手’应当如何运作？是否一个人的脏手会影响所有人？在何种情况下政府剥夺人民权利的行为构成国际法下的不法行为？”②

在跨界资源问题上，第二条格言是“求助于衡平法者自身必须公正行事”，可以解释为一个国家首先开发共享资源时不可以反对他的邻国也这么做，相反地，该国成功防止邻国开发共享资源的做法是禁止开发该资源③。这项原则有效地适用于“默兹河分流案”。该案中荷兰反对比利时从两国共享的河流进行分流的主张未得到支持，主要是因为荷兰自身先进行过类似的分流④。第三条被 Hudson 法官引用的公平格言是“平等即衡平法”，在利用共享资源方面讲求利益与责任按比例分配，实际上，“平等因凭借需求、能力和共生相互关系等客观标准，而将推动公平”⑤。Botchway 提出，适用这项原则意味着：

“一个国家牺牲的它开发共享资源（的权利）可以从已经开发资源的丰富供给上得到补偿。同时，从资源中得到更大利益的国

① *Ibid.*

② *Supra*, n. 3 at p.140, at 80.

③ See further, F. N. Botchway, “The Context of Trans-Boundary Energy Resource Exploitation: The Environment, the State, and the Methods” (2003) 14 *Colorado Journal of International Environmental Law and Policy,* 191, at 217.

④ *Supra*, n. 6 at p.145. See Botchway, ibid.

⑤ See Botchway, *ibid.*

家应该承担更多的外部性责任，即使这些责任不是出现在其领土范围内。”①

另外还有一些与建立共享资源公平利用制度有关的衡平法格言。例如，“衡平法不容忍一个没有救济的不法行为”，这将影响国家责任与赔偿责任规则的适用；“衡平法归责于履行义务的意图”，这将影响到条约义务履行规则的适用。然而，对于在国际法之下运用传统的衡平法原则解决跨界资源问题还应该谨慎处理。举例来说，衡平法的格言“存在多个平等的衡平法原则时，先法优于后法”和“延误是衡平法的大敌”似乎支持先占原则；而在国际水道的案例中，以上这些法律原则由于1997年《联合国水道公约》②第6条的出现而显得多余，在国家的实践中③也没有得到支持，还被广泛批评为浪费，不利于国际水道的最优经济发展，并会造成潜在的环境损害④。同样地，衡平法的格言“凡是有平等的衡平法，普通法占优势”可能会被错误地理解为，跨界资源既定制度的现状不能被干扰⑤。其他一些关于衡平法的平等观念在国内法的发展以其特有的方式影响着国际法。举例而言，诚信和非歧视原则现在成为国际法中许多程序性规则和实体性原则的中心内容⑥。

国际法院曾经在多个场合下运用公平原则解决共享资源争

---

① *Ibid.*

② 1997 United Nations Convention on the Law of the Non-Navigational Uses of International Watercourses (New York. 21 May 1997), (1997) 36 *ILM* 719. 尽管尚未生效，截至2003年年初该“公约”已经有18个签署国。

③ See X. Fuentes. “The Criteria for Equitable Utilization of International Rivers” (1996)67 *British Yearbook of International Law,* 337, at 365. See further, Chapter 6, *infra.*

④ See, for example, J. Lipper, “Equitable Utilization”, in Garretson et al. (eds), *The Law of International Drainage Basins* (Dobbs Ferry/Oceana Publications, New York, 1967), at 51.

⑤ See Botchway, *supra,* n. 3 at p.146, at 218.

⑥ See I. Brownlie, “Legal Status of Natural Resources in International Law (Some Aspects)” (1979–I) 162 *Recueil des cours,* 249, at 287.

端[①]。著名的包括以下案例:(1)1969年“北海大陆架案”[②]。该案中，国际法院在缺乏约束争端双方的习惯或国际公约的情况下，采取了公平原则解决横向相邻的两国大陆架划界问题。(2)1974年“渔业管辖权案”(英国诉冰岛)[③]，该案中，国际法院概述了捕捞权纠纷的‘公平解决’应考虑的因素，并指示争端各方据此进行谈判。(3)关于英吉利海峡划界的1975年“英法大陆架仲裁案”[④]。(4)1982年“突尼斯与利比亚大陆架案”[⑤]。(5)关于渔业区和大陆架底图划界的1984年“缅因湾案”[⑥]。(6)1985年“利比亚与马耳他大陆架案”[⑦]。(7)1985年“几内亚与几内亚比绍案”[⑧]。(8)“布基纳法索诉马里案”[⑨]，该案中，国际法院分庭运用公平原则决定了一个位于界池的分界。(9)“格陵兰岛与扬马延海洋划界案”[⑩]。

国际法院一直特别小心地区分将公平原则作为法律一般原则的适用与作为“公允及善良”原则的适用，并在这样做的时候，强调前者意义上的公平考量是在法律规则范围之内的。按照国际法院在“北海大陆架案”中的裁决，

“这不是一个简单的将抽象正义适用公平原则的问题，而是适

---

① See, in particular, L.D.M. Nelson, “The Role of Equity in the Delimitation o f Maritime Boundaries” (1990) 84 *American Journal of International Law,* 837;J.I.Charney, “Ocean Boundaries Between Nations: A Theory for Progress” (1984)78 *American Journal of International Law,* 582; R, Higgins, “International Law and the Avoidance, Containment and Resolution of Disputes” (1991)230 *Recueil des cours.*

② *Supra,* n. 1 at p.144.

③ ICJ Reports (1974), 3 at 30–35.

④ *Continental Shelf (UK v. France)*, 54 ILR 6 (Ct.Arb. 1975), (1979)18 *ILM* 397.

⑤ *Supra*, n. 1 at p.140.

⑥ *Delimitation of the Maritime Boundary in the Gulf of Maine Area,* ICJ Reports(1984)246.

⑦ *Continental Shelf (Libya v. Malta),* ICJ Reports(1985)13.

⑧ *Maritime Delimitation (Guinea v. Guinea-Bissau),* 77 ILR 636 (Ct. of Arb. 1988).

⑨ ICJ Reports(1986), 554 at 631–633.

⑩ ICJ Reports (1993) 38. See further, E. L. Richardson, “Jan Mayen in Perspective” (1988) 82 *American Journal of International Law,* 443.

用一项自身要求适用公平原则的法律规则的问题，并遵循那些成为法律制度发展的基础的观念……"[①]

国际法院也区分国际法上公平原则的适用与该术语在某些国内法律体系中的适用；在国内法中适用公平原则的目的在于改善法条的生搬硬套以维护正义。在后一种情况下，他可以与法律的硬性规定形成鲜明对比。在"突尼斯—利比亚大陆架案"中，国际法院认为"一般而言，这种对比没有在国际法中并行发展"而且"公平的法律概念是如同法律一样直接被加以适用的一般原则"[②]，这里国际法院再一次强调了国际公平必须存在于法律规则之内。

然而，并非所有论者都相信，可以轻易坚持作为一般法律原则的公平原则与"公允及善良"的公平原则之间的区别。举例来说，布朗利虽然赞成 Hudson 法官在"默兹河分流案"中把公平原则作为法律也是司法推理的自然组成部分而加以适用，但他对后来的适用却进行了强烈的批评[③]。按照布朗利的观点，在国际法院的"北海大陆架案"[④]中形成并在国际仲裁院的"西部路径仲裁案"(Western Approaches Arbitration)[⑤]中得到进一步发展的公平原则，"实际上只是一堆高度写意的想法而已"，并且"当采用这种方式时，'公平原则'作为在司法自由裁量权如何被行使，以及在其他案件中可以如何行使的法律推理的迹象极其微弱……"[⑥]他进一步得出结论，"无论国家法中公平原则的特殊意义和填补意义为

① *Supra*, n. 1 at p.144, at 47, para. 85.

② *Supra*, n. 1 at p.140, at 60, para. 71. See F. Yamin, "Principles of Equity in International Environmental Agreements with Special Reference to the Climate Change Convention" (unpublished paper).

③ See Brownlie, *supra*, n. 6 at p.147, at 287. 布朗利关注了 Hudson 法官对平等即公平原则的适用以及对寻求实施某项条约的国家必须完全履行其条约义务的推论的使用。*supra*, n. 29, at 77.

④ *Supra*, n. 20, at 46–52.

⑤ Reported: HMSO Misc. No. 15 (1978), Cmnd. 7438. On equitable principles, see the Decision of 30 June 1977, para. 97, 194–196, 199, 239–242, 244, 248–251.

⑥ Brownlie, *supra*, n. 6 at p.147, at 287.

何，作为对解决复杂问题的思想和方案的一般储备而言，除了失望它几乎什么也没有带给人们”①。他主要关注的是“几乎没有或根本没有明确的内容，适用公平原则的方向只是向决策机构授予一般性的自由裁量权”②。这种一般性自由裁量权开始与《国际法院规约》第38条第2款所规定的宽泛裁量权相类似，只是适用它并不需要得到争端当事国的事先同意。然而，关于国际法中公平原则的适用存在多数争议，这可能源于相关术语的不确定性。布朗利认为这是由于“主体的术语问题没有得到很好的解决”③。他进一步说明，他反对1928年《日内瓦总议定书》的第28条，该条款看起来将分别依“公允及善良”原则和公平原则做出决定的权力视为同义词，如同“挪威船东索赔案”的裁决④，将“公允”等同于一般法律原则的“公平”。

（三）公平的适用

从理论上说，考虑到国际法原则和更严格的实体性规范的实施，公平原则的适用可能有三种不同的方式，包括法律之内（*infra legem*）的适用、超越法律之外（*praetor legem*）的适用及违反法律（*contra legem*）的适用。

1. 法律之内的公平

根据正义的要求，在对法律可能有多种解释而公平原则允许法院根据正义的要求在其中选择一种解释时，就要适用“法律之内”的公平。它被定义为“构成解释有效法律的方法的公平形式，这也是其特征之一”⑤，或者说公平是“被用于将法律适用到个案的具体事实中”⑥。这种公平原则的适用是引起争端最少的一种，因此

① *Ibid*, at 288.

② *Ibid*, at 287.

③ *Supra*, n. 2 at p.140, at 27.

④ (1922), Hague Court Reports, ii. 40; RIAA, i. 309.

⑤ *Frontier Dispute Case* (1986) ICJ Reports, 554. See further, Lapidoth, *supra*, n. 16, at 172 and Lowe, *Supra*, n. 3 at p.140, at 56.

⑥ M. Akehurst, “Equity and General Principles of Law” (1976) 25 *International and Comparative Law Quarterly*, 801.

"做出此种选择是法官固有功能的实现，上述这种情况也不需要获得争端当事国的特别同意"①。国际法院在"突尼斯—利比亚大陆架案"中以这种方式适用了公平原则，并且认为"当适用实证国际法时，法庭要结合案例情况，在几种可能的法律解释中选择适用一个最能接近正义要求的解释"②。另一个案例是，在具体的损害情势中追索权已经被确立的情况下，法庭试图在赔偿数额问题上做出一个公平的评估。例如，伊朗与美国索赔法庭在审理"施泰住房公司诉伊朗案（*Starrett Housing Corp. v. Iran*）"中指出：

"法庭的做法支持下列原则，当情势不利于计算出一个精确的数额时，法庭有义务行使其裁量权'公平地决定'一个数额。"③

希金斯（Higgins）认为，"正义的要求"的概念本来就是主观性的东西，用它来影响法律规则的解释"仅是为了避免提供论证和做出具体的政策目标"④。

2. 超越法律之外的公平

超越法律之外适用公平原则，其功能是弥补国际法实证规则间存在的漏洞或者是对阐释含糊或原则性规则的具体内容加以补充。不过，国际法院曾明确指出，法律之外的公平"不是……期望缩短法律中的社会差距，而是……为了弥补国际法的不足，并弥补其中的逻辑缺陷"⑤。许多人不认为国际法中存在漏洞⑥。有些

① R. Higgins, *Problems and Process: International Law and How We Use It* (Clarendon Press, Oxford, 1994) at 219.

② *Supra,* n. 1 at p.140, at 60, para. 71.

③ (1987)16 Iran-US Claims 112, at 221.See Lowe, *Supra,* n. at 57.

④ *Supra,* n. 64, at 220.

⑤ Separate Judgment of Judge Ammoun in the *Barcelona Traction (Second Phase)* Case (1970) ICJ Reports, at 3 (emphasis added).

⑥ 如 Gerald Fitzmaurice 爵士对国际法发展的评论。G. Fitzmaurice, "Judicial Innovation –Its Uses and Its Perils", in *Cambridge Essays in International Law* (Stevens & Sons, London, 1965)24, at 24–25, cited by Lowe, *supra*, n. 3 at p.140, at 61, 爵士暗示国际法并不存在漏洞：

"实践中，法庭几乎从未承认过'无法可依'。众所周知的是，他们通过改造现有原

评论者承认国际法中存在漏洞，但他们对这种适用公平原则的方式是否可取则不置可否。还有的人认为，国际法院的作用不能够仅宣告法律是“含糊不清的”①；同时另外一些人坚持认为需要当事国的同意②。由于适用超越法律之外的公平有法律的不确定性，因此适用公平原则做出裁决（如果确实有的话），也很少会清楚地体现出这一特点。这是国际法院对于大陆架划界诸案真实情况的反映。正如希金斯指出的，“现实是能够指导大陆架划界裁决的实体性规范很少”③，而且“法院所具体采用的标准……非常类似于超越法律之外的公平”④。她继续解释说，国际法院

“在其坚持之下，适用一项‘实际的法律规则’，即它自身需要适用公平原则，（而不是超越法律之外的公平）获得了两个结果：一是它避免了在法律漏洞能否依赖公平原则加以弥补的争论上坚持一个立场；另一个就是它坚持一个假说，即法官总是在预先存在的规则的基础上做出裁判”。⑤

关于同一起诉讼，Lowe 认为“公平不是被用于弥补法律的漏洞，而是因为没有漏洞的法律都要求适用公平标准的规则”⑥，但是他并未提及 Morellie 法官的主张，后者认为法院“驱逐”了公平必然将其置于法律的范围之外⑦。然而，伊朗—美国索赔法庭对“Harza 诉伊朗案”的裁决提供了一个法庭运用公平原则填补法

则来符合新事实或情势的需要。如果确无可用规则，他们就会通过求助先例或更基础的概念，或者援引那些据此可以进行实质性创新以应对新的法律感受的学说，事实上提出新的规则。”

① For example, K. Strupp, “Le Droit du Juge International de Statuer Selon I” Equite (1930-III) *Recueil des cours*, at 469. See Higgins, *supra*, n. 1 at p.151, at 220.

② For example, B.Cheng, “Justice and Equity in International Law” (1955)8 *Current Legal Problems*, 185 at 209–210. See Higgins, *ibid*, at 220.

③ Higgins, *ibid*, at 244.

④ *Ibid*, at 220.

⑤ Higgins, *ibid*, at 244.

⑥ *Supra*, n. 3 at p.140, at 61.

⑦ *Supra*, n. 1 at p.144, at 213–214. See Lowe, *ibid*.

律漏洞的鲜明例证[①]。在就索赔解决声明没有明确规定股东是否可以向公司索赔的情况做出裁定时，法庭认为“公平原则要求他们提出类似索赔要受制于公司可能提出的辩护和反诉”[②]。同样，公平利用原则在司法适用的时候通常是作为非常原则和填补空白之用。考察1997年《联合国水道公约》[③]（和在它之前的《条款草案》[④]）中公平利用的形成过程，可以很清楚地认识到，公平利用没有提供一个穷尽的相关标准的清单，也没有给出应该优先考虑的因素的指引。

3. 违反法律的公平

违反法律适用公平，即直接违反可资适用的法律规则，几乎是不被接受的，除非所有当事国都同意适用“公允及善良”的公平原则，但这样的情况在国际法院或国际常设法院的历史上还未出现过[⑤]。这种关于公平原则的适用以通过减损法律来弥补法律的社会不充分性为特征[⑥]，且所作裁决“几乎不必与司法考量相关”[⑦]。关于违反法律适用公平原则有一个通常被引用的案例，就是伊朗—美国索赔法庭的“首要德黑兰公司诉伊朗”（*Foremost Tehran Inc. v. Iran*）案。伊朗商法典第40条在股份所有权问题上关于有名义登记的规定，但是法庭适用公平原则推翻了这条清晰、明确的法律规定的法律效果[⑧]。不过，Lown 认为这可能是一个反常的裁决，“类似的结论可以通过灵活适用诸如刺破（公司）面纱、受益所有权人乃

① (1986) 11 Iran-US Claims Tribunal Reports 76.

② *Ibid*, at 110. See Lowe, Supra, n. 3 at p.140, at 63.

③ *Supra,* n. 2 at p.147.

④ See *Report of the International Law Commission to the General Assembly on the Work of its Forty-Sixth Session,* UN Doc. A/49/10 (1994) 195.

⑤ See Cheng, *Supra*, n. 15, at 20, Goldie, *supra*, n. 3 at p.142, at 107.

⑥ See the separate judgment of Judge Ammoun in the *North Sea Continental Shelf* cases, *supra,* n. 1 at p.144, at 139.

⑦ Lapidoth, *supra,* n. 3 at p.143, at 172. See Lowe, *supra,* n. 3 at p.140, at 56.

⑧ (1986) 10 Iran-US Claims Tribunal Reports 228, at 240.See Lowe, *ibid*, at 65.

至禁止反言的延伸形式等法律规则和原则而实现”[①]。实际上，他的大致结论是：

“从更广泛的原则的意义上来说，公平原则是可以从法律体系中找到的，根本不需要违反法律适用公平原则：裁定是出于公平做出的，但裁定也要在对法律的解释和适用的基础之上做出。”[②]

二、公平与共享国际水资源

（一）公平的功能

很多学者提出国际法上关于公平的各种不同的作用，其可以实现许多目的。不过，本书中我们关注的是考察公平在适用公平利用原则中可能发挥的作用。这可以通过三个层面体现出来：公平作为一种实现理想的公平结果的手段；公平作为一个考虑各种相关情势的过程；公平作为一种阐释普遍适用中具体法律的方式[③]。

关于公平的的作用，最为普遍接受的观点是，在面对法律各种可能的解释时，它要求法庭做出一个最接近公平和正义的解决方案。这种方法被国际法院在“突尼斯—利比亚大陆架案”[④]中被采用，法院关注的是获得一个被认为是公平的结果。然而，该案中，法院坚持认为寻找一个公平的结论不是在进行分配正义的运作，而仅是在发挥公平的矫正功能[⑤]。这种矫正功能只能以符合法律规则的方式发生，而不能违反法律。在“利比亚—马耳他大陆果案”中[⑥]，国际法院再次重申了公平的作用与分配正义的运作之间的区别。当时，它列举了公平原则的例证，而公平原则毫无疑

① *Ibid*, at 66.

② *Ibid*, at 67.

③ Higgins, *supra*, n. 1 at p.151, at 220–222.

④ *Supra*, n. 1 at p.140.

⑤ *Ibid*, at para, 71. See Higgins, *supra*, n. 1 at p.151, at 220–221.

⑥ *Supra*, n. 7 at p.148, para. 46.

问是属于分配正义的①。

按照某些论者②的观点，国际法上的公平只是一个缺乏具体内容的概念，它需要在具体的个案中被作为一种考虑所有相关情势的方式而操作。在“突尼斯—利比亚大陆架案”中，国际法院看起来好像是支持这种观点，认为“实际上如果不考虑该海域的特殊相关情况，法院将不可能在划界问题上取得一个公平的解决方案”③。在这种情况下，“对于形成公平争论基础的各因素，似乎很少有约束”④。按照国际法院的观点，“为了确保适用公平的程序，对于国家可能要考虑的因素没有任何法律上的限制”⑤。为了强调公平作用的这种潜在的灵活性，Lown进一步指出，“一旦相关因素被考虑进来，决策者就没有必要去做出与已有的法律规则和原则相一致的推理了”，⑥虽然他的确承认“平等的公平必须是一致的”⑦。1966年国际法协会《赫尔辛基规则》⑧、国际法委员会《条款草案》和1997年《联合国水道公约》中规定的公平利用原则，提供了一个关于需要考虑的因素的非穷尽清单。然而，它们都没有对所列举的与公平利用相关的各项因素的权重或优先性提供指示，以至于大家抱怨该原则几乎不能为一个具体情形提供规范化的指引。相反地，它们都规定，所有因素都必须被平衡考虑，决策也必须是建立在考虑所有情况的基础之上的，但这样的规定毫无意义⑨。由于公平原则的规范存在模糊性，虽然一些人认为其保留了

① See Higgins, *supra*, n. 1 at p.151, at 221.

② For example, Huber (1934)46 *Annuaire de l'Institut de Droit International,* 233. See Higgins, *supra*, n. 1 at p.151, at 221.

③ *Supra*, n. 1 at p.140, at 60, para. 72.

④ Lowe, *supra,* n. 3 at p.140, at 72.

⑤ *North Sea Continental Shelf* cases, *supra,* n. 1 at p.144, at 50.

⑥ Lowe, supra, n. 3 at p.140, at 72-3.

⑦ *Ibid,* at 73.

⑧ Article V(3), Helsinki Rules, ILA, *Report of the Fifty-Second Conference* (Helsinki, 1966) 484 *et seq.*

⑨ Article 7, ILC Draft Atricles, *supra*, n. 80 ; Article 6, 1997 UN Convention, *supra*, n. 2. at p.147.

程序性手段的方法价值，但一些学者仍然对该原则的价值保持悲观情绪①。

第三个被普遍认可的并与公平利用原则相关的公平功能，是为那些太概括或太模糊以至于无法在具体案件中直接适用的规则确立了具体内容。按这种方式，公平原则允许将一般法律原则适用到具体的特定的情形。De Visscher 就公平原则这方面的作用指出，“公平存在于个案之中”（l’equite est la norme du cas individual）②。因此在国际水道争端第三方解决中利用公平原则，可以发挥其有用的作用，详细阐述公平利用原则的实体内容。通过这种方式，公平原则将能在发展相关规范性规则体系以及随后更广泛地适用该原则中，发挥重要的作用。

Franck 认识到有三种不同的公平分配共享资源的方法："矫正的公平"、"普遍认可的公平"和"共同遗产的公平"③。在"矫正的公平"方法之下，公平的考量只是例外的适用，偶尔用于纠正由于严格适用法律而带来的结果上的不公平。这是最传统的方法，明确了在资源分配的主要规则范围内只能个别适用公平原则。在"普遍认可的公平"方法之下，公平自身构成一项法律规则，并成为资源分配的主要适用规则。相对于"矫正的公平"而言，这种方法为法庭提供了更多的自由裁量权，并引导了更为开放的分配。Franck 认为公平利用原则被纳入 1997 年《联合国水道公约》④是"普遍认可公平"的一个例证，也体现了近期自然资源和环境保护条约制度中包含类似公平机制的一种趋势⑤。"共同遗产的公平"适

---

① F. Yamin, *supra*, n. 2 at p.149, at 18. See further, S. McCaffrey, *The Law of International Watercourses: Non-Navigational Uses* (OUP, Oxford, 2001), at 345; A. Tanzi and M. Arcari, *The United Nations Convention on the Law of International Watercourses* (Kluwer Law International, The Hague/Boston, 2001), at 109.

② De Visscher, *De L'Equite dans la Reglement Arbitral ou Judiciare des Litiges de Droit International Public* (Pedonne, Paris, 1972) at 6. See Higgins, *supra*, n. 1 at p.151, at 222.

③ *Supra,* n. 2 at p.141, at 57.

④ *Supra*, n. 2 at p.147.

⑤ *Supra,* n. 2 at p.141, at74–75.

用于分配属于全人类财产的资源，如外层空间[①]、南极洲[②]和深海海床底的矿产资源[③]，这些资源常常包含一种将保护视为首要的或唯一的优先性的“信托”模式。这种方法在涉及拥有共同管理制度和机制的国际水道中愈发受到重视，这种情况通常是几个或所有河岸国家为了共同利益而集体管理、共享淡水资源。总体说来，Franck 认识到一个趋势，其以1982年《联合国海洋法公约》第83条第1款的通过为例[④]，该趋势将普遍认可的公平引入到分配共享自然资源的传统条款中，而这将日益迫使法庭或仲裁机构适用更广泛意义的分配正义[⑤]。

根据公平利用原则，理想的结果应该是，每个国家有权合理和公平地分享跨界水资源的有益利用。按照环境法专家组（EGEL）的观点，

> “公平利用跨界自然资源原则是已经确立的国际法原则，它被运用到了许多国际协定中，尤其是与国际水道的水利用有关的协定中。”[⑥]

《环境法专家组最终报告》列举了这样一些协定，包括1906年和1944年墨西哥与美国缔结的《水条约》、1954年奥地利与南斯拉夫签订的《德拉瓦河（Drava）相关水经济问题的条约》；1959

① See the 1979 Agreement Governing the Activities of States on the Moon and Other Celestial Bodies (1979) 18 ILM 1434.

② See the 1991 Protocol on Environmental Protection to the Antarctic Treaty (1992) 30 ILM 1455.

③ See the 1982 UN Convention on the Law of the Sea(1982) 21 ILM 1261.

④ 第83条第1款规定：

“海岸相向国或相邻国家间大陆架的界限，应在《国际法院规约》第38条所指国际法的基础上以协议划定，*以便得到公平解决*。”（斜体表示强调）

⑤ See Frank, *supra*, n. 2 at p.141, at 61–75.

⑥ *Final Report of the Experts Group on Environmental Law on Legal Principles of Environmental Protection and Sustainable Development,* in R. D. Munro and J. G. Lammers, *Environmental Protection and Sustainable Development: Legal Principles and Recommendations* (Graham & Trotman, London, 1987), at 73.

年埃及与苏丹之间缔结的《尼罗河协定》、1960年印度与巴基斯坦缔结的《印度河水条约》；还有1966年奥地利、德意志联邦共和国和瑞士签订的《康斯坦茨湖取水协定》。该报告还引用了1972年《斯德哥尔摩人类环境宣言》[①]第51条的建议（其规定"两个或多个国家共享的水文区域的共同利益需要相关国家公平地分享"）以及1972年《马德普拉塔行动计划》（Mar del Plata Action Plan）第91条[②]（其也宣称"就共享水资源的利用、管理和发展而言，国家政策应该将每个国家……公平利用该资源的权利"）。由此可见，公平利用原则内在的预期效果已经被清楚表达出来了。

然而，要利用公平原则达到这个效果，现有模式下的公平利用原则没有或很少就各种不同的法律解释、相互竞争的法律条款或相互竞争的既存权利等如何权重提供指引。实际上，1997年《联合国水道公约》（和在它之前的《条款草案》）的规定明确、清楚地表明，任何一种或一类利用均不相对其他一种或一类利用享有固有的优先地位[③]，除非这种利用是人的基本需要所要求的[④]。因而，国家对水道有益利用的分享是否公平合理，只有通过在具体个案中对所有相关因素进行考量后才能决定。任何因素都没有被给予优先考量或更重要的排序。事实上，1997年《联合国水道公约》第6条第3款规定：

"每项因素的权重要根据该因素与其他有关因素的相对重要性加以确定。在确定一种利用是否公平合理时，一切相关因素要同时考虑，在整体基础上做出结论。"

从上述关于公平在公平原则适用中的潜在作用的考察中可

---

① *Report of the United Nations Conference on the Human Environment, Stockholm,* 5-16 June 1972 (UN Publication, Sales No. E. 73. II. A. 14), Chapter 1.

② *Report of the United Nations Water Conference*, Mar del Plata, 14-25 March 1977 (UN publication sales no. E77. II. A. 12), part one.

③ Article 10.

④ Article 10(2).

以很明显地看出，公平通常能够同时发挥希金斯提出的两个或三个作用①。举例来说，Bardonnet 将特定案件中法律的“具体个案的特定情形”（l'appreciation individualisee d'un cas concret）和考量“个案的事实、情势、情况、地理（特定物理环境）、当事国的利益和主张”（des faits, des situations, et notament des situations geographiques (milieu physique special, environnement particulier), des interets ou des pretensions des Parties）结合在了一起②。在公平利用的语境下，公平可以发挥多种作用的观点，与 Degan、de Visscher、Huber 和 Sorrensen 等人关于公平在国际法上功能的经典论述是一致的③。希金斯解释这些作者的观点时说：

> “从法律的角度看，每一个规则都有各种不同的能被接受的解释，并且公平原则允许法官根据正义、考虑情势以及平衡当事方权利与义务的情况下做出选择。”④

然而，她也指出，这一点如何实现并没有被明确，“无论是通过妥协、给予不同的法律解释以不同的权重或重点考虑关注预期的结果……”⑤

如果我们认可公平可以在公平利用原则的适用中发挥多重作用，那么很明显，公平可以适用于多个阶段：确认一个正义和公平的解决方案、考虑所有相关因素和情势、阐明模糊的规范性规则。然而，该原则并没有提供公平应以何种顺序发挥其各项功能的指南。比如，法庭能否确认一个正义的结果后再通过适当权衡考虑所有相关因素来实现这一结果，还是在决定正义的结果之前

---

① See *supra*, n. 1 at p.151.

② Bardonnet, “Equites et Frontiers Terrestres”, at 42-3.See Higgins, supra, n. 1 at p.151, at 222.

③ V. D. Degan, *L'Equite et le Droit International* (Martinus Nijhoff, The Hague, 1970) at 28; C. de Visscher, *Theories et Realites en Droit International public* (3rd edn)(Pedonne, Paris, 1966) at 450; M. Huber, (1934) 38 *Ammuaire de I'Institute de Droit International,* at 233 ; M. Sorensen. *The Sources of International Law* (1946), at 197. See Higgins, *ibid,* at 219.

④ *Ibid.*

⑤ *Ibid,* at 219–220.

先行考虑各个相关因素呢？前者将赋予法庭更大程度上的自由裁量权，去自由判定一个公正的结果，而这种结果必然是主观的。同样地，公平发挥功能为一个特定案件阐释具体规则时，尚不清楚的是，应该决定给予各个相关因素以优先考量，还是有必要优先考量这些因素以便决定要适用的规则。清楚的一点是，公平利用只能在程序上有效发挥作用。Yamin 支持这种观点，她认为“公平利用原则的实质就是它描述了一个程序上的方法，目的在于在每一个具体的案件中达成一个公平的结果，而不是确立那些没有具体内容的实体性规范”①。她进一步解释，“原则的事实要求与公平分配权利义务的决定相关的每一个国家之间进行协商”。②然而，这也没有告诉我们公平在条约谈判或司法程序上发挥其作用的先后顺序。

对国际法院有关大陆架划界实践的考察表明，近些年国际法院的实践已经开始鉴别什么样的结果是公平的结果，当然这一论点仍存有争议。Franck 注意到，“由于相当晚近的实践的成熟，法院将越来越多地要适用更广泛概念上的分配正义……”③最初，在“北海大陆架”案中，国际法院宣称决定划界要参考公平原则是国际法上的习惯法规则，并说“这不是将公平适用于抽象正义的问题，而是在适用一个其自身要求适用公平原则的法律规则的问题……”④法庭进一步陈述，划界必须“要根据公平原则……同时考虑所有相关情势而进行”⑤，并且对于哪些因素是需要考虑进去的是“没有任何法律限制的”⑥。然而，在这个具体的案例中，它只考虑了三种情况：

“（1）地质概况，即大陆架区域和国家领土的相似之处；

① F. Yamin, *supra*, n. 2 at p.141, at 17.

② *Ibid.*

③ *Supra,* n. 2 at p.141, at 57.

④ *Supra,* n. 1 at p.144, at 46–47.

⑤ *Ibid,* at 53.

⑥ *Ibid,* at 50.

“（2）维持自然资源存储完整性的期望；

“（3）比例问题，一个国家大陆架的延伸与其海岸线长度之间达成一个合理的关系。”[①]

在这种情况下，国际法院发现考虑地质概况和完整性是不相关的，所以只能考虑比例问题，在此基础上考虑依照德国西部海岸线的凹度进行划界。国际法院的论证一直具有彻底的规范性质，并因此表明它将从公平原则开始考虑并关注于公平原则。这种方法反映了当时适用的常规性规定。1958年《大陆架公约》[②]第6条第2款规定，如果国家之间不能通过协定解决好大陆架划界问题，他们必须参考等距离线原则，但同时他们在“特殊情况下”也可以考虑不适用等距离线原则。因此，尽管等距离线规则占据主导地位，在它会产生明显的不公平结果时也会被弃用。类似地，在“英法大陆架仲裁案”中，仲裁庭考虑了公平的各个因素，认为适用1958年《大陆架公约》等距离线规则会从根本上扭曲了英吉利海峡的边界划分，因为英国海峡群岛与法国大陆间的距离比其与英国海岸间的距离更近一些[③]。在这个例子中，为了“平衡公平”而应予考量的因素，包括国防因素[④]、人口数量以及海峡群岛在政治和经济上的重要性等[⑤]。仲裁庭也运用了比例性的公平原则去实现公平的划界。然而，它强调其依据是1958年《大陆架公约》第6条第2款；因此它是在适用规范性的正义原则，而不是在适用一个分配正义的更为自由裁量的概念[⑥]。国际法院在“渔业管辖权”案中强调了这一方法，认为“它不是一种简单地寻找公平解决的方法，公平的解决来自于准据法”；因此，其起点是拒绝公平的解决

① See further, Franck, *supra*, n. 2 at p.141, at 61–63.

② 499 *UNTS* 311.

③ *Supra*, n. 4 at p.148, at 102.

④ *Ibid,* at 98.

⑤ *Ibid,* at 101.

⑥ See further, Franck, *supra,* n. 2 at p.141, at 64.

方案[①]。

然而，国际法院随后在“突尼斯—利比亚大陆架案”中采用了完全相反的方法。它认为法院“必须在公平原则基础上裁判案件”[②]。考虑到公平原则的要求，法院指出：

> “适用一般原则的结果必须是公平的。……不是每一个这样的原则自身都是公平的，这需要通过参考公平的解决方案来获得这种品质……‘公平原则’……指的是适合达到公平结果的原则和规则。”[③]

这种立场也反映了新的《联合国海洋法公约》所采用的方法，[④]该公约于1982年开放给缔约国签字。其中第83条第1款这样规定：

> “海岸相向国或相邻国间大陆架的界限，应在《国际法院规约》第38条所指国际法的基础上以协议划定，以便得到公平解决。”

国际法院认为，联合国第三次海洋法会议未提及等距离线原则，意味着关于公平解决方案的内容再不会有任何正式文本的指引；因此，为达成一个公平结果的目标必须确定实现它的手段[⑤]。国际法院认为“公平原则应根据其为达到公平结果的目的而发挥的有效性来进行评估”[⑥]。法院行使了相当多的自由裁量并参考更宽范围的因素，包括海岸线的外形轮廓[⑦]、各种岛屿的延伸状况及位置[⑧]、岛屿边境的外形[⑨]和当事国授予石油开采特许权方面的

---

① *Supra,* n. 3 at p.148, at para. 78.

② *Supra,* n. 1 at p.140, at para. 69.

③ *Ibid,* at para. 70.

④ *Supra*, n. 107. On the background to the Convention, see B. H. Oxman, “The Third United Nations Conference on the Law of the Sea: the Tenth Session (1981)” (1982) 76 *American Journal of International Law,* 1.

⑤ *Supra*, n. 1 at p.140, at 49. See further, Frank, *supra,* n. 5, at 68.

⑥ *Ibid,* at 59.

⑦ *Ibid,* at 86–87.

⑧ *Ibid,* at 88–89.

⑨ *Ibid,* at 84–89.

行为①。然而，它明确拒绝把法律有效性依附于经济需要之上，认为划界不应基于暂时的因素即一个国家在某一特殊时间上一时的繁荣与贫富②。国际法院同时也要考虑比例问题。这个决定适用了 Franck 所说的“普遍认可的公平”原则，该原则也面临着一定的批评③。Evense 法官将法庭的推理比作适用“公允及善良”的公平原则④，而小田（Oda）法官在其“不同意见书”中认为该裁决充满了“分配的隐含目的”⑤。因此，国际法院似乎将首先依公平的结果做出决定，然后将通过选择和适用适当的原则和规则来达成这个结果。照希金斯看来，“将‘北海大陆架案’与‘突尼斯－利比亚大陆架案’放在一起考察，我们只剩下一个命题，即存在一项实际的法律规则要求我们适用那些可达到一个公平结果的原则……”⑥

同时，在涉及捕鱼区和大陆架底土划界问题的“缅因湾案”中，法庭一再强调需要公平的解决方案并采取比例性原则“作为适用普遍认可公平原则的主要工具”⑦。法庭认为“应通过适用能够确保……公平结果的公平标准来进行划界”⑧。法庭拒绝对经济因素加以特别关注，如加拿大提出的其新斯科舍省的某些社区对渔业的特别依赖，但它确实对此类因素予以了次要的矫正的考虑，这样就可以对通过其他方式所实现结果的公平性进行后续审查。它认为：

“令法庭视为合法性隐忧的是……不希望所有的结果都是绝对不公平的，也就是说，就像给那些相关国家的人民的民生和经济

① *Ibid,* at 83–84.

② *Ibid,* at 77–78.

③ See Frank, *supra,* n. 2 at p.141, at 57.

④ *Ibid,* at 296 (Evensen J., dissenting).

⑤ *Supra*, n. 1 at p.140, at 270 (Oda J., dissenting).

⑥ Higgins, *supra,* n. 4 at p.146, at 225.

⑦ *Supra,* n. 47, at 246. See Frank, *supra*, n. 2 at p.141, at 69.

⑧ *Ibid,* at 300.

福利引发灾难性后果一样。……幸运的是，本案不会引发这样的危险。”[①]

在“利比亚—马耳他大陆架案”采用了“普遍认可的公平”的方法。国际法院确认通过公平结果比用于实现结果的公平原则更重要。国际法院认为公平的结果是“二元性特征中最基本的元素”[②]，并且着重强调了比例性原则在实现这个结果的过程中所起的作用，将它描述为“与公平的指导性原则有密切的关系……”[③]国际法院认为它可以自由考虑因素的范围是经济需要；但再次拒绝将其放在重要的位置来考量，因此拒绝了马耳他的主张。后者宣称该国是发展中的岛国且欠缺能源资源故而需要考虑它的渔业区的范围[④]。在1985年“几内亚—几内亚比绍仲裁案”中，由三位国际法院法官组成的仲裁庭，在为大陆架划界时考虑了两点新的公平因素：一是有必要“确保每个国家尽可能控制其海岸线相对的海域和邻近区域”；二是有必要确保对该地区的其他海洋划界（不论现在的或将来的）都给予应有的重视的需要[⑤]。事实上，近些年来，国际法院在决定一个公平划界问题上越来越多地对经济因素有所考虑。在“格陵兰与扬马延间区域海洋划界案”中，国际法院裁定，一个公平的结果需要将更大范围的共同大陆架和捕鱼区分配给格陵兰，而没有严格按照各自海岸线的比例进行分配；此时，法院就考虑了相关渔业的商业价值[⑥]。1982年《联合国海洋法公约》关于进入专属经济区的规定明确应用了分配正义的概念。举例来说，公约授权内陆国“在公平的基础上，参与开发同一分区域或区域的沿海国（专属经济区的生物资源）的适当剩余部分”；要求有关国家确定这种参与的条款时，尤其要考虑到“避免对沿

① *Ibid,* at 342–343.

② *Supra,* n. 7 at p.148, at 29.

③ *Ibid,* at 43.

④ *Ibid,* at 41.

⑤ *Supra,* n. 8 at p.148. at 676–677.

⑥ *Supra,* n. 10 at p.148, at 58–59,71–73. See Franck, *supra,* n. 2 at p.141, at 73.

海国的渔民社区造成不利影响的需要”和“有关各国人民的营养需要”[①]。事实上，后一条款可能会引起争论，即它是否符合1997年《联合国水道公约》中关于“满足人的基本需要”的优先考虑。

国际法院在大陆架划界争端中适用公平的方法即强调预期结果的方法，几乎受到了评论者的普遍批评，大多数人担心这将导致过大的司法自由裁量权。例如，虽然希金斯承认“裁判将会是现实的并必然反映政策偏好”，但她认为“这些政策偏好将会以与规定的预期结果相背的方式被阐释和验证。按这种方式，目标应该是透明的，而方法在客观上是可被证实的”[②]。然而，她感觉被法庭采取的结果导向的方法“允许法院坚持适用‘一实际的法律规则’——但那是不透明且是不能被推敲和审查的”[③]。法官罗伯特·詹宁斯（Robert Jennings）爵士同样表示了关注，他认为：

“如果允许……‘公平结果’的学说一直持续，这将导致纯粹的司法自由裁量权，而且判决的基础将是法院对各方诉求间‘公平的’妥协所形成的主观理解。”[④]

詹宁斯甚至对这种对公平适用能否与“公允及善良”的公平相区别产生质疑，问道“公平难道就是主观司法裁决的法律人的名字吗……”[⑤]法官Gros在其“缅因湾案”的“不同意见书”中认为，如果公平是可以预测的，那么它必须受到约束[⑥]。在“突尼斯—利比亚大陆架案”中，国际法院自己也承认公平结果的方法存在问题，称它“不是完全令人满意的，因为它既要用‘公平’这个术语去描述需要得到的结果，又要去描述获得这种结果所运

① See further, Franck, *Ibid,* at 74.

② Higgins, *supra,* n. 1 at p.151 at 224.

③ *Ibid.*

④ R. Jennings, “Equity and Equitable Principles” (1986) 42 *Annuaire Suisse de Droit International,* 27 at 31.

⑤ *Ibid.*

⑥ *Supra,* n. 6 at p.148, at 368–377. See Higgins, supra, n. 1 at p.151, at 227; and Franck, *supra,* n. 2 at p.141, at 71.

用的方式”[①]。不过，抛开这些批评，近来国际法院的实践清楚地回答了詹宁斯的问题——“法官的心证是从哪里开始的？他们是不是开始于他们假设的‘公正’起点，然后寻求支持获得该结果的原则？”[②]因此，重要的是要考察国际法院采用哪些准则及每项准则在多大程度上被用于判断公平的结果。

在“北海大陆架案”中，国际法院的裁定认为，等距离划界似乎是不公平的，因为它主要考虑到每个国家海岸线的自然或物理特征。尤其是，国际法院对国家海岸线的长度给予了足够重视，认为：

“三个国家的北海海岸线事实上在长度上是相当的，因此从自然状态来看总体上获得了平等待遇，除非其中某一国海岸线的轮廓使得如果采取等距离划线的方法将会是让该国无法获得与其他两个国家相等或接近的待遇。”[③]

批评者们质疑在大陆架划界时将海岸线长度作为决定性因素加以考虑的有效性。例如，Rothpfeffer 指出，“国际法院判定三个国家等分的标准也就是海岸线的长度，事实上其有效性除了国际法院将这个准则视为公平性的决定性因素，并没有任何其他明显的理论基础。”[④]类似地，Friedmann 认为将海岸线长度看得比海岸线的轮廓更重要是不正常的。他指出，通过这样的推理，国际法院

“将沿海国与内陆国间的或海岸线长短不同的国家间差异造成的不平等，视为不得不接受的自然禀赋，而一个国家的海岸线是直的或凸的，另一个国家的是凹的就是‘不自然的’”[⑤]。

---

① *Supra*, n. 1 at p.140, at para. 70.

② R. Jennigs, *supra*, n. 4 at p.165, at 31.

③ *Supra*, n. 1 at p.144, at 50.

④ T. Rothpfeffer, “Equity in the North Sea Continental Shelf Cases” (1972) 42 *Nordisk Tidsskrift for International Ret,* 81 at 115. See Higgins, *supra*, n. 1 at p.151, at 226.

⑤ W. Friedmann, “Selden Redivivus-Towards a Partition of the Seas?” (1971) 65

尽管有这样的批评，国家海岸线长度（的标准）因其操作简单和可预测性，还是有其被适用的优势。它更适用于根据各国海岸线的长度来对大陆架进行简单划界的情况。并且，这也容易表明，一国海岸线的长度常常反映了沿海国居民对海洋资源的依赖程度。在“利比亚—马耳他案”中，国际法院列出的需要考虑的公平原则中，改造地貌和寻求使不平等之处变为平等是没有任何疑问的①。希金斯认为这是对“按比例分配”观念的背叛，虽然它更多地被认为是拒绝了把公平结果学说作为分配正义的一种形式而运作的可能性②。希金斯自己指出，“在海洋划界领域，法院判定谁的主张有效只是初步任务，之后才是在主张权利各国间分配资源的真实任务”③。海岸线长度近来在分配当中发挥着决定性作用的事实，说明了比例性原则在以一种简单的形式被适用。

（二）比例性

为了考察国际法中比例性概念的含义，首先有必要区分比例性在与使用武力法中适用与在资源分配法中适用之间的区别。在前一种情况下，比例性要求在自卫的情况下对合法使用武力施加一定的限制。就后者而言，它被描述成“面对特殊地理环境达成公平结果的诸多方法中的一种方法。”④虽然比例性的概念作为自然资源分配一种因素之一，已经通过大陆架争端解决得到宣示和初步发展，但关于其地位及可适用性，学者间仍然还有广泛的不同意见；这促使希金斯得出结论“对我而言，海洋划界领域的比例性概念仍然充满了不确定性和问题。”⑤为此目的，本书有必要必须通过各种大陆架争端解决案件来追溯该概念的历史发展，然后再

American Journal of International Law, at 757. See Higgins, *ibid.*

① *Supra,* n. 7 at p.148, at para. 46.

② Higgins, *supra,* n. 1 at p.151, at 227.

③ *Ibid,* at 224.

④ *Ibid,* at 230.

⑤ *Ibid.*

考察其在构成国际水道公平合理利用的决定中起到的潜在作用。

国际法院在“北海大陆架案”中提及比例性的概念，将其阐述为公平的一个因素，或者用另一种表达，是一项公平原则。在该案中,（法院）要求国家承认以一个合理程度的比例性来决定“附属于相关国家的大陆架的范围及各自海岸线的长度”[①]。国际法院耐心地强调，比例性原则不同于联邦德国所主张的论点。法院认为：

> “北海大陆架的分配……不能通过决定分界线这样一个孤立的行动……来完成。边界问题应该考虑到所有北海国家的共同关切，将每一条边界对分配的影响作为整体问题来考虑。”[②]

国际法院否认这一论证是分配正义的例证。它认为公平和作为公平一个因素的比例性的作用是为了矫正异常情况，并不是为了确保公平或公正的份额。国际法院认为：

> “公平并不一定意味着等分……公平不要求……让拥有广阔海域的国家与拥有有限海岸线的国家的情况具有类似的（待遇）。……公平不是用于救济这种自然的不公平状况的。”[③]

因而，国际法院并不认为它的功能在于对可划分区域进行公平正义的分配，而是仅仅对不能使用等距离划线的大陆架边界的划分；其基础在于，在被赋予的大陆架面积的数量与海岸线的相对长度之间已经存在某种关系。公平特别是比例性的公平原则，证实了“可以缓解因为不合理的区别待遇而导致的偶发的、特殊的特征而造成的影响。”[④]在关于比例性应作为大陆架争端公平解决的考量因素所起作用的明确论述中，国际法院认为：

---

① *Supra,* n. 1 at p.144, at 52. See Goldie, *supra,* n. 10, at 118–119.

② *Reply of Federal Republic of Germany,* 1 North Sea Continental Shelf Cases, ICJ Pleading 389 at 423 (1968). See Goldie, *ibid,* at 119.

③ *Supra,* n. 1 at p.144, at para. 70.

④ *Ibid,* at 50.

"最终考虑的一个决定性要素是比例性的合理程度的因素，按公平原则进行的有效划界应该在附属于有关国家的大陆架的范围与他们各自海岸线的长度之间（平衡）——海岸线应该按照他们的一般方向来测量，以便在直线型海岸、凸线型海岸及凹线型海岸国家之间建立起必要的平衡，或减少不规则海岸线对他们的实际比例造成的影响。"①

因此，国际法院并不建议比例性应构成一项普遍适用的规则；据此，各国可以主张根据其海岸线长度来分享相应的大陆架。相反，国际法院将其适用限制于在国家之间海岸线存在"明显的凹或凸"或"非常不规则"时必须进行分配平衡的情况。②总体说来，按照1958年《大陆架公约》第6条第2款，国家法院应寻求等距离划线，除非特殊情况会严重扭曲边界。同时，国际法院显然没有将比例性原则看作"作为一种分配的独特原则，而是作为确认适用公平程序加以考虑的一个因素。"③

在"英—法大陆架仲裁案"中，仲裁庭在考察比例性概念在此领域所起的作用时态度更为消极。它认为，比例性"不是一项能够为大陆架领域提供独立的权利来源的普遍原则。"④仲裁庭认为比例性的概念只是与消极术语有关，认为"与其说它是关于标准或因素的比例性的普遍原则，不如说它是不成比例的。"⑤仲裁庭试图对在大陆架划界方面比例性的特殊作用进行详细说明：

"'比例性'在划分大陆架时并非与相关沿海国家大陆架区域的全部划分有关，它的作用在于作为一种标准，评估基于特殊的地理特征带来的扭曲效果和不公平结果的程度。在本案中，

① *Ibid,* at 52.

② See D. McCrae, "Proportionality and the Gulf of Maine Maritime Boundary Dispute" (1981) 19 *Canadian Yearbook of International Law,* 287 at 292; Higgins, *supra,* n. 1 at p.151, at 229.

③ Higgins, *ibid.*

④ (1979) 18 *ILM* 397 at 427. See Higgins, *supra,* n. 1 at p.151, at 229–230.

⑤ *Ibid.*

‘比例性’得到考虑在于它同意……进行适当调整以消除不公平的范围。”①

因此，比例性原则将不能决定划界，但能够对拟议的解决方案是否公平进行后续检验（*post hoc*），并在出现不正常或扭曲时予以纠正。按照 Franck 所说，“仲裁庭似乎采纳了一种分配正义的观念，有待将它纳入当时具有合法性的等距离划线规则之中。”②

国际法院在1982年“突尼斯—利比亚大陆架案”中给予了该原则最强有力的认可，这反映出将实现公平结果提升为相关传统法律的关键目标③；当时，国际法院重温了其早期对比例性规则在大陆架案件的适用及分析。它认为，问题是“比例性是公平的一种功能”，并指出“比例性的因素与相关海岸线的长度有关”④。按照希金斯的观点，国际法院在这个案件中，“基本上将比例性用作实体性的分配原则”⑤而不是将其适用限于对通过其他方式获得结果的公平性进行后续检验上。另外，法院在答复突尼斯的提问时，似乎在暗示既然划界是以比例性为基础的，法庭有权采取一种特别灵活的方法，因而增强了其自由裁量权。法院认为：

“突尼斯提出的问题——‘怎么能通过某种程度地参考与划界无关的区域之间的比例性，来决定大陆架划界问题的公平性特征呢？’——跑题了；因此这是比例性问题，公平唯一的绝对性要求就是人们可以将相同的情况加以比较。”⑥

然而，国际法院在总结其裁判时，看起来又贬低比例性作为预测性原则的基础进行适用的价值。它认为：

---

① *Supra,* n. 4 at p.148, at 124.

② *Supra,* n. 2 at p.141, at 65.

③ UNCLOS, Article 83 (1), see *supra,* n. 3 at p.157.

④ *Supra,* n. 1at p.140, at 76.

⑤ Higgins, *supra,* n. 1 at p.151, at 230.

⑥ *Supra,* n. 1 at p.140, at 76. See Goldie, *supra,* n. 10, at 121.

“每个大陆架争端案件都应该在其自身价值的基础上予以考虑和裁判，并考虑到它的特殊情况；因而，不要试图将这里的、与大陆架有关的原则和规则的适用过度概念化。”①

在1984年“缅因湾案”中，法院似乎回到了对比例性原则的有限适用，认为它不是一个独立的划界方法，虽然法院清楚地表明它并不排除“正当利用仅适用于满足有必要适当矫正……所述不公平的……辅助性标准”②。

然而，实际上，比例性成为了公平划界的主要法律原则。对此法院裁定认为，划界应能反映当事国之间海岸线“特别显著的”区别③，进而利用基于缅因湾海岸线所有信息基础上的计算结果，通过调整后的临时中间线进一步确定划界。④重要的是，比例性被用到没有明显扭曲的地理特征的划界中。同样地，在1985年“利比亚—马耳他案”中，国际法院似乎确认了比例性就其自身而言并不是一项实体性的划界规则。它只是公平的一个要素，在出现由于“怪异的轮廓”引起大致相若的海岸受到不同对待时，可发挥矫正的功能⑤。然而，在“缅因湾案”中，虽然没有任何自然特征上的怪异性，它仍然是主要的考虑因素。国际法院认为该原则发挥了两个作用：一个是作为最初划界时予以考虑的因素；另一个就是对拟议解决方案公平性的后续检验，然而，这个提议的方案被（双方）接纳了⑥。按照Franck的说法，

“前者赋予法院按照公平的考虑分配资源时的自由裁量权，而后者则允许法院为确保参考较大范围考量因素得出的结果没有受

① *Ibid*, at 92. See W. M. Reisman and G. S. Westerman, *Straight Baselines in International Maritime Boundary Delimitation* (Macmillan, New York, 1992), at 204.

② *Supra,* n. 6 at p.148, at para. 218.

③ *Ibid,* at para. 232.

④ *Ibid,* at para. 236. See further, Franck, *supra,* n. 2 at p.141, at 70.

⑤ *Supra,* n. 7 at p.148, at paras 55–58. See further, Higgins, *supra,* n. 1 at p.151, at 230.

⑥ *Ibid,* at 49. See further, Franck, *supra,* n. 2 at p.141, at 71.

到来自于任何一种因素的不公平影响。”[①]

然而，有必要指出，比例性“虽然现在明显是将抽象的公平概念具体化的首选方式”，但不是所有的划界必不可少的方式。[②]在1985年“几内亚—几内亚比绍案”中，比例性未发挥任何作用，当事国在争端海域拥有几乎完全相同的海岸线长度，仲裁庭裁决案件仅参考了其他公平考虑因素[③]。

在一些相当狭窄和受限制的大陆架划界中，国际裁判机构对比例性在大陆架划界中作用（通常是狭隘的和受限的）的方法，并不一定能排除在涉及共享水资源方面发挥出更基础性作用的观念。必须记住的是，在“北海大陆架案”之前，许多评论者都主张比例性是在大陆架划界中的根本性公平因素。举例来说，Francis Vallut爵士在1946年建议道“当海湾被几个国家共享时……最公平的解决方案是在领水之外在相邻国家间按照它们海岸线的长度按比例划分”[④]。关于“公平合理地”利用国际水道更为相关[⑤]的建议是由J. P. A. Francois教授在1950年为国际法委员会准备的《公海制度备忘录》[⑥]中提出的，每个国家“水资源的‘管辖权’（des eaux “juridictionelles”）的范围与其人口密度、国家主权领土范围和海岸线长度等成比例。”[⑦]这种将比例性原则适用在大陆架划界中的观点，与国际法协会和国际法委员会明确表达的公平利用原则非常相似。国际水道非航行利用法与大陆架划界法的区别在于，（国际社会）实际上已经对那些可以衡量作为公平功能的比例性仍尚处在习惯法之下的考虑因素进行全面的法典化了，并为这些因

① *Ibid.*

② Franck, *ibid.*

③ *Supra,* n. 8 at p.148. See Franck, *ibid,* at 72–73.

④ (1946) 23 *British Yearbook of International Law,* 333 at 355–356, See Higgins, *supra,* n. 1 at p.151, at 229.

⑤ Article 5, 1997 UN Convention, *supra,* n. 3 at p.153.

⑥ UN Doc, A/CN, 4/32, (1950)2 *Yearbook of the International Law Commission,* 67.

⑦ *Ibid,* at 10–11, citing Azcarraga, “Los Derechos Sobre la Plataforma Submarinea” (1949) 2 *Revista Espanola de Derecho Internacinale,* 47. See Goldie, *supra*, n. 3 at p.142, at 120.

素提供了一个法律基础。应当铭记的是，关于公平利用的类似主张，连同相关需要考虑因素的指示性清单，也已经获得普遍而广泛的国家实践的支持①。

（三）比例性与国际水道

国际水道有其自身特殊的一套自然和地理特征，期待将国际法院在大陆架划界上的惯例直接套用到水道利用争端中是不合理的。然而，在共享水道与存在争端的大陆架区域之间，或者更准确地说在两者资源利用的问题上，存在重要的类似之处。希金斯指出“在资源分配领域——海洋法、国际水道法——如此频繁地提到了公平的考量不是偶然的现象”②。简单地说，海岸线与一条包括了几个国家领土的河道或水系并非完全不一样，关于这些区域可能存在相互竞争和冲突的资源利用主张都需要一个公平的解决方案。考虑到大陆架的经验，我们可以合理地建议，国际法院在确定一个公平的解决方案亦即以公平合理的方式利用国际水道时，首先强调每个国家内水道自然的和物理特征的重要性。如果是这样的话，我们可以合理地推测，主要考虑因素将会是每个国家内该水系流域的面积和其水量对水道的贡献，或者更有可能的是将两者结合起来考虑。1997年《联合国水道公约》提出的关于公平合理利用因素的指示性清单，隐含着首要考虑的因素包括“地理、水道测量、水文、气候、生态的和其他属于自然性质的因素。”③对国际法委员会《条款草案》第6条的评注意见告诉我们：

“第1款a项包含了自然的或物理因素的清单（……其中特

① For example, “Legal aspects of the use of systems of international waters”, Memorandum of the US State Department of 21 April 1958, 5th Congress, 2nd Session, Senate Document No. 118 (Washington DC, 1958), at 90; Asian-African Legal Consultative Committee, Report of the Fourteenth Session, para. 3, proposition III (10–18 January 1973) (New Delhi), at 7–14 (text reproduced in ILC Yearbook, 1974, Vol. II (Part Two), at 339–340, Doc. A/CN. 4.274, para. 367).

② *Supra,* n. 1 at p.151, at 229.

③ Article 6(1)(a).

别……）决定了水道与每个国家间的物理关系。‘地理’因素包括每个水道国境内国际水道的面积；‘水道测量’因素一般与对水道中水的测量、描述和绘图有关；还有‘水文’因素尤其与水的属性（包括水的流量）和分布（包括每个水道国家对水道的水量的贡献等）有关。”①

国际法协会1966年《赫尔辛基规则》更加强调了这些因素是极为重要的。根据《赫尔辛基规则》，与确定“公平合理分配”有关的两条首要因素是：

“a. 水域的地理特性，特别是包括在每个流域国领土中流域的面积；

“b. 水域的水文特性，特别是包括每个流域国家对流域的贡献量。”②

虽然对国际法委员会《条款草案》的评注意见清楚地说明“每个个体的因素的重要性以及他们的相关性，会随着环境的改变而变化”③，人们还是合理地期待国际法院和其他国际裁判机构能注意到国际法院在大陆架划界方面的经验并选择一种能使法律显得清晰的和可预见性的方法。这将大概会涉及与每个国家流域面积和对水量的贡献基本成比例的方式来分配水的用途或份额。因此，在众多成文法律中列出其他要素将是次要的，旨在改善诸如比例

① (1994) 24/6 *Environmental Policy and Law,* 35-368, at 343.

② Helsinki Rules, Article V(2) (a) and (b), International Law Association, *Report of the Fifty-Second Conference,* Helsinki, 1966 (ILA, London, 1966). 详见更新和取代了《赫尔辛基规则》的国际法协会2004年《柏林规则》；其第13条列举了确定公平合理利用的因素，复制了1997年《公约》所列举的因素。ILA, *Berlin Rules on Water Resources Law* (2004), available at http://www.asil.org/ilib/WaterReport2004.pdf. 根据特别报告员的评注意见，《柏林规则》意味着：

“对该协会过去所通过的《赫尔辛基规则》和相关规则的全面修正……同时……其打算对适用到国际流域的国际习惯法提供一个清晰、中肯的和一致的声明……而且……也为21世纪国际或全球水管理中正在出现的问题解决所需的法律发展有所推进。”

③ *Supra*, n. 1 at p.174.

性规则过于生硬的适用，并确保协商解决方案还是司法裁决都能在每个案件的具体情况的基础上符合正义的需求。

然而，在对与共享淡水资源分配有关的国家实践和仲裁庭及法庭裁决的普遍调查的基础上，Fuentes 得出了令人信服的结论：归因于水系流域的物理特性，尤其是该区域内当事各国的流域面积以及他们对河流流量的水量贡献的重要性，是相当低的[①]。她指出，举例来说，纳尔默达法庭（Narmada Tribunal）在各方需要的基础上做出了一个初步的（*prima facie*）公正分配方案，后来是在考虑到流域物理特征之后稍做修改的[②]。仲裁庭是以两个国家水资源需求比例的方式达成其临时的水分配方案，但自始拒绝考虑流域面积和水量贡献的标准，随后采用与比例性有关的数学方法修正了其临时性分配方案[③]。Fuentes 的结论是：

> “根据这一法理，可以断言，在涉及特定因素时拒绝使用数学的方法，而这个方法至少原则上有可能作为比例分配争端客体的一个基础；这种做法表明该项标准所能发挥的作用在相关因素的层级中是相当低的。”[④]

她接着断言，这种对流域物理特性因素在确立共享水资源利用公平制度中作用不太重视的实践，“与公平利用规则是一致的，因为采用这些因素作为水资源分配的直接基础将不符合流域国家之间的平等原则。”[⑤]无论如何，因为更为重视有关国家水资源的需求而不是流域的物理特征，公平在国际淡水资源法中的适用比起在大陆架划界法中的适用更具有分配正义的性质。

显然，比例性概念会以另一种方式影响建立一个公平合理的

---

① *Supra*, n. 3 at p.147, at 394–408. 详见本书第六章。

② *Ibid,* at 408. 根据仲裁庭对流域物理特性的考虑，分配给中央邦的比例由 62.41% 调整为 67%。See generally, *Report of the Narmada Water Disputes Tribunal,* vol. 1.

③ *Ibid.*

④ *Ibid.*

⑤ *Ibid.*

共享跨界水资源利用制度的进程。它在确认1997年《联合国水道公约》第20~23条所规定环境义务的性质以及督促各国履行这些义务方面，发挥着非常重要的作用①。如果第20~23条中保持生态和防止、减少和控制污染损害而设置的义务，就像包含在第7条的内容一样，是从属于第5条和第6条项下的公平合理利用原则的，那么就有必要判定利用国际水道所导致的污染是否会被认为是初步的或固有的不公平或不合理的，比例性原则在此类判定中发挥着显而易见的、公认的作用。同时，也可以这样说，一个水道国普遍未遵守其环境义务会在国际水道用途和份额的分配中作为一个因素（加以考虑）。举例来说，水道国家根据第20条规定有义务在适当情况下、在合作和平等参与原则的基础上保持和保全国际水道的生态系统。同时，国际法委员会对1994年《条款草案》进行了评注：

“平等参与的一般义务要求水道国家对共同保护与保全努力的贡献，应至少与他们对所述生态系统造成的威胁或危害的措施是成比例的。”②

同样地，对第20条的评注意见进一步指出一个水道国在环境退化中承担的责任应与其从遭受损害国家缓解该问题的努力中得到的利益相平衡③。更重要的是，对《条款草案》第21条的评论指出：

“国家的实践显示了国家一般愿意容忍即使是重大损害，只要

① See further, M. Kroes, “The Protection of International Watercourses as Sources of Fresh Water in the Interest of Future Generations”, in E. H. Brans, E. J. de Haan, J. Rinzema and A. Nollkaemper (eds), *The Scarcity of Water: Emerging Legal and Policy Responses* (Kluwer Law International, The Hague, 1997) 80, at 84–85 and 97.

② Commentary to Article 20 (1994) ILC Report, supra, n. 4 at p.153, at 282–283 (emphasis added), See also, commentary to Article 21 (1994) ILC Report, *ibid,* at 292–293 and commentary to Article 23 (1994) *ILC Report, ibid,* at 299.

③ *Ibid,* at 282–283 (emphasis added).

损害来源的水道国正在努力减轻污染以达到一个相互能接受的水平。要求造成损害的既存污染被立即降低，在有些情况下，会导致不合理的困难，尤其是在对那些损害来源的水道国的损害总体上比那些经受损害的水道国所获得的利益不成比例的时候。”[①]

因此，比例性的概念可能用于判定，国际水道的某些利用导致或者可能导致污染损害在公平利用原则的意义之内是否是不公平的、是否因此就是不被任何公平制度所接受。此外，根据公平利用规则，作为用于考虑分配水用途和份额的标准，它可能会被用来判定，一个水道国的行为是否遵守了可能适用于国际水道上的各项环境义务。对国际法协会2004年《关于水资源法的柏林规则》第7条的评论意见是有启发性的[②]，它“阐明了现在是国际习惯法一部分的基本规则”[③]，这些规则要求“国家采取一切适当的措施可持续地管理水资源”，并解释说该条款“确认了国家的义务是保证自然资源的可持续发展，包括公平原则……”[④]

实际上，“缅因湾案”确认了比例性的两种作用，那就是在划界中作为考虑的一个因素和作为公平结果的后续检验标尺[⑤]，每一种作用都为确立共享水资源利用公平制度中应考虑的环境因素提供了空间。前一种作用在1997年《联合国水道公约》纳入公平利用规则的过程中得到了明确的认可，好几项与环境保护相关的因素都明确包含在按照第6条应予考虑到的因素清单之中。后一种作用允许外交的或司法的决策者确保所产生的利用制度能够恰当地反映在传统或习惯法中，特别是那些包含在1997年《联合国水道公约》第7条和第20~23条规定中的各种相关环境义务的重要性。

---

① Commentary to Article 21 (1994) *ILC Report, ibid*, at 292 (emphasis added).

② *Supra*, n. 2 at p.174.

③ Commentary, *ibid,* at 15.

④ *Ibid* (emphasis added).

⑤ *Supra,* n. 6 at p.148, at 49.

三、结语

不容置疑的是，公平在共享自然资源分配法中发挥着越来越重要的作用。Franck 进一步对这种总体上的发展进行了有说服力的解释。他认为：

“在充斥着几乎是无限数量的地理、地质、地形、经济、政治、战略、人口和科学等各种可能的可变因素的背景下分配财产（如分配大陆架的财产），正义能起到调和的作用。在此类案例，‘硬性’规则的适用，将存在导致道德义愤和法律谬论的风险。”①

他还认为，技术和科学进步的速度要求在试图对国家利用共享施加一般适用原则的法律体系必须拥有“相应程度的灵活性”，并且在发达国家与发展中国家之间进一步扩大的、巨大的不平等要求“国家间的在法律面前的形式公平必须通过诉诸正义的观念而实现。”② 就本书的目的而言最重要的是，他断言“正义，作为法律的演绎，也需要去保护那些没有在传统的法律中被承认的利益，例如下一代人的福利和生物圈的‘利益’”③。同样地，在有关公平原则的固有灵活性和它们允许扩大考虑范围的能力方面，Lowe 指出：

“这些特征使得公平特别适合讨论下列情境：存在着相互冲突的、尚未被硬性纳入到具体的权利和义务之中的利益。在法律没有得到高度发展的领域，更是如此。环境法中新生的代际公平和公平原则的概念就是例证。基于类似的原因，公平也代表了一种富有成效的解决方案用来探究诸如国际水道等共享资源的获取问题，在此情况下，更重要的是得到一个能在将来持续发挥作用的解决方案，而不是严格固守过去形成的法律权利义务。在下列情

① *Supra,* n. 2 at p.141, at 79.

② *Ibid.*

③ *Ibid.*

况下，这些情况结合起来出现：国家需要的不是一劳永逸的关于权利的分配，而是为各国间的持续关系建立弹性的框架。”①

这清楚地表明了公平适宜充当现代国际水资源法的基石。此外，关于水资源争端情况下如何研究考虑公平原则的附属利益，他指出：

“公平有力地支持法律论证。一个建立在技术性规则基础上的决定（在某些情况下，关于水资源分配的决定似乎）看起来应与正义与公平的原则一致……它就是以这种方式，即法律包含的灵活性……能直接引导一个公正的结论。”②

关于特定情况下国际水道公平适用的规则，Fuentes 总结说，这项规则

“不能将其解释为是授权国际裁判机构以‘公允及善良’原则做出裁判。该规则有其规范性内容，并且适用该规则需要权衡所有预期因素以建立有利于相关国家的公平。”③

虽然国家有权接受他们认为适当的或有利的任何解决方案，法院或仲裁机构的裁判者在选择和适用做出公平分配裁判所需考虑标准时，都需要遵循先例和其他来源的指导性意见。随着传统指导性意见得到日渐精细的阐述而司法机构不断诉诸公平，指导裁判的公平原则引导裁决将变得越来越清晰和越来越可预见。早已十分清楚的是，在国际水资源争端中，被认为是最相关的考虑因素是相关国家的水需求，尤其是人的基本需求，而与流域的物理和地理特征有关的考虑因素则被降为次要考虑的因素④。有趣的是，我们注意到，虽然国际法协会2004年通过的《柏林规则》⑤在

① *Supra,* n. 3 at p.140, at 73(emphasis added).

② *Ibid,* at 69.

③ *Supra,* n. 3 at p.147, at 411.

④ See further, Fuentes, *ibid,* at 412. 亦可参见本书第六章。

⑤ *Supra,* n. 2 at p.174.

决定公平合理利用的相关因素之中，首先列举了“地理、水道测量、水文、气候、生态、其他自然特征”等因素[①]，这与《联合国水道公约》第6条相一致。它们进一步指出：

“1. 在决定公平合理的利用时，国家应首先以满足人的基本需要分配水资源。

“2. 任何一种利用均不对比其他或其他种类的利用享有固有的优先地位。”[②]

国际法院和仲裁机构对公平原则尤其是比例性原则在海洋划界争端中的适用，显示了公平原则在确定国际水道公平利用制度中保护环境利益的潜在作用。尽管1997年《联合国水道公约》所明确规定的各种环境保护义务的规范地位不确定，比例性原则的适用仍保证了在水资源利用制度司法裁决的过程中这些义务没有被完全忽视或拒绝。

在进一步详细考察国际水道环境保护各种实体规则和程序规则的规范地位和内容（它们将指明并严重影响判定公平利用制度时考虑环境因素的方式）之前，简要考察其他各种潜在的相关因素可能的重要性也是很有益的。既定的和新兴的国际环境法规则和原则，向我们指明了有可能被认为是值得保护的环境价值的性质以及这些价值可被确定、评估、提倡和有效地保护的法律机制的性质，考察那些可能有助于其他关键性标准（这些标准由相关成文法律和公约所列举）的相关价值，有利于评估环境价值可资一般适用的场合。

① Article 13(2)(a).

② Article 14.

第六章　国际水道公平利用的相关因素

公平利用原则的成文规范或者惯例规范通常附带一个指示性清单，列举与确定国际水道公平利用制度可能有关的若干因素①。但是，这些清单在定义上几乎是不穷尽的，因为存在大量额外的潜在因素需要考虑，这取决于相关水道或国家的具体情况。尽管试图对任何特殊因素或者因素群的进程的意义做出硬性结论是不切实际的，但尝试确认一些经验法则是有可能且有益于协助预测关于国际水道利用的任何司法或外交决策过程的结果的②。但重要的是，应当知道所有关键的文件都强调了在相关因素之间缺乏一种等级关系③，并且芬兰代表团在联合国大会工作组中的提议被坚

---

① See, in particular, Article 6(1) of the 1997 UN Convention on the Non-Navigational Uses of International Watercourses, 36 *ILM* (1997) 719 [hereinafter Watercourses Convention] and Article V(2) of the 1966 ILA Helsinki Rules, ILA, *Report of the Fifty-Second Conference* (Helsinki, 1966). The list of factors now contained under Article 13 of the ILA's 2004 Berlin Rules on Water Resources Law mirrors that set out under Article 6 of the 1997 UN Convention, see ILA, *Berlin Rules on Water Resources Law* (2004), available at http://www.asil.org/ilib/WaterReport2004.pdf.

② See, for example, J.M. Wenig, "Water and Peace: The Past, the Present and the Future of the Jordan River Watercourse: An International Law Analysis" (1995) 27 *New York University Journal of International Law and Policy*, 331。他在该文第348页指出：

"在没有估计其相对重要性的方法的情况下对所有这些因素进行考虑，并不能对国际河流争端做出决定性的和现实的结论"。

③ 例如，《赫尔辛基规则》第5条第3款明确规定：

决拒绝了；芬兰建议在第6条的引言中增加介绍性条款，以便在确定相关因素所赋予的相关价值时，应当考虑实现水道整体的可持续发展，并特别需要关注人的基本需要的要求，以及人口对水道的依赖[①]。很明显，在考察为公平利用目的而被确认的每项因素时需要考虑的议题，以及考虑每项因素的相对权重方面，不仅关于共享水利用分配有限的国际性国家实践和司法实践非常具有指示性，参考关于海洋划界的国际性国家实践和司法实践以及联邦国家地方法院在解决州际水资源争端中的实践，也是特别有用的[②]。

一、社会和经济需要

尽管1997年《联合国水道公约》第6条第1款b项明确将“有关的水道国的社会和经济需要”作为在建立国际淡水公平利用制度中要考虑的一个因素，但是在该主题下应考虑何种因素方面还存在一些不确定性。国际法委员会对1994年《草案条款》的评注意见没有对这一因素的适用提供进一步的指导意见[③]。同样地，国际法协会认为1966年《赫尔辛基规则》明显地包括了“每个流域国的经济和社会需要”这样一个因素，但也没有具体说明其实际

“每一因素都要通过其与其他有关因素相比的相对重要性来确定其所占分量。在确定公平合理分益时应综合考虑一切有关因素，并在全面衡量基础上做出结论”。

同样地，1997年《联合国水道公约》第6条第3款规定：

“每项因素的分量要根据该因素与其他有关因素的相对重要性加以确定。在确定一种使用是否合理公平时，要同时考虑一切相关因素，在整体基础上做出结论”。

① See UN Doc. WG/CRP. 18. See further, A. Tanzi and M. Arcari, *The United Nations Convention on the Law of International Watercourses* (Kluwer Law International, The Hague/Boston, 2001), at 125–126.

② 关于公平利用各因素的内容和意义，特别参见 X. Fuentes, “The Criteria for the Equitable Utilization of International Rivers” (1996) 67 *British Yearbook of International Law,* 337. See, also, A. D. Tarlock, “The Law of Equitable Apportionment Revisited, Updated and Restated” (1985) 56 *University of Colorado Law Review,* 381, at 394; R. W. Johnston, “Effect of Existing Uses on the Equitable Apportionment of International Rivers. I: An American View” (1960) 1 *University of British Columbia Law Review*, 394。

③ Report of the International Law Commission to the General Assembly on the Work of its Forty-Sixth Session, Doc.A149/l0(1994).

适用[①]。在连续的海洋划界案中，国际法院明显表示不愿意考虑社会经济因素，以免导致法院做出的是政治决策而非司法决策[②]。在"北海大陆架案"中，国际法院明确表示其任务仅限于划界而不是分配有关领土，"以公平的方式划界是一回事，但就之前没有划定的区域进行公平合理的分配则是另一回事，即使在一些案件中的结果可能是类似甚至相同的"[③]。但是，在实践中，国际法院已经考虑了一定的社会经济因素。例如，在"缅因湾案"中，它将沿海社区对区域资源的经济依靠视为评估划界公平性的一项辅助因素[④]。国际法院将划界的选择是否导致有关国家沿海居民的生活和经济福祉受到灾难性的影响，视为一个次要问题。此外，通过承认将要划定区域的自然资源的重要性，国际法院也含蓄地考虑了社会经济因素。在"突尼斯—利比亚大陆架案"中，国际法院承认，要实现公平划界，石油的存在可能是一个要考虑的相关因素[⑤]。同样，在"利比亚—马耳他大陆架案"中，国际法院发现，相关大陆架的自然资源可能构成一个需要考虑的因素。[⑥]在"扬马延案"中，尽管国际法院明确拒绝了在划界中考虑社会经济因素，但还是考虑了公平获取区域中的渔业资源的问题。[⑦]Fuentes 的结论是：

"反对纳入社会经济因素的真实原因，不在于社会经济标准自身的超法律性质，而在于应如何在划界过程中运作这些因素以做出不涉及政治领域的决定。"[⑧]

因此，她建议"正确的方法应该是在划界过程中辨别出有关

---

① 第5条第2款e项，第181页注①。

② 参见 Fuentes 文，第182页注②、第341页及以下。

③ *ICJ Reports* (1969) 3, at 22, para. 18.

④ *ICJ Reports* (1984) 246, at 342, para. 237.

⑤ ICJ Reports (1982) 18, at 77–78, para. 107.

⑥ *ICJ Reports* (1985) 13, at 42, para. 52.

⑦ *ICJ Reports* (1993) 38, at 71–72, para. 75 and 76, and at 76, para.80.

⑧ 第182页注②，第342页（原文强调）。

联的和没有关联的社会经济因素”①。很明显国际裁判机构将不会去比较划界争端中与当事国的经济和社会发展阶段不相关的社会经济因素。在“突尼斯—利比亚案大陆架”中，国际法院驳回了突尼斯的相关申诉：“相比利比亚，突尼斯相当贫困，缺乏诸如农业和矿产等自然资源，而利比亚相当富足，尤其是富有丰富、充足的石油天然气以及农业资源”②。在“利比亚—马耳他案”中，国际法院明确拒绝了任何这样的考虑，当它驳回马耳他关于缺乏能源的申诉时，指出：

“无论是确定大陆架法律权利效力的规则，还是那些关于邻国间划界的规则，都没有为考虑有关国家的经济发展留下任何的空间。”③

很明显的是，在领海划界争端中不情愿考虑社会经济因素的情况，不能被简单地套用到水道利用制度上，特别是在《赫尔辛基规则》和1997年《联合国水道公约》中有明确表述的情况下；我们似乎可以合理地认为，对有关国家经济发展的阶段的比较将不被考虑。事实上，值得注意的是，尽管“经济发展的阶段”曾经被国际法委员会特别报告员Schwebel④和Evensen⑤列入公平利用决定的相关因素的清单中，但其在所有后续修订版本的清单中被删除，最终也没有列入《联合国水道公约》第6条的文本中⑥。因此，依照1994年国际法委员会《条款草案》对于“水道国与水有关的社会和经济需要”的评注意见来看，有关联的社会和经济需要将只包括那些依赖于有争议的水资源的需要⑦。显然，这种需

① 同上。

② 第183页注⑤，第77页第106段。

③ 第183页注⑥，第41页第50段。

④ *ILC Yearbook,* 1982, vol. 2, part I, doc.A/GN.4/348, at 90.

⑤ *ILC Yearbook,* 1983, vol. 2, part I, doc.A/CN.4/367, at 171.

⑥ 但是，可能“共同但有区别的责任”或者“代际公平”等新兴原则将适用，从而向各国家施加不同的责任，这至少考虑了他们的环境责任并取决于其经济发展的阶段。关于此原则的论述，参见第226页注③。详见本书第七章。

⑦ 第182页注③，第232页（着重强调）。

要只能根据1997年《联合国水道公约》确定的其他相关因素联系起来理解，特别是每个水道国人口对水道的依赖性①以及某一特定计划或现有利用是否有可替代及其比较价值②。

虽然有关联的社会经济需要是那些依赖于有争议水域利用的需要，但他们似乎并没有被局限于有争议流域的需要。克里希纳水争端法庭（Krishna Water Disputes Tribunal）③拒绝只考虑克里希纳河流域地区的需要，指出：

> “需要调水到另一个流域，可能是公平分配的相关因素。……因此，需要考虑的是，各邦整体及其所有居民的利益，而不仅仅是各邦在流域地区的利益。”④

随后，纳尔默达水争端法庭在适用公平分配规则时，明确拒绝了中央邦和马哈拉施特拉邦提出的主张。它们认为：

> “……公平分配的问题，应当只能与流域以及邻接的灌溉范围内的区域和人口相联系，流域以外地区不能以他们对水利用的依赖性为理由（而介入本案）……”⑤

法庭认为，“……需要调水到另一个流域，可以在任何公平分配问题中作为一个相关因素”⑥。一个邦整体的用水需要必须得以考虑的观点，得到《赫尔辛基规则》的支持，它规定“每个流域国

---

① 第6条第1款c项。亦可参见《赫尔辛基规则》第5条第2款f项。

② 第6条第1款g项。亦可参见《赫尔辛基规则》第5条第2款f和g项。

③ 印度宪法规定，对于各邦间争端的解决，中央政府可以任命一个专门法庭；它在1969年4月10日成立了克里希纳水争端法庭。该法庭适用了“公平分配”规则并在适用中谨遵该项规则，“也可能参考了司法机构的裁决以及国际法学家的学说。”详见Fuentes，第182页注②，第345页。

④ *Report of the Krishna Water Disputes Tribunal* (New Delhi, 1973), vol. 2, at 126–129.

⑤ *Report of the Narmada Water Disputes Tribunal* (New Delhi, 1978), vol. 1, at 122.

关于纳尔默达河发展带来的社会经济效益的概括，参见J. Dreze and M. Samson (eds), *The Dam and the Nation: Displacement and Resettlement in the Narmada Valley* (OUP, India, 2002)。

⑥ 同上，第123页。

在其境内有权公平合理分享国际流域内水域和利用的水益。”[①] 随后，1997年《联合国水道公约》第6条第1款b项条提到“有关水道国家的社会和经济需要”，从而确定对这些需要的考虑没有领土限制，不同于各个国家的领土范围。事实上，《条款草案》第5条的评注意见明确指出，第5条第1款规定的公平利用规则虽然是以义务的形式表达的，但也赋予了水道国“在其境内合理和公平地分享国际水道（部分）用途和惠益”的相关权利[②]。但是，在人口为满足其基本生存需求而对相关水道依赖的基础之上[③]，流域的需要可能优先于流域外地区的需要。克里希纳水争端法庭指出，“在公平分配下，要求流域外调水的未来用途是相关的，但更多地可能会考虑需要在流域内调水的用途”[④]。

在与灌溉相关的用水争端中，不论是否出现了这一问题，根据公平利用的原则，都应考虑现有灌溉土地或所有将来可能灌溉土地的范围。显然，这个问题关系到也需要被考虑的“对水道的现有的和潜在的利用”[⑤]。然而，在该案的具体事实之上，克里希纳水争端法庭选择优先考虑灌溉土地而非可灌溉土地[⑥]，这暗示现有用途可能被给予非常重要的考虑。纳尔默达水争端法庭考虑了可灌溉土地的范围，并指出这是加以考虑的最重要的标准之一[⑦]。同样，阿根廷最高法院在拉潘帕省和门多萨省之间分配阿图埃尔河（Atuel River）水时，考虑了可灌溉土地的全部范围[⑧]。后者的做法

---

① 第4条（着重强调）。

② Commentary to Article 5, para. 2, *supra*, n. 3 at p.182. See also (1994) 24/6 *Environmental Policy and Law*, at 340 (emphasis added).

③ 参见下文之1997年《公约》第6条第1款c项和第10条第2款以及《赫尔辛基规则》第5条第2款f项。

④ *Report of the Krishna Water Disputes Tribunal*, vol. 2, at 128.

⑤ 第6条第1款e项。亦可参见《赫尔辛基规则》第5条第2款d项（第181页注①），其规定“过去对流域水系的利用情况，特别是目前的利用情况”。

⑥ *Report of the Krishna Water Disputes Tribunal*, vol. 2, at 174–175. See further, Fuentes, supra, n.2 at p.182, at 347–348.

⑦ *Report of the Narmada Water Disputes Tribunal,* vol. 1, at 119 and 121.

⑧ Fallos de la Corte Suprema de Justicia de la Nacion, 1987, tomo 310, vol. 3, at 2545

与1997年《联合国水道公约》第10条所体现的原则一致。该条实质上规定，任何利用（即使是现有的利用）均不对其他利用享有固有的优先地位，只可能对与人的基本需求相关的利用有所保留。

由于要单独考虑依赖水道人口的基本生存需求，因而包含相关水道国社会和经济需要的最重要的因素，可能是这些国家的经济在何种程度上依赖特定水道的水。虽然该因素在1997年《联合国水道公约》和《赫尔辛基规则》中都没有明确提及，但国际法协会在其1956年杜布罗夫尼克大会上通过的《国际河流利用法律规则之基础原则的声明》第V(b）项原则中有明确提及①。克里希纳水争端法庭为人口和可灌溉地较少的中央邦分配了相对更多的水份额，因为它能够证明该邦的经济严重依赖这些水域②。同样，阿根廷最高法院特别重视这一事实，即门多萨省内两个重要区域的经济发展实质上是以阿图埃尔河水域的灌溉为基础，且这些区域中有10万居民依赖农业维持生计，而在拉潘帕只有3 024位居民依赖这些水域③。另外，1958年美国国务院《关于哥伦比亚河共享水的备忘录》指出，在确定什么是合理和公正的分配中，应当考虑源于各个沿岸州对争议水域依赖程度而产生的权利④。

二、依赖水道的人口

1997年《联合国水道公约》第6条第1款c项和《赫尔辛基规则》第5条第22款f项均列举出此因素，将其作为在公平利用共享水道水时要考虑的因素之一。对国际法委员会1994年《条款草案》的评注意见解释，第6条第1款c项中所指的“依赖”的概念

---

and 2577, cited in Fuentes, *supra,* n. 5, at 347. 阿根廷最高法院适用公平利用规则，并表示为了解决争端，有必要考虑国际法的习惯规则。第2577页。

① ILA, *Report of the Forty-Seventh Conference* (Dubrovnik, 1956), at 242.

② *Report of the Krishna Water Disputes Tribunal*, vol. 2, at 226–7.

③ 第186页注⑧，第2577页和2540页；转引自Fuentes文，第182页注②，第349页。

④ Cited in Whiteman, *Digest of International Law,* vol. 3 (Government Printing Office, Washington DC, 1964), at 940.

包括依赖水道人口的规模以及依赖的程度①；Tanzi和Arcari注意到"这一因素有可能会加强国际水道水利用的'人权维度'"②。纳尔默达水争端法庭认为'依赖供水的邦人口和他们的依赖程度'是一个相关因素③，之前克里希纳水争端法庭也有类似的声明④。如上所述，阿根廷最高法院发现，门多萨的10万居民几乎完全依赖农业也因此依赖阿图埃尔河水益，拉潘帕省只有3 024位居民可以从中受益，这实际上影响到法院将100%的水分配给门多萨的裁判⑤。

虽然1997年《联合国水道公约》第10条和《赫尔辛基规则》第6条规定，没有任何利用较其他用途享有固有的优先地位，但是从国家和司法实践中很明显看到，依赖水道水的人口的某些基本需要特别是以饮用和其他家用为目的的用水，将获得优先考虑⑥。事实上，《联合国水道公约》第10条第2款明确提到"尤应估计人的基本生存需求"。美国最高法院已宣布，"饮用和其他家用是水的最高用途"⑦，且美国的条约实践采取了类似的方法。1909年《美加边界水条约》第8条按下列顺序赋予各种用途的优先性：①家用及卫生用途；②航行；③发电和灌溉⑧。而1944年《墨

① 第182页注③，第232~233页。

② 第182页注①，第131页。关于这个问题，详见S.R. Tully, "The Contribution of Human Rights to Freshwater Resource Management" (2003) 14 *Yearbook of International Environmental Law,* 101.

③ *Report of the Narmada Water Disputes Tribunal*, vol. 1, at 199 and 121. 关于依赖纳尔默达河水域的居民，参见J. Dreze和M. Samon书，第185页注④。

④ *Report of the Krishna Water Disputes Tribunal, vol.* 1, at 94.

⑤ 第186页注⑧，第2490页。参见Fuentes文，第182页注②，第346~347。

⑥ See J. Lipper, "Equitable Utilization", in Garretson et al. (eds), *The Law of International Drainage Basins* (Dobbs Ferry/Oceana Publications, New York, 1967), at 60–62.

⑦ *Connecticut v. Massachusetts*, 282 US 660, at 673(1931). See also, *Nebraska v. Wyoming,* 325 US 589, at 656(1945); *New Jersey v. New York,* 283 US 336(1931); *Wisconsin v. Illinois,* 281 US 179, at 200(1930).

⑧ 36 Stat. 2448, T.S. No. 548(1910), cited in Lipper, *supra,* n. 6 at p.188, at 87. Text reproduced in L. Bloomfield and G. Fitzgerald, *Boundary Waters Problems of Canada and the United States* (Carswell, Toronto, 1958), at 211.

西哥和美国关于科罗拉多河、蒂华纳河和格兰德河水利用的条约》第3条规定了以下优先顺序：①家用和市政用途；②农业和畜牧业；③电力；④其他工业用途等[①]。同样，受命解决印度的信德邦和旁遮普邦间关于印度河利用争端的调解委员会——印度河委员会（Indus (Rau) Commission）建议采取以下优先利用次序：①家用及卫生用途；②航行用途；③发电和灌溉用途[②]。考虑到有关水冲突性利用的争端，印度灌溉委员会在1972年总结道：

“为了有秩序地满足各项长期需要，水利用应该有一个优先顺序。对任何特别需要给予相对于其他需要的优先权，应当取决于其对经济的贡献和对人们福利的意义，家庭需要必须给予最高的优先权……”[③]

事实上，次年，克里希纳水争端法庭强调，“以饮用或家用为目的的水利用及牲畜饮水被视为最主要的用途，其他用途都服从于此”[④]。南部非洲发展共同体（SADC）在2000年《共享水道修订议定书》中将“家用”（domestic use）定义为“是以饮用、洗涤、做饭、洗澡、卫生和牲畜饮水为目的的水用途”[⑤]。

此外，灌溉至少在其服务于人的基本生存需求时，可以对其他要求享有相对优先的地位。例如，克里希纳水争端法庭承认没有哪种利用拥有先天（*a priori*）的优先性，裁定在克里希纳河流域中灌溉应优先于需要对水道分流的水力发电。它赞同印度灌溉委员会的结论[⑥]，指出：

“灌溉用水没有替代品，但发电可以用煤炭、石油、核能和其

① 59 Stat. 1219T.S. No. 994(1945), cited in Lipper, *ibid.*

② *Report of the Indus (Rau) Commission* (Simla, 1942), vol. 1, at 10–11.

③ Ministry of Irrigation and Power, *Report of the Irrigation Commission* (New Delhi, 1972), vol. I, at 89–90.

④ *Report of the Krishna Water Disputes Tribunal,* vol. 2, at 138.

⑤ 第1条第1款。

⑥ 本页注③，第89~90页。

他资源。一般来说，当水力发电的获得干扰灌溉以及两种用途不可调和时，都应当优先考虑灌溉。快速增长的人口需要增加粮食生产，这反过来要求加强灌溉（的优先性）。”①

相应地，法庭考虑了以下事实：

“农业人口（68%）完全依赖克里希纳河水进行灌溉。考虑到人口的经济和社会需要，他们因灌溉而对克里希纳河水的依赖性以及流域的水文、气候和地理特征，灌溉在整个流域社区中有着最高的重要性和最重大的价值。鉴于克里希纳河水总体上稀缺，应通过向西调水来优先考虑灌溉而不是发电。”②

同样，纳尔默达水争端法庭，虽然承认依照《赫尔辛基规则》第6条，“作为一个法律问题，没有一种利用享有固定的或自动的优先性”，但它进一步考虑到印度的干旱气候，75%的人口服务于主导的农业经济而他们都依赖农业生存，以及没有什么可以替代水来灌溉的事实。因此，它的结论是，“在本案中如果这两种用途之间产生任何冲突，纳尔默达的水都应优先用于灌溉而非发电”③。

（一）人的基本生存需求

第10条赋予其优先性的“人的基本生存需求”概念一直存在相当大的争议④。对第10条第2款理解的一项声明最后被写入工作组提交给联大的报告中。其中规定：

“在确定‘人的基本生存需求”时，特别是要注意提供足够

---

① *Report of the Krishna Water Disputes Tribunal,* vol. 2, at 139.

② 同上，第147页。

③ *Report of the Narmada Water Disputes Tribunal,* vol. 2, at 8–10.

④ 第10条规定：

“1. 如无相反的协定或习惯，国际水道的任何适用均不对其他使用享有固有的优先地位。

“2. 假如某一国际水道的各种使用发生冲突，应参考第5~7条加以解决，应顾及维持生命所必需的人类生存需求。”

的水以维持人类生命，包括饮用水和为防止饥饿而生产粮食所需用水。”①

对此，Tanzi 和 Arcari 解释第10条第2款的重要性：

“针对第6条中所列举的所有其他因素，对人的基本生存需求的保护需要一种‘推定’的优先性，这种推定只有在个别案例的特殊情况下才可以反驳。这就是说，在讨论共享水道的公平分配时，水道国在开始谈判时，必须将支持人的基本生存需求的供水作为一个固定的参数。”②

此外，国际法委员会1994年《条款草案》的评注意见中清楚地规定，根据第7条，与人的基本生存需要不一致的利用是“固有的不公平和不合理”③，而第21条第2款明确禁止“可能对其他水道国或环境造成重大损害——包括对人的健康或安全造成损害的国际水道污染”④。显然，第10条第2款的目的是确保所有人民获得安全和充分的供水，正如《21世纪议程》第18章的规定⑤。

虽然有可能确认出国际裁判机构和其他主体的一个趋势，即在依赖于相关水道的水的人的基本生存需要的情况下，它们会优先考虑特定种类的利用；但必须记住，根据法律，任何种类的利用都不享有固有的优先性。考察国际水道非航行利用法的各种编纂机构已尽力强调这一点⑥。如 Lipper 指出的，“相反，每条河流都有其独特的问题，必须独立地审查和决定。因此，灌溉可能占据某条河流的第一位，水力发电可能占另一条河流的主导地位”⑦。

① 参见关于第10条第2款非正式磋商协调员的口头报告，UN Doc.AlC.6/51/SR.57 (1997), at 3. 详见 Tanzi 和 Arcari 文，第182页注①，第139页。

② 同上，第141页。

③ 第182页注③，第242页。详见 Tanzi 和 Arcari 文，同上。

④ 着重强调。

⑤ *Report of the United Nations Conference on Environment and Development* (Rio de Janeiro, 3–14 June 1992), UN Doc. A/CONF.151/26 (vol. II) (1992).

⑥ 例如，可参见国际法协会对《赫尔辛基规则》的评注意见，第181页注①，第491页。

⑦ 第188页注⑥，第61页。

然而，国际法协会最近通过的《柏林规则》[①]，似乎给予人的基本生存需要以明确的和正式的优先地位，其中规定了“直接用于人的生存的水，包括饮用、烹调和卫生需要以及家庭直接生计所需用水”[②]。第14条明确规定：

“1. 在确定公平和合理的利用时，各国应首先分配水资源以满足人的基本生存需要。

“2. 任何利用或任何种类的利用均不对其他利用或其他类型的利用享有固有的优先地位。”

此外，《柏林规则》包括独特的一章，其中对“人的权利”做了详细的、明文的规定[③]。特别是第17条专门对“获取水的权利”规定，“每个人都有权获得充分的、安全的、可接受、地理上可及并负担得起的水，以满足个人的基本生存需要”[④]。显然，这些规定反映了国际法中不断出现的获取水资源的人权（的发展），这与满足人的基本生存需要有着内在的联系[⑤]。

三、现有和潜在的利益

历史上，一些评论者曾断言，在确定共享水资源利用公平制度中，现有利用的重要性一定程度上大于潜在的未来利用[⑥]。

---

① 第181页注①。

② 第3条第20款。

③ 第4章。

④ 第17条第1款。

⑤ See Tully, *supra*, n. 41. See further, S. C. McCaffrey, “The Human Right to Water”, in E. Brown Weiss, L. Boisson de Chazournes and N. Bernasconi-Osterwalder (eds), *Fresh Water and International Economic Law* (Oxford University Press, Oxford, 2005); P. H. Gleick, “The Human Right to Water” (1999) 1(5) Water Policy, 487; J. Razzaque, “Trading Water: The Human Factor” (2004) 13/1 *Review of European Community and International Environmental Law*, 15; J. Scanlon, A. Cassar and N. Nemes, “Water as a Human Right”, presented at the Seventh Conference on Environmental Law (Sao Paulo, Brazil, June 2003).

⑥ 例如Lipper在1967年就宣称，“在公平利用中，现有利用要优先于拟议利用”，第188页注⑥，第50页。亦可参见E. Jimenez de Arechaga, “International Legal Rules Governing

传统上，这一观点已被负责编纂国际法和确认习惯规则的国际机构所普遍采用，例如泛美律师协会表示，“保护（现有）利用作为一项规则，如果该利用的产生是合法的、只要它们仍然是有利的，就要将其视为水利用的首选”①。事实上，在1958年，联合国的一份报告指出，“在很多情况下，历史用途和先占有着几乎神圣的意义，不论所得的实际利益，或者水资源是否尽其所用”②。但是，通过仔细考察我们发现，当局对于现有利用这一因素本身并没有任何偏好，只是仅仅承认这些用途可以在其他因素的基础上加以深思熟虑，其他因素例如有经济和社会的依赖、人的基本生存需要或避免对其他水道国造成重大损害的义务③。事实上，现有利用越来越有可能根据其对环境的有害或有利影响而被审查，特别是人们进一步认识到不利的环境影响可能被视为“对环境的根本变化”④。同样，确信将来用途的有益性质或负面影响的难度也是显而易见的。虽然1966年《赫尔辛基规则》没有明确对任何种类的利用规定优先地位，但其第8条第1款规定，除非其他因素证明

---

the Use of Waters of International Watercourses” (1960) 2 Inter-American Law Review, at 335–6; R. K. Batstone, “The Utilization of the Nile Waters” (1959) 8 *International and Comparative Law Quarterly,* 523。后者用“既定权利”的属于来形容现有利用（第529页）。

① Principles of Law Governing the Uses of International Rivers and Lakes, *Resolutions of 10th Annual Conference of the Inter-American Bar Association,* Resolution No. 2 (Buenos Aires, 1957) at 12, reprinted in W. L. Griffin, “The Use of Waters of International Drainage Basins Under Customary International Law” (1959) 53 *American Journal of International Law*, 50, at 73. Also quoted in R. W. Johnston, “Effect of Existing Uses on the Equitable Apportionment of International Rivers, I: An American View” (1960) 1 *University of British Columbia Law Review,* at 394.

② *Integrated River Basin Development,* UN Doc. No. E/3066 (1958), at 38.

③ 例如，Tanzi 和 Arcari 对此影响的观点是，第6条第1款 d 项的目的与“重大损害”联系不多，它更关切的是“根据成本效益分析，强调国际水道利用冲突的可能性”，因此“它应与第6条第1款 d 项条中规定的因素结合起来适用和解释”，第182页注①，第132页。

④ 例如参见 F. Botchway, “The Context of Trans-Boundary Energy Resource Exploitation: The Environment, the State, and the Methods” (2003) 14 *Colorado Journal of International Environmental Law and Policy*, 191；其在第218页指出导致情势发生根本变化并因此需要改变现状的原因，包括“资源经济价值的变化、更容易获得技术、资源的确定损耗、现有制度的不公平”等。

必须改变或者终止这种利用，现有的合理利用应继续进行，试图得出“现有利用优先”的初步推定。同样地，其第7条规定：“不能因为一个流域国将来需要利用而不准另一个流域国现在对国际流域内水域的合理利用”。最近，1997年《联合国水道公约》明确规定，大概除了人的基本生存需要之外，国际水道的任何利用均不对其他利用享有固有的优先地位[①]，这将证明确认国际习惯法规则的重要意义。事实上，国际法委员会在其1994年《条款草案》第6条的评注意见（和公约第6条一样）提到现有和潜在用途都将作为标准予以考虑，并指出“两者都未给予优先地位”，且“在某一案件中一个或两个因素都可能有关”[②]。另外，对所谓“先占”原则的批评指出，其适用经常会被证明是浪费，且不利于河流和流域的最佳经济发展[③]，更不用说对环境的损害。

对国际条约实践的考察不能反映这个断言，即在公平制度的决定中，现有利用被赋予优先于其他因素的地位。历史上，很少有多边公约处理这个问题；即使有，也往往在一定程度上承认现有利用的重要性，而不是必然将这些利用凌驾于其他因素之上[④]。例如，1923年《关于影响多个国家水电开发的日内瓦公约》第2条只要求对先前的利用给予适当注意[⑤]。此外，尽管许多双边条约似乎支持现有利用的权利的优先性[⑥]，但我们可以断定这些条款往往可以归因于与共享水的现有利用在国际法上的地位无关的动机。

---

① 第10条。

② *ILC Report* (1994), *supra,* n. 3 at p.182, at 233.

③ R. D. Niles, “Legal Background of the ColoradoRiver Controversy” (1928–29) 1 *Rocky Mount Law Review,* 73, at 96–9; and M. Lasky, “From Prior Appropriation to Economic Distribution of Water by the State – Via Irrigation Administration” (1928–29) 1 *Rocky Mountain Law Review,* 161, cited in Lipper, supra, n. 6 at p.188, at 51.

④ 参见Lipper文，同上。

⑤ (1925) 36 *LNTS* 75, at 81.

⑥ 例如，1909年《美加边界水条约》第8条，创立了一套利用的优先次序，排除了下述优先性的适用，即它将“适用于或妨碍边界任何一边界水的任何现有用途”。36 Stat. 2448, T.S. No. 548(1910).

首先，很多这样的条约都主要是涉及国家之间建立和平的、确定的界限的边界条约①。Lipper指出：

"这些条约的绝大部分是边界条约，主要用于处理因国家边界重新分配而引发的特定问题，且明确限于边境地区的范围之内。现有的利用不太可能是条约关注的要点。这似乎降低了尊重先占的先例的价值。"②

同样地，Fuentes注意到这些协议的主要关切是维护对确定的、和平的边界。他指出：

"在这方面，对缔约方所谓'既得权利'的尊重是功能性的，在任何情况下国家实践都不能视为证明国际法原则的存在，即应当始终保持既定的利用模式的原则。"③

此外，尊重当地习俗往往可能需要维持水和土地利用的某些既定模式，这也许可以解释为什么一些双边边界条约会承认现有利用的优先性。Fuentes尤其援引1926年《英国和法国关于巴勒斯、叙利亚和大黎巴嫩领土的协议》的第3条，其规定：

"在两个领土上的所有居民，无论是定居或半游牧……享受放牧、取水或耕种的权利……应像过去一样继续行使其权利。……所有来自当地的法律或习俗、关于以灌溉或居民供水为目的利用水域、溪流、运河和湖泊的权利，应当照常保留。"④

同样，1926年《比利时和英国政府之间关于坦噶尼喀—卢安达—乌隆迪边界的交换文书》规定，"尽管（划定了）坦噶尼喀湖

① 关于承认在其生效前已经获得的水权可以延续到边界条约的详细清单，参见Fuentes文，第182页注②，第364页。

② 第188页注⑥，第51~52页。

③ 第188页注②，第365页。

④ *United Nations Legislative Texts and Treaty Provisions conçerning the Utilization of International Rivers for Purposes Other than Navigation,* ST/LEG/SER.BI12 (1964), at 288, cited in Fuentes, ibid.

的新边界……居住在湖畔两岸的当地居民行使的所有渔业和通行的习惯性权利应当予以保留"[①]。当然，如下所论证的，尊重当地习俗亦可能构成公平利用的决定中加以考虑的一个独立的因素[②]。

事实上应该注意到，阐述了国际水道不同利用缺少优先次序问题的1997年《联合国水道公约》第10（1）条实际上规定：

"如无相反的协议或习惯，国际水道的任何利用均不对其他利用享有固有的优先地位。"[③]

从而明确保留了协议或习惯所建立或接受的利用的优先地位。Tanzi和Arcari解释说：

"从（公约）的准备工作材料（travaux preparatoires）可以看出，第10条中术语'习俗'（custom）的本意是指国际法的正式渊源，被称为'地方'、'特殊'或'区域'的习惯，相比一般习惯法，它更接近默示协议的概念。"[④]

在1991年国际法委员会会议上，起草委员会主席解释说：

"国际法委员会在条款中采用'习惯'一词的目的是，避免后者被解释为需要'相关水道国之间的正式协定，即使它在实践中通常在惯例和传统的基础上赋予了某个特定用途的优先性'。"[⑤]

因此，为了第10条第1款之目的，可以从现有利用的模式中推断出来接受既定利用的优先性的"习惯"。

---

① Cited in I.Brownlie, African Boundaries: A Legal and Diplomatic Encyclopaedia (C. Hurst & Co., London, 1979), at 746.

② 详见下文。

③ 着重强调。

④ 第182页注①，第137页。关于"地方"、"特殊"或"区域"习惯，详见A. D'Amato, "The Concept of Special Custom in International Law" (1969) 63 *American Journal of International Law*, 211。

⑤ Statement of the Chairman of the Drafting Committee at the 1991 ILC session, ILC Summary Records 1991(1991) 1 Yearbook of the International Law Commission 144, at 145, quoted by Tanzi andArcari, supra, n. 1 at p.182, at 137.

美国最高法院关于州际水争端的判例法经常被引用，作为在水资源公平分配中赋予现有利用优先地位或特别意义而存在的一般规则的权威意见。但是，最高法院适用的“先占”原则，即先前的利用在权利上优先于后来的利用，只不过是一项地方性法律解决方案；该原则是在19世纪西部各州恶劣的气候和地理条件下以及采矿业在这些州具有的经济优势的背景下形成的，其结果是，当地法院对水适用与管理采矿权类似的规则，即先占原则[①]。另外，美国最高法院只在每个州在其各自管辖权范围内适用先占规则时，才承认先占原则。在“怀俄明州诉科罗拉多州案”[②]中，法庭接受这两个州在其管辖范围内都适用先占规则，并认为“申诉州没有试图对另一州强加她选择的政策，而是将两州在其管辖范围内实施的共同政策用于确定它们在州际河流的相对权利”。因此，法院“以绝对的、断然的方式适用了在美国西部地区适用的、具有历史特点的先占原则”[③]。但是，在“内布拉斯加州诉怀俄明州案”[④]中，法院虽然试图适用公平分配原则，但由于内布拉斯加州、怀俄明州和科罗拉多州都在其境内适用先占原则，而不得不将该原则作为一项“指导原则”来利用。因此，法院虽然认为先占是指导原则，但也承认有其他相关因素需要考虑。最近，在“科罗拉多州诉新墨西哥州案”[⑤]中，尽管名义上采用了公平分配原则，但是最高法院指出“在该案例中，两个州都承认先占原则，在冲突州之间的分配中先占成为了‘指导原则’”。相反，在“堪萨斯州诉科罗拉多州案”[⑥]中，堪萨斯州在其境内并不适用先占原则，最高法院力图在经济和社会依赖性的基础上确保“对利益的公平分配”。在两州后来的另一起案件中，法院明确表示，会产生有利于一个

① See further, Tadock, Corbridge and Getches, Water Resources Management (Foundation Press, New York, 1993), at 150, cited in Fuentes, supra, n. 2 at p.182, at 358.

② 259 US 419(1922).

③ Lipper 文，第188页注⑥，第54页。

④ 325 US 589(1945).

⑤ 459 US 176(1982).

⑥ (1906).

或另一个州的公平的所有因素应当加以权衡，并且有必要比较现有利用与建议的将来利用的利益，从而拒绝（承认）现有利用具有更高的地位[①]。

国际争端解决机构的裁判以及（为协助解决阿富汗和伊朗间关于利用赫尔曼德河水进行灌溉的争端而设立的）赫尔曼德河三角洲委员会的裁定，常常被引用为按照公平利用原则赋予现有利用享有一定优先性的权威意见[②]。但是，对于“在锡斯坦和查干索（伊朗和阿富汗各自的三角洲区域）已经建立的传统的有益的利用应当被承认”这一说法[③]，我们可以说是基于对当地习俗、人的基本生存需要或是综合二者的尊重。同样，印度河委员会在它就旁遮普邦和信德邦争端做出如下裁定时，显然考虑了人的基本生存需要和当地人口的依赖性：

> “为了居住在干燥、干旱地区的全体居民的共同利益，在先的灌溉工程通常优先于之后的利用：‘先占给予优先的权利’。”[④]

此外，克里希那水争端法庭似乎已经将司法保护延伸到了水利用的现有模式。为此它裁定，截至1960年9月所有运行或在建工程的用水需要应当优先于拟议的用途并因此应得到保护[⑤]。但是Fuentes指出，该法庭并没有将其裁判基于法律的一般原则或规则，而是基于截至1960年9月利用克里希那河水的沿岸各邦没有任何反对意见的事实[⑥]。因此，法庭的裁定基于当事各方行为的考虑，这是决定公平利用制度中的一项独立因素[⑦]。

---

① *Kansas v. Colorado* (1943). 参见Fuentes文，第182页注②，第363页。

② *Report of the Helmand River Delta Commission, Afghanistan and Iran* (February, 1951), reproduced in *Principles of Law and Recommendations on the Uses of International Rivers*, American Branch Report, ILA (1958), cited in Lipper, *supra*, n. 6 at p.188, at 53.

③ 同上，第208段。

④ *Report of the Indus (Rau) Commission,* vol. 1, at 10–11.

⑤ *Report of the Krishna Water Disputes Tribunal,* vol. 1, at 100.

⑥ 同上。参见Fuentes文，第182页注②，第366页。

⑦ 参见下文。

虽然避免对其他共同流域国造成重大损害的一般义务在国家实践中得到充分认可，但不能因此而断定这一义务必然意味着对现有利用模式的保护和权利优先性。历史上，一些评论者认定这情况属实。例如，Jimenez de Arechega在1960年声称，影响另一国的现有利用将造成实质损害并引起赔偿，因此声称根据国际法对现有利用进行保护有内在的逻辑①。然而，国际法协会和国际法委员会随后的结论是，当公平利用规则与禁止重大损害义务之间产生冲突，通常公平利用优先②。国际法协会意识到这些规则间的潜在冲突，于1986年通过了补充规则来阐明它们的相对重要性。其第1条规定：

"流域国应避免和防止在其领土上的作为或不作为对任何共同流域国造成重大伤害，除非《赫尔辛基规则》第4条规定的公平利用原则的适用可以证明这在特定情况下是一种例外。"③

同样，国际法委员会认识到两个规则之间的潜在冲突，在1994年《条款草案》第7条的评注意见中指出，"一般来说，在这种情况下，公平利用原则仍是平衡相关利益的指导标准"④。因此，一个国家对另一国家水道的现有利用的干预将只在下列情况下被禁止或赔偿：它干扰了后一国家的公平利用或者分享。否则，任何其他方面都可能主张"无害"规则优于公平利用原则。

另外，Fuentes指出，一般国际法中不存在为终止或修改现有水利用模式而赔偿的义务⑤。她指出，例如，国际法协会只是认为，"在特定情况下，为公平利用而进行的修改或终止可能需要对利用

① 第192页注⑥，第335页。

② 关于两项原则间的复杂互动，详见本书第四章。

③ ILA, *Report of the Sixty-Second Conference* (Seoul, 1986), at 278. 亦可参见国际法协会对补充规则的评注意见，同上，第281~282页。

④ *ILC Report*(1994), *supra,* n. 3 at p.182, at 236. See also the comments of Special Rapporteur McCaffrey in his *Second Report on the Law of the Non-Navigational Uses of International Watercourses,* ILC Yearbook(1986), vol. 2. part I, at 133.

⑤ 第182页注②，第369~370页。

者进行赔偿"①。事实上，对国家实践的考察支持了国际法协会的立场。虽然印度根据1960年《印度河水条约》第5条对巴基斯坦进行了付款②，但它并不是赔偿，而是资助意在增加可用供水而避免损害巴基斯坦的工事③。同样，印度河委员会建议，旁遮普邦应向信德邦付款，以资助信德替换陈旧的和不经济的灌溉系统。一些评论者认为，要求对一个国家终止或修改现有利用进行赔偿表明，另一国随后干涉利用的权利必须从具有既定或既得水权利的前一国家那里购买或取得④。但是，与财产相关的既得权利的概念显然不适用于国际水道的水。纳尔默达水争端法庭认为：

"根据法律，任何国家都没有对国家间河流的特定流量享有所有权。……自然河流的水或其他自然水体不得作为一项特定的无形资产而允许绝对所有权，这是公认的事实。"⑤

此外，非权威性的水争端中司法解决有力地表明，在这种情况下不适合适用既得权利的概念。克里希那水争端法庭指出：

"为了确保分配的灵活性，美国最高法院通常保留修改其判决的管辖权以及当事方申请修改判决的自由，以备将来情况所需。"⑥

因此，法庭的结论是：

"……在确定各邦的公平份额时，在本争端被提出之前会产生

① Commentary to the Helsinki Rules, *supra*, n. 1 at p.181, at 494. 参见Fuentes文，同上（原文强调）。

② *UN Legislative Texts and Treaty Provisions, at* 306.

③ 参见Fuentes文，第182页注②，第370页。

④ See, for example, C. B. Bourne, "The Right to Utilize the Waters of International Rivers" (1965) 3 *Canadian Yearbook of International Law,* at 233; and J. Bruhacs, *The Law of Non Navigational Uses of International Watercourses* (Martinus Nijhoff, Dordrecht, 1993), at 133.

⑤ *Report of the Narmada Water Disputes Tribunal*, vol. 1, at 114.

⑥ *Report of the Krishna Water Disputes Tribunal,* vol. 2, at 158. 详见Fuentes文，第182页注②，第371页。

有利于某一邦或另一邦的公平的所有因素都要权衡。但是，人口、工程、经济、灌溉及其他条件不断变化，且在变化的条件下对水的新要求不断出现。当一项水分配方案所依据的环境、条件和用水需求等条件都发生实质性改变时，该分配可能变得不公平。”①

实践中，对现有利用的有益性进行量化和考虑必然比对将来的潜在利用要容易得多。在涉及经济和社会依赖性及人的基本生存需要的相关标准时，尤为正确。虽然现有利用不享有固有的优先地位，并因此只有有限的法律意义，但司法和国家实践已经对现有利用何时产生、何时终止提供了相当多的指导②。美国最高法院认为，一项利用只有其意图被采纳并开始实施时，才能说明是现有利用③。印度河委员会指出，“为了优先性的目的，一项工程的日期不是第一次调查时的日期，而是工程结束时的日期，（当事方）有一个固定的和明确的目的去启动并实施它”④。最重要的是，《赫尔辛基规则》第8条第2款a项规定：

“目前的利用是指直接有关的工程开始启用后一直在利用或在不需修建的情况下正在实际使用的行动。”

事实上，为了《赫尔辛基规则》的目的，有理由认为，“为使将来利用的有利或不利后果得到考虑，这种用途的实现应该有一个明确有意义的程度，并应得到详细计划的充分支持”⑤。《赫尔辛基规则》第7条的评注意见指出，“一个国家为将来利用而保留水（的行为），若缺乏将来利用的详细计划，则不具有任何确定的有意义的程度”⑥。美国最高法院认为，现有利用的地位可能因为抛弃

---

① 同上。

② 参见 Lipper 文，第188页注⑥，第56~57页。

③ *Arizona v. California,* 298 US 558 (1936), at 586; *Connecticut v. Massachusetts,* 282 US 660(1931), at 667 and 673; *Wyoming v. Colorado*, 259 US 419(1922), at 459 and 495.

④ *Report of the Indus (Rau) Commission,* vol. 1, at 10–11.

⑤ Tanzi 和 Arcari 文，第182页注①，第134页。

⑥ 第181页注①，第492页。

或缺乏审慎注意或善意而完全或一定程度上（*pro tanto*）丧失勤奋和诚信[①]。例如，这包括如未尽努力完成建设或未能将其适当用于有益用途。《赫尔辛基规则》第8条第2款b项只是规定，“直到决定放弃和终止利用前，均为现有的利用”。

因此，总体而言，根据法律，在决定水道的公平利用时，现有利用并不享有针对其他相关因素的任何固有的优先性。作为一项考虑因素，对现有利用重要性的评估应当伴随其他标准并在其基础上进行，如经济上的依赖性和人的基本生存需要，并且不应该在脱离这些标准的基础上进行。然而，明显在许多情况下，现有利用将在决定有关国家的经济和社会依赖程度中起到重要作用。正如Fuentes总结的，

“……因为现有的利用通常会造成经济的依赖，它相当有可能被列为一个相关因素、在平衡是否应继续现有利用的判断中扭转局面，但这不能表明现有利用优先于应该被考虑的其他各类因素。”[②]

此外，尽管禁止对其他国家的重大损害的规则通常被看作从属于公平原则的内在考虑因素，在相关国家经济和社会的依赖性和人的基本生存需求方面，任何对现有利用模式的干扰将明显能够导致重大损害，因而必须审慎考虑。然而，另一方面，相比在建议利用的情况下，现有利用任何不利的环境影响或水资源利用的低效，相对于拟议的未来利用都更容易被确定理解并量化。

四、养护、保护、开发和节约利用

1997年《联合国水道公约》规定了要考虑“水道水资源利用

① *Washington v. Oregon*, 297 US 517 (1936), at 527; *Arizona v. California,* 298 US 558 (1936), at 566.

② 第182页注②，第373页。

的养护、保护、开发和节约利用以及为此而采取的措施的费用”①，1966年《赫尔辛基规则》也指出“在利用流域水资源时应要避免不必要的浪费”②。因此，《联合国水道公约》考虑有效利用的方式比《赫尔辛基规则》倡导的更为广泛，就“节约利用”而言，国际法委员会也提到了避免水的不必要浪费③。但是，一般来说，国家和司法实践表明，在任何情况下，有效利用作为确定国际水道利用公平制度的一个因素，其作用是有限的。

在研究有效利用的作用中，Fuentes区分了竞争用户间分配水量的过程与水的不同用途间调节的过程，得到的结论是尽管效率因素与后者相关，但它与前者无论哪方面都没有关联④。她指出在关于旁遮普邦和信德邦争端的印度河委员会的建议以及根据印度和巴基斯坦1960年《印度河水公约》而做出的调节中，水资源的有效管理都起到了一部分作用。在这个意义上，更有效的管理有可能在当事方之间增加可供分配的水量。然而，在扩大印度河水系水资源中决定当事方份额的时候，两个案例中都没有考虑到效率因素⑤。国际法协会在其对《赫尔辛基规则》第5条的评注意见中表明，“‘有益利用’不一定是对水进行最富有成效的利用，也不一定是利用已知最有效的方法以避免浪费并确保最大限度的利用。”⑥国际法协会接着证明了这一观点，如果这样的话，这可能导致许多富有成效的利用发生混乱，也可能更有利于经济和技术

---

① 第6条第1款f项。

② 第5条第2款第9项。

③ 第182页注③，第233页。关于效率在国际水道公平利用中作用的一般性讨论，参见Wenig文，第181页注②，第351~354页。

④ 第182页注②，第378页及以下。

⑤ *Ibid.* See further, D. Caponera, “International Water Resources Law in the Indus Basin”, in M. Ali, G. Radosevich and A. AliKhan (eds), *Water Resources Policy for Asia* (Balkema, Rotterdam, 1987), at 511; and R. R. Baxter, “The Indus Basin”, in Garretson et al. (eds), *The Law of International Drainage Basins* (Dobbs Ferry/Oceana Publications, New York, 1967), at 443.

⑥ 第181页注①，第487页。

先进的国家而非欠发达国家。它解释说，“在适用中，现有规则的目的不是酿造浪费，而是使国家负有与其财政资源相称的效率义务”[①]。在十分相似的条款中，纳尔默达水争端法庭指出：

“为了得到保护，利用必须具有有益的特性。……但这并不意味着对水的利用必须是最有益的，或者利用的方法必须最有效率。但规则确实意味着国家将不被允许浪费州际河流的水。该规则当然命令沿岸各邦在利用水资源时负有与其各自的财政资源相称的效率义务。”[②]

事实上，这种方法可能被视为对通常被称为“共同但有区别责任”或“代内公平”的国际环境法新兴概念的悠久应用，即承认所有国家在环境方面的共同义务，但因国家造成环境问题的作用不同以及国家解决问题的技术和资金能力有别，也允许各国负有有区别的义务[③]。

不过，纳尔默达法庭表示，国家不得因故意或疏忽而造成浪费，并且暗示，在这种情况下效率可能在共享水域的分配中起到作用。在这方面，它进一步指出，“因此毫无疑问，当一个河流的水资源不足以满足所有沿岸各邦的需要时，邦际法庭不会支持沿岸各邦因故意或漠不关心而导致的浪费……”[④]Lipper 此前得出的结论是：

“虽然利用必须给予用户利益，但利益不一定要与水资源的最

---

① 同上。

② *Report of the Narmada Water Disputes Tribunal*, vol. 1, at 112.

③ See, for example, L. Rajamani, *Differential Treatment in International Environmental Law* (Oxford University Press, Oxford, 2006); D. B. Magraw, “Legal Treatment of Developing Countries: Differential, Contextual and Absolute Norms” (1990) 1 *Colorado Journal of International Environmental Law and Policy,* 69; P. Sands, Principles of International Environmental Law (Manchester University Press, Manchester, 1995), at 218 et seq.; C. Redgewell, *Intergenerational Trusts and Environmental Protection* (Manchester University Press, Manchester, 1999), at 109–113. 详见本书第七章。

④ 本页注②。

佳可能利用相称，前提是假如有方法减少低效率时，用户不得故意浪费或低效利用。”①

克里希那水争端法庭裁定“虽然同样的水量可能在河流的其他地段的贡献更大，但是既定的利用应该予以保护”②，同时也认为“应当防止水资源不必要的浪费，鼓励有效的利用”③。在阿根廷拉潘帕省和门多萨省之间的水争端中，拉潘帕省索赔的依据完全是认为门多萨省的低效率利用，而最高法院虽然承认门多萨省的灌溉系统陈旧且维护不足，但是拒绝了拉潘帕省的索赔，因为门多萨省不是故意地低效率，这一点是确信的④。

如果“拉潘帕诉门多萨案”表明裁定一个国家在水资源管理中是故意或过失导致无效率存在固有的困难，那么值得注意的是纳尔默达法庭合理地发现，古吉拉特邦（Gujarat）在试图灌溉“公认贫瘠且人口稀少的区域”时，意识到了相关水利用的浪费。法院拒绝其请求，指出，“即使可以确保该区域在古吉拉特提议的水量下得到开垦和发展，该项目仍将是非常不经济的”⑤。但是，可以这样认为，相对于共享水域的既定利用，法庭可能更容易考虑当事方拟议用途中故意或过失而导致的低效率⑥。事实上，Fuentes 指出，故意的浪费证明其缺乏真实的需求，并认为更为正确的做法是拒绝在缺乏真实需要的情况下向造成浪费的当事方分配水，而不是对没有达到最低效率标准进行制裁⑦。这种做法将调和故意或过失低效的立场和国家间水资源分配中效率不起作用的一般规则。

① 第188页注⑥，第47页。

② *Report of the Krishna Water Disputes Tribunal*, vol. 1, at 94.

③ 同上。

④ 第186页注⑧，第2550~2551页。参见 Fuentes 文，第182页注②，第382~383页。

⑤ *Report of the Narmada Water Disputes Tribunal*, vol. 1, at 126.

⑥ 参见 Fuentes 文，第182页注②，第384~385页。

⑦ 同上，第382页和第385页。

但是，在美国最高法院关于“科罗拉多州诉新墨西哥州案”[①]的裁判中，法院认为将只保护那些“合理要求并适用”的水权，并且指出：

“特别是……缺水的地方……浪费或低效利用将不会受到保护。……同样，当水权没有在合理注意的情况下行使或主张，那不容置疑的是，较早的水权将会被视为放弃或大幅减少。”[②]

法院继续解释说，各州“有积极义务去采取合理步骤保护并增加州际河流的供水”[③]，并且他们“有义务去采用‘经济上和物理上可行的’方法去保护和均衡自然水流”[④]。法院进一步指出，在这种情况下，“这些州的每一个都有义务合理地行使权利，且在某种意义上有义务去保护共同的水供应”[⑤]，因此，即使有些州希望开发新的用途，也必须“采取合理步骤以尽量减少需要的分流量”[⑥]。

此外，1997年《联合国水道公约》第5条第1款规定：

“……水道国在利用和开发国际水道时，应着眼于与充分保护该水道相一致，并考虑到有关水道国的利益，使该水道实现最佳和可持续的利用和受益。”

很显然，这一规定将利用效率这一因素仅视为适用公平利用原则的理想目标。事实上，在1994年《条款草案》第5条的评注意见中，国际法协会认为：

“措辞‘着眼于’表明，实现最佳利用和惠益是水道国在利用

① 第197页注⑤。

② 同上，第184页。See further, S. C. McCaffrey, *The Law of International Waterc-ourses: Non-Navigational Uses* (Oxford University Press, Oxford, 2001) , at 333 et seq.

③ 同上，第185页。

④ 同上。

⑤ 同上，第185~186页。

⑥ 同上，第186页。

国际水道中追求的目标。实现最佳利用和惠益并不意味着实现‘最大化’利用、技术上最有效的利用或财政上最有价值的利用，更不用说以长期损失为代价获得的短期收益。它也不意味着有能力去最高效利用水道的国家——无论在经济上避免浪费，或是在其他意义上——应当对有关利用有更优先的要求。相反，它意味着为所有水道国最大可能实现收益，最大可能地满足所有的需要，同时尽量减少每一个国家的损害或未满足的需要。”⑦

Tanzi 和 Arcari 高兴地简单总结道，“这符合最佳利用的概念……水管理中的效率本身并不会产生水利用中的优先权”⑧。

然而，与此相反，似乎效率因素在协调当事方设想的不同的水用途中起到了重要作用。在纳尔默达争端中，古吉拉特声称纳瓦岗（Navagam）运河是其打算在纳尔默达河边建立、用于灌溉古吉拉特和拉贾斯坦的土地，该运河需要的正常蓄水位（FSL）是320英尺，而中央邦和马哈拉施特拉认为正常蓄水位不应当超过190英尺，任何高于此的水位将导致其领土的淹没和电力势能的损失⑨。当地情况要求考虑灌溉需要、粮食供应优于发电，法庭要受到这一优先性的重要影响，但法庭也考虑了灌溉中的效率水平可以通过不同的方案来实现。法院还裁定，正常蓄水位不超过190英尺的运河将会导致事实上的“抽水灌溉”，而这被认为是一种非常低效的灌溉方法。事实上，在评估不同方案所达到的效率中，法庭考虑了大量因素，包括领土淹没情况、蓄水量、调节供应设施、灌溉效益和电力效益。法庭指出，“与同样高度下同等水量所发电力相比，将水提升到一个特定高度将需要多用40% 的电力”，认识这一点是重要的⑩。就效率而言，法庭指出：

---

⑦ *ILC Report* (1994), *supra,* n. 3 at p.182, at 218–219.

⑧ 第182页注①，第134页。

⑨ 一般参见 Fuentes 文，第182页注②，第385–389页。

⑩ *Report of the Narmada Water Disputes Tribunal, vol.* 2, at 10.

“纳尔默达水资源的利用需要确保其浪费入海的水量最少。还有应当通过最大程度可行的流量来实施灌溉，因为抽水灌溉是昂贵的，且对灌溉者施加了长久的负担。”①

五、替代办法的可能性

1997年《联合国水道公约》第6条第1款g项提到“对某一特定计划或现有利用的其他价值相当的替代办法可能性”，而《赫尔辛基规则》第5条第2款h项规定要考虑“可以获取的其他资源”。很明显，这个因素涉及每个国家人口的基本生存需求或其社会经济需求的真实依赖程度，因为一个国家替代资源的可能性仅仅意味着它相比那些用水需要无法由其他资源来满足的国家的依赖性较小。纳尔默达水争端法庭驳回了古吉拉特邦关于默希（Mahi）地区灌溉水源的要求，因为该地区已经或将要由默希河进行灌溉②。另一方面，克里希纳水争端法庭驳回了马哈拉施特拉邦和迈索尔邦的要求，他们认为中央邦可以通过调动戈达瓦里河的水满足其需要，因为在当时，如果中央邦在克里希纳水域的份额不能减少，戈达瓦里河的调水只是一个遥远的可能性③。

1997年《联合国水道公约》规定要考虑“价值相当的”替代办法，而《赫尔辛基规则》第5条第2款g项提到“各流域国为满足其经济和社会需要所采取的替代方法的成本比较”。在1994年《条款草案》的评注意见中，国际法委员会注意到以前的用语“相应的价值”（corresponding value），是指大致相当的可行性、实用性和成本效益④。还应当注意到，满足国家需要的替代方法可能是指供水替代来源以外的方法。水力发电提供了一个明显的例证，在建立共享水域利用公平制度中要考虑其他方式发电的可行性和

① 同上，第55页。

② *Report of the Narmada Water Disputes Tribunal,* vol.1, at 75.

③ *Report of the Krishna Water Disputes Tribunal,* vol.1, at 66–69.

④ *ILC Report* (1994), supra, n.6, at 233.

成本。国际法委员会1994年《条款草案》的评注意见进一步指出：

> “因此，替代方案可能不仅要采取不同于其他供水来源的形式，也要采取其他满足这些需要的方法——不涉及水的利用——例如替代性能源或交通方式。”①

这项声明可能被解释为，如果有的话，是指不涉及水的利用、能满足国家需要的方法，至少在供水稀缺的地方必须有优先性，且这种解释将会提高保持水道的生态平衡的要求②。印度灌溉委员会承认“可能有……要在用水作灌溉还是发电之间做出选择的情况”，并指出：

> “在需要做出选择的情况下，优先次序的确定不仅取决于经济考虑，也取决于对这一事实的认可，即只能通过用水来灌溉，而发电可以通过其他替代性来源实现，如煤炭、天然气、石油和原子能燃料。”③

在替代方法的可能性方面，值得注意的是，很可能一个世界贸易组织（WTO）的成员可能因环境或自然保护的原因限制其天然地表水的出口。这也许不违反《关税与贸易总协定》（GATT）中实质性义务，但可能对进口淡水的国家产生水安全方面的影响④。GATT第20条授权成员适用可能与世界贸易规则相冲突的自然保护、安全和卫生措施。就加拿大是否可以根据《北美自由贸易协定》（NAFTA）（该协定包含GATT的实质性

---

① 同上。

② 详见Tanzi和Arcari文，第182页注①，第135页。关于国际水道“生态系统”的保护，详见本书第七章。一般参见O. McIntyre, “The Emergence of an ” Ecosystem Approach “ to the Protection of International Watercourses under International Law” (2004) 13:1 *Review of European Community and International Environmental Law,* 1。

③ 第189页注③，第89~90页。

④ See, in particular, R.1.Girouard, “Water Export Restrictions: A Case Study of WTO Dispute Settlement Strategies and Outcomes” (2003) XV:2 *Georgetown International Environmental Law Review,* 247.

规定——限制出口水到美国，就存在较大的争议。[①] 这个问题变得相当严重，1999年美国和加拿大将其送交国际联合委员会（IJC），后者在2000年报告了该事项[②]。事实上，在试图出口水的投资者和试图阻止这种出口的政府许可机构之间已经出现了一些争端[③]。

虽然对GATT第20条的援引被严格限制在NAFTA的范围内[④]，尽管NAFTA不同于WTO协定其附属的多边贸易协定，它授权私人投资者针对成员国寻求救济，但NAFTA项下的争端解决结果可能在水出口限制方面深刻地影响到WTO成员的决策并可能在将来影响WTO争端解决机构（DSB）的建议。

六、地理、水道测量和水文因素

1997年《联合国水道公约》第6条第1款a项列举了与公平利用相关的地理、水道测量和水文因素。国际法委员会在1994年

---

① J. O. Saunders (ed.), *The Legal Context for Water Uses in the Great Lakes Region* (International Joint Commission, Working Paper No.6, 2000); B. H. Dubner and L. M. Diaz, "The Necessity of Preventing Unilateral Responses to Water Scarcity- The Next Major Threat Against Mankind This Century" (2001) 9 *Cardozo Journal of International and Comparative Law*, 1, at 37~38; S. P. Little, "Canada's Capacity to Control the Flow: Water Export and the North American Free Trade Agreement" (1996) 8 *Pace International Law Review,* 127; J. O. Saunders, "Trade Agreements and Environmental Sovereignty: Case Studies from Canada" (1995) 35 *Santa Clara Law Review,* 1171. See further, Girouard, ibid, at 248–249.

② International Joint Commission, Protection of the Waters of the Great Lakes: Final Report to the Governments of Canada and the United States 52–53 (2000).

③ For details, see C. Baumann, "Water Wars: Canada's Upstream Battle to Ban Bulk Water Exports" (2001) 10 *Minnesota Journal of Global Trade,* 109, at 120; C. S. Maravilla, "The Canadian Bulk Water Moratorium and its Implications for NAFTA" (2001) 10 *International Trade Law Journal,* 29, at 31–35; B. D. Anderson, "Selling Great Lakes Water to a Thirsty World: Legal, Policy and Trade Considerations" (1999) 6 *Buffalo Environmental Law Journal,* 215, at 216~220. See further, Girouard, ibid.

④ 例如，根据GATT的某些条款，只有在限制符合关于可用性、出口价格和供应渠道的三项附加条件时，NAFTA第315条第1款才承认贸易限制是"正当的"。此外，NAFTA第104条第1款明确提到只有有限的几项多边环境协定（MEAs）允许缔约方违背NAFTA的自由贸易原则。详见Girouard文，同上，第250~251页。

《条款草案》的评注意见中解释说：

"'地理'因素包括：在各水道国境内的国际水道的范围；与水道河水的测量、描述和绘图普遍相关的'水道测量'因素；尤其与河水特性（包括水流量）及其分布相关的'水文'因素，包括每个水道国家的河水对该水道的贡献。"①

同样地，《赫尔辛基规则》第5条第2款a项指出"流域的地理条件，特别是各流域国境内水域的范围"，同时第5条第2款b项列出"流域的水文条件，特别是各流域国提供的水量"。Tanzi和Arcari将这些因素视为"自然"因素（与"功能"因素相对），并认为任何先验地优先考虑这些情势"会损害沿岸国之间重要的平等"②。同样，Lipper坚决认为：

"与水的可供性和利用不相关的因素是无关的，不应当被考虑。例如，关系到共同沿岸国的某一特定国家的大小或流经一国的河流长度长于另一个国家，这些因素本身不能在决定什么是公平利用中加以考虑。……权利平等是指每个共同沿岸国有平等的权利、在其经济和社会需要的基础上去分配水，并与其共同沿岸国的相应权利保持一致，但不包括与此类需要无关的考虑因素。"③

然而，一些评论者认为，自然因素在国际河流的分配中起到了突出作用。例如，Chauhan在"创造法律权利的因素"中对主要拥有自然特性的因素进行了分类，尽管他把只是起到辅助作用的功能性因素定义为"公平因素"④。但是，尽管这些因素是最先被列入两个

---

① *ILC Report* (1994), *supra*, n.3 at p.182, at 218–219.

② 第182页注①，第124页。

③ 第188页注⑥，第45页和第63页。

④ B. R. Chauhan, *Settlement of International Water Law Disputes in International Drainage Basins* (Erich Schmidt Verlag, Berlin, 1981), at 217–225. See also, B.R. Chauhan, *Settlement of International and Inter-State Water Disputes in India* (Tripathi, Bombay, 1992), at 54–59. See further, Tanzi and Arcari, supra, n. 1 at p.182, at 128–129.

法典汇编中，从司法和国家实践来看，似乎在与公平利用相关因素的位阶中处于较低的层次。从历史上看，绝对领土主权原则和绝对领土完整原则都赋予了地理和水文重要作用，前者认为各国有权自由利用自然流经其境内的水域而后者强调有权利要求河水自然流动的延续。然而，公平利用原则是对这些绝对立场的摒弃和妥协。虽然在本章的这一部分，我们关注了国际水道的物理特性以及水道和沿岸国的地理位置，但值得注意的是，1997年《联合国水道公约》第6条第1款a项中的“生态”因素有力地表明，可能会影响国际水道生态平衡的利用，也与判定该利用的公平特性有关①。另外，根据这一标准有三个物理因素可能是相关的即水道沿岸国的河岸长度、流域国境内的流域范围以及流域国对水流量的贡献②。

（一）河岸线（river frontage）

关于第一个因素，国家实践表明，河岸线已经很少被作为确定国际河流利用公平制度的基础。就科罗拉多河而言，流经墨西哥的河流只有100英里，占不到其总长度1 300英里10%。根据1944年《关于科罗拉多河、蒂华纳河和格兰德河水利用的条约》分配河水时，从来没有考虑将流经墨西哥和美国各自领土的河流长度作为依据③。对于流经9个国家长达6 695公里的尼罗河，我们可以得出同样的结论④。就其流经苏丹和埃及境内的部分而言，苏丹从来没有因其占有河流段70%的长度而获得相应比例的份额。在1929年《英国与埃及政府关于为灌溉目的利用尼罗河的交换文书》⑤中，分配的比例是1:12，有利于埃及。苏丹独立后，埃及和苏丹根据1959年《关于尼罗河流域充分利用的协定》⑥达成了新的

① 关于国际水道“生态系统”的保护，详见下文第七章。一般参见McIntyre文，第231页注②。

② 参见Fuentes文，第182页注②，第398页。

③ *UN Legislative Texts and Treaty Provisions,* at 236.See further, C.J.Meyers, “The Colorado Basin”, in Garretson et al., *supra*, n.6 at p.188, at 486.

④ See further, A.H.Garretson, “The Nile Basin”, in Garretson et al., *ibid,* at 256.

⑤ *UN Legislative Texts and Treaty Provisions,* at 100.

⑥ 453 UNTS 64.

分配协议，分配比例为1:3。此协议同样有利于埃及，也没有考虑谈判双方河岸线的长度。事实上，苏丹声称，分配是以两个国家的相关人口和领土内的耕地面积为基础[①]。换言之，主要考虑是依赖性和社会经济需要。Fuentes 的结论是：

"……河岸线可能会被纳入建立国际水域利用公平制度的过程中，但只是作为调整在其他标准的基础上形成的分配方案的一个因素，并且它的纳入并不意味着分配给一个不是真正需要水量的国家。"[②]

（二）流域面积

第二个因素，即流域国领土内的流域面积，似乎缺少和河岸线同样的重要性。《赫尔辛基规则》将"国际流域"定义为"其分水岭内的地表水和地下水流向主要河流、径流、湖泊或其他共同终点的整个区域"[③]，它明确将"各流域国境内流域的范围"作为一个相关因素[④]。1997年《联合国水道公约》没有指明流域的概念，而列出了地理因素，包括"各水道国境内国际水道的范围"[⑤]，并将"水道"定义为"地面水和地下水的系统，由于它们之间的自然关系，构成一个整体单元，并且通常流入共同的终点"[⑥]。流域问题没有出现在埃及与苏丹1959年的谈判之中，尽管尝试考虑这个因素对苏丹有很大的好处。但是，在纳尔默达河争端中它确实存在，纳尔默达法庭所采取的立场是有启示性的。中央邦试图将水域范围作为分配的依据之一，因为其中97.59%的水域在其境内。法庭认为，双方的社会和经济需要是迄今为止最重要的考虑因素，并在此基础上，认为应分配给古吉拉特邦37.59%的河水、分给中央

① Ministry of Irrigation of the Sudan, *The Nile Waters Question* (Khartoum, 1955), at 43, cited in Fuentes, *supra*, n.2 at p.182, at 400.

② 同上，第403页。

③ 第2条b款。

④ 第5条第2条a项。

⑤ Commentary to the ILC DraftArticles, *ILC Report* (1994), *supra,* n.3 at p.182, at 218-19.

⑥ 第2条a款。

邦62.41%的河水。然而，法庭之后考虑了水域面积，并在此基础上调整了通过其他标准达成的分配方案，分配给古吉拉特邦33%的河水、中央邦67%的河水。法庭指出：

“还必须考虑到的情况是，古吉拉特邦德流域面积为180平方英里（0.53%），而中央邦为33 150平方英里（97.59%）。……我们已经拒绝了中央邦的主张论证，即每个邦的流域和对河水的贡献，应该与《赫尔辛基规则》中提到的其他因素得到同等的重视。但在我们看来，在本案的特殊情况下，对每个流域邦的流域面积和对水的贡献的因素应当加以考虑。”①

因此，在共享水域的分配中，流域面积和河岸线一样，似乎是次于依赖性和社会经济需要的考虑因素。

（三）对水的贡献

第三个要素，即流域国对水流量的贡献，在被1997年《联合国水道公约》所取代的1994年国际法委员会《条款草案》的评注意见中②以及《赫尔辛基规则》③中都有明确提及。对国家实践的考察表明，一些上游国家主张分配应很大程度上以（对水流量的）贡献为基础。例如，土耳其力图以其境内贡献了幼发拉底河94%的流量为基础而提出其对河水的要求④。同样，埃塞俄比亚为尼罗河水贡献60%的流量，自1956年以来埃塞俄比亚一直在其贡献的基础上主张其对尼罗河水的权利⑤。但是，这个因素在很大程度上被忽略或忽视了。例如，尽管埃及对尼罗河水的流量没有实质性贡献，但它分得了3/4的水资源⑥。同样，尽管美国贡献了科罗拉多河的全部流量，

---

① *Report of the Narmada Water Disputes Tribunal*, vol. 1, at 127.

② *ILC Report* (1994), *supra*, n.3 at p.182, at 218–219.

③ 第5条第2款b项。

④ See D. Hillel, *Rivers of Eden: The Strugglefor Water and the Quest for Peace in the Middle East* (OUP, Oxford, 1994), at 305, cited by Fuentes, supra, n.2 at p.182, at 406.

⑤ 参见Fuentes文，同上，第406–407页。

⑥ See further, M.R.Lowi, *Water and Power: The Politics of a Scarce Resource in the Jordan River Basin* (Cambridge University Press, Cambridge, 1993), at 71.

但在1994年谈判[①]时并没有考虑这一因素，该条约将1 500 000英亩的水分给墨西哥。同样，在“科罗拉多州诉新墨西哥州案”[②]中，美国最高法院提到，特别法官助理（special master）观察到弗梅乔河（Vermejo）大约3/4在科罗拉多州内，并“拒绝认同弗梅乔河源自科罗拉多的这一事实可以使科罗拉多州自动获得河水的份额。”[③]法院认为，公平分配“应当基于竞争性利用的利益、弊端和效率……弗梅乔河水的来源实质上应该与对这些主权性、相互竞争的主张进行的裁判无关”[④]，但是，对水的贡献可能有一些关联。纳尔默达法庭认为，尽管它的重要性大大低于各邦的社会和经济需要，但它与河水的最终分配相关。因此，如同河岸线或水域，对水的贡献可能只是在调整根据其他因素做出的分配方案时才会被考虑。因此，至少在涉及水道的物理特性时，根据比例计算对淡水资源分配的影响不可能有在大陆架划界中那样大[⑤]。

七、对其他水道国的影响

1997年《联合国水道公约》[⑥]和1966年《赫尔辛基规则》[⑦]都特别提到了各国有义务预防或减少可能对另一水道国境内造成实质损害的水污染。另外，1997年《联合国水道公约》要求各国“保护和保全国际水道的生态系统”[⑧]。但是，显然这两份文件都没有将这视为一个绝对的义务，而是视作遵照公平利用原则的适用。国际法协会《赫尔辛基规则》第10条的评注意见声明：

“国际流域发展的最优目标是适应共同流域国的多种多样的

---

① 第212页注③。

② 第197页注⑤。

③ 同上，第181页。详见McCaffrey文，第206页注②，第335页。

④ 同上。

⑤ 关于大陆架划界中的比例性的作用，详见本书第五章。

⑥ 第21条第2款。

⑦ 第10条。

⑧ 第20条。

用途。国际流域河水公平利用的概念是以促进这样的适应为目的。因此，一个流域国对水资源的利用造成的污染导致了共享国的损害，必须从什么是公平利用的总体角度来进行考虑。”[①]

同样，虽然国际法委员会1991年的《国际水道非航行利用法条款草案》似乎将污染和重大损害本身一般性地视为违反了国际水道的公平利用[②]，这一立场已经得到扭转。1993年，国际法委员会特别报告员对关于水道国避免对其他水道国造成重大损害义务的第7条提出了修订草案，对污染造成的损害给予特殊处理，视其为可以反驳的推定不公平。第7条的建议版本规定：

“水道国应当审慎注意利用国际水道，在未经其同意的情况下不对其他水道国造成重大损害，除非这是公平和合理利用水道所允许的。以污染形式造成重大损害的利益，应推定为一种不公平合理的利用，除非：

“a. 特殊情况明确显示确有必要进行特别（ad hoc）调整，以及

“b. 没有对人类健康和安全带来任何紧迫威胁。”[③]

然而最终通过的第7条的版本并没有特别提及污染，而且1994年《条款草案》最终版本的评注意见非常清楚地表明，“牵涉重大损害的活动本身并不一定构成阻止它的基础”[④]。国际法委员会进一步解释：

“在特定情况下，国际水道的‘公平与合理利用’可能仍涉及

① ILA, *Report of the Fifty-Second Conference* (Helsinki, 1966), at 499.See also, Garretson et al., supra, n.6 at p.186, at 795.

② *ILC Yearbook*, 1982, vol.2, part I, at 91–101 and 144; *ILC Yearbook*, 1983, vol.2, part I, at 181–184.See Fuentes, supra, n.2 at p.182, at 409–410.See further, S. McCaffrey, “The International Law Commission Adopts Draft Articles on International Watercourses” (1995) 89 *American Journal of International Law,* at 399.

③ R.Rosenstock, *First Report on the Law of the Non-Navigational Uses of International Watercourses* (1993), doc.A/CN.4/451, at 10(emphasis added).

④ *ILC Report* (1994), supra, n.3 at p.182, at 236.

对另一水道国的重大损害。通常在这种情况下，公平利用原则仍是平衡相关利益中的指导标准。”①

《联合国水道公约》第21条第2款的最后版本要求各国“预防、减少和控制可能对其他水道国或其环境造成重大损害的国际水道污染”，其评注意见只是规定，“这一条款是第5条和第7条所规定的一般原则的具体适用。”②因此，虽然很明显公平利用原则优先于防止重大损害的义务，但还不清楚公平利用原则的适用是否受到环境义务履行的限制以及限制到何种程度。

有些评论者断言，考虑到1997年《联合国水道公约》和其他法律文件所明确规定的环境条款以及其他领域国际法律和实践的最新发展，环境义务在有关国际水道法中享有优先地位，或至少是环境因素在公平利用原则的适用中可发挥不成比例的重要性。例如，Nollkaemper认为，重大环境损害是一种特殊类别的伤害，它自动地使这种损害性利用成为对国际水道的一种不公平利用③。此外，其他论者将《联合国水道公约》第7条、第20条和第21条解释为把审慎注意确立成了决定性因素，即因没有尽到审慎注意而导致的重大损害违背了公平利用规则，致使可以初步确定违法利用是不公平的④。但是，重大环境损害因素的相对意义和适用超出了本章节的范围，这在本书中的其他部分有详细讨论⑤。

有些国家试图将第6条纳入这一因素解释为：为了判定一项利用的公平性，造成重大损害应当是与其他因素获得同等考虑的一项因素。联合国大会工作组的瑞士代表团建议将不致重大损害义务的第7条删除，并修订第6条第1款d项的措辞，以更清楚地表

---

① 同上。

② *ILC Report* (1994), *supra*, n. 3 at p.182, at 291.

③ A Nollkaemper, *The Legal Regime for Transboundary Water Pollution: Between Discretion and Constraint* (Graham & Trotman, Dordrecht, 1993), at 68–69.

④ J. Brunnée and S. Toope, “Environmental Security and Freshwater Resources: A Case for International Ecosystem Law” (1994)5 *Yearbook of International Environmental Law*, at 64.

⑤ 详见本书第四章、第七章和第九章。

明“损害”是关于公平利用的因素之一[①]。这就与《赫尔辛基规则》所表达的立场更接近，其第5条第2款k项列举了相关因素，即“在不对共同流域国造成重大损害的条件下，对一个流域国的需要可以满足的程度”。但是，这一建议没有被接受；Tanzi and Arcari认为它没有抓住关于第6条第1款d项的要领。他们指出：

“从第1款d项的字面来看，似乎它没有如此关注可能伴随国际水道利用的‘重大损害’问题以及更广泛的‘影响’问题。因此，按照比较成本效益分析，该条款的目的应当是突出强调国际水道冲突利用的可能性。”[②]

因此，他们进一步认为，就水道的现有和潜在利用而言，“目前的规定要结合第6条第1款e项中规定的因素进行适用和解释”[③]。

八、其他因素

1997年《联合国水道公约》和1966年《赫尔辛基规则》都规定了建立国际水道利用公平制度的相关因素的清单，其本意是非穷尽的。因此，可能存在这两项文本文书中没有明确规定的其他因素，这些因素在特定情形下与用水公平制度的决定是相关的。我们可以从司法裁判和国家实践中确认少量的这种标准。

（一）尊重地方习俗

在某些情况下，地方习俗的存在本身可能构成一个相关因素。在这个语境下，“地方习俗”被定义为“利用河流及河水的一群居民从事的传统活动，不论这些活动是仅由地方传统实践构成还是依照习惯法的实践所构成”[④]，并且必须与现有惯例中明确列举的因素区别开。欧洲殖民势力通常在缔结边界协定时参考部落对土地

① UN Doc.WG/CRP.5. 详见Tanzi和Arcari文，第182页注①，132页。

② 第182页注①，第132页。

③ 同上。

④ Fuentes, 文，第182页注②，第373页。

与水的习惯性权利。例证包括1904年《英国与法国政府间关于划定黄金海岸与法属苏丹边界换文的备忘录》第3条[①]、1929年《英国与法国关于多哥兰托管领土划定边界的委员会最终报告的议定书》一般条款（k）[②]、《关于1924年〈英国与法国同意批准法属赤道非洲和英埃苏丹的边界议定书的换文〉的议定书》的一般条款（a）[③]、1926年《比利时和英国政府关于坦噶尼喀—卢安达—乌隆迪边界的换文》[④]以及1934年《比利时和英国政府关于坦噶尼喀和卢安达—乌隆迪边界水权的协定》的第9条[⑤]。这种规定通常都试图保持原住民传统的取水、捕鱼以及通行权。同样，在亚洲，1942年《阿富汗、英国和印度政府间关于阿富汗和印度在阿尔讷瓦伊（Arnawai）和多卡里姆（Dokalim）邻近区域的边界的换文》就保留了灌溉和木材漂流的传统权利[⑥]。还有，阿富汗和俄罗斯之间达成的1887年《同意阿富汗西北边境分界第四号议定书》保留了灌溉运河的传统权利，尽管这些运河的用水源于外国[⑦]。

在海洋划界中地方习俗的意义似乎在司法和国家实践中都得到了认可。在“渔业案”中，国际法院裁定“在划定领海时，保存（挪威）王国渔场居民的传统权利，是一项正当的考虑因素。”[⑧]关于澳大利亚和巴布亚新几内亚海上边界的1978年《托雷斯海峡条约》专门建立了一个保护区，以保护本土居民的传统生活方式[⑨]。条约的第10条第3款规定：

① 参见布朗利文，第196页注①，第285页。

② Fuentes 文，第182页注②，第374页。

③ 布朗利文，第196页注①，第636页。

④ 同上，第746页。

⑤ *UN Legislative Texts and Treaty Provision*, at 98.

⑥ 同上，第274页。

⑦ See C. Aitchison, *A Collection of Treaties, Engagements and Sanads Relating to India and Neighbouring Countries* (Office of the Superintendent of Government Printing, India, Calcutta, 1909), vol. II, at 351–354, cited in Fuentes, *supra,* n.2 at p.182, at 375.

⑧ *Fisheries (United Kingdom v. Norway), ICJ Reports(1951)* 116, at 142.

⑨ 18 *ILM* (1979), at 29l.

> “缔约方建立保护区并确定其东南西北边界的主要目的，是承认和保护传统居民的传统生活方式和生计，包括传统的渔业和自由流动。”

《托雷斯海峡条约》进一步明确规定，必须允许延续地方习俗，并且无须顾及这些习俗得以实施的领土的管辖权[①]，甚至传统的捕鱼权优先于养护措施的适用[②]。

更重要的是，Fuentes指出了还存在根据国际人权法保留自然资源传统用途的法律义务，特别是涉及土著人的权利[③]。她引用国际劳工组织《关于保护和同化在独立国家中土著人和其他部落与半部落人民的第107号公约》[④]的第7条要求保留他们的习惯法和制度；国际劳工组织《关于独立国家中土著和部落人民的第169号公约》[⑤]第14条第1款规定，人民特别是游牧民族和无定居地点耕种者享有“对非为其独立但又系他们传统地赖以生存和进行传统活动的土地的使用权。”与共享水资源更加相关的该公约第15条第1款规定：

> “对于有关民族对其土地的自然资源的权利应给予特殊保护。这些权利包括这些民族参与使用、管理和保护这些资源的权利。”

更普遍地，1966年《公民与政治权利国际公约》[⑥]第1条第2款规定，所有人可以自由处置其自然财富和资源，并且在任何情况下不得剥夺人民自己的生存手段[⑦]。

（二）当事方的行为

如上所述，克里希纳水争端法庭的结论是，截至1960年9月

---

① 第12条。

② 第20条。

③ 第182页注②，第377页。

④ 328 UNTS 247.

⑤ *International Labour Conventions and Recommendations* 1919–1991（Geneva, 1992）, vol. 2, at 1440.

⑥ 同上。

⑦ Brownlie, Basic Documents on Human Rights (OUP, Oxford, 1992), at 125.

的所有在运营或在建项目对水的要求应当优先于拟议的利用，这是基于在直到当时当事方没有提出异议的事实上。法庭认为，“截至1960年9月做出的所有承诺没有得到沿岸各邦的任何抗议，基于善意理解，这些利用应当得以继续”，这一点是重要的①。Fuentes指出，在得出这一结论时，法庭明显受到了一些学者的影响，他们断言，为了确立有益利用的合法性，有益利用“决不能建立共享河流利用国不断抗议的基础上，这些国家要求通过和平方式……解决问题。”②美国最高法院也同样裁定，一个州没有抗议而允许其他州多年利用有争议的水域，这是重要的③。事实上，在“科罗拉多州诉堪萨斯州案”中，最高法院认定，堪萨斯州对科罗拉多州利用水域（活动）的发展的默许，证明（这）不利于堪萨斯州的主张。法院陈述道：

“即使堪萨斯州关于增长的消耗和确保赔偿的主张看起来很重要，但是很明显，在科罗拉多州在灌溉基础之上持续用水的21年间，堪萨斯州没有采取任何行动，直至1928年科罗拉多州就本案提出申诉。”④

这一立场在国家实践中也被采纳过。例如，智利在与玻利维亚关于劳卡河（Lauca River）的争端中，提出了默许或“疏忽”的问题，

“在过去22年间两国外交部之间大量的换文中，玻利维亚政府从未以对玻利维亚产生伤害而反对该项目。”⑤

---

① *Report of the Krishna Water Disputes Tribunal,* vol. 1, at 100.

② J. G. Laylin and B. M. Clagett, “The Allocation of Waters of International Streams”, in S. Smith and E. Castle (eds), *Economics and Public Policy in Water Resource Development* (Iowa University Press, Ames, 1964), cited ibid. See Fuentes, supra, n. 2 at p.182, at 367.

③ See, for example, *Washington v. Oregon,* 297 US 517(1936), at 527 and *Wisconsin v. Illinois*, 281 US 179(1930), at 200.

④ 320 US 383(1943), at 394.

⑤ Statement by Mr Sotomayor, Minister of Foreign Affairs of Chile, to the Council of the Organisation of American States, OEAfSer.GNI(19 April 1962), at 2, cited in Lipper, *supra*, n. 6

Lipper 认为“虽然疏忽不排除救济，但是这是一个相当重要的因素。”①

九、结语

因此，很明显，在决定国际水道利用公平制度之中适用公平原则，比起在大陆架划界中更具有分配正义的性质。关于社会和经济需要的因素，尤其是关于人的基本生存需要的因素，明显优先于包括了有关水道的地理、水道测量和水文条件等因素在内的其他因素。包括水道沿岸国家的河岸线长度、流域国领土范围内的流域范围以及流域国对水道流量的数量共享等在内的物理因素只能发挥次要作用；因此，与大陆架划界中国际法的适用形成对比，比例性仅仅发挥了矫正公平的次要功能。从对该领域的国家和司法实践以及编纂国际水法文件的简要考察来看，尚无法判定环境和自然保护因素在决定公平利用中的相对重要性。有必要首先对国际环境法的规范性规则和原则的最近发展进行评论，并考察其被纳入适用于国际水道利用中的重要性法律汇编和条约文书的情况。

---

at p.188, at 85.

① 同上。

第七章　国际水道的环境保护（一）：国际习惯法和一般国际法的实体性规则

1997年《联合国水道公约》①以及其他公约的条款都明确关注了国际水道的环境保护，还有一些国际习惯法的规则和原则在最近几十年得到发展，被期待在这一领域发挥作用。这些规则和原则的存在以及（相对次要的）它们的规范地位在很大程度上已经被“反复出现的条约条款、国际组织的建议、国际会议最终通过对决议以及其他对国家实践产生影响的文本的不断累积”所确认②。这些规则包括预防跨界污染及污染相关的国家责任和赔偿责任的规则、合作义务、对可能产生跨界影响的项目进行环境影响评价的要求。习惯法原则则包括了风险预防原则、可持续发展原则、代际公平原则、共同但有区别的责任原则，此外，正在形成中的原则，即那些最终能够成为国际环境习惯法一部分的原则，例如所谓的“生态系统”，也可能被确认。这些规则原则的核心

① (1997) 36 *ILM* 719 (New York, 21 May 1997) 尚未生效（以下简称“《联合国水道公约》”）。不过，尽管该公约尚未生效，但它作为对关于水道的现行国际习惯法和一般国际法的陈述依然享有很高的影响力和说服力，因为它是国际法委员会20多年来对国际水道法律与实践的状况进行深入研究的结晶。

② P.-M. Dupuy, “Overview of the Existing Customary Legal Regime Regarding International Pollution”, in D. B. Magraw (ed.), *International Law and Pollution* (University of Pennsylvania Press, Philadelphia, 1991), 61, at 61.

意义在于，正如国际社会对环境保护关注的法律表达不断在积累，它们指出了那些可能被界定为国际河流环境保护的中心问题以及思考这些问题的方式。这些关于环境的国际习惯法和一般国际法的规则和原则的规范内容，则是解释和适用在1997《联合国水道公约》及其他相关文件的环境条款中概要规定的规则和原则。事实上，后来有人提出，一般国际环境法的实体性和程序性规则和原则凭借其精深和广泛的演绎，确定环境因素有可能在决定共享淡水资源利用公平制度中占据重要的地位。另外，在解决共享水资源的国际环境争端时，国际习惯法可以继续发挥重要的辅助作用，因为它可以适用于非《联合国水道公约》以及其他国际条约缔约国，或者因其声明保留而无法适用《联合国水道公约》的缔约国之间的争端。事实上，在国际法委员会将国际水道非航行利用的议题进行法典化之前，联合国大会认为，尽管存在很多的专门调整一些特定国际河流利用的条约，但多数情形下仍然是国际习惯法而不是国际公约在起作用①。

近年来，关于很多国际环境规范和原则的明确法律地位——它们通常被看做具有国际习惯法中的强制力，存在着很多争议。Bodansky 把国家行为作为判断一项规范是否是习惯法一部分的基础，他指出："根据正统的国际习惯法，极少有国际环境法原则可被认定为是习惯法"②。就诸多被提及的国际习惯法规范（包括预防跨界污染、预防原则和通知义务）而言，他注意到，可能除了

① See *Survey of International Law*, Working Paper prepared by the Secretary-General in the Light of the Decision of the Commission to Review its Programme of Work, UN Doc. A/CN.4/245 (1971), para. 285, at 141. See further, G. Hafner and H. L. Pearson, "Environmental Issues in the Work of the International Law Commission" (2000) 11 *Yearbook of International Environmental Law*, 3, at 11.

② D. Bodansky, "Customary (and Not So Customary) International Environmental Law" (1995) 3 *Global Legal Studies Journal*, 105, at 112. See also, H.E. Chodosh, "Neither Treaty Nor Custom: The Emergence of Declarative International Law" (1991) 26 *Texas International Law Journal*, 87; and N. C. H. Dunbar, "The Myth of Customary International Law" (1983) 8 *Australian Yearbook of International Law*.

国际法委员会和国际法协会的一些工作外，法学专家关于国际习惯法的断言，并不是基于国家的行为，而是基于国家和诸如法院、仲裁机构、政府间或非政府国际组织和法学家等非国家主体所通过的文本”①。这些文本包括案例、成文法、条约、法典编纂、决议与宣言。因此，他认为这些规范的特点更多的是“宣言式”②的而非习惯法；但他也承认，尽管它们的有用性被限于法院和仲裁庭的第三方争端解决之中，但这些规范仍然在自愿遵守和双边与多边谈判中起着重要作用③。事实上，因为法院和仲裁庭迄今④在国际环境争端中起到的作用相当微小，“宣言式”的国际环境法规范可以通过向国家施加履约压力⑤或通过影响谈判和其他他方控制机制（second-party control mechanisms），发挥非常重要的作用。

---

① 同上，第 113 页。

② 同上，第 116 页。亦可参见 Chodosh 文，第224页注②。

③ 同上，第 117~119 页。See further, M. Ehrmann, “Procedures of Compliance Control in International Environmental Treaties” (2002) 13 *Colorado Journal of International Environmental Law and Policy*, 377–443. See generally, selected essays in D. Shelton (ed.), *Commitment and Compliance: The Role of Non-Binding Norms in the International Legal System* (OUP, Oxford, 2000) in particular, A. Kiss, “The Environment and Natural Resources: Commentary and Conclusions”, at 223~242.

④ Bodansky 认为：“国际法院设立环境事项分庭和近来瑙鲁与澳大利亚以及匈牙利与斯洛伐克之间的案件意味着一个更重要的司法角色的出现”。同样，Stephen Schwebel 法官也认为“国际法律裁判机构数量的增多，可能意味着更多的争端将提交到国际司法解决。国际裁判越多，就越有可能推动更健康地模仿‘司法惯例’（*Annual Report of the ICJ to the 54th General Assembly*, UN Doc. A/54/PV.39, 26 October 1999, at 3,），无论如何，更多地诉诸法院（国际法院）也就可能昭示着国际关系中相对缓和状态的延续”。（*Annual Report of the ICJ to the 53rd General Assembly*, UN Doc. A/53/PV.44, 27 October 1998, at 4.）关于国际法院设立环境事项分庭以及越来越多的环境案件被提上国际法院的背景，参见 M. Fitzmaurice, “Environmental Protection and the International Court of Justice”, in V. Lowe and M. Fitzmaurice (eds), *Fifty Years of the International Court of Justice* (Cambridge University Press, Cambridge, 1996) 293, at 305~314. 关于非统组织调停调解委员会，参见 T. O. Elias, “The Charter of the Organisation of African Unity” (1965) 59 *American Journal of International Law*, 243, at 263~264.

⑤ See further, T. M. Franck, *The Power of Legitimacy Among Nations* (Oxford University Press, New York/Oxford, 1990), at 41~42; M. E. O'Connell, “Enforcement and the Success of International Environmental Law” (1995) 3 *Indiana Journal of Global Legal Studies*, 47.

Bodansky 得出这样的结论：

“这些规范最大的潜在影响是在他方控制机制上。大多数的国际环境问题是通过谈判而不是通过三方争端或者是单方行为的改变来解决的。在这个他方控制过程中，国际环境规范可以通过设定争辩条件、提供标准、作为对其他国家行为进行批评的基础以及谈判的原则框架以发展更具体的条约规范等方式来发挥作用。”①

而且，尽管国际环境规则具有宣言的性质，它们依然可以在宣示1997年《联合国水道公约》及其他条约性文件所规定的规则和原则方面起到重要的作用。正如 Dupuy 指出的那样：

“由这些政府间国际组织以及较低层次的非政府间国际组织机构，如国际法研究院 (Instiut de Droit Internationale)、国际法协会和世界自然保护联盟，制定的一系列指南，已经逐渐渗透到当代的国家实践中。在一些情况下，这些指南对确立一些国家标准的定义做出了重大贡献，这些标准建立在可从‘良治’的当代国家引申出审慎注意义务的基础上。”②

他进一步指出，

“软法（那些本身不具有严格法律约束力的国际指令或约定）也应在尝试分析和解释何为‘硬法’时加以考虑，后者是指其本身根据国际法具有法律约束力的国际指令与约定。”③

具体而言，Dupuy 建议，在条约实践与国际组织的软法指南中得以确认的两种趋势，都应当被考虑到，“以此来更准确地界定‘审慎注意’义务的具体内容”④。当然，这些规范性规则和原则被持续纳入国际组织特别是联合国的宣言和决议中，对习

① 第224页注②，第118~119页。

② 第223页注②，第61页。

③ 同上，第62页。

④ 同上，第69页。

惯的形成起着重要作用。就如田中法官在其对“西南非洲案（第二阶段）”的《不同意见书》中，就联合国决议和宣言反复被宣示指出：

“这些集合的、累积的、有机的习惯产生过程的特点在于，它是介于公约立法与传统习惯的形成之间的一种中间道路，在国际法的发展中扮演重要角色。”①

可以预见，这些过程对国际环境法的发展起到极为重要的作用，在该领域宣示性软法文件的适用已极为普遍。同时，一些重要的评论者仍坚持认为，在习惯的形成中，“国家的行为比他们的言论更为重要。”②阿库斯特（Akehurst）等其他论者则批评区分“物理要素”和“惯例”的其他“要素”的做法，认为“这是人为地将国家的言论与行为对立起来”③。事实上，Hohmann 指出，“与国际法的其他领域不同，国际环境法受到大量的指南、决议和宣言的影响”，这些属于软法（与硬法相对）的文件的集合并不能很好地体现国际环境法的现代立法方式的特点④。他认为，要确定习惯法，国家实践应当减化为满足以下三个标准的外交实践：

“（1）各国均认可相关决议（确立的）价值并认为有尽快确立法律规则的必要性；

---

① (1966) *ICJ Rep.* 248, at 292.

② S. M. Schwebel, “The Effect of Resolutions of the U.N. General Assembly on Customary International Law” (1979) *Proceedings of the American Society of International Law*, at 304. See, in support of this view, A. A. d’Amato, *The Concept of Custom in International Law* (Cornell University Press, New York, 1971), at 88~91. See generally, H. Meijers, “On International Customary Law in the Netherlands”, in I. F. Dekker and H. H. G. Post (eds), *On The Foundations and Sources of International Law* (T.M.C. Asser Press, The Hague, 2003) 77, at 83~84.

③ M. Akehurst, “Custom as a Source of International Law” (1974~1975) 47 *British Yearbook of International Law*, at 3.

④ H. Hohmann, *Precautionary Legal Duties and Principles of Modern International Environmental Law* (Graham & Trotman, London, 1994), at 335.

（2）必须不存在有预先存在的习惯法被取代的问题；

（3）应当有国家（对外）实践的一定证据。”①

Hohmann 看到了软法性文件在确认习惯方面的基本作用，因为它“巩固了各国‘法律确念’成文化的指标”②。但同时他也指出：

“习惯法义务也可能通过条约确立……是否有形成法律确念的迹象、条约是否采纳了这项规则、该规则是否被普遍适用、它是否被纳入一项全球性条约或者至少两个不同地区的两项区域性协定中。”③

因此，“通过宣言确立的习惯法规则可以找到进入协定的路径，反之亦然”④。

还有人强调了宣言性文件在解释国际法一般原则与习惯法规则间难以捉摸的区别方面的重要性。菲德罗斯（Verdross）认为，

“一项法的原则的产生与一项习惯规则的产生之间的区别在于下列事实，即就后者而言，法律确念在长期的国家实践中自我阐示，而就前者而言，法律原则产生于其被国家在联大内外明确承认之时。”⑤

Boustany 指出，这些原则的实际履行可以将其转变成习惯法规则；⑥这种情况下“它们没有消失，而是隐藏在具有相同内容的习惯规则之中”⑦。

---

① 同上。

② 同上，第 336 页。

③ 同上，第 337 页。

④ 同上。

⑤ A. Verdross, “Les principes généraux de droit dans le système des sources du droit international”, in M. Guggenheim, I.U.H.E.I. (Genève, 1968) 521, at 526, quoted and translated in K. Boustany, “The Development of Nuclear Law-Making or the Art of Legal’Evasion” (1998) *Nuclear Law Bulletin*, No. 61, 39, at 42.

⑥ 同上。

⑦ N. Q. Dinh, P. Daillier and A. Pellet, *Droit International Public* (5th edn) (LGDJ, Paris,

可能体现在一般国际习惯法具有普遍约束力的规范之中的规则和原则的最重要的来源，是相关多边和双边条约条款的累积性体现。就如罗伯特·詹宁斯爵士在联合国环境与发展大会上的致辞所说，

“国际法院的一项基本任务就是，通过适用制定良好的规则和标准，判定多边条件的规定是否已经从最初的契约性原则发展成一般国际习惯法规则。”①

当然，一项具有特定规范性质的规定被连续纳入到双边或多边条约中去，也为其被接受为国际法规则提供了重要的证据。特别是在共享水资源方面，联合国在1963年的一份出版物上列举了253项关于国际河流非航行利用的条约②，1974年的另一份联合国文件确认了在此期间又缔结了另外52项双边和多边协定③。显然，这些条约实践对国际法委员会起草1994《条款草案》起到了重要的辅助作用，该文件同时也是1997年《联合国水道公约》的基础；也促使国家主体和国际政府组织承认在没有双边或多边条约的特殊情况下，这些原则可以被适用到国际水道的环境保护中④。反过来，这

1994), at 345, quoted and translated in Boustany, *ibid.*

① The text of the statement is reproduced in R. Jennings, “Need for Environmental Court?” (1992) 22(5/6) *Environmental Policy and Law*, 312, at 313, and in (1992) 1 *Review of European Community and International Environmental Law*, 240, quoted in M. Fitzmaurice, *supra*, n. 4 at p.225, at 300.

② *UN Legislative Series, Legislative Texts and Treaty Provisions Concerning the Utilization of International Rivers for Other Purposes than Navigation*, UN Doc. ST/LEG/LER. B/12. See C. O. Okidi, “‘Preservation and Protection’ Under the 1991 ILC Draft Articles on the Law of International Watercourses” (1992) 3 *Colorado Journal of International Environmental Law and Policy*, 143, at 144.

③ *Legal Problems Relating to the Non-Navigational Uses of International Watercourses*, UN Doc. A/CN.4/274, prepared during the 26th session of the ILC, and reproduced in (1974) 1 *Yearbook of the International Law Commission*. See Okidi, *ibid.*

④ 该论断被力主纳入1977年在阿根廷马德普拉塔联合国水会议的建议中。See *Report of the United Nations Water Conference*, UN Doc. E/CONF.70/29, at 115. See further, Okidi, *ibid*, at 159.

些规则和原则被纳入到国际法委员会的《联合国水道条款草案》及之后的《公约》中，极大地提升了它们作为一般习惯法既定规则或形成中的规则的地位；考虑到国际法委员会在联合国系统内特殊功能以及他们对发展国际法的谨慎态度——这也受到了国际间国家实践的制约——更是如此[①]。

同样值得一提的是，近些年评论者认为多边开发银行和其它发展机构在执行可持续发展标准和原则中的重要性日益突出[②]。事实上，Handl 认为，尽管多边开发银行的职责并不包括明确的环境义务或责任，但它们具有法律义务去根据具有国际习惯法或一般法律原则地位的国际环境规则行事[③]。他认为，该义务不仅是简单体现在不得贷款给可能对环境造成损害的项目上，还是一种更积极主动的义务，“以积极作为来推动可持续发展目标的普遍实现”[④]。显然，多边开发银行至少已经常规性地适用开发规划的环境影响评价程序，通过协助制定国家环境行动计划或其他能力建设措施来影响借贷国的一般经济政策。事实上，在2003年6月初，世界上十家主要的商业银行就已同意遵守世界银行关于（特别是向欠发达国家）基础设施项目贷款的环境标准自愿守则[⑤]。这些银

① See further, J. Brunnée and S. J. Toope, “Environmental Security and Freshwater Resources: A Case for International Ecosystem Law” (1994) 5 *Yearbook of International Environmental Law*, 41, at 58.

② See, in particular, G. Handl, *Multilateral Development Banking: Environmental Principles and Concepts Reflecting General International Law and Public Policy* (Kluwer Law International, London, 2001). See also, B. Richardson, *Environmental Regulation through Financial Organisations* (Kluwer Law International, The Hague, 2002); A. N. Gowland Gualtieri, “The Environmental Accountability of the World Bank to Non-State Actors” (2001) 72 *British Yearbook of International Law*, 213; P. T. B. Kohona, “Implementing Global Standards – The Emerging Role of the Non-State Sector” (2004) 34/6 *Environmental Policy and Law*, 260.

③ 同上，第 13~19 页。

④ 同上，第 31 页。

⑤ See *The Economist*, 7 June 2003, at 7. 世界银行集团的私营领域贷款机构——国际金融公司制定了所谓的“赤道原则”（参见 www.ifc.org），它适用于项目融资并被多个争端所引用，如爱尔兰的 Karahnjukar 发电厂和巴库—第比利斯—杰伊汉（BTC）输油管道。详见 Kohona 文，本页注 ②。关于赤道原

行同意对威胁环境和当地生计的大坝和石油管道等项目使用严格的放贷规则。

与此类似的，国际贸易法在国际贸易争端中确立和适用形成国际环境法规则中所起的积极作用也越加明显①。例如，WTO的上诉机构最近在“虾与海龟案”中已认可了“可持续发展”的概念是国际法的一项基本目标②；与此同时，在“牛肉荷尔蒙案”③中，它将所谓的“风险预防原则”的要素融入WTO协定中，并因此被纳入到国际贸易体系之中。

一、预防跨界污染的义务

Dupuy把预防或减轻跨界污染造成的重大损害或者造成重大损害的重大风险的义务，视为“既定义务”④。进而在对条约法、国际决议和区域实践进行广泛比较的基础上，他对该义务的看法是：

> 国家在根据其发展政策行使主权开发利用自然资源中，应当考虑到其管辖范围内的实际行为或者预期行为可能对境外环境所造成的影响，他们应当一秉诚信并审慎注意，通过制定适合环境保护要求的规则和程序及监督其有效适用的方式，采取适当措施预防跨界污染。”⑤

很多评论者认为这项义务已成为一种国际习惯法⑥。典型的例

则的一般情况，详见本书第九章。

① See generally, K. Bosselman and B. Richardson (eds), *Environmental Justice and Market Mechanisms* (Kluwer Law International, The Hague, 2001).

② *US-Import Prohibition of Certain Shrimp and Shrimp Products* (1998), WTO Appellate Body, see *infra*.

③ 关于1998年WTO上诉机构肉与骨头生产的措施，在120~125段。

④ 第223页注②，第63页。

⑤ 同上。

⑥ See, *inter alia*, A. Kiss and D. Shelton, *International Environmental Law* (Graham & Trotman, London, 1991), at 130; P. Sands, *Principles of International Environmental Law* (Manchester University Press, Manchester, 1995), at 190; E. Brown Weiss, S. C. McCaffrey,

证包括，Wolfrum断言，“国际法上一致认为，一般而言跨界损害是被禁止的，这些禁止实质上是在国际习惯法下发展而来的”①。类似的，在1992年，Birnie和Boyle总结道：

“毋庸置疑，国际法要求国家采取适当的步骤控制和规制其境内或在其管辖范围内存在严重的全球环境污染或跨界环境损害的来源。这是一项预防损害的原则，而不只是事后赔偿的基础，尽管在司法适用中通常采取的是赔偿形式。”②

随后他们还就该原则的法律地位和实体内容作了如下陈述：

“在国家实践、司法裁判、国际组织的声明以及国际法委员会的工作中，有两项建议得到了普遍支持，可以被视为国际习惯法，或者在某些方面视为法律的一般原则：

1. 国家有义务预防、减轻和控制污染和环境损害；

2. 国家有义务通知、协商、谈判以及在特定情况下通过环境影响评价等方式进行国际合作减缓环境风险和紧急状态。”③

OECD提出了被广泛认可的跨界污染的定义：

“任何有意或无意的污染，只要其物理来源源自或全部或部分位于一国管辖范围内的区域、而对其他国家管辖范围内的区域造

D. B. Magraw, P. C. Szasz and R. E. Lutz, *International Environmental Law and Policy* (Aspen Publishers, New York, 1998), at 317; D. Hunter, J. Salzman and D. Zaelke, *International Environmental Law and Policy* (Foundation Press, New York, 1998), at 345; D. Wirth, “The Rio Declaration on Environment and Development:Two Steps Forward and One Back, or Vice Versa?” (1995) 29 *Georgia Law Review*, 599, at 620.

① R. Wolfrum, “Purposes and Principles of International Environmental Law” (1990) 33 *German Yearbook of International Law*, 308, at 309.

② P. Birnie and A. Boyle, *International Law and the Environment* (Clarendon Press, Oxford, 1992), at 89.

③ P. Birnie and A. Boyle, *International Law and the Environment* (2nd edn) (OUP, Oxford, 2002), at 104~105. 有意思的是，Dupuy也把预防跨界污染义务的实际实施和引入环境影响评价程序联系起来，第223页注①，第66~68页。参见下文。

成了影响。”①

最近对跨界污染的定义倾向于包括对国家管辖范围外区域产生的影响②。因为，“污染”被定义为：

“人们利用的物质或者能量直接或间接地进入环境，导致对自然的有害影响，以至于危及人类健康、危害生命资源和生态系统，以及损害或妨碍舒适性和环境的其他合法用途的现象。”③

此原则通常被表述为是对“任何人使用自己的财产不得损害他人的财产”（sic utere tuo, ut alienum non laedas）格言的适用，它的产生可以追溯到对“特雷尔冶炼厂（Trail Smelter）仲裁案”的裁决：

“任何国家都无权利用或允许利用其领土，以致……在他国领土或对他国领土或该领土上的财产和生命造成损害，如果已产生后果严重的情况，而损害又是证据确凿的话。”④

这项原则在“科孚海峡案”（Corfu Channel）中得以确认，尽管国际法院没有处理跨界污染问题，但阐明了该项普遍原则，即任何国家都不得故意允许其领土被用于损害其他国家⑤。国际法院

① OECD Resolution C(77)28 (17 May 1977). See, OECD, *OECD and the Environment* (OECD, Paris, 1986), at 151.

② 有意思的是，为了跨界损害国际责任的目的，国际法委员会最近通过了一套八项原则限制跨界损害的概念，其仅包括“国家管辖范围内的人身、财产（包括国家财产和自然遗产的要素）和环境的损失”。参见 P. S. Rao, “International Liability for Transboundary Harm” (2004) 34/6 *Environmental Policy and Law*, 224, at 226 (着重强调). 对关于危险活动产生跨界损害所致损失情况下国际责任的 2004 年原则草案的文本和评注意见，参见 *Report of the International Law Commission*, UNGAOR, Fifty-ninth session (2004), A/59/10, Ch. VII, paras 158–176.

③ 同上。

④ *US v. Canada*, 3 *RIAA* (1941), at 1965。尽管 Bodansky 很快地指出了这项决定不过是一个仲裁小组的决定，“这也是50年之后唯一一项确认国家对造成跨境损害承担国家责任的案例”。见第224页注②，第 114 页。

⑤ U.K V. Abbannia, ICJ Rep.(1949) 4.

明确宣称，每个国家都有义务不得允许其领土被用于侵害他国权利的活动[①]。在涉及西班牙和法国关于在国际水道上建大坝计划的争端的“拉努湖(Lac Lanoux)仲裁案”[②]中，仲裁庭附带指出“存在一项规则，其禁止上游国家改变河流河水对下游国家造成重大损害”[③]。最近，在“关于威胁使用核武器的合法性的咨询意见”中，国际法院已经将预防、减轻和控制跨界污染的一般义务认定为“关于环境的国际法的一部分”[④]。在此之前，在关于法国地下核试验的“关于审查情势的请求”中，尽管法院裁定其没有管辖权，但Weeramantry与Koroma在其单独意见书中都倾向认为根据1972年《斯德哥尔摩宣言》第21条，国际法应当要求各国不得造成或允许严重损害[⑤]。最近，在“加布奇科沃－大毛罗斯大坝案”中，法院认为，极其严重与急迫的环境威胁可以构成一种生态必要性的状态，为一国终止条约提供依据，这也间接地承认了预防跨界环境损害是一项一般义务[⑥]。Birnie和Boyle认为：

“尽管法院的环境判例并不广泛……但其判决确认了存在预防跨界污染、合作管理环境风险、公平利用资源以及（稍显不太确定的）执行环境影响评价与监测等这一法律义务。”[⑦]

---

① 同上，第22页。

② *Lac Lanoux Arbitration (France v. Spain)*, award of 16 November 1957, 12 *RIAA* 281.

③ See (1974) *Yearbook of the International Law Commission*, vol. 2, part 2, 194, at 197, para 1065.

④ (1996) *ICJ Rep*. 226, at para. 29.

⑤ *Request for an Examination of the Situation in Accordance with Paragraph 63 of the Court's Judgment of 20 December 1974 in Nuclear Tests [New Zealand v. France]*, Order 22 IX 95, *ICJ Rep*. (1995) 288. 参见Birnie和Boyle书，第232页注③，第107页。关于原则21，参见下文。

⑥ *ICJ Rep*. (1997) 7. See further, “Symposium” (1997) 8 *Yearbook of International Environmental Law*, 3~50; O. McIntyre, “Environmental Protection of International Rivers”, Case Analysis of the ICJ Judgment in the Case concerning the Gabcikovo-Nagymaros Project (Hungary/Slovakia) (1998) 10 *Journal of Environmental Law*, 79~91.

⑦ 见第232页注③，第108页。

国际社会早已接受了这项原则，它得到了大量有影响力的宣言和决议的支持。最值得注意的是，在1972年联合国人类环境会议上通过的《斯德哥尔摩宣言》第21条提出：

“按照《联合国宪章》和国际法原则，各国有根据自己的环境政策开发自己资源的主权；并且有责任保证在他们管辖或控制之内的活动，不致损害其他国家或在国家管辖范围以外地区的环境。”①

在斯德哥尔摩大会上，许多国家，特别是美国与加拿大②认为原则21符合国际法的规定，随后的联大决议将原则21与原则22视为“调整该问题的基础规则”③，该决议获得了全部112个国家的支持，没有国家反对。显然，原则21包含了两个明显矛盾的方面，即开发利用资源的主权权利和预防跨界污染的义务，最有说服力的说法是后者是对前者的一种限制。这也是加拿大代表团在斯德哥尔摩谈判上的意图所在，其声称：

“该原则反映了现有的国际法规则，其第一段强调了国家的权利，‘然而第二段明确指出这些权利必须受到责任的限制或是平衡，以确保权利的行使不对其他国家造成损害。”④

原则21条所述的规则被全球性和区域性国家间机构所通过的众多国际文件所确认。例如，联合国大会1973年《关于对两个或多国共享自然资源进行环境合作的决议》⑤、1974年《各国

① *Report of the United Nations Conference on the Human Environment* (Stockholm, 5–16 June 1972), part I, chapter I, reprinted in 11 *ILM* 1416 (1972).

② UN Doc. A/CONF.48/14/Rev. 1, at 64~66. See L. B. Sohn, “The Stockholm Declaration on the Human Environment” (1973) 14 *Harvard International Law Journal*, 423.

③ UNGA Res. 2996 (XXVII) (1972).

④ 见 Sohn 文，本页注②，第 492 页。

⑤ UNGA Res. 3129 (XXVIII), U.N. GAOR Supp. (no. 30A), UN Doc. A/9030/Add.1 (1973).

经济权利和义务宪章》[①]、1974年OECD《关于控制水富营养化的建议》[②]、《关于特定污染物控制的建议》[③]和《关于跨界污染的建议》、[④]1975年《欧洲安全与合作会议最后文本》[⑤]、1978年《联合国环境规划署关于在两个或多个国家共享资源环境领域的行为原则》原则3[⑥]、1985年《东盟自然和自然资源保护协定》第10条和11条[⑦]。重要的是1975年《欧洲安全与合作会议的赫尔辛基最后文本》[⑧]，它后来催生了欧洲安全与合作组织[⑨]包括所有的欧洲国家、高加索和中亚地区的前苏联国家、美国和加拿大的建立，其前言指出：

"认识到各参加国，根据国际法原则，应本着合作的精神确保其境内开展的活动不致于对其他国家或者国家管辖范围以外的环境造成退化。"[⑩]

"无害"原则已被纳入国际法的法典编纂中，例如国际法协会《关于适用于跨界污染的国际法的蒙特利尔规则》，其第3条第1款规定"国家在开展合法活动时，有义务预防、减轻和控制跨界污染以免对其他国家造成重大损害"[⑪]。相应地，这项原则也被其他一些规范性环境条约制度所采纳，特别是1982年《联合国海洋

① UNGA Res. 3281, 29 UN GAOR Supp. (No. 31), at 50, UN Doc. A/9631 (1975), reprinted in 14 *ILM* 251 (1975).

② OECD Council Recommendation C(74)220, reprinted in OECD, *OECD and the Environment* (OECD, Paris, 1986), at 44~45.

③ OECD Council recommendation C(74)221,reprinted *ibid.*

④ OECD Council recommendation C(74)224,reprinted *ibid.*

⑤ 14 *ILM* 1292(1975)

⑥ UNEP/IG/12/2(1978).

⑦ (1985)15 *Environmental Policy and Law*, at 64.

⑧ 本页注⑤。

⑨ 欧安会由1990年《巴黎宪章》正式设立（30 *ILM* (1991), 193），于1994年更名为欧安组织。详见 P. Sands and P. Klein, *Bowett's Law of International Institutions* (Sweet & Maxwell, London, 2001), at 199~201.

⑩ 着重强调。

⑪ International Law Association, *Report of the 60th Conference* (1982), at 1~3.

法公约》第194条第2款规定，“各国应采取一切必要措施，确保在其管辖或控制下的活动的进行不致使其他国家及其环境遭受污染的损害”①。规定这项原则的还有1992年《关于工业事故跨界影响的埃斯波公约》②。

这一原则也被《里约宣言》原则2所确认，它重申了《斯德哥尔摩宣言》第21条，并顺带提到了“自己的环境与发展政策”③。在论及相关修改时，Sands得出的结论是，“加入这些词甚至将不造成环境损害的义务的范围扩大到既适用于国家的环境政策也适用于国家的发展政策”④。然而Birnie和Boyle则认为这无异于“确认可持续发展原则与各国对自己自然资源主权之间现行的也是必要的协调”⑤。这项规则已经被以这种形式纳入诸多里约会议所产生的各种条约中。例如,《生物多样性公约》⑥第3条和《气候变化框架公约》⑦的序言。它同样在后里约时代国际环境法的发展中发挥着重要作用。例如,《关于北极环境与发展的努克（Nuuk）宣言》⑧和1994年《荒漠化防治公约》⑨。可以明确的是，至少就“无害”原则后来的发展而言，它适用于相关国家行使主权管辖区之外的所有领域，因而可以扩展适用于保护所谓的“全球公域（global commons）”，如公海、深海海床、外空或者是全球气候⑩。

---

① 21 *ILM* (1982) 1261. See also Article 192(2).

② 31 *ILM* (1992) 1333.

③ *Rio Declaration on Environment and Development*, UN Doc. A/CONF.151/5/Rev.1 (1992), 31 *ILM* 876. Emphasis added.

④ P. Sands, *Principles of International Environmental Law* (Manchester University Press, Manchester, 1995), at 50.

⑤ 第232页注③，第110页。

⑥ 31 *ILM* (1992) 818.

⑦ 31 *ILM* (1992) 851.

⑧ (1993) 4 *Yearbook of International Environmental Law*, 687. See D. Rothwell, “The Arctic Environmental Protection Strategy and International Environmental Co-operation in the Far North” (1995) 6 *Yearbook of International Environmental Law*, 65.

⑨ 33 *ILM* (1994) 1016.

⑩ See, for example, UNGA Res. 2995 XXVII (1972), the preamble to the 1975 CSCE

国际法委员会自1978年以来已开始应对跨界损害的一般问题，在1996年形成了一项比较先进的《条款草案》①。2001年《预防危险活动导致跨界损害的公约》(以下简称《预防跨界损害公约》)草案②被提交到联合国大会，这一公约草案适用于可能导致重大跨界损害（包括环境损害风险）的所有活动。Birnie和Boyle认为：

"该公约草案提供了一种权威的对法的阐释，并成为国际法院工作时的裁判原则之一。委员会已经强调，根据其自己的标准，这些预防跨界污染的法律已经成熟，可以进行法典化。"③

事实上，在该公约草案的准备过程中，委员会已对该领域的国家实践进行了广泛的考察④。除了确认预防跨界损害的一般义务外，该公约草案还将与可能导致此类损害的活动的环境影响评价、通知、监测及审慎控制等有关的国际义务纳入其中。最具争议的是，该公约草案拟规定，关于预防跨界损害存在潜在争端的国家，必须根据公约列举的各项因素通过谈判达成公平的利益衡平，而水道国家必须根据"公平利用"原则来确立共享淡水资源利用的公平制度⑤。尽管该公约草案中的这一原则代表了对现有国际法的法典化这一说法是值得怀疑的，但在一定程度上也表明委员会利用了其之前关于国际水道非航道利用的工作。

Final Act, *supra*, n. 5 at p.236, and Article 194(2) of the 1982 United Nations Convention on the Law of the Sea, *supra*, 第237页注①.

① *Report of the Working Group on International Liability for Injurious Consequences Arising Out of Acts Not Prohibited by International Law*, in *Report of the International Law Commission* (1996) GAOR A/51/10, Annex 1, at 235.

② *Report of the International Law Commission* (2001) GAOR A/56/10. See further, A. Boyle and D. Freestone (eds), *International Law and Sustainable Development* (OUP, Oxford, 1999), Ch. 4.

③ 见第232页注③，第106页。

④ *Survey of State Practice Relevant to International Liability for Injurious Consequences, etc.* (1984) UN Doc. ST/LEG/15.

⑤ See further, G. Hafner and H. Pearson, "Environmental Issues in the Work of the International Law Commission" (2000) 11 *Yearbook of International Environmental Law*, 3.

虽然国家和条约的实践及国际软法文件均普遍支持存在着预防跨界污染这一国际习惯法义务，并称这项义务为“国际环境法的基石”①，但一些评论者仍然持怀疑的态度。例如，Knox 坚持认为，《斯德哥尔摩宣言》原则21“有一个问题——这对于国际习惯法的一项准原则而言是令人不安的——即它似乎没有在国家实践中得到必要的支持”②。他引用Schachter的观察指出，“面对每天都在发生的大量的跨界环境损害，坚持一国没有权利损害另一国的环境是堂吉诃德式的狂想”③。事实上，Knox 坚信一般禁止跨界污染并不享有习惯法的地位，因此他拒绝承认跨界环境影响评价法律要求的出现是实现这一规则的要求或是方式，相反他认为跨界环境影响评价是国内环境影响评价规则的副产品，也是非歧视原则的结果④。但是，这一观点没有充分考虑到，几乎没有人在支持这一义务具有国际习惯法地位会主张它禁止所有的跨界污染⑤。人们普遍认为，这一规则要受到两个合理的限制：一是损害或潜在损害必须超过“显著的”或“重大的”损害的边界，才属于被禁止的范畴⑥，这一立场特别得到了世界环境与发展委员会环境法专家组⑦、

---

① See Sands, *supra*, n. 4 at p.237, at 186; and E. Brown Weiss, S. C. McCaffrey, D. B. Magraw, P. C. Szasz and R. E. Lutz, *supra*, n. 6 at p.231, at 316.

② J. H. Knox, “The Myth and Reality of Transboundary Environmental Impact Assessment” (2002) 96 *American Journal of International Law*, 291, at 293. 亦可参见 Bodansky 文，第224页注②，第 110~111 页。

③ O. Schachter, “The Emergence of International Environmental Law” (1991) 44 *Journal of International Affairs*, 457, at 463.

④ 本页注②。详见下文。

⑤ 关于极少数论者依然主张禁止适用于所有跨界污染的情况，参见 S. E. Gaines, “Taking Responsibility for Transboundary Environmental Effects” (1991) 14 *Hastings International and Comparative Law Review*, 781, at 796~797.

⑥ See K. Sachariew, “The Definition of Thresholds of Tolerance for Transboundary Environmental Injury Under International Law: Development and Present Status” (1990) 37 *Netherlands International Law Review*, 193, at 196.

⑦ Experts Group on Environmental Law of the World Commission on Environment and Development, *Environmental Protection and Sustainable Development: Legal Principles and Recommendations* (1987) (Article 10), at 75. Reprinted in R. D. Munro and J. Lammers (eds),

国际法协会[①]、美国实践[②]的支持；二是这种禁止一般被理解为是反映了在“审慎注意”标准基础上的一种行为义务，而不是绝对的结果义务[③]。尽管对什么是“重大的”或“显著的”损害[④]以及可能包括的损害类型[⑤]还存在不确定性，但这些不确定性并没能降低这项规则的合法性。事实上，《斯德哥尔摩宣言》第22条要求各国消除这些不确定性，其规定：

“各国应进行合作以进一步发展关于管辖或控制之内的活动对其管辖以外的环境造成的污染和其他环境损害的受害者承担责任和赔偿问题的国际法。”[⑥]

Environmental Protection and Sustainable Development: Legal Principles and Recommendations Adopted by the Experts Group on Environmental Law of the World Commission on Environment and Development (Graham & Trotman, London, 1987). 专家组设立的目的是起草目前或截至2000年已经存在的法律原则、以支持所有国家内部和国家之间的环境保护和可持续发展，同上，第7页。

① 见第236页注⑪，第3条第1款。

② *Restatement (Third) of the Foreign Relations Law of the United States* (1987), para. 601.

③ See further, A. E. Boyle, “State Responsibility and International Liability for Injurious Consequences of Acts Not Prohibited by International Law” (1990) 39 *International and Comparative Law Quarterly*, 1, at 14~15; R. Pisillo-Mazzeschi, “Forms of International Responsibility for Environmental Harm”, in F. Francioni and T. Scovazzi (eds), *International Responsibility for Environmental Harm* (Graham & Trotman, London, 1991) 15, at 24; G. Handl, “National Uses of Transboundary Air Resources: The International Entitlement Issue. Reconsidered” (1986) 26 *Natural Resources Journal*, 405, at 429.

④ 例如，“显著”（substantial）损害与“重大”（significant）损害之间并不能相互替代。参见 S. E. Ganies 文，第239页注⑤，第769页。他认为，在美国国内法与国际法中，术语“显著”意味着损害的数量级，它要比不“重大”的损害严重得多。

⑤ 例如，对比一下 Handl 和 Rubin。Handl 主张物理损害、而不是“精神伤害”是认定环境损害国家责任所必要的，而 Rubin 认为跨界污染的国家责任应当包括无形伤害。See G. Handl, “Territorial Sovereignty and the Problem of Transnational Pollution” (1975) 69 *American Journal of International Law*, 50, at 75; and A. P. Rubin, “Pollution by Analogy: The *Trail Smelter* Arbitration” (1971) 50 *Oregon Law Review*, 259, at 273~274. See further, Knox, 第239页注②, at 294.

⑥ 见第235页注①。

这一呼声同时体现在《里约宣言》原则 13 中，它进一步要求各国应以“迅速并且更果断”的方式来制定这一领域的国际法[①]。

就特别与国际水道相关的国家实践而言，大量的双边和多边条约规定了某种形式的预防重大跨界环境损害的一般义务[②]。例如，1960 年联邦德国与荷兰缔结的边界条约第 58 条第2款 e 项规定：

> “缔约方……应采取或支持所有的措施……
>
> “e. 预防界水的过度污染，避免严重影响邻国对河水的习惯性利用。”[③]

类似的例证还有 1964 年芬兰与苏联签订的边界水道协定、1973 年墨西哥与美国关于永久和明确解决科罗拉多河盐分国际问题的协定[④]、1983 年美国与墨西哥关于环境项目与跨界问题的合作协定[⑤]。此外，Dupuy 注意到，在很多关于共享水污染的国家间争端中，国家已明确提及这一原则的法律价值，并且解释他们的行为并没有违反相关该项原则。他注意到，对这一原则的尊重解释了“巴西在和阿根廷对伊泰普河坝事务的态度，甚至是印度在与孟加拉就恒河部分分流时所面临困境的态度……”[⑥]。

尽管 Fuentes 并不认为存在一项优先的国际习惯法规则，可以去禁止利用国际水道以免对其他水道国造成重大环境损害，但还是很严谨地列举了在淡水条约中可以找到的禁止跨界损耗的条款并进行了如下分类[⑦]。

---

① 见第237页注④。

② 一般参见 Dupuy 文，第223页注②，第 65 页。

③ 508 *UNTS* 14

④ 12 *ILM* (1973) 1105.

⑤ 22 *ILM* (1983) 1025.

⑥ 第223页注②，第 66 页。详见 P.-M. Dupuy, “La Gestion concertée des resources naturelles: á propos du différend entre le Brésil et l’Argentine relatif au barrage d’Itaipu” (1978) 24 *Annuaire Français de Droit International*, 866.

⑦ X. Fuentes, “Sustainable Development and the Equitable Utilization of International Watercourses” (1998) 69 *British Yearbook of International Law*, 119, at 145–63.

“(1)在边界协定中禁止污染的条约[①];(2)绝对禁止污染上下游河流的公约[②];(3)禁止污染导致损害水道特定利用的条约[③];(4)禁止污染导致损害条约所提及的特定利益的条约[④];(5)并不绝对禁止污染但通过设立排放标准来进行规制的条约[⑤];(6)禁止

---

① For example, the 1950 Treaty between the Government of the Soviet Socialist Republics and the Government of the Hungarian People's Republic concerning the Regime of the Soviet-Hungarian State Frontier, Article 17, *United Nations Legislative Texts and Treaty Provisions concerning the Utilization of International Rivers for Other Purposes than Navigation*, at 824; the 1934 Agreement between the Belgian Government and the Government of the United Kingdom of Great Britain and Northern Ireland regarding Water Rights on the Boundary between Tanganyika and Ruanda-Urundi, Article 3, *ibid*, at 97~98; the 1949 Agreement between Norway and the Union of Soviet Socialist Republics concerning the Regime of the Norwegian-Soviet Frontier and Procedure for the Settlement of Frontier Disputes and Incidents, Article 14(1), *ibid*, at 880; the 1960 Frontier Treaty concluded between the Federal Republic of Germany and the Netherlands, Articles 57 and 58, *ibid*, at 757; the 1967 Treaty between Austria and Czechoslovakia concerning the Regulation of Water Management Questions relating to Frontier Waters, Article 3(4), 728 *UNTS* 313; the 1973 Rio de la Plata Treaty concluded between Argentina and Uruguay, Article 5 (1974) 13 *ILM* 260.

② For example, the 1971 Declaration on Water Resources signed by Argentina and Uruguay, text in *ILC Yearbook* (1974) vol. 2, part 2, at 324; the 1971 Act of Santiago signed by Argentina and Chile, *ibid.*

③ For example, the 1952 Agreement between the Government of the Polish Republic and the Government of the German Democratic Republic concerning Navigation in Frontier Waters and the Use and Maintenance of Frontier Waters, Article 17, *United Nations Legislative Texts and Treaty Provisions concerning the Utilization of International Rivers for Other Purposes than Navigation*, at 769; the 1960 Agreement between the Kingdom of Norway and the Republic of Finland regarding New Fishing Regulations for the Fishing Area of the Tana River, Article 18, *ibid*, at 620; the 1980 Agreement between France and Switzerland concerning Fishing in the Leman Lake, Article 6, FAO, *Treaties Concerning the Non-Navigational Uses of International Watercourses – Europe* (Rome, 1993), Legislative Study 50, at 354.

④ See, for example, Article IV of the 1909 Treaty between the United States and Great Britain relating to Boundary Waters and Questions Arising Along the Boundary between the United States and Canada, which provides that “waters flowing across the boundary shall not be polluted on either side *to the injury of health or property* on the other”, 102 *British and Foreign State Papers*, 137 (emphasis added).

⑤ For example, the 1978 Agreement between the United States and Canada on the Great Lakes Water Quality, 30 *United States Treaties and Other International Agreements*, 1384; the

环境损害以执行相关国家约定的国际水分配方案的条约①；(7) 考虑缔约方经济和技术能力以减轻污染的条约②；(8) 禁止产生跨界环境影响的条约③；(9) 建立应对国际水道环境退化合作机制的条约④；(10) 仅就可能导致国际水道污染活动进行措施设定义务的条约⑤；(11) 涉及平等利用和无重大环境损害原则同时适用的情形的条约。”⑥

但是，从这些条约实践中可以清楚地看出，相当长时间以来

1976 Convention concerning the Protection of the Rhine against Chemical Pollution, Article 1 (1977) 16 *ILM* 242; the 1976 Convention on the Pollution of the Rhine by Chlorides, *ibid*, at 265.

① For example, the 1960 Indus Water Treaty concluded between India and Pakistan, Article 4, *United Nations Legislative Texts and Treaty Provisions concerning the Utilization of International Rivers for Other Purposes than Navigation*, at 305; the 1973 Agreement on the Permanent and Definitive Solution to the International Problem of the Salinity of the Colorado River between Mexico and the United States (1973) 12 *ILM* 1105, which was concluded to give effect to the allocation of waters agreed under the 1944 Treaty relating to the Utilization of the Waters of the Colorado and Tijuana Rivers and of the Rio Grande; the 1994 Treaty of Peace between the State of Israel and the Hashemite Kingdom of Jordan, Annex II (1995) 34 *ILM* 59.

② For example, the 1958 Agreement between Czechoslovakia and Poland concerning the Use of Water Resources in Frontier Waters, Article 3(4), 538 *UNTS* 89.

③ For example, Article I of the Protocol on Shared Water Resources annexed to the 1991 Treaty concerning the Environment signed by Argentina and Chile (1993) No. 34,540 *Diario Oficial de la República de Chile*, at 3.

④ For example, the 1994 Agreements on the Protection of the Rivers Meuse and Scheldt, Article 2(2), (1995) 34 *ILM* 851 and 859; the 1994 Convention on Co-operation for the Protection and Sustainable Use of the Danube River, Article 4 (1994) 5 *Yearbook of International Environmental Law*, doc. 16.

⑤ For example, the 1964 Agreement concerning the River Niger Commission and Navigation and Transport on the River Niger, Article 12, text in H. Hohmann (ed.), *Basic Documents in International Environmental Law* (Graham & Trotman, London, 1992), vol. I, at 1263.

⑥ For example, the 1992 ECE Helsinki Convention on the Protection and Use of Transboundary Watercourses and International Lakes, Article 2; the 1997 UN Convention on the Law of the Non-Navigational Uses of International Watercourses, Articles 5 and 7; the 2000 Southern African Development Community (SADC) Revised Protocol on Shared Watercourses, Article 3.

水道国已经在国际水道管理和利用的文件之中，明确规定国家不得允许通过环境污染对其他水道国或损害或伤害。但问题是，这项义务并不是绝对的，或者说，从对特别利益的绝对保护到一般性的通知和告知义务，它的表现形式很多样化。可以十分明确的是，水道国长期以来都一致自愿受约束采取措施预防对共同流域国的环境损害。

在实践层面，要求国家对其管辖权范围以外区域可能造成重大损害的活动履行“审慎注意”义务，是实施“无害”规则的核心所在。简言之，审慎注意义务要求各国采用立法或是行政控制确保预防、缓解或减轻损害，尽管具体的行为标准可能是灵活的。Binie 和 Boyle 指出，通过查询条约或国际机构的决议和决定中所设定的国际最低标准，可以采取“有具体内容和可预见的”措施[①]。这一类的”生态标准“包括 1973 年《防止船舶污染国际公约》[②] 和 1972 年《伦敦倾销公约》的附件中所规定的标准[③]，这两项公约都被 1982 年《联合国海洋法公约》所提及并容纳。同样地，审慎注意义务的标准可以通过下列不断演化的标准来理解，如“最佳可得技术（BAT）”、“最佳可得但不造成额外负担技术（BATNEEC）”“最可行方法（BPM）”或“最可行环境选择（BPEO）”[④]。有意思的是，这一义务在准确确定发展中国家的法律义务时通常会给予发展中国家特别待遇[⑤]，因此这一方法也被用于践行正在形成中的“共同但有区别的责任”原则[⑥]。国际法委员会

---

① 见第232页注③，第 112~113 页。

② 12 *ILM* (1973) 1319.

③ 11 *ILM* (1972) 1294.

④ Examples include Article 4(3) of the 1974 Paris Convention for the Prevention of Marine Pollution from Land-Based Sources, 13 *ILM* (1974) 352, pursuant to which BAT standards have been adopted by the Paris Commission; and Article 6 of the 1979 Geneva Convention on Long-Range Transboundary Air Pollution, 18 *ILM* (1979) 1442.

⑤ 例如，1972 年《伦敦倾废公约》第 2 条要求缔约国“根据其科学、技术、和经济能力”采取有效措施。

⑥ 在确定发展中国家法律义务的内容时应给予其特别待遇的观点反映在《人类环

的《预防跨界损害国际公约》草案对履行审慎注意义务的实质性内容提供了有效的权威的指导，并确定了四大要素：

（1）采取一切适当的措施预防或使风险最小化；

（2）就此目的与其他国家和主管国际组织合作；

（3）通过必要的立法、行政或其他方式（包括监测机制）使其得以执行；

（4）在事先评价可能产生的跨界损害的基础上，建立所有相关的行为或重大改变的事先批准制度①。

就审慎注意义务的形成而言，Binie 和 Boyle 明确地得出以下结论：

> "在条约、判例法、国家实践中有充分的依据表明，国际法委员会草案的这些规定可以视为现有国际法的法典化。这反映了国家在控制跨界污染风险及实施《里约宣言》原则2时所要求的最低标准。"②

无论如何，预防跨界损害的义务都不能与其他一系列新近发展的相关联的义务隔离开来，例如合作义务和环境影响评价义务，通过这些义务"无害"原则才得以实施，并被提升到了规范地位。

通过以上讨论，我们可以明确得出的结论是，"无害"规则已成为"一种主要的预防和控制手段"③，这一结论可通过一些主要的条约性文件对该项规则的表述得到证实。例如，1982 年《联合国海洋法公约》第 194 条第 2 款规定，"各国应采取一切必要措施，确保在其管辖或控制下的活动的进行不致使其他国家及其环境遭受污染的损害"。国际法委员会《预防跨界损害公约》2000 年草案第 3 条中要求缔约国"采取一切措施预防或减小重大跨界损害的风险"。

境宣言》原则 23、《里约宣言》原则 6、原则 7 和原则 11 以及《臭氧层议定书》、《气候变化公约》和《生物多样性公约》中。见 Birnie 和 Boyle 书，第232页注③，第 112 页。

① 见第238页注②，第 3~7 条。见 Birnie 和 Boyle 书，同上，第 113 页。

② 同上。

③ Birnie 和 Boyle 书，同上，第 112 页。

事实上，尽管国际法委员会开始就计划为一个更为复杂的问题开展工作，即“国际法未加禁止所致损害后果的赔偿责任”①，它包括了三个因素：预防、合作、损害的严格责任②，但这一问题是极具争议的。在1997年委员会决定将这一问题进行分类，分别解决损害预防和损害责任的问题③。显然，委员会1996年关于损害严格责任的条款④并没有反映国际习惯法，关于跨界污染并不存在一般的严格责任规则，即便是非常危险的活动所造成的损害，国际习惯法中也并不存在就每次发生此类损害都要进行赔偿（reparation）的一般义务⑤。当然，根据特定的国际条约也可能创建施加此类责任的特别制度。但是，普遍认为，根据国际习惯法，（一国）违反国际法的行为或不行为会导致国家责任⑥。例如，OECD环境委员会1984年公布的一份报告中提到：

“跨界污染的国际责任源自于一般法律原则。它因为没有遵守习惯或条约义务而引起。大部分成员国都认为，这项责任仍建立在国家未能遵守……有关审慎注意规则的国际规则的基础上，其来源既体现在条约法中（违反双边或多边条约的条款），也体现在

---

① See II *Yearbook of the International Law Commission* (1980), Part I, 160, paras 138~139.

② See the 1996 set of 22 Draft Articles proposed by the Commission Working Group: ILC, *Report of the Working Group on International Liability for Injurious Consequences Arising Out of Acts Not Prohibited by International Law*, *Report of the ILC* (1996) GAOR A/51/10, Annex 1, at 235.

③ 关于跨界责任的最新发展、包括国际法委员会2005年8月5日通过的一套八项国际责任原则的详细讨论，参见Rao文，第233页注②。

④ 同上。Birnie和Boyle书，第232页注③，第105~106页。

⑤ See, for example, G. Handl, “Territorial Sovereignty and the Problem of Transfrontier Pollution” (1975) 69 *American Journal of International Law*, 50; G. Handl, “State Liability for Accidental Transnational Environmental Damage by Private Persons” (1980) 74 *American Journal of International Law*, 525; G. Handl, “The Environment: International Rights and Responsibilities” (1980) *Proceedings of the American Society of International Law*, 223; P.-M. Dupuy, *supra*, n. 2 at p.223, at 79~80.

⑥ See, in particular, Draft Articles 1 and 2 of the ILC's 2001 Draft Articles on Responsibility of States for Internationally Wrongful Acts, GAOR Supp No. 10 (A/56/10), ch. IV.E.1.

习惯法中。”①

因此，“无害”规则构成了国际法“基本义务”②，违反它就会导致国际责任；通过国家实践、条约实践和软法文件的不断阐释，其实体内容也变得更为清晰明了。换言之，要求其符合审慎注意的要求并避免承担国际责任的国家行为标准，“将会在国际合作过程中被逐步确定”③。不论是双边或区域条约，其设立的特定生态标准都能在认定责任上起到非常重要的作用。这些条约明确设定了评价国家在特定环境媒介、自然资源或行为中审慎注意义务的标准，将这些标准适用其中的同时也发挥了告知审慎注意义务的功能，例如1972年美国与加拿大关于五大湖水质的协定④、1973年墨西哥与美国关于永久和明确解决科罗拉多河盐分国际问题的协定⑤、1976年《关于保护莱茵河免受化学污染的波恩公约》⑥和《关于保护莱茵河免受氢化物污染的波恩公约》。⑦例如，上述关于科罗拉多河的协定规定：

“按照1944年《条约》，科罗拉多河在墨西哥的年流量应确保达到1 500 000英亩—英尺（1 850 234 000立方米）：

“a. 美国必须采取措施保证在1974年1月1日~1974年7月1日

---

① OECD, *Responsibility and Liability in Relation to Transfrontier Pollution* (1984), at 7 (emphasis added). Dupuy指出，报告“并不是个别专家工作的结果，而是延续了跨界污染小组过去7年中成员国代表团充分讨论和谈判”，这一点很重要。第232页注②，第79页。

② 关于“基本义务”（primary obligation）的概念，参见国际法委员会特别报告员Roberto Ago的评论, *Fifth Report on State Responsibility*, UN Doc. A/CN.4/SER.A/1976/Add.1; 31 UN GAOR Supp. (no. 10) at 165, UN Doc. A/31/10 (1976); reprinted in (1976) 2 *Yearbook of the International Law Commission*, part 2, at 1.

③ 见DUPUY文，第232页注②，第80页。

④ 23 *UST* 301, *TIAS* No. 7312 (as amended by the 1978 Agreement on the Water Quality of the Great Lakes, 30 *UST* 1383, *TIAS* No. 9257).

⑤ 24 *UST* 1968, *TIAS* No. 7708; 12 *ILM* 1105 (1973).

⑥ 16 *ILM* 242 (1977).

⑦ 16 *ILM* 265 (1977).

之间向墨西哥莫瑞罗斯 (Morelos) 大坝上游提供约1 360 000英亩-英尺（1 677 545 000立方米）的水流量，并且其每年的盐度根据美国的计量不应高于河流流经帝国大坝时的年平均盐度115p.p.m ± 30 p.p.m（按照墨西哥的计量为121 ± 30 p.p.m）。"

显然，这样的规定为追究责任有效地界定了何为非法，使之不会轻易受律师、仲裁员和法官们主观解释的影响[①]。

此外，国际法委员会《关于国际不法行为之国家责任的条款草案》中为确保遵守国际义务而设定的救济[②]，对国际环境习惯法有特别重要的意义。一位评论者总结到：

"委员会对《条款草案》第二部分（关于违背国际义务的法律后果和所致国家责任）进行二读的主要目标，就是更好地协调保护集体利益的多边义务和归属于作为整体的国际社会的义务。"[③]

《条款草案》把责任归于一国的作为或不作为构成了对该国国际义务的违背，不论其来源或是性质如何[④]。根据该草案第42条，如果义务的违反可以归咎于单独一国或包括受特别影响的国家在内的多个国家，受害国有权追究他国责任，继而请求终止侵害、提供保证或是赔偿[⑤]。而且，在严格的条件下，受害国还可采取有限的或合适的反制措施促使行为不当的国家履行义务[⑥]。此外，根据该草案第25条，在特定有限的情况下，一国可以主张行为的"必要性"以排除其不法性，使行为具有正当性，以免构成对既有义务的违背。1980年《条款草案》一读的评注意见认为，为了论

① 详见DUPUY文，第232页注②，第80~82页。

② 见第238页注①。

③ See further, J. Peel, "New State Responsibility Rules and Compliance with Multilateral Environmental Obligations: Some Case Studies of How the New Rules Might Apply in the International Environmental Context" (2001) 10 *Review of European Community and International Environmental Law*, 82.

④ 第2条。

⑤ 第12条（着重强调）。

⑥ 第49~53条。

证必要性可以作为一国开展不法行为的依据，生态关注可被视为关涉一国的“根本利益”①。原始的评注意见特别提及了下列情况，即国家的“根本利益”是“确保陆地和海洋特定区域内动植物的生存，保持这些地域的正常利用，或者更广泛地确保一个地区的生态平衡”②。委员会进一步指出，“近二十年来，生态平衡的维护已经成为一种所有人的‘根本利益’而被考量”③。事实上，最近国际法院在“加布奇科沃－大毛罗斯大坝案”中关于“根本利益”概念的讨论，强烈暗示了为援引“必要性”的状态，对环境的关注往往涉及对国家根本利益的确认④。同时，为了证实存在该草案第25条项下规定的必要性状态，有可能利用风险预防方法来确认“严重和紧迫的危险”。特别报告员的第二份报告说明，针对预期损害的科学不确定性的措施并不能阻止国家援引的必要性⑤。

1997年《联合国水道公约》⑥中规定不引起跨界损害的一般义务的第7条、第21条第2款明确了水道国更具体的义务，即“预防、减少和控制可能对其他国际水道国家及其环境造成重大损害的国际水道污染”。1991《条款草案》的评注意见指出，“预防”义务适用于新的污染，而“减少和控制”的义务针对于现有污染⑦。与第7条一般义务的规定相符，第21条仅要求国际水道国家预防、减轻或控制可能造成“重大损害”的污染，国际法和国家实践中普遍将“重大损害”理解为超过了最低允许值（de minimis）

① 详见Hafner与Pearson文，第224页注①，第21页。

② ILC, *Report of the ILC on the Work of its Thirty-Second Session*, UN Doc. A/35/10, Commentary to Article 33, para. 14, reprinted in 2(2) *Yearbook of the International Law Commission*, 39 (1980), UN Doc. A/CN.4/SER.A/1980/Add.1 (Part 2).

③ 同上。

④ 第234页注⑥

⑤ J. Crawford, *Second Report on State Responsibility*, UN Doc. A/CN.4/498/Add.2 (1999), para. 289, at 31.

⑥ 见第232页注①。

⑦ *Draft Articles on the Non-Navigational Uses of International Watercourses and Commentaries Thereto, Provisionally adopted on First Reading by the International Law Commission at its Forty-Third Session* (1991), at 137. See Okidi, *supra*, n. 2 at p.229, at 149.

的损害。例如，1987 年为美国外交关系法（第三次）重述的评注意见指出，“重大”一词排除了导致轻微损害的微小事故[①]。在该重述中，美国法学会倡导使用一种平衡的方式来确定损害的严重性，它认为，“在特殊情况下，对另一国造成损害的重大程度可以与活动对于致害国的重要程度进行比较”[②]。这种方法在国家实践中也能找到证明。例如 1971 年芬兰与瑞典关于边界河流的协定就规定：

> “如果一些建设会导致居民生活水平明显下降或是造成自然条件永久性改变，如给临近居民生活便利造成实质的影响或是自然资源的明显流失或重大公共利益会被损害，则这样的建设项目只能在对经济或当地发展或从其他角度有重大意义时才能进行。”[③]

而且，不同于《联合国水道公约》第 20 条对保护和保存国际水道生态系统的一般性义务规定，该公约第 21 条明确禁止了“对其他水道国家及其环境造成重大损害”的水污染。这与国际法协会 1982 年《条款草案》所倡导的风范是一致的，后者试图详细阐述 1966 年《赫尔辛基规则》[④]。但是，国际法委员会 1991 年的评注意见指出，在污染临界值之下但“可能对其他水道国及其环境造成重大损害”的污染，仍然受第 20 条关于保护和保存国际水道生态环境的一般义务或是第 23 条关于保护海洋环境的义务的约束[⑤]。1988 年，经国际法委员会特别报告员提议和委员会同意，由于其明确性，用在确认被禁止的国家行为的是“损失（harm）”的事实标准，而非法律概念上的“伤害（injury）”[⑥]。尽管《赫尔辛基规

① 见第240页注②，对第 601 段的评注意见。参见 Knox 文，第239页注②，第294 页。

② *Ibid*, Comment C. See further, L. B. Sohn, “Commentary: Articles 20–25 and 29” (1992) 3 *Colorado Journal of International Environmental Law and Policy*, 215, at 220.

③ (1971) 825 *UNTS* 191, at 282. See, Sohn, *ibid*, at 221.

④ See International Law Association, *Report of the Sixtieth (Montreal) Conference* (1982) Article 1(a)–(b), at 535.

⑤ 见第249页注⑦，第 141 页。

⑥ See *Report of the International Law Commission on the Work of its Fortieth Session*

则》① 和美国第三次重述 ② 中都使用了“伤害”这一概念，世界环境与发展委员会专家组在起草其所建议的第 10 条时仍倾向于使用“损害”这一概念 ③。 1991 年《条款草案》评注意见进一步解释，其他水道国家的“环境”一词包含了国际水道的生物资源、以其为生存基础的动植物、相关的舒适度（如休养和旅游）还有对人类健康造成的损害等内容 ④。

为了实现第 21 条的目的，第 21 条第 2 款将“国际水道污染”定义为“人的行为直接或间接引起国际水道的水在成分和质量上的任何有害变化”。这一定义与国际法协会在 1966 年《赫尔辛基规则》⑤ 提出的一致，并考虑到了第 21 条第 2 款的义务以及国际法学院采用的方法，后者建议“污染”是指由人类的行为直接或间接造成水在成分和质量方面发生物理、化学和生物改变，影响水的合法用途继而造成的损害 ⑥。因此，它只包括了由人引起污染，而没有包括诸如自然盐泉、火山喷发、洪水等自然原因引起的污染 ⑦。第 21 条第 1 款的定义显然更广泛一些，包括了可能影响水质

(1988) 2 *Yearbook of the International Law Commission*, at 28, UN Doc. A/43/10. See further, S. C. McCaffrey, “The Law of International Watercourses: Some Recent Developments and Unanswered Questions” (1989) 17 *Denver Journal of International Law and Policy*, 505, at 518.

① International Law Association, *Report of the Fifty-Second Conference* (Helsinki, 1966), 494~505.

② 见第 240 页注 ②，第 601 条第款和第 2 款。

③ 第 239 页注 ⑦，第 75~80 页。详见，Nanda 文，本页注 ④，第 192 页。

④ 见第 249 页注 ⑦。见 V. P. Nanda, “The Law of the Non-Navigational Uses of International Watercourses: Draft Articles on Protection and Preservation of Ecosystems, Harmful Conditions and Emergency Situations, and Protection of Water Installations” (1992) 3 *Colorado Journal of International Environmental Law and Policy*, 175, at 190.

⑤ 这是指“人的行为导致国际流域水的自然成分、内容或质量发生任何有害变化。”本页注 ①。

⑥ Institut de Droit International, *Resolution on Pollution of Rivers and Lakes*, 59th Session (Athens, 1979), 58 *Annuaire de l'Institut de Droit International*, 96.

⑦ See further, A. E. Utton, “International Water Law and the International Law Commission: Articles 21 and 22 – Four Questions and Two Proposals” (1992) 3 *Colorado Journal of International Environmental Law and Policy*, 209, at 211–12.

的水量变化，特别是1991年《条款草案》第21条的评注意见提到了"水的本质特性和纯净程度"[①]。但是，就1991年《条款草案》第21条第2款，Nanda认为：

"尽管水量肯定被视为该草案'公平利用'概念的一个必要组成部分，但它被排除在根据该草案对水污染的认定之外；这一结论似乎是不可避免的。"[②]

Nanda还认为，这一定义似乎拒绝了风险方法，因为其忽略了任何可能导致损害的有害变更，但1991年评注意见解释到预防损害的义务也包括预防这些损害产生的威胁[③]。他进一步引用了1991年评注意见，在此方面，"应当适用预防行动原则，特别是涉及包括有毒、持久性的、有生态积累性在内的危险物质的时候"[④]。这与世界环境与发展委员会专家组所提倡的方法一致，专家组建议第10条规定国家有义务"预防或减轻跨界环境影响或可能造成显著损害的重大风险"[⑤]。

与《联合国水道公约》第7条相一致，该公约第21条第2款的禁止规定也建立在审慎注意标准的基础上。1988年McCaffery的特别报告仔细研究了相关的国家实践、国际法学院的工作和一些权威公法学家的著述，以使国际法委员会相信审慎注意义务有广泛的基础[⑥]。特别报告员指出，在这种标准下：

"只有没有尽预防损害发生的审慎注意义务时，水道国才为对其他水道国家造成的显著（现在是'重大'）损害承担国际责任。换言之，损害必须是由于没有尽到预防义务而产生的。"[⑦]

① 见第224页注⑦，第138页。

② 见Nanda文，第251页注④，第188页。

③ 同上，第189页。

④ 同上。

⑤ 见第239页注⑦，第75页。

⑥ 170 See generally, (1988) 1 *Yearbook of the International Law Commission*, at 121~64.

⑦ 同上，第164页。

国际法协会在其 1982 年《关于国际流域水污染的蒙特利尔规则》中也对预防跨界损害义务采用了类似的规定，该规则第 1 条 c 款要求国家“努力进一步减少水污染以达到在当前环境下可行和合理的最低标准”①。

《联合国水道公约》第 21 条第 2 款进一步责成水道国在预防、减轻和控制跨界方面“采取步骤协调其正常”，避免由于国家政策与标准的不同而产生冲突。1991 年评注意见指出，这一义务并不是要求所有国家制定和适用相同的政策，而是在诚信基础上共同努力以实现和维持避免冲突发生所需要的和谐②。这一义务得到了国家实践的支持，例如 1982《联合国海洋法公约》第 194 条就有类似的规定。为了便于实现这种双边或区域性的和谐，第 21 条第 3 款要求各水道国“经任何水道国请求……协商，以期商定彼此同意的预防、减轻与控制国际水道污染的措施和方法……”。相关的措施与方法包括：

“a. 订立共同的水质目标与标准；

“b. 确定处理来自点源和非点源污染的技术和做法；

“c. 制定应禁止、限制、调查或监测让其进入国际水道的物质清单。”

在国家实践中做得比较好的是有毒物质清单。在 1988 年国际法委员会第四十次会议上，特别报告员就开始关注联合国环境规划署拟定的环境有害化学物质清单以及“有害废物”的定义③。特别报告员进一步建议：

“根据国际接受标准，例如1973年和1978年《防止船舶污染公约》和1974年《防止陆源污染海洋的巴黎公约》，制定物质清单，这样的规定是可行的。”④

① See ILA, *Report of the Sixtieth Conference*, *supra*, n. 4 at p.250.

② 见第249页注⑦，第 143 页。

③ 见第250页注⑥，第 165 页。

④ 同上。

他还建议，作为一种可替代的方法，可以在欧洲经济委员会于1987年就跨界水问题通过的系列原则中的示范原则8之d项基础上制定条款[①]。该原则规定：

“在防治和控制跨界水污染中，对有害物质要特别关注，特别要禁止那些有毒的、持久性的和生物累积性的物质，应禁止或是至少要采取最佳可得技术限制其进入水体；这些污染物应在合理时间范围内被清除。”[②]

《联合国水道公约》第21条第3款可以视作是一种实施手段，旨在履行第8条规定的一般合作义务以及第7条第2款规定的水道国“同受影响的国家协商……采取一切适当措施消除或减轻……损害”的义务。1991年评注意见也指出，在第21条第2款和第3款的语境下，(应顾及)第5条第2款水道国“公平合理地参与国际水道的利用、开发和保护”的一般义务[③]。

与《联合国水道公约》第21条规定的预防、减轻和控制国际水道污染的具体义务相关的，是该公约第27条规定的预防和减轻有害状况的义务和第28条规定的应对紧急情况的各种义务。第27条规定，水道国家应：

“采取一切适当的措施，预防或减轻与国际水道有关的可能对其他水道国有害的状况。例如，洪水和冰情、水传染病、淤积、侵蚀、盐水侵入、干旱或荒漠化等，不论该有害状况是自然原因还是人的行为所造成。”

1990年国际法委员会首次采纳了这一义务，它具有“超前性”，要求水道国采取风险评估的措施[④]。同时与“采取一切适当

① 同上。

② UN Doc. E/ECE (42)/L. 19, at 18, cited in McCaffrey, *Fourth Report*, *supra*, n. 6 at p.250, at 27.

③ 见第249页注⑦，第140页。

④ 见1991年《评注意见》，同上，第152页。

措施”的义务相对的，是要求水道国“采取符合所涉情势的措施，这些措施就相关水道国的情况来看是合理的”①。因此，审慎注意义务的标准是可以适用的，共同但有区别责任的概念也可以说明在特定情况可被合理期待的行动②。但国际法委员会评价指出，所采取的措施类型：

“多种多样。从常规和定期的数据和信息交换……到采取一切合理措施确保行为……不会造成对其他水道国有害的状况。”③

国际法委员会进一步解释“该条最后所规定的状况清单并非是穷尽的”④，Nanda 也提供了如地震破坏大坝而导致洪水的例证，尽管第 28 条可以更好地适用于这种情况⑤。

第 28 条试图对第 27 条规定的事先预防和减轻无法发挥作用的情况进行补充⑥，即“紧急情况”，其定义是：

“对水道国或其他国家造成严重损害或有即将可能造成严重损害危险的情况，这种情况是由自然原因（如洪水、冰崩解、山崩或地震）或是人的行为（例如工业事故）所突然造成的。”⑦

这一定义显然包括了像 1987 年莱茵河的桑多兹（Sandoz）事故那样的重大污染事故⑧。同时它也包括了那些与国际水道自身并不直接相关，但对水道和其他国家造成严重损害或可能造成严重损害的具有紧迫威胁性质的紧急情况，诸如 1986 年切尔诺贝利核事故⑨。

① 同上。

② 见下文。

③ 1991 年《评注意见》，第249页注⑦，第 154 页。

④ 同上，第 153 页。

⑤ 见第251页注④，第 202~203 页。

⑥ 同上，第 203 页。

⑦ 第 28 条第 1 款。

⑧ See further, A. Nollkaemper, “The Rhine Action Programme: A Turning Point in the Protection of the North Sea” (1990) 5 *International Journal of Estuarine and Coastal Law*, 123.

⑨ See further, J. Cameron, L. Hancher and W. Kuhn (eds), *Nuclear Energy Law After Chernobyl* (Graham & Trotman, London, 1988).

事实上，特别报告员在总结以上讨论之后，认为“大多数论者都同意应当制定一种更综合的条款，以调整所有类型的紧急情况，而不仅仅是与环境相关的情况”①。第 28 条要求水道国家采取应急行动，包括他们“应毫不迟延地以可供采用的最迅速方法，通知其他可能受到影响的国家和主管国际组织”②，并“立即采取一切实际可行的措施，预防、减轻或消除该紧急情况的有害影响”③。因此，在紧急情况下的通知义务明确地从水道国扩展到了受潜在影响的非水道国和主管国际组织。在谈到哪些措施可以预防、减轻和消除有害影响时，国际法委员会认为一般应要根据“损害的严重性和紧急情况的突发性来确定该条所规定的措施”④。它还将“一切实际可行的措施”阐释为“具有可行性、可能性和合理性的措施”⑤。另外，第 28 条要求水道国“如有必要……应在适当情况下与其他可能受到影响的国家和主管国际组织共同合作，拟订应付紧急情况的应急计划”⑥。1991 年的评注意见对限制性术语“如有必要”进行了解释：

“一些水道国和国际水道的情势可能无法证明制定应急计划涉及的努力和成本是正当的。这些计划是否必要，取决于水道自然环境的特征、水道和毗连区域的实际利用情况等来判断是否可能发生突发事故。”⑦

但是，委员会进一步指出“对世界上大部分的国际水道而言，即使不是非特别必要，制定应急计划也是明智的”⑧。很明显，在第 28 条第 4 款中没有要求国家对受害国进行援助，除非他们事先制定的突发事件应急计划要求他们这样去做。可以预料

① 详见 Nanda 文，第251页注④，第 204 页。

② 第 28 条第 2 款。

③ 第 28 条第 3 款。

④ 1991 年《评注意见》，第249页注⑦，第 156 页。

⑤ 同上，第 158 页。

⑥ 第 28 条第 4 款。

⑦ 第249页注⑦，第 159 页。

⑧ 同上。

到联合国中具有减灾职能的专门机构——联合国减灾专员办公室（UNDRO）——可被视为《联合水道公约》第28条第2款、第3和第4款项下的主管国际组织。

国际法协会2004年《柏林规则》对预防重大跨界损害义务的规定与1997年《联合国水道公约》是类似的[①]。概括而言，《柏林规则》第16条规定如下：

“流域国在管理国际流域的水时，应避免和预防在其境内对其他流域国家造成重大损害的作为或不作为，并充分考虑各流域国家公平合理利用水资源的权利。”

“无害”规则的纳入可以清楚地表明，它与该规则第12条所规定的“公平利用原则紧密相连”[②]。《柏林规则》第8条还对环境损害作了更为具体的规定，即“国家应采取一切恰当的措施预防或最小化对环境的损害”；该条的评注意见试图论证它就环境损害所采取的特殊立场，其强调：

“调整国际环境问题的国际习惯法长期以来已经表明，环境损害得到了相对于其他类型损害更为特殊的关注。甚至国际法院也承认这一特殊义务。”[③]

总之，人们普遍接受，预防跨界污染的义务及其包含的实体性内核，要求辅之以相关的程序义务[④]。首先，在实施任何具有跨

① ILA, *Berlin Rules on Water Resources Law* (2004), available at http://www.asil.org/ilib/WaterReport2004.pdf. 根据特别报告员的评注意见，《柏林规则》意味着：

“对该协会过去所通过的《赫尔辛基规则》和相关规则的全面修正……。同时……其打算对适用到国际流域的国际习惯法提供一个清晰、中肯、一致的声明……。而且……也为21世纪国际或全球水管理中正在出现的问题解决所需的法律发展有所推进”。

② 《评注意见》，同上，第23页。《柏林规则》第12条第1款同样将该原则与“无害”规则联系起来：

“流域国应在其各自领土范围内公平合理地管理国际流域的水，并充分考虑不对其他流域国造成重大损害的义务（着重强调）”。

③ 《评注意见》，同上，第17页。

④ 一般参见Knox文，第239页注②，第295~296页。

界污染风险的开发或行为之前，对其享有管辖权的国家应当对潜在跨界影响进行评估。其次，国家应当就预防跨界损害进行一般合作，并通知可能受到影响的国家就拟采取的措施进行特殊合作。事实上，跨界环境影响评价是有效进行通知和协商符合逻辑的前提。况且，通常预防污染的实体性义务也是建立在审慎注意的要求之上的；未能进行充分的环境影响评价就可能意味着违反了预防导致重大损害的规则。就如 Okowa 所说：

“有人可能会认为这样的环境影响评价只是一种因素，用于判定国家在履行其预防环境损害的习惯法义务或条约义务时是否达到审慎注意的程度。一国如果没能就拟议活动对他国领土的影响进行评估，那么它将很难证明自己采取了一切可行措施去预防环境损害的发生。”①

各种既定的和形成中的国际环境习惯法原则都对所涉的判定发挥着作用。例如，风险预防原则就可能被用于判定是否需要跨界环境影响评价，或者就预防环境损害的义务而言判定该活动所造成或可能造成的损害是否重大。目前，所有这些因素，不论是明确规定或是隐含体现的，都或多或少地体现在 1997 年《联合国水道公约》所确立的预防跨界环境损害制度中。

二、合作义务

各国合作解决国际问题的一般义务，得到了普遍接受以及诸如《联合国宪章》第 1 条第 3 款等权威性法律渊源的支持，其规定联合国的宗旨之一就是促成国际合作，以解决国际间属于经济、社会、文化及人类福利性质的国际问题。国际法院认为《联合国

① P. N. Okowa, “Procedural Obligations in International Environmental Agreements” (1996) 67 *British Yearbook of International Law*, 275, at 280. 新西兰在 1995 年“核试验案”中发展了这一论断，第234页注⑤；参见《1995 年 8 月 21 日备忘录》和 Palmer 法官的《不同意见书》*ICJ Rep.* 381, at 411.

宪章》的主要原则已经获得了独立于文本之外的习惯法价值①，这一点明显地体现在了1970年联合国大会《各国友好关系和合作决议》上②。合作这项一般义务也通过各种相关的程序行为规则而在实践中发挥功效，这些规则也是在现代国际习惯中不断发展的，包括通知、协商、谈判和警告的义务③。但是Bodansky再次质疑这些规则真正的地位，他认为它们更多的是“宣言式的”而非习惯法。事实上，他就通知义务这一点作了如下评论：

“通常，学者们会引用一个或两个知名案例，如切尔诺贝利或桑多兹事故，但几乎不去分析这些事故是不是国家行为的典型代表。例如，国际法协会认为通知义务是一项国际习惯法规范，只引用了国家实践的7个例证，还有大量的国家从事了具有跨界损害风险的情况没有被分析到；相反，大家却在强调那些规定了假定的习惯规范的决议和条约。”④

不论合作义务的具体法律地位如何，它都在保护环境和共享自然资源的环境保护和利用方面得到了普遍承认和高度发展。事实上，正如Dupuy所说，“合作是各国在实现其对跨界自然资源利用的实体性权利义务时通常采用的方式”⑤。类似地，Birnie和Boyle认为合作减轻跨界环境风险的义务是被“普遍认可的”，而且更重要的是，他们认为“在信息充分的基础上进行事先措施的要求”是“公平利用共享资源概念的自然组成部分”⑥。为了支持

① *Military and Paramilitary Activities in and Against Nicaragua (Nicaragua v. United States), Merits* (1986) *ICJ* 14 (Judgment of June 27).

② G.A. Res. 2625 (XXV), UN GAOR Supp. (No. 28), at 121, UN Doc. A/8028 (1970).

③ 关于每项义务的详细讨论，参见本书第八章。

④ 第224页注②，第114页。亦可参见G. Partan, “The ‘Duty to Inform’ in International Environmental Law” (1988) 6 *Boston University International Law Journal*, 43, at 83.

⑤ 见第223页注②，第70页。

⑥ 见第232页注③，第126页。关于主流评论者对这一结论的支持，参见G. Handl, “The Principle of ‘Equitable Use’ as Applied to Internationally Shared Natural Resources: Its Role in Resolving Potential International Disputes over Transfrontier Pollution” (1978–79) 14 *Revue Belge*

这一结论，我们只需要考虑大量提及合作义务并确定其执行措施的不具有法律约束力的建议和国家宣言。例如《斯德哥尔摩环境宣言》[①]原则第24条规定了该义务，这一表述后来被联合国大会在各项决议中加以重申，包括1972年《关于各国在环境领域合作的决议》[②]和1973年《关于在两国或多国共享自然资源的环境领域进行合作的决议》[③]。之后联大《关于在两国或多国共享自然资源的环境领域进行合作的决议》[④]进一步地明确了该项义务，并受到了1978年《联合国环境规划署关于共享自然资源的行为原则》的启发。[⑤]1978年《联合国环境规划署行为原则》的原则13要求，除其他外，在利用共享自然资源的政策中应当考虑到对环境和他国资源的影响；同时原则4要求国家在对共享资源开展可能对他国造成重大环境影响风险的活动之前进行环境影响评价。1981年《联合国环境规划署关于在国家管辖范围内进行离岸钻井和采矿的环境原则》也有类似的规定[⑥]。合作义务在包括1974年《关于跨界污染的建议》的多项OECD建议中被加以重申[⑦]。很多区域性机构和组织的宣言也支持这一义务。例如：在1989年第六次拉美和加勒比海环境部长会议上通过的《巴西利亚宣言》第2条规定：

“部长们认同每个国家都有自由管理其自己资源的主权权利。

---

de Droit International, 40, at 55–63; A. E. Utton, “International Environmental Law and Consultation Mechanisms” (1973) 12 *Columbia Journal of Transnational Law*, 56; F. L. Kirgis, *Prior Consultation in International Law* (University Press of Virginia, Charlottesville, Va., 1983).

① 见第235页注①。

② UNGA Res. 2995(XXVII), UN GAOR Supp. (No. 30), UN Doc. A/8732 (1972).

③ 见第235页注⑤。

④ UNGA Res. 34/186, UN GAOR Supp. (No. 46) at 128, UN Doc. A/34/46.

⑤ 见第236页注⑥。

⑥ (1981) 7 *Environmental Policy and Law*, 50.

⑦ 见第236页注④。Others include Recommendations C(77) 115, C(77)28 and C(78)77, in OECD, *OECD and the Environment* (OECD, Paris, 1986), at 181, 150 and 154 respectively. 215 Reprinted in 28 *ILM* (1989) 1311.

但这并不排斥在此区域、地区或全球层面上进行国际合作，相反，应当加强合作。”①

尽管一些评论者对在条约规定、判例法和有限的国家实践之上寻求一般程序性的习惯规则仍持保留态度②，但1992年《里约宣言》③原则19强力支持通知和咨询协商的要求，其规定：

“各国应将可能具有重大不利跨越国界的环境影响的活动预告通知可能受到影响的国家，并及时地提供有关资料，并应在早期阶段诚意地同这些国家进行协商。”

Birnie和Boyle认为第19条反映并编纂修正了条约、国家实践和判例法的相关先例，并进一步指出：

“……尽管在跨界风险中的通知和协商并不是独立的习惯规则，但违反它们则是没有履行《里约宣言》原则2有关审慎注意义务的强有力的证据。而且，一旦予以通知，未提出反对意见的其他国家不可就此问题再提出异议；所以遵守原则19的要求在法律上是极为有利的。”④

此外，国际法法典化机构也支持应对重大环境风险的跨界合作要求。如国际法协会1982年《关于跨界污染的蒙特利尔规则》⑤第4~6条。

类似地，大量条约文件要求国家有必要合作，很多条约还规定了履行该项义务的具体措施。一般环境条约的相关例证包括1968年《非洲自然和自然资源保护公约》、⑥1974年《预防陆源海

① Reprinted in 28 *ILM* (1989) 1311.

② 特别参见Okowa文，第258页注③，第317~322。亦可参见Bodansky，第224页注②，第114页。

③ 见第237页注③。

④ 见第232页注③，第127页。

⑤ ILA, *Report of the 60th Conference* (1982), 1.

⑥ 1001 *UNTS* 4 (Article 16).

洋污染的巴黎公约》[①]、1974年《保护波罗的海海洋环境的赫尔辛基公约》[②]、1976年《保护地中海免受污染的巴塞罗那公约》[③]、1979年欧洲经济委员会的《长程跨界空气污染公约》[④]、1982年《联合国海洋法公约》[⑤]、1983年《加拿大丹麦关于海洋环境合作的协定》[⑥]、1985年《东盟自然和自然资源保护协定》[⑦]、1988年《关于勘探开发大陆架所致海洋污染的科威特议定书》[⑧]。大量关于共享淡水资源的条约也提及了合作义务，包括1963年《关于莱茵河保护国际委员会的伯尔尼公约》[⑨]、1964年《波兰与苏联关于边界河流河水利用的协定》[⑩]，1971年阿根廷和智利签订的《关于水文流域的圣地亚哥法案》[⑪]、1978年《美国加拿大五大湖水质协定》[⑫]。1997年《联合国水道公约》的第三部分（第11~19条）关于“计划措施”规定了详细的程序规则，要求水道国在采取可能对其他水道国造成不利影响的计划措施时有义务通知、协商与谈判[⑬]。

在现代国际法发展之前（一般认为其得益于1972年斯德哥尔摩环境大会的推动并进入现代阶段），1957年的“拉努湖仲裁案”中，仲裁庭明确承认了国家在利用国际水道水时的合作义务。仲裁庭指出：

“国家现在高度关注对国际河流的工业利用而产生的利益冲突的重要性，以及相互让步予以妥协的必要性。达成利益妥协的唯

---

① 13 *ILM* 352 (1974).

② 13 *ILM* 546 (1974).

③ 15 *ILM* 290 (1976). 这一文件的模式被很多公约所借鉴用于保护其他地区的海洋。

④ 18 *ILM* 1442 (1979).

⑤ 21 *ILM* 1261 (1982) (Articles 63, 66~67 and 197).

⑥ 23 *ILM* 269 (1984).

⑦ Reprinted in (1985) 15 *Environmental Policy and Law*, 64 (Articles 19 and 20).

⑧ Reprinted in (1989) 19 *Environmental Policy and Law*, 32.

⑨ Reprinted in *Tractatenblad Van Het Koninkrijk Der Nederlanden*, No. 104 (1963).

⑩ 552 *UNTS* 175.

⑪ UN Doc. A/CN.4/274 (Articles 3~8).

⑫ 30 *UST* 1383, *TIAS* No. 9258 (Articles 7~10).

⑬ 见本书第八章。

一方式是在日益普遍的基础上缔结协定。国际实践中反映了这样的信念，即国家必须努力缔结此类协定；因而似乎出现了一项一秉诚信接受所有沟通和交流的义务，这就通过广泛的利益冲突和互惠的良好意愿为国家缔结协定奠定了良好的基础。”①

显然，仲裁庭将一秉善意进行合作的义务与有效缔结协定以确保预防跨界损害的要求联系在一起。最近，在“加布奇科沃大毛罗斯大坝案”中，国际法院的判决反映了通过合作使环境损害风险最小化这一程序性义务，它要求成员国同意在工程联合管理中进行合作②。最近，爱尔兰向国际海洋法法庭（ITLOS）提起诉讼，要求采取临时措施阻止英国开始运行位于坎布里亚郡（Cumbria）的塞拉菲尔德（Sellafield）核场址内新的钚铀混合氧化物（MOX）工厂，ITLOS 于 2001 年 12 月 3 日做出裁定③，但它并没有对向根据《联合国海洋法公约》附件七而设立的特别仲裁庭提交的事项进行全面审理：

“爱尔兰与英国应当合作，并为了这一目标协商相关实施措施，以便：

“（a）进一步交换钚铀混合氧化物工厂运行可能对爱尔兰海造成影响的相关信息；

“（b）监测钚铀混合氧化物工厂运行对爱尔兰海的风险和影响；

“（c）在适当时，采取措施预防钚铀混合氧化物工厂可能引起

---

① *Lac Lanoux Arbitration (France v. Spain)* (1957) 25 *ILR* 101, at 129~130; (1957) 12 *RIAA* 281; (1959) 53 *American Journal of International Law*, 156 (emphasis added).

② 见第234页注⑥。判决第17段指出：

“多瑙河在沿岸国家的商业和经济发展中发挥着至关重要的作用，它已经强调并强化了其独立性，表明了国际合作的重要性。……只有通过国际合作，才能采取解决……（航运、防洪和环境保护）的问题”。

详见《国际法委员会2004年关于水资源法的柏林规则第11条的评注意见》，第275页注②，第20页。

③ *Ireland v. United Kingdom (The MOX Plant Case)*, 41 *ILM* (2002) 405 (Order).

的海洋环境污染。”①

此外，仲裁庭要求各方在2001年12月17日之前提交实施措施的报告以及仲裁长可能要求的其他报告。仲裁庭将实施这些措施认定为履行合作义务，即《公约》第七部分的一项基本义务和国际法的一般原则，据此仲裁庭认定一国有权要求通过采取临时措施的方式来予以保护②。

1974年《联合国关于各国经济与社会权利义务宪章》强调了预防跨界污染和合作义务（其基本内涵是通知义务和协商义务）两项义务之间的内在关系③。关于国家在开始可能造成其他国家境内环境损害的特定行动或某些工程之前进行特别通知的义务，1974年OECD《关于跨界污染原则的建议》第E部分④——被包括联合国环境规划署在内的其他国际组织视为模板进行参考⑤——要求：

“在一国开始可能造成重大跨界污染风险的工程和项目之前，该国应提早向其他受影响或可能受影响的国家提供信息……各国应（本着合作与睦邻友好的精神）回应已经或可能受直接影响的国家的请求，就已存在或可预见的跨界污染问题进行相关协商。”⑥

很多环境条约都明确规定了相关的通知和协商义务，包括1979年欧洲经济委员会《长程跨界空气污染公约》⑦，特别是1982年《联合国海洋法公约》第206条。然而，在关于国际水道开发、保护和利用的公约中，明确规定通知和措施义务的条约条款也是

① Order, para 89.

② See further, V. Hallum, “International Tribunal for the Law of the Sea: The *MOX Nuclear Plant* Case”(2002) 11 *Review of European Community and International Environmental Law*, 372.

③ G.A. Res. 3281, 29 UN GAOR Supp. (No. 31) at 50, UN Doc. A/9631 (1975). Reprinted in 14 *ILM* 251 (1975).

④ 见第236页注①。

⑤ 见第223页注②，第72页。

⑥ Recommendation C(74)224 (14 November 1974).

⑦ (1979) *TIAS* No. 10541; (1979) 18 *ILM* 1442.

非常常见的。例如1960年《印度和巴基斯坦关于印度河水条约》[①]第6条、1974年《德意志民主共和国和捷克斯洛伐克有关界河水经济问题合作的协定》[②]第9条及1978年《五大湖水质协定》[③]第9条。同时，长期以来，所有试图编纂适用于跨界淡水资源环境保护的主要习惯法规则的国际组织，都坚持通知和协商义务在履行合作的一般义务中的关键作用，例如国际法学院1979年《关于国际法中河流和湖泊污染的雅典决议》第6条[④]。最近，国际法协会2004年《柏林规则》第11条规定，“流域国应当一秉诚信，为了参与国的互惠互利，合作管理国际流域的水”[⑤]。第11条的评注意见更是宣称“合作义务是国际水法最基本的原则”，并认为：

> “最终可以看出，如果缺乏流域国间的合作，国家就不可能履行其对跨界水资源的利用、实现可持续发展、保护生态完整等义务以及本规则之中的其他法律义务。”[⑥]

《柏林规则》还制定了第六章“国际合作与管理”，规定了信息交换[⑦]、工程、计划项目或活动的通知[⑧]以及协商[⑨]等方面的具体规则。这些要求已经被详细规定在1997年《联合国水道公约》之中，在国际法委员会看来，这反映了既有的国际实践。

而且在一些情况下，合作义务可能涉及更普遍和常规的信息交换，不仅包括潜在的跨界污染的信息，也包括了自然资源管理和利用的信息。在国际河流的流域或者区域常设机构通过信息交

---

① 419 *UNTS* 125.

② Reprinted in *Sozialistische Landeskultur Umweltschutz, Textansgabe Ausgewählter Rechtsvorschriften, Staatsverslag Der Deutsch Dem. Rep.* 375 (1978).

③ 30 *UST* 1383; *TIAS* No. 9257.

④ (1980) *Yearbook of the Institute of International Law*, Part II, 199.

⑤ 见第257页注②。

⑥ 同上，第20页。

⑦ 第56条。

⑧ 第57条。

⑨ 第58条。

换推动共享水资源管理的情况下，更是如此。自 1909 年美国和加拿大创设国际联合委员会之后①，设立此类机构已经成为通行做法。最近，又有更多的水道共同管理机构被成立，包括多瑙河委员会②、乍得湖流域委员会③、尼日尔河委员会④、尼罗河永久联合技术委员会⑤、赞比西河政府间监测与协调委员会⑥、普拉特河流域政府间协调委员会⑦、和亚马逊合作理事会⑧。事实上，Dupuy 总结指出，通过这些常设的区域性组织进行的常规信息交换：

“根据国际法的规定，似乎是公平合理利用共享自然资源最合适的方式。事实上，公平分配此类资源最好通过谈判的方式，以协调相关国家在利用资源方面各自不同的经济、政治和社会利益。对国际水道管理的有关经验充分说明了这种情形。”⑨

另一项与通知义务相关联的基本要素是所谓的“警告”义务，即国家有义务就在其领土范围内发生的可能造成跨界环境损害的事故告知其他国家。评论者们普遍认为这一义务要么已是国际习惯法

---

① 1909 Treaty between the United States and Great Britain Respecting Boundary Waters between the United States and Canada, 4 *American Journal of International Law (Suppl.)*, 239.

② 1948 Convention regarding the Regime of Navigation on the Danube, and the 1990 Agreement concerning Cooperation on Management of Water Resources of the Danube Basin. See J. Linnerooth, “The Danube River Basin: Negotiating Settlements to Transboundary Environmental Issues” (1990) 30 *Natural Resources Journal*, 629~630.

③ 1964 Convention and Statute Relating to the Development of the Chad Basin.

④ 1963 Niamey Act regarding Navigation and Economic Co-operation between the States of the Niger Basin, 587 *UNTS* 9.

⑤ 1959 Agreement between the UAR and the Republic of Sudan for the Full Utilization of Nile Waters, and 1960 Protocol Establishing Permanent Joint Technical Committee.

⑥ 1987 Agreement on the Action Plan for the Environmentally Sound Management of the Common Zambezi River System, 27 *ILM* 1109.

⑦ 1969 Treaty on the River Plate Basin, and the 1973 Treaty on the River Plate and its Maritime Limits.

⑧ 1978 Treaty for Amazonian Co-operation.

⑨ 见第223页注②，第 73 页。

的既定规则[①]，要么也正在形成之中[②]。上文提到的关于通知和措施的一般程序的众多国际法律文件，通常都包含了警告义务的条款[③]。

很明显，确保共享诸如流域这样的跨界资源的国家充分遵守了一般合作义务以达到公平合理利用，最有效的方式就是谈判双边或多边条约，以设立旨在联合管理此类资源的适当的机构框架，接受约定的争端解决机制，制定和定期修改环境质量标准，污染数量标准和阀值，在科学、研究与环境监测方面进行合作，拟定应对重大环境污染或其他事故的应急计划，以及制定保护计划。

三、跨界环境影响评价

Dupuy 指出，在实践中，预防跨界污染的习惯法要求各国应考虑现有和预期活动对其他国家环境可能造成的影响，这促成各国引进了“环境影响评价”这一法律程序[④]。Birnie 和 Boyle 也把引入跨界环境影响评价程序与履行预防损害的一般义务联系起来[⑤]，尤其是把它与合作义务联系起来，并认为“没有环境影响评价的优势，在跨界风险情况下履行通知他国和进行协商的义务很多时候将会没有意义[⑥]”。Knox 得出了类似的结论：

> “从逻辑上看，原则21要求……实施跨界环境影响评价。否则，有关跨界损害的实质禁令虽可作为后续裁定对受损国赔偿的依据，但其终将毫无意义。”[⑦]

---

① V. Beyerlin, “Neighbour States”, in R. Bernhardt (ed.), *Encyclopedia of Public International Law* (Max Planck Institute, Heidelberg) Vol. 10, 310, at 313.

② J. Schneider, “State Responsibility for Environmental Protection and Preservation”, in R. Falk, F. Kratochwil and S. Mendlowitz (eds), *International Law: A Contemporary Perspective* (Westview Press, Boulder, CO, 1985), 602, at 613.

③ 详见本书第八章。

④ 第223页注②，第66~68页。

⑤ 第232页注③，第108页和第113页。

⑥ 同上，第131页。

⑦ 第239页注②，第295~296页。亦可参见，WCED Experts Group 文，第239页注

美国于1969年通过国家环境政策法率先将环境影响评价制度纳入国内法①，同时，自1988年以来，欧共体成员国也应要求建立了国内的环境影响评价制度，以遵守《1985年指令》②。目前，许多国家的法律制度中都规定了各种形式的环境影响评价程序③，Birnie和Boyle据此推测：

“各国的国内实践很好地确认了根据1992年《里约环境与发展宣言》所表达的共识进行的环境影响评价，可能会被视作一项一般法律原则甚至是习惯法的必然要求。”④

事实上，在许多国家的国内法中，相关规定均把环境影响评价适用于跨界环境影响。例如，《关于环境影响评价的欧共体指令》的1997年修正案着重强调了该要求，环境影响评价程序适用于可

---

⑦，第103页。

① 42 USC ss. 4321~4347。

② Directive 85/337 on the assessment of the effects of certain public and private projects on the environment [1985] OJ L175/40, as amended by Directive 97/11, [1997] OJ L73/5. 1985年《关于环境影响评价的欧共体指令》第13条要求成员国“采取必要措施遵守1988年7月3日的指令”。

③ 例如可参见 A. Donnelly, B. Dalal-Clayton and R. Hughes, *A Directory of Impact Assessment Guidelines* (2nd edn), (IIED, London, 1998)，作者列举了90多个国家的影响评价指南；N. A. Robinson, “International Trends in Environmental Impact Assessment” (1992) 19 *Boston College Environmental Affairs Law Review*, 591，作者总结了40多个国家的法律法规；B. Sadler, *Environmental Assessment in a Changing World: Evaluating Practice to Improve Performance* (Canadian Environmental Agency, Ottawa, 1996)，作者估计全球有100多个国家拥有国内的环境影响评价制度；M. Yeater and L. Kurukulasuriya, “Environmental Impact Assessment Legislation in Developing Countries”, in S. Lin and L. Kurukulasuriya (eds), *UNEP's New Way Forward: Environmental Law and Sustainable Development* (UNEP, Nairobi, 1995) 257, at 259，作者估计全球70多个国家制定了某种形式的环境影响评价立法。亦可参见 N. Lee and C. George (eds), *Environmental Assessment in Developing and Transitional Countries* (John Wiley and Sons, Chichester, 2000); J. Petts (ed.), *Handbook of Environmental Impact Assessment: Environmental Impac Assessment in Practice – Impact and Limitations* (Blackwell, Oxford, 1999); C. Wood, *Environmental Impact Assessment: A Comparative Review* (Longman, Harlow, 1995).

④ 第232页注③，第131页。

能造成跨界环境影响的项目，同时规定当这些项目可能影响他国环境时与其他成员国进行协商的程序①。同样，尽管美国国家环境政策法并未明确规定跨界环境影响评价，但美国法院已经允许一个加拿大原告起诉一个在阿拉斯加的石油开发项目是否根据1996年法律进行过充分的环境影响评价，因为他可能受到该项目的影响②。同样地，加拿大联邦法院裁定要对拟议的大坝进行跨界环境影响评价③。1991年美加空气质量协定明确规定跨界环境影响评价，其中第5条i款责成双方“对于某管辖范围内可能导致重大跨界空气污染的拟议活动、行为、项目进行环境影响评价”④。1993年《北美环境合作协定》⑤第2条第1款e项给加拿大、美国和墨西哥施加了附条件的跨界环境影响评价义务，规定“各方应在其领土范围内对环境影响进行适当评估”⑥。

目前环境影响评价已获得国际法的广泛支持和利用。包括经济合作与发展组织⑦、粮食与农业组织⑧和联合国环境规划署⑨在内的一些关注环保的国际组织，都通过了支持环境影响评价的建议

① 第268页注②。

② *Wilderness Society v. Morton* 463 F. 2d 1261 (1972)

③ *Canadian Wildlife Federation v. Minister of Environment and Saskatchewan Water Comp.* (1989) 3 FC 309 (TD).

④ 关于1991年《协定》中跨界环境影响评价条款的详述，参见Okowa文，第258页注①，第287~289页。

⑤ (1993) 4 *Yearbook of International Environmental Law*, 831. 1994年1月1日生效。

⑥ 详见M. Fitzmaurice, “Public Participation in the North American Agreement on Environmental Cooperation” (2003) 52 *International and Comparative Law Quarterly*, 333. 亦可参见Birnie和Boyle书，第232页注③，第132页。

⑦ OECD Council Recommendation C(74)216, Analysis of the Environmental Consequences of Significant Public and Private Projects (14 November 1974); OECD Council Recommendation C(79)116, Assessment of Projects with Significant Impact on the Environment (8 May 1979); OECD Council Recommendation C(85)104, Environmental Assessment of Development Assistance Projects and Programmes (20 June 1985).

⑧ FAO Comparative Legal Strategy on Environmental Impact Assessment and Agricultural Development (1982).

⑨ UNEP, Goals and Principles of Environmental Impact Assessment (UNEP/GC/DEC/14/25, 1987).

或宣言。值得注意的是，1992年《里约宣言》① 原则17条规定：

“对于拟议中可能对环境产生重大不利影响的活动，应进行环境影响评价，并作为一项国家手段，应由国家主管当局做出决定。”

同样地，在众多提及环境影响评价的法律文件中，1992年6月在里约召开的联合国环境与发展大会通过的《21世纪议程》这一环境行动计划，要求各国确保“做出相关决定之前先进行环境影响评价，并充分考虑生态后果的代价”②。这两份法律文件都阐明了同时关注国内和跨界环境影响的评价程序。

另外，众多具有法律约束力的国际条约均包含了特定情况下进行环境影响评价的规定。具有代表性的条约有1974年的《北欧环境保护公约》③、1982年的《联合国海洋法公约》④、联合国环境规划署诸项区域海洋公约⑤、1985年的《东盟协定》⑥、1986年的《南太平洋地区自然资源及环境保护公约》⑦、1989年的《危险废物越境转移及其处置巴塞尔公约》⑧、1991年的《南极条约议定书》⑨、1992年的《气候变化公约》⑩和1992年的《生物多样性公约》⑪。1991年，联合国欧洲经济委员会通过了一个综合性的《跨界环境影响评价公约》，截至1998年共有22个成员国被批准加入。⑫ 作为对习惯法

① 第237页注③。

② Para. 8.4, See also, inter alia, paras 7.41(b),8.5(b), 10.8(b).

③ (1974) 13 *ILM* 511, Article 6

④ 第237页注①，第206条。

⑤ 1976 Barcelona Dumping Protocol, Annex III; 1978 Kuwait Convention, Article XI; 1981 Abidjan Convention, Article 13; 1981 Lima Convention, Article 8; 1982 Jeddah Convention, Article XI; 1983 Cartagena Convention, Article 12; 1985 Nairobi Convention, Article 13; 1986 Noumea Convention, Article 16.

⑥ 第236页注⑦，第14条第1款。

⑦ (1987) 26 *ILM* 38.

⑧ 28 *ILM* (1989) 657, Article 4 (2) (f) and Annex V (A).

⑨ 30 *ILM* (1991) 1461, Article 8 and Annex Ⅰ

⑩ 第237页注⑦，第4条第1款f项。

⑪ 第237页注⑥，第7条c项和第14条第1款a项。

⑫ 30 *ILM (*1991) 802 (Espoo, 25 February 1991). 1997年6月27日生效。关于该文件

和一般国际法具有影响深远的编纂活动，国际法委员会《跨界损害预防公约（草案）》包含了跨界环境影响评价条款，要求对项目或活动对他国个人、财产和环境可能造成的影响进行评价①。

以 Knox 为代表的一些评论者，对预防跨界损害义务作为一项国际习惯法规则的存在及其规范性价值提出质疑；他们宁愿把有关跨界环境影响评价的法律文件日益增多视作国内环境影响评价制度全面繁荣的逻辑延伸以及“非歧视原则”的具体运用②。Knox 把该原则追溯至经合组织理事会在20世纪70年代提出的一系列建议中。例如，这些建议要求：

“每个成员国应确保其环境保护制度，不致于在那些源自该国影响或可能影响其国家管辖范围内的区域的污染，与那些源自该国、影响或可能影响其他国家的污染之间构成歧视”③。

尽管该原则的出现支持引入跨界影响评价，但这一主张忽视了这样一个事实，即国际法委员会2001年《跨界损害预防公约（草案）》中的跨界环境影响评价条款主要是基于跨界环境影响评价与原则21的关联，而非基于对国内环境影响评价制度“非歧视”的延伸。实际上，Knox 主张：

“国际法委员会充分尊重原则21的神秘观点反映了这样一个事实，其成员是独立的法律专家而非政府代表。如果把国际法委员会的这些条款变成旨在谈判一项全球性协定的外交会议的主题，

的详细介绍，参见 Okowa 文，第258页注①，第285~287页。

① 第238页注②，第7条。

② 第239页注②，第296~301页。但是，其他论者主张国际环境法中存在非歧视原则，主要参见 H. Smets, “Le principe de non-discrimination en matière de protection de l’ environnment” (2000) *Revue Europé du Droit de l’Environnment*, 1.

③ OECD Council Recommendation C(77)28, Implementation of a Regime of Equal Right of Access and Non-Discrimination in Relation to Transfrontier Pollution, Annex, Principle 3(a). See also, OECD Council Recommendation C(74)224, Principles Concerning Transfrontier Pollution; OECD Council Recommendation C(76)55, Equal Right of Access in Relation to Transfrontier Pollution.

那么很多国家将更倾向于弱化其与原则21的联系……。”①

然而，该观点并未顾及委员会在发挥其编纂和逐步发展国际环境法作用的过程中所进行调查研究的质量和深度。②

对于其活动将潜在影响共享国际淡水资源的拟议项目，双边和多边条约以及国家实践都要求某种形式的跨界环境影响评价③。欧洲经济委员会1992年《赫尔辛基公约》明确要求：

“会员国应制定、通过、实施并且尽可能采取相关法律、行政、经济、金融和技术措施，以便确保……环境影响评价和其他形式的评价得以实施”。④

《赫尔辛基公约》第16条要求应提供跨界水状况信息（包括水质目标、签发的许可与所附许可条件、为监督和评价而取样的结果）给公众知悉；Okowa指出“这可能要求给予来源国的公民以及其他国家的居民以机会向最终决策者表达建议”⑤。1992年《赫尔辛基公约》第11条第3款对正在进行的评价做出进一步规定：

“沿岸各国应定期对跨界水体状况、预防措施效果、跨界影响的控制和减量进行联合或者协调评价，并依据本公约第16条的规定，将评价结果向公众公开。”

① 第239页注②，第309页。

② 就这些调查研究，参见Hanfner和Pearson文，第224页注①。

③ See generally, L. A. Teclaff, *Water Law in Historical Perspective* (William S. Hein Co., New York, 1985), at 240; A. Nollkaemper, *The Legal Regime for Transboundary Water Pollution: Between Discretion and Constraint*(Graham & Trotman, Dordrecht, 1993), at 180; C. A. Cooper, “The Management of International Environmental Disputes in the Context of Canada–United States Relations: A Survey and Evaluation of Techniques and Mechanisms” (1986) *Canadian Yearbook of International Law,* 247, at 303.

④ 1992 UN ECE Convention on the Protection and Use of Transboundary Watercourses and International Lakes (1992) 31 *ILM* 1312; *B&B Docs.* 345; (Helsinki, 17 March 1992). 1996年10月6日生效，第3条第1款h项。

⑤ 第258页注①，第278页。

尽管1997年《联合国水道公约》[①]并未明确规定在实施可能造成重大环境影响的拟议项目或活动之前实施环境影响评价，但Okowa指出：

“人们仍存在争议的是：甚至在一些未做出明确规定的情形下，环境影响评价可能是其他程序义务——尤其是实施前通知可能蒙受跨界损害的他国的义务——的固有内容。”[②]

事实上，规定水道国就可能有不利影响的拟议措施通知其他水道国的义务的《公约》第12条，也是该公约唯一一次明确提及环境影响评价之处，规定：

“对于计划采取的可能对其他水道国造成重大不利影响的措施，一个水道国在予以执行或允许执行之前，应及时向那些国家发出有关通知。这种通知应附有可以得到的技术数据和资料，包括任何环境影响评价的结果，以便被通知国能够评价计划采取的措施可能造成的影响。”[③]

因此，为确保履行通知义务，环境影响评价程序得到了明确认可。与通知义务有关的、类似的环境影响评价文献有南部非洲发展共同体2000年修订的《共享水道议定书》，在规定通知义务时，该议定书对环境影响评价做出了完全相同的规定[④]。

对可能影响共享国际淡水资源的拟议项目或活动要求跨界环境影响评价的义务拥有习惯法的地位，这是令人信服的。国际法协会声称进行环境影响评价的义务是其2004年《柏林规则》所建立的国际水法制度的核心[⑤]。2004年《柏林规则》第六章全章规定“影响评价”，其中特别规定：

---

① 第223页注①。

② 第258页注①，第279页。

③ 着重强调。

④ 40 *ILM* (2001) 321. Not in force. Article 4(1)(b).

⑤ 第257页注①。

“对于水环境或其可持续发展可能造成重大影响的规划、项目和活动，各国应坚持事先和持续地进行环境影响评价。”①

第六章进一步规定了环境影响评价过程中应评价的影响②和应关注的关键因素。③该章还规定，任何遭受严重损害威胁的他国公民均有权在“非歧视”方式下参与该项目、规划、活动的实施国正在进行的环境影响评价程序。④同时，有关“公众参与和获取信息”的第18条规定，“根据本条应予获取的信息包括、但不限于有关水管理的环境影响评价。⑤该条的评注意见解释道“第3段认为根据国际习惯法单独要求的环境影响评价程序披露信息，通常是信息公开的最有效措施”。⑥此外，对《柏林规则》⑦第2条第2款的评注意见指出：

“该条款同样认为……为促使会员国履行其国际法项下义务，尤其是有关但不限于环境影响评价的义务，会员国应投入进行能力建设以确保获得必要的技术技能。”⑧

因此，2004年国际法协会水资源委员会各成员国明确承认跨界环境影响制度是一项国际习惯法规则。似乎是为消除疑点，《柏林规则》第29条的评注意见明确指出，“国际法协会认为，至少就跨界环境影响而言，相关实践已经促成一项国际习惯法则。”⑨

---

① 第29条第1款。

② 第29条第2款。

③ 第31条。

④ 第30条。

⑤ 第18条第3款。

⑥ 第257页注①，评注意见，第25页（着重强调）。

⑦ 第2条第2款规定：

“国家应承担必要的教育和科研项目，以确保国家和地方当局具有能力履行本章和本规则其他部分所规定的义务”。

⑧ 第257页注①，评注意见，第9页。

⑨ 同上，第31页。

自1989年世界银行首次发布其《环境评价指令》以来①，世行贷款的发展项目也要求执行环境影响评价程序以评价其对国内、跨界和全球环境可能造成的影响，该程序如今已成为所有主要发展机构的规范②。这对于国际水道尤其重要，因为利用和开发水资源的拟议措施通常涉及巨额基础设施投资，且大多数未开发的水道位于发展中国家。事实上，一些评论者已指出："实践中，其作为获得国际援助的条件之一，只有很多最不发达国家才对项目进行环境影响评价"。③

在一些国际争端中，国家也主张存在进行环境影响评价的一般义务。例如，新西兰和匈牙利在国际法院都提出过这一主张。在"法国地下核试验案"中，国际法院注意到新西兰宣称：

"法国此举不合法，因其导致或可能导致对海洋环境排放出放射性物质。法国负有这样一种义务：在进行新一轮地下核试验前，应根据当代国际法所普遍接受的'风险预防原则'，提供其不会向海洋排放这类物质的证明。"④

尽管国际法院的多数法官认为没必要对案件事实进行审查便

① Summarized in (1990) 1 *Yearbook of International Environmental Law,* at 333. For the current rules, see Operational Manual OP 4.01: Environmental Assessment (1999). See further, C. Rees, "EA Procedures and Practice in the World Bank", in N. Lee and C. George (eds), *Environmental Assessment in Developing and Transitional Countries,* 第268页注③, at 243. See also, Birnie and Boyle, 第232页注③, at 131.

② 关于亚洲开发银行、欧洲复兴与开发银行、欧洲投资银行和泛美开发银行要求的环境影响评价规则，参见 (1993) 4 *Yearbook of International Environmental Law,* at 528~549. See further, W. V. Kennedy, "Environmental Impact Assessment and Multilateral Financial Institutions", in Petts (ed.), *Handbook of Environmental Impact Assessment,* 第269页注⑤, at 98.

③ Knox 文，第239页注②，第276页。详见 Wood 文，第268页注③，第303页；和 George 文，第268页注③，第49页。

④ *Request for an Examination of the Situation in Accordance with Paragraph 63 of the Court's judgment of 20 December 1974 in the Nuclear Tests [New Zealand v. France] Case* Order 22IX 95, *ICJ Rep.* [1995] 288, at 290 (emphasis added). See also, paras 34 and 35. 案情简介，详见 M. C. R. Craven, "New Zealand's Request for an Examination of the Situation ... etc." (1996) 45 *International and Comparative Law Quarterly,* 725~734。

主张驳回新西兰诉求，而三位持异议法官坚持认为，如果法院能够审理该案的话，新西兰已经提出了表面证据确凿的案件。特别是Palmer法官认为，风险预防原则和对“可能产生重大环境影响的活动”进行环境影响评价这一更具体化要求，现今都可成为国际环境习惯法的原则。[①] 同样地，法官Weeramantry指出，跨界环境影响评价要求“已成为普遍共识，法院对此应引起注意”；[②] 他还认为，基于法院所知信息，依照现行国际环境法存在进行环境影响评价的初步要求。[③] 新西兰主要基于预防原则提出主张，两位法官均认为，环境影响评价是风险预防原则的辅助要求，[④] 尽管新西兰的主张也基于1986年《南太平洋地区自然资源和环境保护公约》第12条关于环境影响评价的规定。[⑤]

在“加布奇科沃—大毛罗斯大坝案”[⑥] 中，匈牙利同样基于风险预防原则向国际法院提出初始申请[⑦]，并认为合作义务与预防跨界环境损害的义务相互联系。匈牙利主张，前一原则尤其受到了1991年《欧洲经济委员会公约》[⑧] 第3条的支持；它认为该公约代表了一般国际法有关大坝的代表性规定；该公约要求采取可能造成明显跨界负面影响的行动的国家通知可能遭受影响的他国，与他国分享可得的技术参数和信息，一秉诚信地与他国进行协商和谈判。匈牙利主张，该义务要求各国进行充分的环境影响评价；

---

① Dissenting opinion, Palmer, *ibid*, at 412.

② Dissenting opinion, Weeramantry, *ibid*, at 344.

③ 同上，第345页。

④ See further, O. McIntyre and T. Mosedale, “The Precautionary Principle as a Norm of Customary International Law” (1997) 9 *Journal of Environmental Law*, 221, at 232~233.

⑤ 26 *ILM* (1987) 38. 1990年8月18日生效。

⑥ *Application of the Republic of Hungary v. The Czech and Slovak Republic on the Diversion of the Danube River*, reproduced in part in P. Sands, R. Tarasofsky and M. Weiss (eds), *Principles of International Environmental Law, Volume IIA: Documents in International Environmental Law* (Manchester University Press, Manchester, 1994), at 693~698. See further, McIntyre and Mosedale, *supra*, n. 3 at p.276, at 231~232.

⑦ 第234页注⑥。

⑧ 第270页注⑫。

尽管法院并未认可事先环境影响评价的必要性，但它强调“国家开始新的活动以及国家继续从事已经开始的活动时，都需要考虑新兴的环境规范和标准”①。

另外，在所谓的“Nirex案”中，爱尔兰在英国举行公开听证会时提交了一份意见，该听证会涉及申请建立一个设施以测试与爱尔兰海毗邻的坎布里亚郡某地区的环境适宜度以作为原子能工业废料的储存点；在该申请中，爱尔兰认为风险预防原则对英国政府施加了义务，尤其是施加了考虑拟议项目对环境可能造成影响的义务②。爱尔兰还提出有必要进行全面的环境影响评价程序，并让公众获知有关可替代的场所，但其主张显然是基于欧共体的相关立法而非基于国际习惯法规范的要求。最近，联合国海洋法公约仲裁庭审理了爱尔兰与英国间因塞拉菲尔德（英国某地）的钚铀混合氧化物工厂运营或生产致使向爱尔兰排放了某种放射性物质而引发的争端③。爱尔兰称，根据1982年《联合国海洋法公约》④第206条，爱尔兰有权要求英国对钚铀混合氧化物工厂运营进行适当的环境影响评价。在临时审理过程中，仲裁庭指出，这是该案中的一个如不能解决将影响最终裁判的关键问题。事实上，在向国际海洋法法庭申请临时措施以暂停联合国海洋法仲裁庭做出裁决时，爱尔兰尤其认为，基于第206条的规定，英国有义务就

① 第140段。

② *In the Matter of the Public Inquiry Concerning an Appeal by the United Kingdom NIREX Ltd. concerning the Construction of a Rock Characterisation Facility at Longlands Farm, Gosforth, Cumbria – Statement on Behalf of the Minister of State at the Department of Transport, Energy and Communications, Dublin, Ireland, made by Professor Elihu Lauterpacht CBE QC, 12 January 1996* “the Irish statement” paras 96–100.

③ *Ireland v. United Kingdom (Order No. 3 – Suspension of Proceedings on Jurisdiction and Merits and Request for Further Provisional Measures)* UNCLOS Arbitral Tribunal (24 June 2003).

④ 第206条规定：“各国如有合理根据认为在其管辖或控制下的计划中的活动可能对海洋环境造成重大污染或重大的有害的变化，应在实际可行范围内就这种活动对海洋环境的可能影响做出评价，并应依照第205条规定的方式提送这些评价结果的报告。”而第205条规定，“国家应向主管国际组织提出这种报告，各该组织应将上述报告提供所有国家”。

其钚铀混合氧化物工厂运营和有关放射性物质国际转移事先执行环境影响评价①。

环境影响评价的内容与充分程度取决于具体的项目。Okowa主要依据1991年欧洲经济委员会《公约》和1987年联合国环境规划署《指南》，②对一个良好的环境影响评价应具备的最少核心要件做出了界定，包括：在拟议项目或活动尚在规划阶段时应开展环境影响评价，以确保所做出的最终决定已充分考虑了评价结果；在与将遭受影响的他国充分协商之前，可能会造成跨界损害的拟议活动国不得开展该活动；同样，拟议活动性质和环境影响评价所确定的其可能带来的环境后果，应准确地向可能遭受影响的各方进行陈述和交流。显然，各国应真诚善意地履行通知和随后的协商义务。Okowa指出环境影响评价程序中不令人满意的一个共同点，即，通常拟议活动国单独承担判定负面环境影响可能性和危害性的责任，来源国通常没有义务提供佐证其决定的理由。③新西兰在“法国地下核试验案”④中对此持有异议；1991年欧洲经济委员会《公约》规定，来源国和受影响国不能就拟议活动所造成环境影响达成一致时，应联合提交到调查委员会。⑤通常情况下，环境影响评价程序中最脆弱的方面可能是：

“环境影响评价制度往往取决于国内立法和行政制度。在该范围内，国家法律实施中不同的能力——包括行政机构的效率、独立性、司法程序效能以及民间团体的支持水平——均能影响该制度的全过程。”⑥

---

① 第263页注③。详见Hallum文，第264页注②，第273页。

② 第258页注①，第282~285页。

③ 同上，第284页。

④ 第234页注⑤。

⑤ 第270页注⑫，附录四。See also, Article 3(5) of the 1991 Protocol to the Antarctic Treaty on Environmental Protection (1992) 30 *ILM* 1461, and the 1995 Brisbane Declaration of South Pacific Environment Ministers, reproduced as Annex 8 in the *Request for an Examination of the Situation, ibid.*

⑥ F. N. Botchway, “The Context of Trans-Boundary Energy Resource Exploitation: The Environment, the State, and the Methods” (2003) 14 *Colorado Journal of International*

因此，国家、国际组织和法典编撰机构把环境影响评价程序视为有效履行预防跨界环境损害义务和相关合作义务中至关重要的一个环节。此外，尤其在大规模开发项目高度危险活动情况下，它也被视为适用预防原则的一种有效手段。[①]Birnie和Boyle也指出，风险预防原则可用于判定拟议项目或活动是否对邻国造成重大环境影响，因此要求通过进行跨界环境影响评价补救“环境影响评价在国际环境法管理和跨界合作方面的主要缺陷”[②]。无论如何，事先跨界环境影响评价的要求已被广泛接受，1986年世界环境与发展委员会环境法专家组将环境影响评价确定为“形成中的国际法原则”，并建议，根据国际习惯法，拟实施或拟批准可能对环境造成重大影响的活动的国家，在实施或批准该拟议活动之前应进行或者要求评价其影响。[③]

四、可持续发展

尽管提到可持续发展通常会联系到1992年联合国环境和发展大会，但该概念的出现早于里约大会，它最早是被世界自然保护联盟[④]、1982年《世界自然宪章》[⑤]和世界环境与发展委员会[⑥]等所认可的。事实上，一系列有关淡水资源的早期公约有些共同的特征，都规定了通知、措施、环境影响评价和争端解决，这“反映

Environmental Law and Policy, 191, at 209.

① 详见McIntyre和Mosedale文，第276页注④，第238~239页。

② 第232页注③，第134页。

③ 第239页注⑦，第58~62页。

④ *World Conservation Strategy: Living Resource Conservation for Sustainable Development* (1980), prepared by the IUCN in collaboration with UNEP, WWF, FAO and UNESCO.

⑤ Endorsed by UNGA Res. 37/7 (1982) and UNEP GC Res.14/4 (1982).

⑥ World Commission on Environment and Development, *Our Common Future* (Oxford University Press, Oxford, 1987), Chapters 2 and 3, endorsed by UNGA Res. 42/186 (1987) and Res. 42/187 (1987). See also, report of the WCED’s Legal Expert Group on Environmental Law in R. Munro and J. G. Lammers (eds), *Environmental Protection and Sustainable Development* (Graham & Trotman, London, 1987).

出各国都意识到有必要根据可持续发展原则相互协调跨界资源利用中不同的利益”。[①]这些公约包括1923年《水力资源公约》[②]、1962年《日内瓦湖公约》[③]、1963年《尼日尔河流域协定》[④]以及1966年《康士坦茨湖协定》[⑤]。同样地，1968年《非洲自然公约》[⑥]中规定了代际间公平，而1949年联合国保护大会号召生态和发展的整合和联系[⑦]。目前，此概念已在里约会议获得广泛认同，联合国环境与发展会议制定的行动纲领《21世纪议程》和《关于环境与发展的里约宣言》[⑧]的主要目的都在推动实施该概念，而在《生物多样性公约》[⑨]和《气候变化框架公约》[⑩]中，可持续发展已成为基本的指导方针。诚然，《生物多样性公约》将可持续发展定义为“利用生物多样性组成的方式和速度不会导致生物多样性的长期衰落，从而有必要保持其满足今世后代的需要和期望的潜力”。这一概念已被大多数国际组织[⑪]、各国政府[⑫]采纳为其决策政策的一项核心原则，同时该概念的基本要素被纳入后来的一些多边环境协定文件中，如1995年《跨界和高度洄游鱼群管理和保护协定》[⑬]和

---

① Botchway文，第278页注⑥，第202~203页。

② Convention Relating to the Development of Hydraulic Power Affecting More than One State (1923) 36 *LNTS* 77.

③ Convention Converning Protection of the Water of Lake Geneva Against Pollution (1962) 992 *UNTS* 54.

④ Act Regarding Navigation and Economic Co-operation Between the States of the Niger Basin (1963) 587 *UNTS* 9.

⑤ Agreement Regulating the Withdrawal of Water from Lake Constance (1966) 620 *UNTS* 198.

⑥ (1968) 1001 *UNTS* 4.

⑦ 详见Botchway文，第278页注⑥，第205页。

⑧ 第237页注③。

⑨ 第237页注⑥。

⑩ 第237页注⑦。

⑪ 包括粮农组织、国际海事组织、世界银行、世界贸易组织、联合国开发署、国际热带木材组织和欧洲能源宪章组织。详见Birnie和Boyle书，第232页注③，第84页。

⑫ 最重要的是新西兰1991年资源管理法和澳大利亚1995年政府间环境协定，二者都是可持续发展的立法。

⑬ 4 *ILM* (1995) 1542.

1997年《联合国水道公约》。①

然而，这一概念实质上依然不够明确，并常被表述为在保护自然环境和经济发展间寻求妥协的一般性概念。但是，根据《里约宣言》和《21世纪议程》可界定出实现可持续发展的实质性和程序性核心要素②。实质性要素主要被规定于《里约宣言》的原则3~8和原则16中，包括自然资源的可持续利用③、环境保护和经济发展的协调④、发展权⑤、通过实行“污染者付费”原则实现成本内部化以及在代际和代内公平基础上实现资源的公平分配⑥。Botchway界定了“可持续发展的五个核心要素——经济和环境保护相协调、环境影响评价、合作、污染者付费理论和风险预防原则”⑦。事实上，代际和代内公平原则（常被称为共同但有区别的责任）是可持续发展理念实质要件的规范要义。例如，在2002年8月召开的可持续发展和法治全球法官研讨会上，来自60个国家的首席大法官和资深法官们通过了《法治和可持续发展的约翰内斯堡原则》。与会法官们认为：

“在环境和可持续发展领域，有效贯彻实施可适用的国际法和

① 第223页注①。

② 详见Birnie和Boyle书，第232页注③，第86页。

③ 《里约宣言》原则8。亦可参见，the 1982 World Charter for Nature, 23 *ILM* (1983) 455; 1992 Biological Diversity Convention, Articles 6 and 10; 1994 International Tropical Timber Agreement, Article 1; 1994 Convention to Combat Desertification, Article 3; 1995 Agreement for the Conservation of Straddling and Highly Migratory Fish Stocks, Articles 2 and 5; 1997 Convention on the Law of the Non-Navigational Uses of International Watercourses, Article 5(1).

④ 《里约宣言》原则4。亦可参见 Agenda 21, Chapter 8; 1992 Convention on Climate Change, Articles 3(4) and 4(1)(f); 1992 Convention on Biological Diversity, Article 6; 1994 Convention to Combat Desertification, Article 4(2).

⑤ 《里约宣言》原则3。亦可参见 the 1986 Declaration on the Right to Development, UNGA Res. 41/128 (1986) and the 1993 Vienna Declaration on Human Rights, 32 *ILM* (1993) 1661.

⑥ 见下文。

⑦ 第278页注⑥，第205页。

国内法能确保当代人将享受并改善全体人的生活质量，同时，也可确保下一代人的固有权利和利益免遭损害。”①

同样，他们也认为：

“强国和弱国之间在保护全球共享环境的可持续发展中的能力和机会的不均衡，导致前者在保护全球环境方面肩负着更多责任。”②

约翰内斯堡全球法官研讨会进一步详细阐述了实现可持续发展的具体原则和工作方案，法官们一致认为：

“发达国家的政府和慈善团体，包括国际金融机构和基金会，应优先资助实施上述原则和工作方案。”③

《里约宣言》原则10和原则17规定了程序要件，其中包括获取环境信息④、公众参与环境决策⑤和环境影响评价⑥。另外，更普遍适用的其他国际环境法原则在实现可持续发展目标的过程中发挥着明显作用。例如，在可持续利用共享自然资源方面，预防原则⑦发挥出重要作用，因为其可以解决计划利用该资源造成环境负面影响的科学不确定问题。同样，环境影响评价这一程序性制度设计在协调环境保护和经济发展关系中发挥了关键性作用。尽管可持续发展委员会最初建立是为了监督各国贯彻实施《21世纪议程》

① Johannesburg Principles on the Role of Law and Sustainable Development, adopted 20 August 2002. Reproduced in (2003) 15 *Journal of Environmental Law*, 107, at 108.

② 同上。

③ Para. (i), ibid, at 109.

④ See, further, the 1998 UN ECE Aarhus Convention on Access to Information, Public Participation in Decision-Making and Access to Justice in Environmental Matters, 38 *ILM* (1999) 517.

⑤ 同上。

⑥ See further, the 1991 UN ECE Espoo Convention on Environmental Impact Assessment in a Transboundary Context, 第270页注⑫。

⑦《里约宣言》原则15。参见 1995 Agreement for the Conservation of Straddling and Highly Migratory Fish Stocks, Article 6; *Southern Bluefin Tuna Case (Provisionsal Measures)* (1999) ITLOS Nos. 3 and 4. 详见下文。

和可持续发展的目标[①]，但它也在未来政策制定中发挥出了关键作用；该委员会的功能设计是可及时调整以便吸纳清晰的实施标准，或判定某一特定政策或开发是否符合可持续发展的要求。然而，或者是由于对有关可持续发展法律概念的不确定性的回应，《里约宣言》原则27和《21世纪议程》第39章均明确号召“在可持续发展领域”进一步发展国际法，并为所需法律措施编写了连续的报告。[②]

饶有兴趣的是，在国际法委员会《国际水道非航行利用条款草案》形成的过程中，一些代表团主张更新该草案条款，以反映出当代国际环境法领域的发展，1997年《联合国水道公约》关于“公平合理的利用和参与”的第5条被工作组修改[③]，在第一段中加入“可持续发展”一词，最终使得公平合理利用的目标是实现国际水道和由其产生的相关利益“最佳和可持续的利用”。[④]可持续利用明显只是各国应努力争取实现的目标，而非负担的法律义务[⑤]。有些人

---

① UNGA Res. 47/191 (1992).

② See, for example, UNEP, *Final Report of the Expert Group on International Law Aiming at Sustainable Development,* UNEP/IEL/WS/3/2 (1996) or UN Department for Policy Co-ordination and Sustainable Development, *Report of the Expert Group Meeting on Identification of Principles of International Law for Sustainable Development* (Geneva, 1995). See generally, A. Boyle and D, Freestone (eds), *International Law and Sustainable Development* (OUP, Oxford, 1999); W. Lang (ed.), *Sustainable Development and International Law* (Graham & Trotman, London, 1995); P. Sands, “International Law in the Field of Sustainable Development” (1994) 65 *British Yearbook of International Law,* 303; D. McGoldrick, “Sustainable Development and Human Rights: An Integrated Conception” (1996) 45 *International and Comparative Law Quarterly,* 796.

③ The Draft Articles were discussed with a view to the elaboration of a Convention by the Sixth (Legal) Committee of the General Assembly, convening for this purpose as a “Working Group of the Whole”, UNGA Res. 49/52, 9 December 1994, para. 3, UN GAOR, 49th Sess., Supp. No. 49, vol. 1, at 293, UN Doc. A/49/49 (1994).

④ See further, S. McCaffrey, *The Law of International Watercourses* (OUP, Oxford, 2001), at 305.

⑤ See E. Hey, “Sustainable Use of Shared Water Resources: The Need for a Paradigmatic Shift in International Watercourses Law”, in G. H. Blake et al. (eds), *The Peaceful Management of Transboundary Resources* (Graham & Trotman/Martinus Nijhoff, Dordrecht/Boston/London, 1995), at 141. 然而，相反的观点，参见 G. Hafner, “The Optimum Utilization Principle and the Non-

认为可持续发展理念太过空泛①，尚待进一步发展②，且没必要普遍适用③，国际法委员会的一些委员却认为，第5条的修正案纳入可持续开发利用，表明公平合理的利用真正关系到了资源开发利用的长期考量和代际公平问题。④特别值得注意的是，时任本主题特别报告员的Rosenstock先生认为，第5条修正案纳入可持续开发利用"将破坏该条的平衡……并且……导致不平衡、损及水道的经济发展"⑤。Birnie和Boyle从更积极的角度看待1997年《联合国水道公约》和1995年《鱼群协定》明确纳入可持续利用原则，⑥指出：

"这两项条约共同起到了重新界定现行公平利用共享资源的法律概念的效果……并第一次在有关自然资源的国际法部分中引入了重要的环境限制概念。"⑦

他们甚至进一步推测：

"条约约定和各国努力实践充分明确显示，保护和可持续开发利用自然资源已成为独立的国际法规范标准。"⑧

在涉及关于计划开发国际河流的负面环境影响争端的"加布奇科沃—大毛罗斯大坝案"中，国际法庭在该案中首次提及"需要

Navigational Uses of Drainage Basins" (1993) 45 *Austrian Journal of Public and International Law*, at 132. 他认为"'最佳利用'的早期目标是一项强调协调利用冲突的义务性目标，因为为了共同体的利益而对利用的自由裁量权施加了具有法律约束力的限制"。

① Statements by Mr Tomuschat and Mr Yankov, International Law Commission, Forty-Sixth Session, Summary Records of the 2,354th Meeting, 21 June 1994.

② Statement by Mr Idris, *ibid.*

③ Statement by Mr Sreenivasa Rao, *ibid.*

④ Statement by Calero Rodriguez, *ibid.*

⑤ Statement by Mr Rosenstock, *ibid.*

⑥ Articles 5 and 6. See further D. Freestone and Z. Makuch, "The New International Environmental Law of Fisheries: The 1995 UN Straddling Stocks Convention" (1996) 7 *Yearbook of International Environmental Law,* 3.

⑦ 第232页注③，第85页。

⑧ 同上，第89页。

协调经济发展和环境保护关系……这是可持续发展理念的适当要求”。[①] 尤其是法官 Weeramantry 在其不同意见书中指出，提倡利用可持续发展原则，他认为“它不仅仅是一个理念，而且是一项具有规范价值的原则，对本案裁决起着至关重要的作用”。[②] 对于斯洛伐克提出的“可持续发展概念的内在要求是遵循在解释和适用环境义务时应考虑发展需求的原则”的主张，Weeramantry 认为，“被世界范围内广泛认可”的可持续发展，为“发展的需求和环境保护的必要性”相互协调提供了必备的基础。[③] 随后，世界贸易组织上诉机构在“虾与海龟案”中提及并肯定了这一国际法的目标[④]。然而，Weeramantry 法官在“加布奇科沃—大毛罗斯大坝案”中敏锐地察觉到：

“虽然该原则的组成要件源于如人权、国家责任、环境法、经济产业法、衡平法、领土主权、权利滥用、睦邻关系等根深蒂固的国际法领域。[⑤] 但在个案中，该理念的具体规范要求仍难以确定。”

因此，在这一点上，以国际法协会为代表的知名学术性团体承担起责任，探讨并报告以利用国际法有效促进可持续发展目标实现的可能性及挑战性。2002年，国际法协会制定了《关于可持续发展国际法原则的新德里宣言》[⑥]；2003年5月，该协会设立了“可持续发展国际法国际委员会”，其核心目标是“研究可持续发

---

① 第234页注⑥，第140段。

② Weeramantry副院长的《不同意见书》，第1页。详见O. McIntyre, “Environmental Protection of International Rivers”, Case Analysis of the ICJ Judgment in the Case concerning the Gab íkovo-Nagymaros Project (Hungary/Slovakia) (1998) 10 *Journal of Environmental Law*, 79, at 87.

③ 同上，第2页。

④ *US-Import Prohibition of Certain Shrimp and Shrimp Products*, WTO Appellate Body (1998) WT/DS58/AB/R. See further, V. Lowe, “Sustainable Development and Unsustainable Arguments”, in Boyle and Freestone, 第283页注②，第19段。

⑤ 本页注②，第6页。

⑥ ILA Resolution 3/2002, published as UN Doc. A/57/329, available at www.ila-hq.org/html/layout_committee.htm.

展的法律地位和实施情况”[①]。事实上,《新德里宣言》界定了七项核心原则:

“1. 国家确保自然资源可持续利用的义务;

“2. 公平与消除贫困原则;

“3. 共同但有区别的责任原则;

“4. 为保护人类健康、自然资源和生态系统采用风险预防方法的原则;

“5. 参与、知情和诉诸司法的原则;

“6. 良治原则;

“7. 整合和相互关联原则,尤其在人权和社会、经济和环境目标方面。”[②]

国际法协会可持续发展国际法国际委员会指出,“每一项原则被分为多个项原则,而它们法律性质和地位、则从被广泛接受的法律理想状态(de lege ferenda)到被最终期待的现实条款各不相同。”[③]

关于可持续发展理念的法律地位,它的规范不确定性与随之而来的缺少司法审查标准均表明,至少目前来说,它还未能达到一种有约束力的普遍国际法律义务的地位。易言之,这并非国际法的必然要求,除非各国约定了一项更具体的国际措施促使发展必须可持续化。尽管国际法院在“加布奇科沃—大毛罗斯大坝案”中提及可持续发展理念,但法院得出裁决最终却基于广为人知且更为接受的可司法问题,如水流的公平分配[④]。然而,共同组成可持续发展概念的实质要件和程序要件,更有可能单独创设规范性义务。具体

① First Report of the International Committee on International Law on Sustainable Development (ILA, Berlin 2004), at 2, available at www.ila-hq.org/html/layout_committee.htm.

② See First Report of the International Committee on International Law on Sustainable Development, *ibid,* at 4.

③ 同上。

④ 第234页注⑥。参见 Birnie 和 Boyle 书,第232页注③,第95页。

而言，国家可能被要求进行环境影响评价，实现可持续利用，确保获取环境信息，鼓励公众参与，在决策中整合考虑环境与发展，或考虑代内公平和代际公平，以履行其推动可持续发展的义务。其中每一项要素都可能享受独立的规范地位，并得到国家实践不同程度地支持。因此，在国际法院或国际机构被要求解释、适用和发展法律时，可持续发展的组成要件都具有关联性，这一点已经明显体现在国际法院“加布奇科沃—大毛罗斯大坝案”①和世贸组织上诉机构“虾与海龟案”②有关裁决中对可持续发展概念的援引。Birnie 和 Boyle 认为：

“无论可持续发展是否是一项法律义务……它确实代表了一种目标，其可以影响案件结果、条约解释、国家和国际组织的实践，并导致现行法律产生重大变化和发展。国际法正要求国家和国际组织去重视可持续发展这一目标并且依照该目标建立起相应程序，这无疑具有着重大意义。”③

但很显然，唯一的可能性是，在各个领域内阐释那些旨在赋予可持续发展概念具有实效性的详细的规则和原则，就共享淡水资源而言，大量的全球政策性文件都声称推动该概念并确认其关键要素④。这些文件包括1992年《水和可持续发展的都柏林宣言》⑤、2000年《世界水理事会报告》⑥、联合国可持续发展委员会的后续报告。⑦ Wouters 和 Rieu-Clarke 断言，所有政策性文件的共同

① 同上，第140页。

② 第285页注④，第126~130段。

③ 第232页注③，第96~97页。

④ See further, P. K. Wouters and A. S. Rieu-Clarke, “The Role of International Water Law in Promoting Sustainable Development” (2001) 12 *Water Law*, 281.

⑤ Reprinted in (1992) *Environmental Policy and Law*, 22.

⑥ World Water Vision, *Commission Report – A Water Secure World* (World Water Council, 2000).

⑦ UN CSD, *Strategic Approaches to Freshwater Management* (27 January 1998); UN CSD, *Water – A Key Resource for Sustainable Development* (2 March 2001).

结论是，可持续发展仅能通过综合性水资源管理战略实现，而这反过来要求：相互关联的淡水水体应当被作为一个整体（最好是在集水区的层面上）加以管理；应整合多个部门，协调考虑技术、经济、社会、环境和人类健康因素；应整合多方利益，充分考虑所有利益相关方的权益。[①]此外，这一战略在充分考虑今世后代的需求、优先关注贫困人群的特殊需要和保护水生生态系统的情况下，有必要确保充分获取安全用水和所有人的卫生用水。他们建议，国际水法的首要实质性原则，即规定在1997年《联合国水道公约》第5条、第6条中的公平合理利用，是“与综合性水资源管理一致的，各国必须考虑淡水水体的相互关联性、部门整合和多方利益”。[②]因此，适用该公约规定的这项原则也与可持续发展目标一致，尤其是该公约第10条第2款要求协调相互冲突的国际水道的利用，“特别顾及人的基本生存需求”。Wouters 和 Rieu-Clarke 甚至认为：

“（公平合理开发利用）原则实际上是要求各国应充分考虑与自然资源可持续发展相关的因素，并因此提供法律制度框架使该原则可操作。”[③]

同样的，Kroes 指出，可持续发展理念和公平合理利用原则相似，二者均要求权衡多方利益并整合方法与目标[④]。在对可持续发展理念和公平利用原则二者关系的特别理解中，特别令人感兴趣的是国际法协会2004年《柏林规则》[⑤]明确规定“国家应采取全部

---

① 第287页注④，第281~282页。

② 同上，第282页。

③ 同上，第283页。

④ M. Kroes, “The Protection of International Watercourses as Sources of Fresh Water in the Interest of Future Generations”, in E. H. P. Brans, E. J. de Haan, J. Rinzema and A. Nollkaemper (eds), *The Scarcity of Water: Emerging Legal and Policy Responses* (Kluwer Law International, The Hague, 1997) 80, at 83.

⑤ 第257页注①。

适当措施以可持续管理水资源”[①]，并将“可持续利用”定义为：

“最大可能限度内合理保护可再生资源和保存不可再生资源，并对自然资源加以综合管理，以确保今世后代可有效利用和公平获取水资源。”[②]

《柏林规则》第7条的评注意见明确指出：“其阐明了一项基本规则，现为国际习惯法的一部分，即各国应努力实现对水资源和其他资源的可持续利用”[③]；并且进一步解释：

“《柏林规则》在某种意义上是促进可持续发展的规则的集合体，它并非与‘国家公平合理利用水资源’的要求完全一样。公平利用规则……阐述了流域国间水分配的国际法（无论是习惯法或是条约法）基本规则。……正如《联合国水道公约》第5条指出的，可持续发展是以公平合理利用规则为条件而非取代它的单独的强制性义务。可持续发展也不是一项绝对义务……规则界定了一项采取适当措施以确保可持续发展的义务，即一项国家被要求遵守的谨慎注意义务。”[④]

国际法委员会的《条款草案》因为没有采纳在其开始就国际水道开展工作之后国际环境法的许多发展而遭受批评，[⑤]尽管如此，对规定公平合理利用原则的1994年《条款草案》第5条[⑥]的评注意

① 第7条。

② 第3条第19款。

③ 第257页注①，第15页。

④ 同上，第16页。

⑤ 参见Brunnée和Toope文，第230页注①，第67页，引自Allin, “Remarks During a Workshop on Environmental Security and Freshwater Resources”, held at the Faculty of Law, McGill University, Montreal, 11–12 November 1994.

⑥ “Draft articles on the non-navigational uses of international watercourses as adopted on second reading by the International Law Commission at its forty-sixth session”, *Report of the International Law Commission* on the work of its forty-sixth session, UN GAOR, 49_{th} Session, Supp. No. 10, 195, UN Doc. A/49/10 (1994), at 219. Hereinafter, *Report of the International Law Commission* (1994).

见指出：可持续发展的要求已经隐含在第5条的目标中，即“与充分保护该水道相一致……实现最佳（和可持续）利用”[①]。事实上，1997年《联合国水道公约》中列举的有关公平合理利用决定的某些要素，对于顾及下一代利益而确保在相当长时期内对共享淡水实行保育和环境保护是非常适用的。例如，综合考虑水道的节约利用[②]、生态因素[③]和可能用途[④]有助于进一步实现可持续利用。实际上，国际法院普遍接受了可持续发展理念，特别是Weeramantry法官在“加布奇科沃—大毛罗斯大坝案”[⑤]中发表了不同意见书，有论者指出，“为寻求两项原则的相互协调，把公平利用视为可持续发展在国际水资源利用中的体现不失为明智之举”[⑥]。同样，规定在1997年《联合国水道公约》第7条中的不造成重大损害义务，也有助于为了今世后代的利益而长期保证淡水资源的可用性和质量。另一位评论者指出，在包括国际河流水电开发在内的跨界能源利用中，国际法要求整合可持续发展和公平两种理念。[⑦]他进一步推论：“环境规则、尤其是遵循可持续发展要素的规则，对于共享自然资源的成功联合利用至关重要”[⑧]。

更为具体的是，1997年《联合国水道公约》第四部分第20~23条中的义务，是对该公约第5条第1款和第7条有关环境保护的一般原则和义务的细化，它们显然有助于推动实现可持续的利用。该公约第20条规定水道国“应保护和保存国际水道的生态系统”，而对《条款草案》的评注意见明确指出，“保护和保存水资源生态系统均有助于保持生命维持系统的持续生命力，为可持续发展提

① 工作组最终将“可持续”利用纳入到1997年《公约》第5条的最终文本中。

② 第6条f项。

③ 第6条a项。

④ 第6条e项。

⑤ 前注385。

⑥ McIntyre文，第285页注②，第88页。

⑦ F. N. Botchway文，第278页注⑥，第193页。

⑧ 同上。

供重要基石”。[①] 这一条款源于1982年《联合国海洋法公约》第192条[②]，尽管其属性宽泛，但此第20条的重要意义在于它促使各国承认保护和保存生态系统是各国的共同目标。同样，《联合国水道公约》第21条第2款要求水道国“保存、减少并控制对可能对其他水道国或其环境造成重大损害的国际水道污染”，第22条则要求各国应“防止把可能对水道生态系统有不利影响从而对其他水道国造成重大损害的外来或新的物种引入国际水道”。最后，意识到水道对海洋污染影响重大，《联合国水道公约》第23条要求各国“对国际水道采取一切必要措施，以保护和保全包括河口湾在内的海洋环境”。这些条款共同建立起一个综合性的环境保护制度。例如，当某项有害利用并未或尚未达到第21条和第22条规定的重大跨界环境损害的程度时，将可对其适用对损害程度规定较轻微的第20第或第23条。国际法委员会明确指出，第20条和第23条规定的损害程度低于重大损害的程度，因为不必等到已造成重大损害或跨界损害程度，水道或海洋环境的生态系统便可能遭到破坏[③]。同样，第20~23条规定的义务要求采取预防措施，[④] 并要适用风险预防活动的原则[⑤]。因此，国际法委员会认为，对有关水道利用和可能出现负面影响的因果关系缺乏充分科学确定性时，可适用风险预防原则。

此外，要求水道沿岸国对有关国际水道的联合管理展开协商的1997年《联合国水道公约》第24条，解释了为了该条的目的，

---

① *Report of the International Law Commission* (1994), at 282.

② 第192条规定“各国有义务保护和维护海洋环境”。详见 D. Bodansky, “Protecting the Marine Environment from Vessel-Source Pollution: UNCLOS III and Beyond” (1991) 18 *Ecological Law Quarterly*, at 722; P. Allott, “Mare Nostrum: A New International Law of the Sea” (1992) 86 *American Journal of International Law*, at 785.

③ 第21条的评注意见，第289页注⑥，第293页。

④ 国际法委员会对《条款草案》的评注意见强调了这一点；同上，第282和299页。

⑤ 国际法委员会的评注意见也强调了这一点；参见对第20条的评注意见，同上，第282页；对第21条的评注意见，同上，第292页；对第23条的评注意见，同上，第299页。

“管理”是指“规划国际水道的可持续发展……”和“以其他方式促进对水道的合理和最佳利用、保护和控制”。① 国际法委员会对《条款草案》第24条的评注意见强调，“可持续发展”和“合理和最佳利用”与“管理过程”相关联，对今世后代“有根本重要意义”②。但是，该评注意见进一步谨慎指出，关于国际水道管理的协商不能影响“奠定本条款草案整体基石的第5条和第7条的适用”。③

总而言之，世界环境和发展委员会宣称：

“可持续发展的最低目标是通过这样一种方式追求发展与环境保护，即人造物品无法替代的自然资源和服务未受到危害。”④

淡水明显是这样一种资源，因此可持续发展的原则或目标有望在共享淡水资源情形下得以适用，并使环境保护目标得到强化。⑤ 这种期望在1997年《联合国水道公约》第5条、第7条、第20条、第23条和第24条中可以得到证实，它们是对共享淡水资源利用现有的或即将形成的习惯法规则的最权威表达。

五、代际公平

正在形成中的代际公平理论要求：

“每一代有义务以不比其接受时更糟糕的状态传承地球的自然和文化资源，并提供当代人合理获取遗产。”⑥

---

① 第24条第2款a项和b项。

② 对第24条的评注意见，第289页注⑥，第301页。

③ 同上。

④ 前注343页。

⑤ See, for example, A. E. Boyle, “Economic Growth and Protection of the Environment: The Impact of International Law and Policy”, in A. E. Boyle (ed.), *Environmental Regulation and Economic Growth* (Clarendon Press, Oxford, 1994), 174, at 177.

⑥ E. Brown Weiss, *In Fairness to Future Generations: International Law, Common Patrimony, and Intergenerational Equity* (UNU Press, Tokyo/Transnational, New York, 1989), at 37–8. Brown Weiss教授是代际公平理论的主要倡导者，她主要是在承担位于东京的联合国大学资助的一个研究项目中发展了该理论。See also, C. Redgwell, *Intergenerational Trusts and*

它与可持续发展的目标存在本质联系，后者在1987年世界环境与发展委员会发表的影响深远的《布伦特兰报告》[①]中被提出，可持续发展描述为“既能满足当代人的需求，又不对后代人满足需求的能力造成损害的发展”。依据英国法的信托理论，该原则试图平衡今世后代之间的利益。事实上，通过这种方式，该原则建立起理解今世后代有关环境与自然资源权利的分析框架，它使用“地球信托”概念“含蓄阐述了代际关系的属性”，并依赖于“一个默示宣言，即每一代是在接受后代的信托之下拥有地球资源”[②]。

Brown Weiss 的理论乃基于罗尔斯（Rawls）的契约论和他对代际正义的讨论[③]以及 Barry 等早期理论家的著作，Barry 定义了“新伦理”概念，“该概念至少包括这样一种理念，即任何情况下，当代人应作为地球的监护人而非所有人，并要求在传承给下一代前，确保地球资源不致比其发现它们时更糟糕”[④]。为了使该学说更为具体，她界定了任何当代人应适用于管理环境和自然资源的三个重要原则。[⑤]这些原则包括：

“（1）‘选择保存’，即要求保存资源多样性，避免不适当地限

Environmental Protection (University of Manchester Press, Manchester, 1999); J. C. Wright, *Future Generations and the Environment* (Centre for Resource Management, Canterbury, New Zealand, 1988).

① 第279页注⑥。

② E. Brown Weiss, “The Planetary Trust: Conservation and Intergenerational Equity” (1984) 11 *Ecology Law Quarterly*, 495, at 504. See further, E. Brown Weiss, “Conservation and Equity Between Generations”, in T. Buergenthal (ed.), *Contemporary Issues in International Law: Essays in Honor of Louis B. Sohn* (N. P. Engel, Kehl, 1984); E. Brown Weiss, *Proceedings of the American Society of International Law*, 81_{st} Meeting (1987), at 126–33. See also, “Agora: What Obligation Does Our Generation Owe to the Next? An Approach to Global Environmental Responsibility”, with contributions from E. Brown Weiss, A. D’Amato and L. Gundling, in (1990) 84 *American Journal of International Law,* 190–212.

③ J. Rawls, *A Theory of Justice* (Harvard University Press, Oxford/Philadelphia, 1971).

④ B. Barry, “Justice Between Generations”, in P. M. S. Hacker and J. Raz (eds), *Law, Morality and Society: Essays in Honour of H. L. A. Hart* (Clarendon Press, Oxford, 1977), at 284.

⑤ 详见 Redgwell 文，本页注②，第77~78页。

制后代人的可选择权利；

“（2）‘质量保存’，即要求地球资源应在不比接受时更糟糕的状况交付给下一代；

“（3）‘获取保存’，即要求确保后代人可从由前代人传承的自然资源中享有公平地获益权利。”

前两项原则已被世界环境与发展委员会环境法专家组确认为基本义务，并由此产生了各国应“保证基于于今世后代的利益，保存和利用环境和自然资源的义务”。① 第三项原则源于信托法的基本义务，即受托人应维护受益人间的平等，并在现世占有人（现有受益人）和继承人（未来受益人）间公允行事。这些原则产生了更具体的代际权利和义务。Brown Weiss 指出了资源利用的五项主要义务和相对应的权利②，即，

“（1）保护资源；

“（2）确保公平利用；

“（3）避免不利影响；

“（4）预防灾害、将损害降至最低并提供紧急援助；

“（5）对环境损害予以赔偿。”

值得特别注意的是，由联合国大学研究项目顾问委员会通过的《代际公平果阿指南》③ 提议了一项实现代际公平的七点战略，包括：

“（1）国家既代表当代人，也代表后代人。

“（2）任命监察员或特派员以保护后代人利益。

“（3）文化和自然资源的监测制度。

“（4）特别关注长远后果的保存评估。

① 第239页注⑦，第42~45页。专家组设立的目的是准备在2000年以前已经存在的法律原则，以支持所有国家内和国家间的环境保护和可持续发展，同上，第7页。

② 第293页注②，第50页。

③ 转载自 Brown Weiss 书，同上，附录 A。

“（5）确保可持续利用可再生能源和生态系统的措施。

“（6）承诺加强科技研究以促进上述目标实现。

“（7）制定社会各层和年龄组特别是年轻一代的教育学习计划。”

该指南指出，为确保在代际公平理念下有效贯彻实施信托义务，在违反该信托时应该在环境法庭和执法行动中有所代表。对此，Brown Weiss 建议通过任命一位监察员①或受托人②来实现这一要求。也有人建议设立更广泛的监护人以作为自然环境的法律代表③，或者非政府组织可基于这些组织的永久性充分发挥“代际效力”④，他们也可发挥类似于在家事法庭中专门代表儿童利益的监护人的作用⑤。布伦特兰委员会建议任命联合国环境保护与可持续发展高级专员，其任务之一是代表并保护后代人利益；⑥但也有人建议利用现有部门（如联合国环境计划署）。⑦还有其他人建议，改革和重新利用现行冗余的联合国托管理事会是一个不错的选择，因其“可以认识到诸如气候变化等问题乃‘人类共同关注事项’，

① 同上，第124~126页。

② 同上，第120~123页。

③ C. Stone, “Defending the Global Commons”, in P. Sands (ed.), *Greening International Law* (Earthscan Publications, London, 1993), at 40.

④ S. Charnovitz, “Two Centuries of Participation: NGOs and International Governance” (1997) 18 *Michigan Journal of International Law,* 183, at 274. See also, J. C. Wood, “Intergenerational Equity and Climate Change” (1996) 8 *Georgetown International Environmental Law Review,* 293, at 302–303; D. Tolbert, “Global Climate Change and the Role of International Non-Governmental Organisations”, in R. Churchill and D. Freestone (eds), *International Law and Global Climate Change* (Graham & Trotman, London/Dordrecht/Boston, 1991), at 100–101; P. Sands, “The Environment, Community and International Law” (1989) 30 *Harvard International Law Journal,* 392, at 394; 他们都建议 NGOs 可以作为环境的监察员或监管人。

⑤ E. Susskind, *Environmental Diplomacy* (OUP, Oxford/New York, 1994), at 54-5

⑥ 第279页注⑥，第15页。

⑦ See R. B. Bilder, “The Settlement of Disputes in the Field of the International Law of the Environment” (1975) 144: I *Recueil des Cours d'Academie de Droit Internationale,* 139, at 231; N. Schrijver, “International Organization for Environmental Security” (1989) 20 Bulletin of Peace Proposals, 115, at 120–21.

故可基于人类信托而对世界资源进行监护”。[①] 事实上，联合国改革新提案明确提及在环境领域中确立“一个新的托管制度概念”。[②] 值得注意的是，在国家层面上，法国已任命“未来世代委员会”，当计划活动可能对后代权利造成影响时，该委员会将主动提供建议或参与协商[③]。

Redgwell 指出：

“Brown Weiss 所确认的利用义务与国际环境法现存原则极其类似。每个‘使用义务’范例均出现在环境法领域的现行条约和习惯法的现行原则中，这一点也不让人惊讶。”[④]

Brown Weiss 教授明确承认对后代的义务自身缺乏规范性特征，并认为它们“起初是对利益的道德保护，现在必须转换为法律权利和义务”。[⑤] 然而，代际公平原则并非没有条约实践支撑。例如，包括1946年的《国际捕鲸管制公约》[⑥]、1968年的《非洲自然和自然资源保护公约》[⑦]、1973年的《濒危野生动植物物种国际贸易公约》[⑧]、1976年的《保护地中海免受污染的巴塞罗那公约》[⑨]、1976年的《南太平洋自然养护阿皮亚公约》[⑩]、1977年的《禁止为军事或

---

① C. Tinker, “Environmental Planet Management by the United Nations: An Idea Whose Time Has Not Yet Come?” (1990) 22 *New York University Journal of International Law and Politics*, 793, at 826.

② UN Press Release SG/SM/6428, discussed in L. Kimball, “Institutional Developments” (1997) 8 *Yearbook of International Environmental Law*, 132. 详见 Redgwell 文，第293页注②，第88页。

③ Décret No. 93-298, of 8 March 1993, *Journal Officiel de la République Française,* 10 March 1993, cited in A. Kiss, “The Rights and Interests of Future Generations”, in D. Freestone and E. Hey (eds), *The Precautionary Principle and International Law* (Kluwer Law International, The Hague, 1996), at 26.

④ 第293页注②，第81页。

⑤ 第293页注②，第30页。

⑥ (Washington) 161 *UNTS* 72; *UKTS* 5 (1949). 1948年11月10日生效。

⑦ (Algiers) 1001 *UNTS* 4. 1969年6月16日生效。

⑧ (Washington) 12 *ILM* 1085 (1973). 1975年7月1日生效。

⑨ 15 *ILM* 290 (1976). 1978年2月12日生效。

⑩ Burhenne, W., *International Environmental Legal Materials and Treaties* (Looseleaf,

任何其他敌对目的使用改变环境的技术的公约》、1978年《保护海洋环境免受污染的科威特区域公约》①、1979年的《野生动物迁徙物种保护波恩公约》②、1979年的《欧洲野生生物和自然栖息地保护公约》③、1983年的《大加勒比地区海洋环境保护和开发卡塔赫纳公约》④、1985年的《东盟自然和自然资源保护协定》⑤、1985年《东非地区海洋环境保护、管理和发展内罗毕公约》⑥、1986年《南太平洋地区自然资源和环境保护努阿美公约》⑦等公约在内的序言均承认后代人的利益。还有许多新近公约在序言中提及代际权利和利益的范例，如1992年《东北大西洋海洋环境保护巴黎公约》⑧、1992年《生物多样性公约》⑨、1992年《工业事故跨界影响公约》⑩和1994年《荒漠化防治公约》⑪。Bodansky认为代际公平原则同风险预防原则和区别责任原则相比，是三者间与生物多样性保护最为相关的原则，“为保护生物资源提供了一般框架”。⑫在此基础上，Redgwell建议代际公平原则应作为《生物多样性公约》适用中的“一般原则”。⑬1992年《气候变化框架协议》⑭是为数不多的在正文中间接提及后代利益的条约文件，其第3条第1款规定，“各缔约方应当在公平的基础上，并根据他们共同但有区别的责任和各自的能力，为

Kluwer Law International) 976:45. 1980年6月28日。

① 17 *ILM* 511 (1978). 1979年7月1日生效。

② 19 *ILM* 15 (1980). 1983年11月1日。

③ *UKTS* 56 (1982). 1982年6月1日生效。

④ 22 *ILM* 221 (1983). 1986年10月11日生效。

⑤ (Kuala Lumpur) (1985) 15 *Environmental Policy and Law*, 64. 未生效。

⑥ Burhenne文，第285页注②，第46页。1996年5月30日生效。

⑦ 26 *ILM* 38 (1987). 1990年8月18日生效。

⑧ 32 *ILM* 1072 (1993). 1998年3月25日生效。

⑨ 第237页注⑥。

⑩ (Espoo) 31 *ILM* 1333 (1992). 2000年4月19日生效。

⑪ 33 *ILM* 1016 (1994). 1996年12月26日生效。

⑫ D. Bodansky, “International Law and the Protection of Biological Diversity” (1995) 28 *Vanderbilt Journal of Transnational Law*, 623, at 627–8.

⑬ 第293页注②，第116页。

⑭ 第237页注⑦。

人类今世后代的利益保护气候系统”。其他的公约有1972年《世界文化和自然遗产保护巴黎公约》①第4条和1992年《赫尔辛基公约》②第5条C款，后者规定“应该对水资源进行管理，以在满足当代需要的同时，而不损害满足后代需要的能力”。

该原则也得到许多不具法律约束力的文件的支持，如1972年《人类环境宣言》③原则2规定：

“为了今世后代人的利益，地球上的自然资源，如空气、水、土地、植物和动物，特别是自然生态中具有代表性的标本，必须通过周密计划或适当管理加以保护。”

该宣言在导言中规定，“保护和改善今世后代人类环境已经成为人类一个紧迫的目标”，同时原则1规定人类“负有保护和改善今世后代环境的庄严责任”。其他提及代际公平原则的“软法”文件有1972年设立联合国环境规划署的决议④、1989年《亚马逊合作条约缔约国元首亚马逊宣言》、1990年《环境权利与义务宪章》⑤、1991年世界自然同盟/联合国环境规划署/世界自然基金会文件《保护地球：可持续生存战略》⑥、1992年《第二次国际水法庭宣言》、1992年《世界公园和保护地大会加拉加斯宣言》⑦。《里约宣言》⑧明确将代际公平原则与发展权相联系，认为“为了公平地满足今世后代在发展与环境方面的需要，求取发展的权利必须实现”。

然而，很少有人主张该原则已发展到具有规范性习惯特征的地步。事实上，Brown Weiss认为，为使代际公平具有可执行性，应

① 11 *ILM* 1358 (1972). 1975年12月17日生效。

② 第273页注④。

③ 第235页注①。

④ A/Res/2997 (XXXVII), 15 December 1972 (Preamble, para, 1)

⑤ Reproduced in (1991) 21 *Environmental Policy and Law*, 81, Principle 2

⑥ Reproduced in (1991) 21 *Environmental Policy and Law*, 120, Article 1

⑦ Reproduced in (1991) 21 *Environmental Policy and Law*, 121

⑧ 第237页注③。

将它们“具体化并写入国际协定、国家和地方立法中，转换成为国际习惯法或一般法律原则”。[①] 此外，世界环境与发展委员会环境法专家组[②] 制定的法律原则中已经明确规定了代际公平，Koester 在评估后认为该原则具有双重作用，“既是国家和国际立法层面发展和通过有约束力条款的灵感来源，也是新兴国际习惯法发展的基石”[③]。专家组22条《条款草案》的第2条规定，“各国应确保为了今世后代人的利益而保护和利用环境和自然资源”[④]。同时，专家组在对第2条评注意见中总结指出，该原则自1972年便在国家实践中获得了一些支持：

“这项基本义务一定程度上关切到国际或跨界自然资源或环境冲突，在很多方面它已经被认为可以在一般国际法中获得实质性支持。”[⑤]

因此，就其规范性地位而言，在有关共享自然资源和发生跨界污染或威胁的场合，该原则已经得到了较好的发展。

该原则得到了有限的司法支持。在“核试验（新西兰诉法国）案”中，Weeramantry 法官在其不同意见书中论及了指出环境领域众多相关的正在形成中的原则（包括代际公平原则），他认为这是“当代国际法中一项重要且正在发展的国际法原则”[⑥]。他从信托理论的关联性和可适用性中寻求进一步的支持，认为“正确适用该原则，本院必须将自己视为一个不会为自己说话的婴儿的利益信托人”。[⑦] 然而，Weeramantry 也承认该原则并未被凝练为一项被广泛认可的具有约束力的国际习惯法规范。[⑧]1993年菲律宾

① 第293页注②，第47页。

② 第239页注⑦。

③ V. Koester, “From Stockholm to Bruntland” (1990) 20 (1/2) *Environmental Policy and Law*, 14

④ 第239页注⑦，第42页。

⑤ 同上，第44~45页。

⑥ 第234页注⑤，第98段。

⑦ 同上。

⑧ 同上。

最高法院的一份判决涉及一群未成年人就授予在原始雨林中进行商业伐木的许可提起的诉讼。该法院裁定，该未成年人群体“可以为他们自己、为他们这一代的其他人以及为了后来世代”提起诉讼，认为原告的诉权“基于平衡和健康生态权利和代际责任的概念”。①1987年菲律宾宪法第2条规定了平衡和健康生态权，菲律宾最高法院在解释该条款时认为：

“这种和谐与协调不可或缺地包括对国家森林、矿产、土地、水源、渔业、野生动物、近海地区和其他自然资源进行明智的规划部署、利用、管理、更新和保护，使其被勘探、开发和利用，从而可以为今世后代所公平获取。”②

法官Feliciano在不同意见书独立观点中同时指出：

“在环境保护领域，法院可以对受益人的诉讼权利进行确认，起诉直接相关的政府行政部门和在该领域或部门从事相关活动的个人或实体。”③

因此，为了今世后代受益人的利益，他明确将信托理念施加给了国家主管部门和私营经济主体。该判决被描述为“在环境保护背景下对代际权利的论证有力且影响深远的阐释”④，同时它对由人权和环境专家组起草的《人权和环境原则宣言（草案）》第4条的文本产生了深刻的影响。该条指出：

---

① *Minors Oposa v. Secretary of the Department of Environment and Natural Resources* (1994) 33 ILM 173, at 185. See further, Redgwell, *supra*, n. 430, at 90–93; T. Allen, “The Philippine Children’s Case: Recognising Legal Standing for Future Generations” (1994) 6 *Georgetown International Law Review*, 713; A. G. M. La Vina, “The Right to a Sound Environment: The Significance of the *Minors Oposa* Case” (1994) 3 *Review of European Community and International Environmental Law*, 247.

② 同上。

③ 同上。

④ N. A. F. Popovic, “In Pursuit of Environmental Human Rights: Commentary on the Draft Declaration of Principles on Human Rights and the Environment” (1996) 27 *Columbia Human Rights Review*, 487, at 513.

“所有人均有权生活在良好环境里，其足以在公平满足当代人需要的同时，不损害后代人公平满足其需要的能力。”①

目前代际公平显然并未取得有约束力的国际法规则的地位，Redgwell 指出，“代际公平缓慢发展”的过程由两个独立过程结果所组成：一是“序言的溢出效应”，即序言在实质性条约解释和适用过程中认可后代利益；二是某些现行的或形成中的其他国际环境法实体性原则体现了代际理念，这包括可持续发展原则、风险预防原则和共同但有区别的责任原则②。

就可持续发展而言，代际公平长期以来被认为是在实现可持续发展方面对进一步发展国际法具有着特别重要意义的一项原则③，并且代际公平往往是可持续发展内涵的组成部分。④ Sands 在对可持续发展概念进行深入研究后，认为联合国环境与发展会议的文件中有四项“核心原则”，其中包括代际公平原则，该原则“被认为与可持续发展概念内在相联，指出应对自然资源利用施加限制”⑤。尽管代际公平原则自身尚未形成实质性习惯法或条约法义

① *Review of Further Developments in Fields with Which the Sub-Commission Has Been Concerned, Human Rights and the Environment: Final Report,* UN ESCOR Commission on Human Rights, Sub-Commission on Prevention of Discrimination and Protection of Minorities, UN Doc. E/CN.4/Sub.2/1994/9. See further, Popovic, *ibid*; D. McGoldrick, *supra*, n. 372; D. Shelton, “Human Rights, Environmental Rights and the Right to Environment” (1991) 28 *Stanford Journal of International Law*, 103, at 133–5.

② 第293页注②，第126~127页。它还纳入了“人类共同遗产原则”和“管理人和监护人原则”。

③ See, for example, *Report of a Consultation on Sustainable Development: The Challenge to International Law* (1993) 2 *Review of European Community and International Environmental Law*, 1, at 9–10. See also, *Report of the Expert Group Meeting on Identification of Principles of International Law for Sustainable Development*, prepared by the UNEP Division for Sustainable Development for the Commission on Sustainable Development, Fourth Session, 18 April–3 May 1996, New York, paras 41–50.

④ 例如，可参见世界环境与发展委员会（布伦特兰委员会）（前注343）采纳的表述，它也被国际法协会可持续发展法律原则委员会所接受；ILA, *Report of the Sixty-Seventh Conference, Helsinki* (London, 1996) at 277 *et seq*. 详见 Redgwell 文，第293页注②，第128页。

⑤ 第292页注⑤，第338页。

务，但正如Weeramantry法官在“加布奇科沃—大毛罗斯大坝案”[①]中提到的那样，代际公平应被纳入到可持续发展的任何考量之中。同样，代际公平原则也被适用于在国内实施那些旨在实现可持续发展的国家环境战略，如1992年澳大利亚政府间环境协定第3.5节承认了代际公平原则。[②]

显然，风险预防原则对于实现今世后代利益衡平方面可以发挥作用。据Redgwell所说，风险预防原则规定“在全球环境面临危险但科学尚未确定的任何情况下，可以也应当及时采取措施以惠及当代人并对后代人不会造成可能的负面影响”[③]。她认为，尽管国际法中风险预防原则的地位和实质性内容始终存在不确定性，但“毫无疑问，主张为避免无法逆转的危害而采取预防措施的风险预防原则，对后代利益具有直接（而积极）的保护作用”[④]。同样，共同但有区别责任原则也被广泛规定为了今世后代的利益而保护环境[⑤]，并对实现代际公平发挥作用。事实上，Weiss认为存在着类似的一系列“代内”权利义务，其可以补充与代际权利和义务。[⑥]

举例而言，尤其在共享水资源的利用中，以违反其自然恢复能力的方式或速度来利用地下水，显然损害了后代人的用水权；1997年《联合国水道公约》提及了可持续发展利用的目标，旨在减少这种利用方式[⑦]。

---

① 第285页注②。

② See further, B. Boer, “Institutionalising Ecologically Sustainable Development: The Roles of National, State and Local Governments in Translating Grand Strategy into Action” (1995) 31 *Williamette Law Review*, 307, at 347–8, cited in Redgwell, *supra*, n. 430, at 127.

③ 同上，第139页。

④ 同上，第140页。

⑤ 例如参见下文1947年《联合国国家经济权利和义务宪章》第30条。

⑥ 详见Redgwell文，第293页注②，第109~113页。

⑦ 见前。

六、共同但有区别的责任原则 / 代内公平

该原则首次出现在1992年里约进程中，作为一种方式正式承认了所有国家在环境方面的共同责任，同时允许根据各国在环境问题上所作的不同贡献，以及在环境问题解决上不同的技术和财政承受能力，在贯彻实施共同责任中存在差异性。[①]《里约宣言》[②]原则7规定：

“各国应本着全球伙伴精神，为保存、保护和恢复地球生态系统的健康和完整进行合作。鉴于导致全球环境退化的各种不同因素，各国负有共同的但是又有差别的责任。发达国家承认，鉴于他们的社会给全球环境带来的压力，以及他们所掌握的技术和财力资源，他们在追求可持续发展的国际努力中负有责任。”

该原则中的“共同责任”要件已被国际法所认可和广为接受[③]，而“共同但有区别的责任”被解释为是对既定的合作义务的延伸和再造[④]。然而，Birnie和Boyle总结认为，规定在《里约宣言》原则7的全球共同责任原则与一并规定在《里约宣言》原则2中、关于跨界损害的古老习惯法大相径庭[⑤]。

该原则最初源于1972年《斯德哥尔摩宣言》。《斯德哥尔摩宣言》[⑥]原则23指出，“先进国家”形成的标准不适合适用于发展中国家，可能会给后者带来“不必要的社会成本”。同样的，1974年

① See further, L. Rajamani, *Differential Treatment in International Environmental Law* (OUP, Oxford, 2006); D. B. Magraw, “Legal Treatment of Developing Countries: Differential, Contextual and Absolute Norms” (1990) 1 *Colorado Journal of International Environmental Law and Policy,* 69; P. Cullet, Differential Treatment in International Environmental Law (Ashgate, London, 2003); K. Mickelson, “South, North, International Environmental Law, and International Environmental Lawyers” (2000) 11 *Yearbook of International Environmental Law*, at 69–77.

② 第237页注③。

③ 详见 P. Sands 文，第237页注④，第218页。

④ 参见 Redgwell 文，第293页注②，第141页。

⑤ 第232页注③，第100页。

⑥ 第235页注①。

《联合国各国经济权利和义务宪章》第30条规定：

“一切国家都有责任为当前这一代人以及子孙后代的利益维护、保持和改善环境。一切国家都应当做出努力，制定各国自己的环境保护政策和发展政策。”①

然而，《斯德哥尔摩宣言》强调环境标准的普适性，在序言中指出，“需要取得共同的看法和制定共同的原则以鼓舞和指导世界各国人民保持和改善人类环境”。在后斯德哥尔摩时代，人们逐步意识到各国在实现环境保护时具有不同的条件和能力，这就推动条约实践形成了区别对待的趋势②，这被认作是贯彻可持续发展原则的“核心意义”之一。③ Redgwell总结认为，共同但有区别的责任原则“在某种形式上被看做是国际法代内公平原则最清晰的表现”④，并认为在1997年《气候变化公约》之《京都议定书》项下的排放许可交易制度，为北方国家公平偿还南方国家的“环境债务”提供了机会。⑤ 事实上，Brinie和Boyle认为：“尽管《里约宣言》原则7主要涉及国家在发展国际环境法中的合作义务，但这在今后谈判缔结新的实施协定或在解释现有协定的过程中为发达国家和发展中国家之间责任分配的设定标准方面，具有重要的规范价值。”⑥

事实上，他们特别提到了该原则7在《京都议定书》谈判过程中的影响⑦。

---

① See further, S. K. Chatterjee, “CERDS After 15 Years” (1991) 40 *International and Comparative Law Quarterly,* 669.

② See further, R. Mushkat, “Environmental Sustainability: A Perspective from the Asia-Pacific Region” (1993) 27 *University of British Columbia Law Review,* 153, at 161.

③ M. C. W. Pinto, “Reflections of the Term ‘Sustainable Development’ and its Institutional Implications” , in K. Ginther, E. Denters and P. J. I. M. de Waart (eds), *Sustainable Development and Good Governance* (Kluwer Academic Publishers, Dordrecht, 1995), at 78.

④ 第293页注②，第111页。

⑤ 同上，第113页。

⑥ 第232页注③，第101页。

⑦ 同上。

1992年《生物多样性公约》[①]第6条规定，各国应按照“特殊情况和能力”采取综合执行措施以保护和持续利用生物多样性；第12条进一步提出，在保护生物多样性方面，发达国家应对科研培训提供资助。更重要的是，共同但有区别责任原则被视为1992年《气候变化公约》适用的指导原则。其[②]第3条规定：

“各缔约方应当在公平的基础上，并根据他们共同但有区别的责任和各自的能力，为人类当代和后代的利益保护气候系统。因此，发达国家缔约方应当率先对付气候变化及其不利影响。”

《气候变化公约》第4条提供了不同法律义务的实用范例，施加这些义务可以取得实施该原则的实效。该第4条承认了发展中国家的特殊地位，并对发达国家单独施加了一系列义务。事实上，只有特定国家才有实质义务去采取措施应对温室气体，但所有缔约方均被要求应采取措施，以促进信息交流与合作；因此发达国家应给予发展中国家援助以满足这些措施的经费需求。例如，第4条第3款规定发达国家有义务为发展中国家履行其报告义务提供资金援助；[③]同样地，第4条第3款和第5款也做出了技术转让的要求，特别是附件一要求发达国家以优惠条件向发展中国家转让环境友好技术。[④]1997年《消耗臭氧层物质的蒙特利尔议定书》[⑤]第5条责令各缔约国淘汰消耗臭氧层物质的生产和消费（大致要求在1996年被提出）[⑥]，同时允许给予发展中国家10年的宽限期，因此该条款仅对其在1999年生效。[⑦]同样地，修订后的该议定书采取

---

① 第237页注⑥。

② 第237页注⑦。

③ 亦可参见关于财政资源的第11条。

④ 《京都议定书》在此确认了发达国家缔约国就发展中国家缔约国提供更新的温室气体国家清单提供技术转让和资金的承诺。See further, P. Davies, “Global Warming and the Kyoto Protocol” (1998) 47 *International and Comparative Law Quarterly,* 446

⑤ 26 *ILM* 1550 (1987). 1989年1月1日生效。

⑥ See UNEP, *Handbook of Substance that Deplete the Ozone Layer* (5th edn) (Nairobi, 2000)

⑦ See generally, R. E. Benedick, *Ozone Diplomacy* (2th edn) (Harvard University Press,

新的技术和资金激励机制，以促使发展中国家尽快实现尽可能大的经济发展和技术进步。例如，第10条建立了由发达国家资助的多边资金机制，以便于促进技术合作和技术转让，从而确保发展中国家具有技术能力来遵从该议定书规定的综合控制措施，而不再需要依靠减损第5条来保护国家利益。更进一步来说，根据第10条A款，修订后的《议定书》要求各缔约方应采取“一切可行措施”，在“公平和最优惠的”基础上将替代物质和替代技术转让给发展中国家。事实上，1982年《联合国海洋法公约》[①]第194条第2款为此方法提供了早期范例，根据各国的特殊情况和能力差异，发展中国家相对发达国家在保护海洋环境方面的义务则更少。《联合国海洋法公约》在第202条和第203条规定对发展中国家提供援助，如提供资金并转移环境友好技术，以帮助其履行该公约义务。

总的来说，Birnie和Boyle解释认为，该原则至少从两个层面公平地平衡了发达国家和发展中国家：对发展中国家设定较低标准，同时依靠发达国家提供援助来实现这些标准[②]。他们指出，在后一个层面中，提供资金援助以及承诺提供获取技术往往取决于共同商定的条件[③]，这就提出了在何种程度上创设这些真实的权利义务的问题[④]。然而，《气候变化公约》和《生物多样性公约》、《蒙特利尔议定书》有着一个共同特征，即发展中国家所应遵循的义务取决于“发达国家缔约国有效地履行其根据公约就财政资源和技术转让做出的承诺”[⑤]。同样的，就保护海洋环境而言，《21世纪议程》规定：

“发展中国家自身义务的履行应与其自身技术和资金能力以及

London, 1998)

① 第237页注①。

② 第232页注③，第101页。

③ 例如参见《生物多样性公约》第21条和第16条。

④ Birnie和Boyle书，第232页注③，第102页。

⑤ Convention on Biological Diversity, Article 20(4); Convention on Climate Changer, Article 4(7); Protocol on Substances that Deplete the Ozone Layer, Article 10.

发展需求资源分配的优先性相匹配，最终取决于所要求并实际提供给他们的技术转让和资金援助。”①

事实上，1995年，发展中国家的七十七国集团明确指出，发展中国家对《21世纪议程》的有效实施，因为发达国家未能充分转让财政和技术资源而严重受损”②。因此，现代国际环境法的重要全球性文件都倾向于将发展中国家对该文件的有效履行，建立在发达国家提供充分援助的条件之上；这就给发达国家施加了压力，即如果期望发展中国家履行自身义务，则发达国家必须履行提供此类援助的义务。

在代内公平的语境下，共同但有区别的责任旨在解决现行经济体制中的不公平，并试图公平地平衡发展中国家和发达国家。该论点的独立证明之一是由1992年《生物多样性公约》构建的框架，该框架下发展中国家有权“公平合理”分享因利用在其境内发现的遗传资源而获得的惠益③。这就要求根据可持续发展的最高目标，实现保护和经济公平之间的平衡，如同为了实现国际水道的公平利用而协调环境保护和经济与其他人类需求。同时，重要的是，共同但有区别责任原则不仅是国际习惯法的实体性原则，它还是一项框架原则，为发展中国家和发达国家在谈判式环境制度下进行合作提供了基础。但它对高度危险活动谈判国际文件并无作用，如核安全④或对南极的活动管制⑤等，这通常要求遵守共同的标准。该原则对于全球环境制度的谈判极其重要⑥，我们

① Agenda 21, Chapter 17.2.

② (1996) 26 *Environmental Policy and Law*, 59. 详见Birnie和Boyle书，第232页注③，第102~103页。

③ See further, M. Bownman and C. Redgwell (eds), *International Law and the Conservation of Biological Diversity* (Kluwer Law Internation, London, 1996), Chapter 14.

④ See, for example, the 1994 Convention on Nuclear Safety, 33 ILM 1518 (1994). 1996年19月26日生效。

⑤ 1991 Protocol to the Antarctic Treaty on Environmental Protection, 30 *ILM* 1461 (1991). 1998年1月14日生效。

⑥ 诸如气候变化等许多全球性环境问题主要是由发达国家造成、因此应该由发达

不难想象，为国际共享水道（无论是区域性的还是河流性的）建立公平利用和保护制度而进行的谈判将涉及发达国家和欠发达国家，共同但有区别责任的重要作用便是在这些协定中充分保护后者的利益[①]。有趣的是，特别提及缔约国减缓污染的经济和技术实力的最早条约之一是有关共享淡水资源利用方面的条约。1958年《捷克斯洛伐克与波兰关于边界水资源的协定》指出：

> “缔约各国，同意根据缔约国的相应经济技术能力和需求，减缓界水的污染，并根据每个具体的个案保持其洁净的程度。”[②]

事实上，旨在努力预防或减少不利跨界影响时审慎主义的一般义务，多年来一直考虑了国家间的能力差异。例如，1972年《伦敦倾废公约》[③]第2条要求各缔约国“依据其自身科学、技术和经济能力……”采取有效措施；1972年《斯德哥尔摩宣言》原则23也有类似要求。现代的共同但有区别责任原则进一步发展了这一方法，它规定了提供援助这一特定义务和附加条件。[④]重要的是，这一发展也影响了其他更为实体性的国际环境法原则的适用，比如风险预防原则。《里约宣言》原则15规定，“各国应按照本国的能力，广泛适用预防措施”。

七、风险预防原则

风险预防原则往往被理解为一种解决特定行为的环境影响的科学不确定性这一常见问题的措施。科学不确定性包括行为与影响间存在因果联系的证据、重大且无法恢复的损害的界定、污染物的长期积累和综合作用、所利用的科学方法或所收集的数据的属性等，

国家负责矫正，这一理解可以部分地证实这个论点。

① 例如，多瑙河就流经了多个发展阶段各异的国家。

② 538 *UNTS* 89（着重强调）。

③ Convention on the Prevention of Marine Pollution by Dumping of Wastes and Other Matter, 11 ILM 1294 (1972). 1975年8月30日生效。

④ 详见Birnie和Boyle书，第232页注③，第103、112页。

它因为阻碍了各方达成一致，因而在历史上破坏了为保护环境而进行的国际立法。所谓“风险预防方法（approach）”，最早系规定于20世纪80年代有关北海保护国际会议的一系列宣言，现被环境保护国际法律文件所广泛采用，它一般要求，当有严重环境损害风险时，即使对其成因、严重性或不可避免性缺乏充分的科学证据，各国也必须采取措施预见并避免损害或将损害减至最低。风险预防原则在概念起源上否认传统的“环境容量方法[①]（assimilative capacity approach）”的固有假设，而该方法是建立在科学可准确预测环境容量[②]这一假设的基础上的，并且一旦确定容量，总会存在充分时间以供采取预防措施。因为判定活动或物质有害影响的决定性科学证据往往出现得太晚，这一方法的失灵就促使在各领域的基础上采用风险预防方法。因此，风险预防原则的任何表现都是“在科学不确定性情形下服务决策的工具”，它有效“改变了科学数据的作用”[③]。风险预防方法提供了一整套全新的假设，如环境脆弱性、科学准确预测环境风险的局限性以及无害、低害的替代产品和工艺的可供性[④]。一些评论者指出，风险预防方法的出现使得堪称国际环境法的范式从占统治地位的以经济和人类为中心转变为以生态为中心。[⑤]最初，局限于对具有非常严重的损害风险的相关情况和活动采用这种方法。因此，风险预防措施可以在下列基础上被证明是正当的，

---

① 关于“容量原则”，参见 P. J. Taylor, The Precautionary Principle – Implications for the Paris Commission (Greenpeace, London, 1988)，作者批评了环境容量模式背后的基本理念，即他说的“倾倒 – 监测 – 行动”。 See also, A. R. D. Stebbing, “Environmental Capacity and the Precautionary Principle” (1992) 24 *Marine Pollution Bulletin,* 287-95.

② 相关环境媒介因为人类介入（但没有不可接受的危害）而容许干扰的能力。

③ D. Freestone, “The Road to Rio: International Environmental Law After the Earth Summit” (1994) 6 *Journal of Environmental Law*, 193, at 211.

④ See further, E. Hey, “The Precautionary Concept in Environmental Policy and Law: Institutionalising Caution” (1992) 4 *Georgetown International Environmental Law Review*, 303, at 308

⑤ See H. Hohmann, *Precautionary Legal Duties and Principles of Modern International Environmental Law* (Graham & Trotman, London, 1994), at 4-5. See also, R. C. Earll, “Commonsense and the Precautionary Principle: An Environmentalist’s Perspective” (1992) 24 *Marine Pollution Bulletin,* 182, at 183.

即任何损害是不可逆转的或虽可逆转但代价昂贵①。然而，其在现行国际法律文件中的广泛采用以及在《里约宣言》②中被关于采取行动保护环境的一项基本原则加以详细规定的事实，支持了它已经成为一项一般国际习惯法原则的主张③。

尽管普遍认为风险预防原则最初出现在20世纪80年代中期的北海保护国际会议的一系列宣言中④，但实际上一些评论者在更早的时候就对国际法律保护环境需要面对的科学不确定性的情况发出过积极的信号。例如，早在1969年，国际法院罗伯特·詹宁斯法官就曾指出：

① 例如，1985年《保护臭氧层维也纳公约》规定了臭氧层保护中应采取预防措施。26 *ILM* (1987) 1529，同时1987年《关于消耗臭氧层物质的蒙特利尔议定书》也做出了相应规定。26 *ILM* (1987) 1550。

② 第237页注③，原则15。

③ See, *inter alia*, O. McIntyre and T. Mosedale, "The Precautionary Principle as a Norm of Customary International Law" (1997) 9 *Journal of Environmental Law*, 221; A. Trouwborst, *Evolution and Status of the Precautionary Principle in International Law* (Aspen Publishers, New York, 2003); P. Sands, 第237页注④, at 212~213; D. Freestone, 第309页注③, at 209~215; H. Hohmann, 第309页注⑤, at 341–345; D. Freestone, "The Precautionary Principle", in R. Churchill and D. Freestone (eds), *International Law and Global Climate Change* (Graham & Trotman, London, 1991) 21, at 23–30; J. Cameron and J. Aboucher, "The Status of the Precautionary Principle in International Law", in D. Freestone and E. Hey (eds), *The Precautionary Principle in International Law* (Kluwer, The Hague, 1996) 29, at 36–52; J. Cameron and W. Wade-Gery, "Addressing Uncertainty: Law, Policy and the Development of the Precautionary Principle", in B. Dente (ed.), *Environmental Policy in Search of New Instruments* (Kluwer, The Hague, 1995) 95, at 110~116. More sceptical commentators include L. Gundling, "The Status in International Law of the Principle of Precautionary Action", in D. Freestone and T. Ijlstra (eds), *The North Sea: Perspectives on Regional Environmental Cooperation* (Special Issue of the *International Journal of Estuarine and Coastal Law,* Graham & Trotman, London, 1990) 23; G. Handl, "Environmental Security and Global Change: the Challenge to International Law" (1990) 1 *Yearbook of International Environmental Law,* 23; A. Nollkaemper, "The Precautionary Principle in International Environmental Law: What's New Under the Sun?" (1991) 22 *Marine Pollution Bulletin,* 107, at 108; D. Bodansky, "Remarks on New Developments in International Environmental Law" (1991) *Proceedings of the American Society of International Law* (85th Annual Meeting) 413, at 417.

④ 见下文。

“（我们应该采用）这样的监管原则，即不应使人类环境遭受大规模变化的风险，除非已经研究出措施能够改变或削弱自然现象的，其性质和功能也因为合理的确定性而得以确认。”①

目前，风险预防原则得到了旨在保护各种环境要素和媒介②（包括海洋污染③、大气污染④、自然保育⑤和危险废物⑥）的国际

① (1969) *2 Recueils des cours*, at 513

② 关于各个领域认可风险预防原则的环境文件的硬法和软法条款，参见 McIntyre 和 Mosedale 文，第276页注④，第224~229页。

③ 1984 Bremen Ministerial Declaration of the International Conference on the Protection of the North Sea; 1987 London Ministerial Declaration of the Second International Conference on the Protection of the North Sea, Articles VII and XVI.i; 1990 Hague Ministerial Declaration of the Third International Conference on the Protection of the North Sea; PARCOM Recommendation 89/1 (1989) of the Commission established under the 1974 Paris Convention for the Prevention of Marine Pollution from Land-Based Sources; 1992 Paris Convention for the Protection of the Marine Environment of the North-East Atlantic, Article 2(2)(a); 1992 Helsinki Convention on the Protection of the Marine Environment of the Baltic Sea Area, Article 3(2); 1996 Protocol to the London Dumping Convention, Article 3; 1996 Syracuse Protocol for the Protection of the Mediterranean Against Pollution from Land-based Activities, Preamble; UNEP Governing Council Decision 15/27 (1989) on the Precautionary Approach to Marine Pollution; UN Secretary General's 1990 Report on the Law of the Sea, UN Doc. A/45/721, 19 November 1990, at 20, para. 6; Report of the Preparatory Commission for the United Nations Conference on Environment and Development, UN Doc. A/CONF151/PC/WG II/L I. See generally, S. Marr, *The Precautionary Principle in the Law of the Sea: Modern Decision Making in International Law* (Kluwer Law International, The Hague, 2003).

④ 1985 Vienna Convention for the Protection of the Ozone Layer, Preamble; 1987 Montreal Protocol on Substances that Deplete the Ozone Layer, Preamble; 1991 European Energy Charter, Article 19; 1992 Framework Convention on Climate Change, Article 3(3); 1994 Sulphur Protocol, Preamble; 1998 Heavy Metals Protocol, Preamble; 1998 Persistent Organic Pollutants Protocol, Preamble.

⑤ 1995 Straddling and Highly Migratory Fish Stocks Agreement, Articles 5(c), 6 and Annex 2; 1995 FAO International Code of Conduct for Responsible Fisheries, General Principles and Article 6(5); 1994 Fort Lauderdale Resolution of the Conference of the Parties to the 1973 Convention on International Trade in Endangered Species of Wild Fauna and Flora, Annex 4; 1992 Biodiversity Convention, Preamble; 2000 Cartagena Protocol on Biosafety, Articles 1, 10(6) and 11(8).

⑥ 1991 Bamako Convention on the Ban of Import into Africa and the Control of

文件的普遍支持。更重要的是，风险预防原则也得到了旨在为进一步发展国际环境法提供指导的普遍性国际文件的广泛支持。例如，欧洲经济委员会的34国部长在1990年《欧洲经济委员会地区关于可持续发展的卑尔根部长宣言》①中规定：

“为实现可持续发展，政策制定应遵循风险预防原则。环境措施必须预测、预防并解决环境退化的原因。当遭受有造成严重或不可逆转的损害的风险时，不得以缺乏充分科学确定性为理由延迟采取措施去防治环境退化。”②

在该宣言所附的《联合行动议程》中，部长委员会关注到可持续工业活动所做出的相关承诺，即其基础应是“适用风险预防原则并采取预防措施”③。1990年由联合国亚洲及太平洋地区经济与社会委员会（ESCAP）举办的部长级环境会议通过了《亚太地区环境友好和可持续的发展的曼谷宣言》，其指出委员会的部长们认为“为实现可持续发展，政策制定必须基于风险预防原则”④。同样地，风险预防原则也在1991年1月经合组织（OECD）环境委员会的一次部长级会议上获得认可。在20世纪90年代初，该原则作为一项国际环境法的一般原则广泛获得了国际社会的一致支持。更值得注意的是，1992年《环境与发展的里约宣言》原则15将该原则规定为：

Transboundary Movement and Management of Hazardous Wastes within Africa, Article 4(3)(f); 1990 UNEP Governing Council Decision SS. 11/4 (1990) on a Comprehensive Approach to Hazardous Waste.

① Bergen Ministerial Declaration on Sustainable Development in the ECE Region, in *Action for a Common Future,* Report of the Regional Conference at Ministerial Level on the Follow-up to the Report of the World Commission on Environment and Development in the ECE Region (Ministry of Environment, Norway, 1990). Reprinted in (1990) 20 *Environmental Policy and Law*, 100.

② 第7段。

③ Reproduced in (1990) 20 *Environmental Policy and Law,* 100, at 103

④ Report of the UN ESCAP Ministerial Conference on the Environmental, Bangkok, 15-16 October 1990, Appendix2, at 8~10.

"为了保护环境，各国应按照本国的能力，广泛适用预防风险原则。遇有严重或不可逆转损害的威胁时，不得以缺乏科学充分确实证据为理由，延迟采取符合成本效益的措施防止环境恶化。"

风险预防原则规定于《里约宣言》中具有重要意义，因为这可能标志着该原则被提升至国际环境法核心原则的地位。如Freestone所言，"（也许）里约进程推动国际环境法发展的最重要的途径，是集中规定并体现各项法律原则"①。然而，这一表述可能会将使该原则的适用受制于国家的能力，并要求采取的措施必须符合成本效益的要求。自1992年，欧共体的全部环境立法均基于风险预防原则。1992年《欧盟条约》（TEU）修订了《罗马条约》②的第130条r款第2项（即《欧盟条约》现在的第174条第2款），规定"共同体的环境政策……应基于风险预防原则"。根据先前的第130条r款第2项，欧共体的基础环境政策还增加了其他一些共同体立法指导原则，如污染者付费原则、损害预防原则和一体化原则。尽管很少有人主张欧共体的实践本身构成了一般国际习惯法的一种渊源，但它作为"法律确念"的验证指标是非常有用的。正如Weeramantry法官1995年在其"核试验案"的不同意见书中主张的那样：

"《马斯特里赫特条约》中的条款（第130条r款第2项），将风险预防原则视为欧洲共同体环境政策的基础，并促使人们期待这项因此而适用于欧洲的原则也将适用于欧洲在其他全球性条约中的行为。"③

在最近的国家实践和司法判例中，风险预防原则获得了相当有力的支持。例如，在诉诸国际法院有关法国地下核试验的诉求

① D. Freestone文，第309页注③，第209页。

② 最早规定共同体环境政策的第130条r款、s款和t款，通过1986年《单一欧洲法》（*ILM* (1986) 503）被加入《罗马条约》的原始文本中的一项环境政策。该条通过1997年《阿姆斯特丹条约》第174条、第175条、第176条所替代。

③ 第234页注⑤, Order 22 IX 95, ICJ Rep. (1995) 288, at 344

中，法院注意到新西兰的观点：

“法国此举不合法，因其导致或可能导致对海洋环境排放出放射性物质。法国负有这样一种义务：在进行新一轮地下核试验前，应根据当代国际法普遍接受的‘风险预防原则’，提供其不会向海洋排放这类物质的证明。”①

尽管国际法院的多数法官认为没必要对案件事实进行审查，主张驳回新西兰诉求，而三位持异议的法官坚持认为，法院能够审理该案，新西兰已经提出了确凿的表面证据。特别是 Palmer 法官认为，风险预防原则和对“可能产生重大环境影响的活动”进行环境影响评价这一更具体化要求，现今都可成为国际环境习惯法的原则。② 法官 Weeramantry 认为，在本案中可明显看出，风险预防原则（他认为该原则作为国际环境法的一部分日益获得支持）是对于证据明显问题的必要回应。让原告去证明一项特定活动可能造成不可逆转的环境损害是十分困难的，因为大多数信息都掌握在拟开展该活动的一方。新西兰本可以向法院提供相关信息，但法国才掌握了关于该活动的必要信息③。在法院所获得信息的基础上，Weeramantry 总结认为，根据现行国际环境法，表面证据要求（法国）进行环境影响评价。④ 他进一步认为，新西兰是否有充分的表面证据于1973年将案件诉诸法院的问题——该案件所涉威胁侵犯了国际社会所有成员免于导致核沉降的核试验的权利以及保护环境免受不当核污染的权利⑤——现在再次被提出来。他指出，成熟完备的国际法原则为法院采取行动提供了支持：

“据此……当产生任何形式的环境损害的威胁时，证明该计划不会产生诉求的有害后果的举证责任被置于计划制定方。就本案

① 同上，第5段，第290页。亦可参见第34~35段。

② Palmer《不同意见书》，同上，第412页。

③ Weeramantry《不同意见书》，同上，第342~324页。

④ 同上，第345页。

⑤ *Nuclear Tests [New Zealand v. France] [Interim Protection], ICJ Rep.* (1973) 135, at 139.

而言，法院应裁定新西兰所诉求的环境损害表面证据成立，因为法国未提供将进行的核试验是安全的证据。”[①]

显然，Weeramantry 认为环境影响评价的要求是对风险预防原则的补充。事实上，Weeramantry 在“加布奇科沃—大毛罗斯大坝案”法院裁判的不同意见书中明确指出，环境影响评价“是更广泛的一般性预警原则的具体适用。”[②]

风险预防原则也被爱尔兰政府适用于另一项争端，该争端涉及进入海洋环境的核废料的风险。在所谓的“Nirex 案”中[③]，爱尔兰在英国举行公开听证会时提交了一份意见，该听证会涉及申请建立一个设施以测试与爱尔兰海毗邻的坎布里亚郡某地区的环境适宜度以作为原子能工业废料的储存点。爱尔兰认为，风险预防原则对英国政府施加了义务，尤其是该原则在三个具体要点上被提及。第一，该原则在考虑任何海岸场址之前，应充分调查非海洋场址（在此处的泄露将更容易控制并不太可能造成跨界污染）并充分论证其作为储存场址的缺陷。第二，没有证据表明对拟议环境开发项目可能造成的环境影响，尤其是海洋环境影响得到了考虑，这是该原则并未得以适用的直接证明。最后，风险预防原则转移了举证责任，要求项目动议方证明风险并不存在，而不是由反对方论证风险的存在。因此，对于爱尔兰政府来说，仅需指出拟议开发项目“可能对爱尔兰带来不利后果”。此后，应由申请公司进而是英国政府证明其对海洋环境不会造成污染；对此，爱尔兰认为英国政府并未这样做。[④]爱尔兰还提出有必要进行的全面的环境影响评价程序，并让公众获知有关可替代的场所，但其主张显然是基于欧共体的相关立法、而非基于国际习惯法规范的要求。同样地，在有关丹麦渔船在北海对玉筋属鱼（sand eels）捕鱼作业争端中，托尼·布莱尔首相、时任英国

① 第234页注⑤，第348页。

② 第285页注②，第21页。详见 McIntyre 文，第285页注②，第89页。

③ 第277页注②，第96~100段。详见 McIntyre 和 Mosedale 文，第276页注④，第233~234页。

④ 同上，结论第6段。

渔业大臣在电视新闻报道中主张，丹麦在管制其国民开发海洋生物资源时有义务适用风险预防原则。①

在“牛肉荷尔蒙案”中②，欧盟主张风险预防原则享有国际习惯法和一般国际法原则的地位，尽管加拿大承认风险预防原则是国际法正在形成的原则，但美国一概否认其具备法律地位。WTO 上诉机构并不确定该原则在一般国际法中的法律地位，但认为 WTO 协定涵盖了风险预防的要素③。同样地，在“南方蓝鳍金枪鱼案”(Southern Bluefin Tuan) 中④，尽管国际海洋法法庭并未宣布该原则在一般国际法中的地位，但法庭采纳了新西兰和澳大利亚所提出的主张，并在鱼群保护存在科学不确定性的情况下，裁定准予采取临时措施保护鱼群，以免其因案件久拖未决而损耗。⑤

关于风险预防原则是否明确成为具有约束力的国际习惯法规范，往往存在着不同观点。但该原则在晚近环境条约、宣言和决议被广泛规定及其规定于《里约宣言》和联合国环境与发展会议各种条约中的事实证明，风险预防原则可能确实已获得了这一法律地位。尽管出于不同理由，最近大多数评论者都认可其地位。例如，Freestone 指出，该原则是习惯法规则，他引用了暗含风险预防原则的早期国家实践，包括1982年国际管制捕鲸委员会决定暂停商业捕鲸活动。⑥ 同时，他反驳“风险预防原则不具有国际习惯法规则地位”的论述，仅仅因为它与民族自决原则相比还不具有规范的确定性，后一原则虽然内容上也缺乏明确性，但在国际法上获

① Report on Channel 4 (ITN) News,7:00 pm,10 June 1996.

② *Measures Concerning Meat and Meat Products* (1998) WTO Appellate Body,at paras 120 25.

③ 参见 Birnie 和 Boyle 书，第232页注 ③，第118页。

④ *Southern Bluefin Tuna Cases (Provisional Measures) (New Zealand and Australia v. Japan)* ITLOS Nos. 3 and 4 (1999), at paras 77–9.

⑤ 参见 Birnie 和 Boyle 书，第232页注 ③，第119页。

⑥ 这通过修订依据该公约第5条而设定的日程安排实现，“因此应当完全禁止……为商业目的而补杀各类鲸鱼”。参见 Freestone 文，第309页注 ③，第213页。

得了普遍接受。他强调，该原则在“绝大多数国家参加”的条约文本和法律文件中均得到承认。① 因为在国际环境法领域内缺少外部国家实践，Hohmann 特别强调了“软法”和国家外交实践的重要性②。Cameron 和 Aboucher 在支持该原则时，则论述了国际法的渊源，其比《国际法院约规》第38条第1款更显广泛灵活，包括了美国法律协会1987年《（第三次）国际法重述》第102条和国际法委员会1989年《国家责任条款草案》第2部分第5条第1款。③ 此外，他们也间接提到布朗利非常全面的渊源清单能够为各国实践提供证据。④ 1995年，Sands 也以谨慎的态度认为，规定于《里约宣言》和《气候变化框架公约》、《生物多样性公约》的风险预防原则，能够为确认该原则为习惯的国家实践提供充分证据。⑤ 值得指出的是，那些坚决否认该原则具有规范地位的评论者大都是在1992年联合国环境与发展大会进程之前提出其观点的⑥。学界的支持、加上晚近的国家实践和国际法院的评论，共同坚定地决定了该原则具有国际习惯法规范的地位。

上述对风险预防原则各种表现形式的考察表明，对其实体内容还没有确定的共同理解。然而，风险预防原则可以通过多种方式得以实施，并且为使该原则获得生效，传统的解释应当包括详细的、形式上的实施措施。⑦ 一些专家尝试为风险预防原则提出一个权宜的定义⑧，以此作为出发点，但它并没有解释其具体使用、

---

① Freestone 文，第310页注③，第30页。

② Hohmann 文，第309页注⑤，第355~356页。

③ 第310页注③，第33页。

④ 同上，第35~36页。See I.Brownlie, *Principles of Public International Law* (4th edn) (Clarendon, Oxford, 1990), at 5.

⑤ 第237页注④，第212~213页。

⑥ See Gundling (1990), Handl (1990), Nollkaemper (1991) and Bodansky (1991), 325页主⑤ 不过。Gundling 在考察 Hohmann 文（第309页注⑤）时，倾向于保留其疑虑；see (1994) 4 *Yearbook of International Environmental Law*, 642~645, at 644.

⑦ 例如有关生物资源保育的制度，参见1994 CITES Fort Lauderdale Resolution and the 1995 Fish Stocks Agreement, *supra*, n.5 at p.311.

⑧ 例如参见 Cameron 和 Wale-Gery 文，第312页注④，第100页。

或对决策者的意义。在尝试归纳该原则作为国际习惯法原则的共同特性时，有必要考察各国在争端解决关于其实施的“软法”声明或传统的正式实施措施中适用该原则的方式。完成这些研究后，许多评论者界定出三种常见的义务类型，这也是在国际习惯法适用风险预防原则时最适宜也是最常用的方式。[①]以某种形式清洁生产方法、设置风险预防性环境标准等义务，是与国际文件中适用风险预防原则最常相关的情况[②]，例如评价拟议项目、政策和措施的风险预防性环境影响评估程序[③]。同样地，实践中该原则的所有形式都包括辅助的信息要求，责成缔约国信息交换和合作监测与研究[④]。

虽然环境影响评价程序通常被认为是实施风险预防原则和其

① Hey文，第309页注④，第311页；McIntyre和Mosedale文，第276页注④，第236~240页。

② For example, 1991 Bamako Convention, Article 4(3)(f); 1992 OSPAR Convention, Article 2(3)(b)(ii) and Appendix I; Baltic Convention, Article 23(3) and Annex II; 1979 Long-Range Transboundary Air Pollution Convention, Article 6; 1988 Nitrogen Oxides Protocol, Article 2(2)(a) and 1991 Volatile Organic Compounds Protocol, Article 3(3); 1991 UNGA Res. 46/215 on Large-Scale Pelagic Drift-Net Fishing and its Impact on the Living Marine Resources of the Worlds Oceans and Seas; 1995 Fish Stocks Agreement, Article 5(e).

③ For example, 1974 Nordic Environmental Protection Convention, Article 6; 1980 Convention on the Conservation of Antarctic Marine Living Resources, Article XV(2)(d); 1982 UN Convention on the Law of the Sea, Article 206; 1985 ASEAN Agreement on Nature and Natural Resources, Article 14(1); 1988 Convention on the Regulation of Antarctic Mineral Resource Activity, Articles 2(1)(a) and 4; 1991 Protocol on Environmental Protection to the Antarctic Treaty, Article 8 and Annex I; 1991 UN ECE Convention on Environmental Impact Assessment in a Transboundary Context; 1992 Climate Change Convention, Article 4(1)(f); 1992 Biodiversity Convention, Article 14(1)(a); 1992 UN ECE Convention on the Transboundary Effects of Industrial Accidents, Article 4(4) and Annex III;

④ For example, 1992 Biodiversity Convention, Article 12(a), (b) and (c); 1992 Climate Change Convention, Article 4(1)(c), (g) and (h); 1995 Fish Stocks Agreement, Article 5(h) and (i). 值得注意的是1993年联合国鱼群大会主席Satya Nandan所准备的谈判文本，其第5条规定：

“为保护环境和海洋生物资源，各国应以下列方式将风险预防措施广泛适用于渔业管理和开发：

“（a）各国应获取并分享最佳可得可行科学证据以支持保护和管理决策；

“（b）缺乏充足的科学信息不应成为不采用更严苛的资源保护措施的理由。”

他国际环境法习惯规则的一种措施，风险预防原则反过来被用于判定拟议项目或活动是否可能对邻国环境造成重大影响，并应进行跨界环境影响评价。Birnie 和 Boyle 指出，在存在进行环境影响评价的传统义务的情况下，多数条约都从几个方面限制了义务范围。[①] 这包括义务不适用于微小或短期影响、不利环境影响的可预见性和可能性超过了一定程度才会产生该义务[②]。尽管开展或准许争议活动的国家必须一秉善意来判断该活动是否必然带来不利影响，Birnie 和 Boyle 指出“在实践中，可能遭受影响的国家因缺乏必要信息很难反对决策或证明要求进行环境影响评价的正当性。”[③] 他们建议，在解释损害可能性时适用风险预防方法，将为判定是否需要进行环境影响评价设置相对较低的风险要求。

另外一种适用风险预防原则的可能情况是，依据国际法委员会《关于国家责任的条款草案》第26条，授权国家援引“紧急状态”作为排除行为不法性的理由。[④] 国家仅能在其处于特定危机情况下援引“危急状态”，尤其是该国必须证明其行为旨在“保护其核心利益免受严重且紧急的危险”[⑤]。尽管《条款草案》并未明确提及环境方面，对1980年一读通过的《条款草案》的评注意见承认，环境和生态关注是国家核心利益的组成部分，并可被援引为国家的“紧急状态”。[⑥] 它特别提及下列情况下，即国家核心

---

① 第232页注②，第134页。

② 例如，1990年《特别保护区域和野生动植物的金士顿议定书》第13条提到了如下活动，即“可能造成严重不利环境影响或严重影响受到特别保护的区域或物种的活动。”关于1991年《环境影响评价公约》第3条通知义务范围的解释，参见 *Final Report of the Task Force on Legal and Administrative Aspects of the Practical Application of the Convention* (1998), ENVWA/WG.3/R.6. 详见 Birnie 和 Boyle 书，同上。

③ 同上。

④ *State Responsibility, Draft Articles Provisionally Adopted by the Drafting Committee on Second Reading*, UN Doc. A/CN.4/L.600 (21 August 2000).

⑤ 第26条第1款 a 项。

⑥ ILC, *Report of the ILC on the Work of its Thirty-Second Session,* UN Doc. A/35/10, commentary to Article 33, para. 14, reprinted in (1980) 2(2) *Yearbook of the International Law Commission,* 39, UN Doc. A.CN.4/SER.A/1980/Add.1 (Part 2).

利益旨在：

“确保境内某陆地或海洋区域的动植物的生存，保持该区域的正常利用，或更泛而言之，确保该区域的生态平衡。重要的是，在近20年来，维护生态平衡逐步被认为是所有国家的‘核心利益’。”①

在“加布奇科沃—大毛罗斯大坝案”中，尽管法院并不认为有国家“紧急状态”的特殊情况出现，但它认为：

“……在《条款草案》第33条（现在是第26条）所表达的语境下，无疑应认可匈牙利对其自然环境的关注关涉该国的‘核心利益’。……”②

为支持其观点，法院指出，国际法委员会在其对第33条的评注意见③中指出，国家“紧急状态”所指的情况包括“在（一国）全部或部分境内的生态保护……遭受严重威胁。”④任何对“严重且紧急”的评估都将涉及科学不确定性，因此风险预防原则在此方面发挥重要作用。特别报告人 James Crawford 的第二次报告认为，考虑损害情形的确定性应：

“确定该危险目前并未发生，同时也不要，求援引‘紧急状态’国家证明其一定会发生。很难甚至是不可能证明与事实相反的情形。在‘加布奇科沃—大毛罗斯大坝案’中，法院首先认为援引‘紧急状态’的国家并不能单独判断必要性，其次存在科学不确定性本身并不足以认定存在紧急的危险。这一论述显然正确。但另一方面，只要基于当时合理可得证据确定可能存在危险（例如基于一个适当的风险评估程序），同时满足必要性所要求的其他条件，任何一个对未来存在科学不确定性的举措都不能影响国家援

① 同上。

② 第234页注⑥，《判决》，第53段。

③ (1980) 2(2) *Yearbook of the International Law Commission*, at 35, para. 3.

④ 《判决》，第3段。

引‘紧急状态’的资格。”①

特别报告人提及风险评估程序再次证实，在风险预防原则的适用中，环境影响评价程序将发挥潜在而核心的作用。基于Crawford的论述，Hafner和Pearson认为，无论如何“国际法委员会最终通过的评注意见将反映风险预防的方法。”②

尤其是在有关共享水资源方面，1992年欧洲经济委员会《水道公约》③规定，缔约各国应采取一切可能措施去预防、控制并减少跨界环境污染，各方应遵守：

“风险预防原则，据此不应因科学研究尚不能完全证实这些物质与跨界环境损害间存在因果联系，而推迟采取避免危险物质释放所致潜在跨界影响的措施。”④

该原则的重点在于控制特定物质的排放（或该排放物造成的影响），但《公约》后续条款对其实施规定出更为具体的规定。第3条明确要求，通过采用“低浪费和无浪费技术⑤”以预防、控制和减少排放污染物，并规定“许可证上载明的废水排放限额，应基于危险物质排放的最佳可得技术”⑥；它也要求国家采取适当措施，“如采用最佳可得技术，以减少由工业或生活来源而导致富营养化物质的排放；”⑦并特别要求“不断开发和适用适当的措施和最佳环境惯例，切实减少来自于多种来源的富营养化和有害物质的排

---

① *Second Report on State Responsibility,* UN.Doc .A/CN.4/498/Add.2(30 April 1999). para.289, at 31.

② 第224页注①，第22页。See also, L. Soljan, ‘The General Obligation to Prevent Transboundary Harm and Its Relation to Four Key Environmental Principles’, (1998) 3 *Austrian Review of International and European Law* 209, at 211.

③ 第272页注④。

④ 第2条第5款a项。

⑤ 第3条第1款a项。

⑥ 第3条第1款e项。

⑦ 第3条第1款f项。

放，尤其是来源于农业的物质”[①]在《公约》附件二中对指定环境最佳惯例规定了详细的指导原则。而且，为预防、控制和减少跨界环境影响，第3条要求缔约国确保“进行环境影响评价和其他形式的评价。”[②]最后，就通常被认为为践行风险预防原则所需的补充信息而言，第4条要求缔约国建立跨界水体状况的监督方案，第6条要求缔约国“就《公约》有关条款要求事项，尽快提供最广泛的信息交流”，第5条则对缔约国开展有关研究和开发项目的合作义务做出了详尽规定。1992年，由欧共同体和绝大多数成员国[③]、西欧几个非欧共体国家[④]以及数个中欧、东欧和前苏联国家[⑤]签署的《赫尔辛基公约》，于1996年开始生效。作为一个框架公约，它要求各缔约国在其关于特定水道的双边或多变协定中做出更详细的规定。[⑥]其后续的子公约包括1994年《默兹河保护协定》[⑦]和《斯海尔特河（Scheldt）保护协定》[⑧]、《多瑙河公约》[⑨]和1999年《莱茵河公约》[⑩]。《默兹河保护协定》和《斯海尔特河保护协定》第3条第2款a项规定：

“缔约方的行动应遵循以下原则：

“（a）风险预防原则；据此原则，不应因科学研究尚未充分证实危险物质排放与可能的重大跨界影响之间的因果关系，而推迟采取避免此类物质排放的措施。”

---

① 第3条第1款g项。

② 第3条第1款h项。

③ 瑞典、芬兰、丹麦、比利时、荷兰、卢森堡、德国、法国、奥地利、葡萄牙、西班牙、意大利和希腊。爱沙尼亚、拉脱维亚、波兰、捷克共和国、斯洛伐克、匈牙利、斯洛文尼亚、罗马尼亚、保加利亚已经签署但尚未批准。

④ 挪威、瑞士和列支敦士登。

⑤ 克罗地亚、阿尔巴尼亚、摩尔多瓦、乌克兰、俄罗斯联邦、阿塞拜疆和哈萨克斯坦。

⑥ 第2条第6款和第9条第1款与第2款。

⑦ (1995) 34 ILM 851.

⑧ 同上。

⑨ Convention on Co-operation for the Protection and Sustainable Use of the Danube River.

⑩ Convention on the Protection of the Rhine.

有趣的是，1992年《公约》中该原则的原始表达并未将其应用限制于“重大”跨界影响，而1994年系列《公约》有效降低了其重要性。1994年《多瑙河公约》第2条第4款规定风险预防原则应成为“所有旨在保护多瑙河及其积水区水源的措施的基础”，该原则也体现在在序言中⑪和判定“最佳环境惯例”相关的附件之中⑫。1999年《莱茵河公约》规定，缔约国有义务通过预防或降低污染、修复河流自然功能、保护物种多样性与保育和修复自然栖息地等措施，以实现莱茵河生态系统的可持续发展⑬，并且规定实施这些行为“应遵循……风险预防原则”⑭。无论是《多瑙河公约》或《莱茵河公约》均尝试去界定该原则，因而可能受到1992年《赫尔辛基条约》的初始定义的指引。尽管《关于1960年〈埃姆斯—多拉尔特条约〉的1996年环境议定书》并非意在履行《赫尔辛基条约》的义务，但它得到1992年《公约》两个缔约国的接受，并要求第一个在水与自然保护领域紧密合作，并在风险预防原则的指导下开展合作事宜。⑮最后，就《赫尔辛基条约》而言，《关于1992年〈公约〉的1999年水与健康议定书》规定风险预防原则应适用于水相关疾病的预防、控制和减少。

国际法协会2004年《关于水资源法的柏林规则》在第五章“水环境保护”中用一整条单独的条款规定了风险预防原则⑯。第23条简要指出“为了履行本章项下的义务，各国应采取风险预防方法”⑰，并进一步补充说明：

“在可能对水的可持续利用产生重大不利影响的严重风险的情况下，缔约国应采取适当措施以风险预防、消除、降低或控制对

⑪ 第5段。

⑫ 附件I第二部分第二段。

⑬ 第3条第1款。

⑭ 第4条a项。

⑮ 第1条第2款。有必要指出，该《议定书》序言明确引述《赫尔辛基公约》。

⑯ 第257页注①。

⑰ 第23条第1款。

水环境的损害，即便缺乏在行为或不行为与其预期后果之间的因果关系的充分证据。”①

因此，国际法委员会对风险预防原则的措辞比被《里约宣言》原则15②所采纳的表述更为有力，因为其并未根据国家适用该原则的能力或采取最低成本措施而对该义务进行限制。同样的，第23条的评注意见间接且明确地指出环境影响评价程序对践行风险预防原则的的核心作用，并认为：

“实施风险预防原则要求在开展行动之前进行规划并评估重大活动可能的影响。首要但非唯一方式是通过环境影响评价程序，目前这也作为国际法环境保护义务规定的一部分”。③

尽管1997年《联合国国际水道非航行利用法公约》④并未明确规定风险预防原则，国际法委员会在其对《条款草案》的评注意见中强调，在第20~23条中规定的保护和保存生态系统、预防、减少并控制污染和外来新生物的引入以及保护和保育海洋环境，均要适用风险预防行动的原则。⑤事实上，在国际水道污染方面，国际法委员会讨论了风险预防原则的实质性涵义：

“风险预防原则要求，‘即使在绝对准确的科学证据确认（排放和影响之间的）因果关系’之前，也要采取行动避免由危险物质（例如哪些持续存在的、毒害的、生物积累性的物质）的潜在损害性影响。”⑥

更值得注意的是，有关预防、减少和控制污染的第21条要求

① 第23条第2款。

② 第237页注③。

③ 第257页注①，第28页。

④ 第223页注①。

⑤ 参见国际法委员会对《条款草案》第评注意见，如前注411，尤其是参见对第20条的评注意见，同上，第282页；对第21条的评注意见，同上，第292页；对第22条的评注意见，同上，第298页；对第23条的评注意见，同上，第299页。

⑥ 对第20条的评注意见，同上，第287页.

水道国：

“进行协商以期商定彼此同意的预防、减少和控制国际水道污染的措施和方法，如：

“(a) 订立共同的水质目标和标准；

“(b) 确定处理来自点源和非点源的污染的技术和做法；

“(c) 制定应禁止、限制、调查或监测让其进入国际水道水中的物质清单。”①

显而易见，将风险预防行动的原则适用于这一规定，要求建立风险预防标准、目标、技术和实践做法。同样，1997年《公约》第12条规定就对于计划采取的可能对其他水道国造成重大不利影响的措施及时向那些国家发出有关通知，要求：

“这种通知应附有可以得到的技术数据和资料，包括任何环境影响评估的结果，以便被通知国能够评价计划采取的措施可能造成的影响。”

因此，尽管《公约》并未强制规定环境影响评价程序，但这种程序在促进技术数据和信息的有效交流、避免跨界环境污染方面的作用得到了明确承认。最后，第9条规定：

“……水道国应经常地交换关于水道状况，特别是属于水文、气象、水文地质和生态性质的和与水质有关的便捷可得的数据和资料以及有关的预报。”②

上述不同类型的条款有力证实，在国际水道环境保护方面风险预防方法贯穿了1997年《公约》。Trouwborst 指出，1997年《公约》在序言中提及“回顾1992年联合国环境与发展会议在《里约宣言》和《21世纪议程》中通过的原则和建议”，意味着风险预防

① 第21条第3款。

② 第9条第1款。

原则如同在这些法律文件一样得以确认。① 他进一步指出，1997年《公约》第5条对可持续发展目标的承认自然意味着对风险预防原则的承认，因后者与前者具有紧密联系②。为证实这一点，他通过引用Canelas de Casto的说法，后者的报告指出，在《公约》谈判中数个国家的代表主张通过第5条简单提及可持续发展原则，风险预防原则已被纳入到《公约》中③。

最近有关国际水争端的国家外交实践的相关案例中，匈牙利在其首次向国际法庭递交的，针对当时的捷克和斯洛伐克共和国的申请书第31段直接援引风险预防原则④，其指出：

"各国均应采取风险预防措施去预测、预防、或尽可能减少对其跨界资源的损失，并缓解不利影响。当存在严重或无法挽回损害的风险时，缺乏充分科学确定性不能被作为延迟措施的理由。于1992年3月17日签署的《赫尔辛基公约》第2条第5段、世界自然保护同盟《条款草案》第6条和《布兰伦特报告》第10条均适用风险预防原则以保护跨界资源这一一般国际法义务提供了支持。"

匈牙利注意到风险预防原则是合作原则与国家不造成跨界环境损害原则之间的桥梁⑤。就匈牙利通知中止1977年《条约》作法的合法性问题⑥，匈牙利认为，"国际法之后有关环境保护的要求"

---

① 第310页注③，第110页。

② 同上，第111页。

③ P. Canelas de Castro, "The Judgment in the *Case Concerning the Gabcikovo-Nagymaros* Project: Positive Signs for the Evolution of International Water Law" (1997) 8 *Yearbook of International Environmental Law*, 21, at 29.

④ *Application of the Republic of Hungary v. The Czech and Slovak Republic on the Diversion of the Danube River,* reproduced in part in P. Sands, R. Tarasofsky and M. Weiss (eds), *Principles of International Environmental Law, Volume IIA: Documents in International Environmental Law* (MUP, Manchester, 1994), at 693–8.

⑤ 关于该案的详细讨论，参见McIntyre，第285页注②。

⑥ 1977年9月16日，双方签署了建设和运行大坝系统的条约，意在服务四项目标：电力生产、航运、防洪和区域发展。See A. Kiss, "The Gabcikovo-Nagymaros Case", in A. Kiss and D. Shelton, *Manual of European Environmental Law* (2nd edn) (Grotius,

排除了对1977年《条约》的履行。[①] 它指出：

"以前存在的、不对另一国的领土造成重大损害的义务……依据"风险预防原则"已经演变成一项预防损害的'对一切'（ergo omnes）义务。"[②]

同样，匈牙利提出的多项法律主张，始终要求进一步评价项目的环境影响，同时在评价结果之前中止实施该项目。匈牙利主要依据匈牙利科学院临时委员会[③]的报告，报告认为"在设计、建造时期至今，项目并未适当考虑对环境、生态和水质量的影响"。同样地，在1989年6月24日匈牙利副总理写给捷克斯洛伐克副总理的信中提到：

"在依据原定计划对项目的可能影响进行研究后，科学院委员会的结论认为，当前我们并不具有关于环境风险后果的充足知识。根据该委员会观点，依照原计划建筑拦河坝系统风险不能为我们所接受。当然，尽管不能说这种不利影响一定会发生，但根据它们的建议，有必要进一步开展详尽而耗时的调查研究。"[④]

在援引一项旨在预测开发项目跨界环境损害的环境影响评价程序时，可以认为匈牙利已经援引了风险预防原则。捷克斯洛伐克反对这一观点，它认为环境法的间或发展已经催生了将推翻1977年《协定》的强行法（jus cogens）规范。法院也认可在1977

Cambridge, 1997) at 322–7. On the background to the dispute generally, see P. R. Williams, "International Environmental Dispute Resolution: The Dispute Between Slovakia and Hungary Concerning Construction of the Gabcikovo and Nagymaros Dams" (1994) 19 *Columbia Journal of Environmental Law*, 1–57; B. Nagy, 'Divert or Preserve the Danube? Answers 'in Concrete' – a Hungarian Perspective on the Gabcikovo–Nagymaros Dam Dispute' (1996) 5 *Review of European Community and International Environmental Law*, 138–44. For a brief summary of the judgment, see *The Times*, 31 October 1997.

① 第234页注⑥,《判决》，第97段。

② 同上。

③ 1989年6月23日的报告。

④ 《判决》，第35段。

年《协定》缔结之后，并未在国际环境法中出现任何新的强行法规范，但同时还指出，环境法晚近发展的规范与条约的履行有关，因为缔约国根据协定、通过适用第15条、第19条、第20条的规定而将它们纳入其中，这些条款要求缔约国在约定保护水质、自然和捕鱼的方式时要考虑这些规范。法院解释指出，《协定》中加入“这些演化中的条款”，证明缔约国“承认了调整项目的潜在必要性”和“《条约》并非是静态的，对接受国际法的新规则是开放的”[①]。然而，这种调整是一种共同责任，第15条、第19条、第20条规定的普遍义务必须通过协商和谈判程序转化为特定的行为义务。因此，法院裁定，并不存在适用于《条约》的国际环境法强行法规范，缔约国并未就保护环境的特定措施达成一致，因而也没有可适用于该《条约》的新发展的环境规范。

也许不太走运的是，法院并不利用这次机会对匈牙利所援引的环境要求的地位、规范内容和可能适用进行详尽地论证，该要求不对他国领土造成重大损害的义务和风险预防原则；尽管双方都没有主张它们已经演化成了可以取代《条约》的强行法规范。目前，很少有人会否认，风险预防原则已经形成一项国际习惯法的强行法规范。尽管很少有人主张它等同于具有强行法地位的新规则，但从判决中我们并不完全理解为什么在适用1977年《条约》第15条、第19条和第20条时不能约束双方。在该案中，合理的推论是：适用风险预防原则最合适的方式，乃是对项目的影响进行全面的环境评价的要求。事实上，在审理中，法院认为：

“自《条约》缔结以来的这些年里，人们愈发认识到环境的脆弱性，承认环境风险应基于一个持续性的基础；这些新的关注也增强了第15条、第19条和第20条的关联度。”[②]

然而，法院的裁判明确指出，《条约》所规定一般性义务，仅

① 《判决》，第112段。

② 同上。

可在协商和谈判达成协定后才能创设具体的行为义务，若未达成协定，则不能从国际习惯法晚近发展的规则中推断出第15条、第19第和第20条的实质性内容。

法官 Weeramantry 在其关于“加布奇科沃—大毛罗斯大坝案”案的不同意见书中，将环境影响评价明确视为“更广泛的一般预警原则的具体适用。”①当论及环境影响评价要求时，他界定出两个新原则：首先，是他先前间接指出的“持续环境影响评价原则”②。他主张，此原则要求许多项目、尤其是规模和范围重要的项目，不应只在启动项目前才进行环境影响评价，而应“在该项目运营过程中持续进行环境影响评价”。他提出：

“现阶段环境法的发展，将把环境影响评价的义务写进哪些将对环境产生重大影响的那些条约之中；这也意味着，无论条约是否明确规定，在计划运行期间都有义务对任何实质性项目的环境影响进行监测。”③

其次，他引入“同时适用环境规范原则”，通过规定进行持续评价的标准来补充前一项原则。他引用国际法院在”加布奇科沃—大毛罗斯大坝案”案件中的陈述：

“在国家启动新项目或继续过去开展的项目时，都应充分考虑这些新的规范并适当权衡这些新标准。”④

为了支持这一点，他援引了法院之前裁定“应当在解释当时的整个法律体系的框架内来解释一项国际文件”的例证⑤，但他指出，尽管该原则对环境条约十分重要，但《维也纳公约》未提供

① 第285页注②。

② 核试验案，第234页注⑤。

③ 第285页注②，第20页。

④《判决》第140段。参见 Weermantry，第22页。

⑤ *Namibia case, ICJ Rep.* (1971), at 31, para 53. See also, opinion of Judge Tanaka in *South West Africa case, ICJ Rep.* (1966), at 293–4.

任何指导。两项原则均能对国际环境法产生重大影响，尤其是它们已经得到国际法院的认可。

该原则在国家实践层面和国际组织实践层面中不断获得认可的例证，还包括美国加拿大国际联合委员会做出的关于有必要将风险预防原则适用于水质管理的结论[①]。在1992年报告中，国际联合委员会承认，根据环境容量方法管理大湖流域生物积累性和持久性化学品的努力是失败的。[②]该委员会号召逐步消除这类物质，并主张“无法再忍受生态系统中的这些物质，无论关于危险或长期损害的科学证据是否获得普遍接受。”[③]

八、污染者付费原则

“污染者付费”原则是一般国际环境法稳固确立的基础性指导原则之一[④]。该原则最早出现在1972年的OECD建议[⑤]中，随后以各种形式规定一系列相关文件中。例如，1993年《欧洲理事会关于对环境危险活动所致损害的民事责任公约》在序言中表示：“基于‘污染者付费’原则的考虑，需要在这一领域实行严格责

---

① See J. Tickner, C. Raffensperger and N. Myers (eds), *The Precautionary Principle in Action: A Handbook* (1998/1999), at 6, available at www.biotech-info.net/handbook.pdf, cited in A. Trouwborst, *supra*, n. 3 at p.310, at 140.

② IJC, *Sixth Biennial Report on Great Lakes Water Quality* (1992).

③ 同上（着重强调）。

④ 关于污染者付费原则，详见S. E. Gaines, “The Polluter-Pays Principle: From Economic Equity to Environmental Ethos” (1991) 26 *Texas International Law Journal*, 463; A. E. Boyle, “Making the Polluter Pay? Alternatives to State Responsibility in the Allocation of Transboundary Environmental Costs”, in F. Francioni and T. Scovazzi (eds), *International Responsibility for Environmental Harm* (Graham & Trotman, London, 1991) 363; H. Smets, “Le principe polluer-payer, un principe économique erigé en principe de droit de l’environnement?” (1993) 97 *Revue Générale de Droit International Public*, 340; H. Smets, “The Polluter Pays Principle in the Early 1990s”, in L. Campiglio, L. Pineschi, D. Sinisalco and T. Treves (eds), *The Environment After Rio: International Law and Economics* (Graham & Trotman/Martinus Nijhoff, London, 1994) 134.

⑤ Recommendation C(72) 128 of 26 May 1972, Annex, para. A.a4, reprinted in OECD, *OECD and the Environment* (OECD, Paris, 1986), at 24.

任”[①]。最重要的是，1992 年《里约宣言》原则 16 规定：

“国家当局考虑到污染者原则上应承担污染的费用，应力图促进环境成本的内部化和利用经济手段。”[②]

污染者付费原则在欧共体层面表达得十分清晰；该原则最早通过 1973 年《第一环境行动方案》[③]而引入，随后作为 1987 年《单一欧洲法》的方式将其作为共同体环境立法时应遵循的一项基本原则而被载入到《罗马条约》[④]的文本中。该原则主要规定，为遵守任何可适用的环境规范，污染者应当承担采取预防或治理环境损害措施的费用，从广义上说，就是将该项义务施加于污染者并最终由产品或服务的消费者承担，从而免除国家、最终也就是纳税人的义务。欧共体范围内适用该原则亦是为了避免因国家间接补贴产业产生的竞争扭曲。在 1975 年《理事会就公共机构分配环境措施的费用与行动向成员国的建议》之附件《委员会通讯》[⑤]中提出了在欧共体法律中适用该原则的进一步指导意见。这份通讯指出：

“那些对污染负有责任的……自然人或法人，必须支付排除或减少污染的必要措施的费用以遵守标准……（此外），总体上，环境保护不应依赖援助拨款和将污染防治的负担施加给共同体。”

国际淡水资源保护的文件中也涉及了该项原则，比如联合国欧洲经济委员会 1990 年通过的《关于跨界内陆水域突发污染的行动守则》规定：

“（河流）沿岸国应当在本国的法律框架内实施污染者责任的基本原则，根据污染者付费原则……沿岸国应当合作实施并进一步发展适当的规则和做法，确保遭受跨界内陆水域突发污染的受

① (1993) 32 *ILM* 1228. 详见 Tanzi 和 Arcari 书，第 327 页注 ④，第 168 页及其下。

② 第 335 页注 ⑤。

③ OJ C 112/1 (1973).

④ 第 174 条第 2 款（原第 130 条 r 款）。

⑤ Recommendation 75/436, OJ L194/1 (1975).

害者得到补偿和恢复。”①

有论著认为，1997年《联合国国际水道法非航行利用公约》第7条第2款提及赔偿反映了“国家主导的国际法制定程序旨在巩固国内法律体系中的污染者付费原则。”②有论著指出，“《公约》第7条第2款提到的赔偿并不必然局限在国与国的直接互动上”，并进一步提出：

“可能造成越境损害的活动大部分是由私人经营者进行的，这一点应当得到现实考虑。对该领域的国家间谈判方式来说，考虑由致害活动的经营者向实际的受害者支付赔偿，是非常合适的，这也是决定水法案件能否公平解决的因素之一。”③

对《公约》第7条第2款的理解要与《公约》第32条一致。第32条引进了一种重要的在本国受害请求者与外国受害请求者以及在国内遭受损害的请求者和在国外遭受损害的请求者之间要求国家救济的非歧视性程序义务④。此外，对《公约》第7条第2款和《公约》第32条的理解与《里约宣言》的原则13是一致的，该原则规定：

“国家之间应当以一种迅速有效和更加坚定的姿态合作，来发展追究国家管辖范围内造成环境损害不利影响活动的责任并进行赔偿方面的国际法或者国家管辖范围外的环境损害方面的国际法。”⑤

国际法委员会的2004年《关于水资源法的柏林规则》⑥同样也致力于确保有效的行政和司法救济的可行性，包括撤销项目或行为的许可、预防性救济、或对合法权益遭受侵害的人进行损害赔

① UN Doc. E/ECE/1125 (1990), sections II and XV respectively.

② Tanzi和Arcari书，第335页注⑤，第168页。

③ 同上，第167~168页。

④ 对第32条更详细的讨论，参见本书第八章。

⑤ 第237页注③。

⑥ 第257页注①。

偿[①]，并且还规定各个国家不得歧视非国民或非本地居民诉诸司法寻求救济[②]。这些条款如此清晰地使跨界环境争端“私法化”，以致于在一个国家受到不利影响的法律实体能够在另外一个国家针对事实上造成环境损害或损害威胁的法律实体寻求私法诉讼。

值得重视的是，2003年5月，联合国欧洲经济委员会（UNECE）正式通过《关于工业事故对跨界水域之跨界影响所致损害的民事责任和赔偿议定书》[③]，它补充了欧洲经济委员会1992年的《赫尔辛基公约》[④]以及《工业事故越界影响公约》[⑤]。该议定书“显然与普遍公认的‘污染者付费’原则相符合”[⑥]，并将责任归咎于“经营者”（operator），议定书将“经营者”界定为“负责某一活动、如监督、规划或执行实施某项活动职责的任何自然人或法人，包括公共当局。”[⑦]

九、生态系统方法

传统上，有关环境保护和共享自然资源利用的习惯法和成文法一直以来稳固地建立在国家主权概念的基础之上，因此着重于保护领土利益。通常来说，只有与领土利益相关时，环境考虑才具有法律意义。换句话说，环境损害只有涉及侵犯领土完整性时才被法律所禁止。在共享淡水资源情况下，尤为如此。公平利用原则的重点在于平衡不同的资源利用利益而不在于生态利益的保护，且“公平

① 第236页注⑪。

② 第237页注①。

③ (Kiev, 21 May 2003), reprinted in (2003) 4 *Environmental Liability*, 136~140.

④ (1992) 31 *ILM* 1312.

⑤ 第297页注⑩。

⑥ See P. Dascalopoulou-Livada, ‘The Protocol on Civil Liability and Compensation for Damage caused by the Transboundary Effects of Industrial Accidents on Transboundary Waters’ (2003) 4 *Environmental Liability*, 131, at 132.

⑦ Article 1(e) of the Industrial Accidents Convention, 第297页注⑩。尽管《议定书》没有界定“经营者”的定义，但第2条从它的两个“母”公约借用了相关的定义。

利用规则下的权利和义务也仅依赖于共享淡水资源的沿岸国家的领土主权。”① 有观点指出：“这种方法具有内在的对抗性且无助于促进各国在共同环境利益方面的合作。”② 然而，近年来，许多创制国际水道利用和保护制度的国际文件，似乎已经超越了通过公平合理利用国际水道以及预防重大跨界环境损害的传统义务，现在则规定了更“纯粹的”环境义务，包括要求采用一种更加强调生态系统导向的方式来保护环境的条款③。虽然这一概念并没有成为正式的法律定义的对象，但是 Brunnée 和 Toope 指出：

> “简单地说，‘生态系统方法’需要考虑整个系统，而不是单个要素。生命物种和它们的物理环境必须被视为是相互关联的，重点必须放在不同子系统的相互作用以及它们对来自人类活动产生的压力的反应。相互关联不仅意味着在空间意义上有广阔基础的管理方法；它也要求人类与环境相互作用与利用环境时尊重维护‘生态系统的完整性’——即生态系统自我组织能力——的需求。”④

生态系统概念，其本身是在 20 世纪 30 年代和 40 年代美国科学文献中发展起来的⑤，其现代定义强调“生态系统是一个包括生

① J. Brunnée 和 S. J. Toope 文，第 230 页注①，第 54 页。亦可参见 J. Brunnée and S. J. Toope, “ Environmental Security and Freshwater Resources: Ecosystem Regime Building” (1997) 91: 1 *American Journal of International Law*, 26.

② 同上。

③ 关于“生态系统方法”，参加 O. McIntyre, “The Emergence of an ‘Ecosystem Approach’ to the Protection of International Watercourses under International Law” (2004) 13:1 *Review of European Community and International Environmental Law*, 1.

④ 本页注 ①，第 55 页。

⑤ 例如可参见 A. G. Tansley, ‘The Use and Abuse of Vegetational Concepts and Terms’ (1935) 16:3 *Ecology*, 284，作者将生态系统定义为“一个完整的体系，不仅包括有机物的集合体，而且包括整个物质因素的集合体，这些物质因素形成我们所称作的生物群系的环境——最广义上的栖息地因素”，第 299 页（原文强调）；或 R. L. Lindeman, ‘The Trophic-Dynamic Aspect of Ecology’ (1942) 23:4 *Ecology*, 399，他将生态系统定义为“在任何时空范围内活动的物理 — 化学 — 生物进程而组成的体系，亦即生物群落及其非生物

物（生命）和非生物（非生命）要素的功能单位”①。世界环境与发展委员会（WCED）的环境法专家小组（EGEL）提议将生态系统概念界定为“一个由植物、动物和微生物与非生物环境要素构成的系统”②，而1992年《生物多样性公约》第2条规定“生态系统指植物、动物和微生物群落及其非生物环境作为一个功能单位相互作用的动态复合体”③。

关于国际水道的法律文件现在往往要求各国采取一种生态系统的方法来保护这些河道，由联合国大会通过的1997年《联合国水道公约》大大推动了这种趋势④；该公约代表了国际法委员会20多年来编纂和逐步发展这个重要的法律的一个结晶，⑤它明确要求公约缔约国采取行动保护和保存国际水道生态系统。⑥在阐述1997年《联合国水道公约》时，Tanzi和Arcari解释了这样的事实：

> “……科学研究取得的进步进一步表明，水道的利用和有关的其他自然因素过程之间相互影响，比如土壤退化和荒漠化，森林砍伐和气候变化……这使得在过去十年中，水事专家主张采用‘生态系统方式’对淡水资源进行管理，而更少适用经济导向的标准。”⑦

群落。”第400页（原文强调）；均转引自V. P. Nanda文，第251页注④，第178页。

① P. Ehrlich, A. Ehrlich and J. Holden, *Ecoscience: Population, Resources, Environment* (W. H. Freeman, 1977) at 97, quoted in L. A. Teclaff and E. Teclaff, “International Control of Cross-Media Pollution – An Ecosystem Approach” (1987) 27 *Natural Resources Journal*, 21, reproduced in A. E. Utton and L. A. Teclaff (eds), *Transboundary Resources Law* (Westview Press, London/Boulder, 1987) 289.

② 第3条，第239页注⑦，第45页。

③ 第237页注⑥。

④ 第223页注①。

⑤ 关于公约的历史和背景，参见A. Tanzi and M. Arcari, *The United Nations Convention on the Law of International Watercourses* (Kluwer Law International, The Hague/Boston, 2001), at 1–45.

⑥ 第20条、第22条和第23条，参见下文。

⑦ 本页注⑤，第8~9页。亦可参见A. D. Tarlock, “International Water Law and the Protection of River System Ecosystem Integrity” (1996) 10:2 *Brigham Young University Journal*

从最近各个国家和国际组织有关共享水资源的实践可以看出，其重点已经从强调纯粹的领土和资源利用转移到一个更强调生态系统导向的方法。例如，1992 年欧洲经济委员会《赫尔辛基公约》第 2 条第 2 款 d 项要求缔约国“确保养护、并在必要时恢复生态系统”，而第 3 条第 1 款 i 项要求它们“确保推动可持续的水资源管理，包括生态系统方法的应用”①。第 2 条第 2 款 b 项进一步规定“跨界水的利用要符合以下目标：生态良好和合理的水管理，水资源的保护和环境保护。”虽然上述每项内容都规定于防止或控制跨界影响为目的条款之中，各缔约国②在 1997 年公约第一次缔约国会议③上通过了《赫尔辛基宣言》，承诺按照公约的有关规定规制内水、以确保与跨界水的管理相一致。缔约国还通过了一个水及相关生态系统的综合管理方案④。此外，1992 年《公约》第 1 条第 2 款将“跨界影响”定义为：

> “由人类活动造成的跨界水域条件改变而导致的任何对环境的重大不良影响，其物理起源是因其全部或部分坐落于由一个缔约国管辖的区域。……这种对环境的作用包括对人类健康和安全、植物、动物、土壤、空气、水、气候、风景的影响……或这些因素之间的相互作用……。”

确定生态系统方法对于环境保护的潜在适用范围是非常重要的，《赫尔辛基公约》提及并区分了“缔约国”⑤和“沿岸缔约国”⑥，区分了有关所有缔约国的条款和仅仅有关沿岸缔约国的条款。关于所有缔约国的条款大都规定了共同的环境保护和生态系统管理

---

of Public Law, 181; G. Francis, “Ecosystem Management” (1993) 33:2 *Natural Resources Journal*, 315.

① 第 272 页注③。

② 2000 年 1 月，公约有包括欧盟在内的 24 个缔约方。

③ *Report of the 1st Meeting of Parties*, ECE/MP. WAT/2 (1997).

④ 详见 Birnie 和 Boyle 书，第 232 页注③，第 315 页。

⑤《赫尔辛基公约》，第 1 条第 3 款。

⑥ 同上，第 1 条第 4 款。

责任[①]，而那些仅有关沿岸缔约国的条款主要涉及沿岸国之间的合作和水资源的联合管理[②]。另外，最近的一些根据《赫尔辛基公约》谈判达成的管理莱茵河[③]、多瑙河、默兹河和斯海尔特河[④]的条约，[⑤]普遍承诺生态系统保护。例如，1999 年《莱茵河公约》第 2 条适用于“与莱茵河相互作用或可能再次相互作用水生生态系统和陆地生态系统”。[⑥]同样地，《多瑙河公约》的目标是保护“河流环境”、“水生生态系统”、“多瑙河的可持续发展和环境保护”、和“保护与恢复生态系统”[⑦]。事实上，比《赫尔辛基公约》更早的 1990 年《易北河公约》[⑧]要求各国合作实现河流物种的健康多样性以及尽可能保持生态系统的天然性。

最早反映生态系统完整性理念的国际协议之一是 1978 年《大湖水质协定》[⑨]，其中第 2 条表明了该条约的目的在于“恢复和维持五大湖流域生态系统的化学、物理和生物完整性”[⑩]。事实上，它的

---

① 同上，第 2~8 条。

② 同上，第 9~16 条。

③ Convention on the Protection of the Rhine (Rotterdam, 22 January 1998), Articles 2, 3 and 5.

④ Convention on Co-operation for the Protection and Sustainable Use of the Danube River (Sofia, 29 June 1994), Articles 1(c), 2(3) and (5), *International Environment Reporter*, 35:0251. On the Danube River generally, see J. Linnerooth, “The Danube River Basin: Negotiating Settlements to Transboundary Environmental Issues” (1990) 30:3 *Natural Resources Journal*, 629.

⑤ Agreements on the Protection of the Meuse and Scheldt (Charleville Mezieres, 26 April 1994), Article 3.

⑥ 关于莱茵河的一般情况，参见 J. G. Lammers, “The Rhine: Legal Aspects of the Management of a Transboundary River”, in W. D. Verwey (ed.), *Nature Management and Sustainable Development* (IOS, Amsterdam, 1989) 440.

⑦ 第 1 条 c 项和第 2 条第 3 款。

⑧ Convention of the International Commission for the Protection of the Elbe (Magdeburg, 8 October 1990).

⑨ (Ottawa, 22 November 1978), 30 *UST* 1383; *TIAS* No. 9257. Reprinted in *Canadian Treaty Series* No. 20.

⑩ 关于五大湖的一般情况，参见 R. B. Bilder, “Controlling Great Lakes Pollution: A Study in U.S.-Canadian Environmental Cooperation”, in J. L. Hargrove (ed.), *Law, Institutions and*

第 1 条界定了该协定的适用领域，即“大湖生态系统”为“在流域内作为组成部分相互作用的空气、土地、水和包括人类在内的生物”。1995 年《湄公河协定》要求各方全面保护湄公河流域的环境、自然资源、水生生物和生态平衡，避免或最大限度地减少有害影响①。

有趣的是，发展中国家通过的区域性水资源条约已经展示对生态系统方法最早的和最积极的支持②。例如，由阿根廷、玻利维亚、巴西、巴拉圭和乌拉圭缔结的 1969 年《普拉特河条约》③第 1 条规定其目的之一在于保护和发展流域内的动物和植物。1975 年的《乌拉圭河流规约》第 36 条要求阿根廷和乌拉圭通过根据该协定成立的委员会进行合作，“采用适当的措施防止生态平衡的改变、控制河流和汇水区的杂质和其他有害要素”④。1978 年《亚马逊河合作条约》⑤的第 1 条要求各国⑥承担亚马逊地区环境保护和自然资源合理利用与养护的义务。第 6 条承认利用这一地区动植物的需要，但同时要求合理利用以确保生态平衡和物种保护。在 1989 年，各方进一步制定了《亚马逊河宣言》⑦表达对新创建的“亚马逊河环境特别委员会”以及亚马逊河环境保护联合行动的支持。事实上，值得一提的是，在一种国际制度下采用生态系统的方法

---

the Global Environment (Oceana, New York, 1972) 294; T. E. Colborn et al., *Great Lakes, Great Legacy?* (Conservation Foundation, Washington DC, 1990).

① Agreement on Co-operation for Sustainable Development of the Mekong River Basin, Articles 3 and 7 (Chiang Rai, 5 April 1995), printed in (1995) 34 *ILM* 864. 例如，第 7 条规定，各缔约国同意：

“尽最大努力避免、最小化和减轻由于湄公河流域水资源的开发、利用或废水排放及回流对环境可能发生的有害影响，尤其是对水量和水质、水生物的（生态系统）状况及河流系统的生态平衡的影响。”

② 详见 C. O. Okidi 文，第229页注②，第 164~169 页。

③ Treaty for the River Plate (Brasilia, 23 April 1969), printed in (1969) 8 *ILM* 905.

④ Uruguay Ministry for External Relations, *Actos Internacionales Uruguay-Argentina 1830-1980* (Montevideo, 1981), at 593, 转引自 S. McCaffrey 书，第283页注③，第 390 页。

⑤（巴西利亚，1978 年 7 月 3 日），（1978）17 *ILM* 1045.

⑥ 玻利维亚、巴西、哥伦比亚、厄瓜多尔、圭亚那、秘鲁、苏里南和委内瑞拉。

⑦ (1989) 28 *ILM* 1303.

来保护国际水道系统，易于提高这一制度的集体利益维度，从而鼓励为联合或共同管理水道来建立正式的机制①。《塞内加尔河规约》②第2条要求各国③就塞内加尔流域资源的合理管理进行合作，同时第4条要求他们实施的项目尤其应当保持流域内水质和动植物的生物特性。1980年《创建尼日尔河流域管理局公约》的第4条第2款c项要求各缔约国④通过建立能应用于预防和减少水污染、保护人类以及动植物健康的规范和保障措施来保护环境。根据1987年《赞比西河协定》⑤制定的《行动计划》，对动植物物种的保护规定在《工作方案》的第6条c项，它特别强调保护和提高水生态系统的再生能力。这项义务进一步在《工作方案》第18条和第19条得到发展，第18项要求各国⑥实施生物资源保护规划，第19条要求根除或预防有害的外来物种的传播。这项协定还进一步关注了与自身相关的陆源海洋污染问题，呼吁发展和制定区域公约来保护、管理和发展河流流域资源以及与流域相关的海岸和海洋环境。此外，支持生态系统方式的非洲条约还包括1977年《建立管理和发展喀格拉河流域组织的协定》⑦、1978年《有关冈比亚河地位的公约》⑧以及1989年《高地水利工程条约》⑨。更广

① 例如，参见M. Kroes文，第288页注④，第91页；他观察到，通过这样的义务，国家承认保护和保存生态系统是一个共同的目标。国家如果没有追求全球公共利益的共识，他们不会采取实现目标的有效措施。

② W. E. Burhenne (ed.), *International Environmental Law: Multilateral Treaties* (IUCN, Bonn, 1974) 972:19/1.

③ 塞内加尔、马里、毛里塔尼亚。

④ 贝宁、喀麦隆、科特迪瓦、几内亚、上沃尔特、马里、尼日尔、尼日利亚和乍得。

⑤ Agreement on the Action Plan for the Environmentally Sound Management of the Common Zambezi River System (1987) 27 *ILM* 1109.

⑥ 博茨瓦纳、莫桑比克、坦桑尼亚、赞比亚和津巴布韦。

⑦ 由布隆迪、卢旺达、坦桑尼亚和乌干达签订。详见 C. O. Okidi, *Development and the Environment in the Kagera Basin Under the Rusomo Treaty* (University of Nairobi, Institute for Development Studies, Discussion Paper No. 284, 1986).

⑧ Article 4, *Africa Treaties*, No. 10, at 39, (Kaolack, 30 June 1978)，由冈比亚、几内亚和塞内加尔签订。

⑨ 由莱索托和南非签订。

泛地，非洲统一组织（OAU）已经在阐释地区性环境公约中倾向于支持生态系统方法。1968年《非洲自然和自然资源保护公约》[①]的第5条要求缔约国管理他们的水资源，以维护最高水平的水量和水质，而且还要制定和实施维护水关键生态过程的政策。而且，被51个非洲统一组织成员国批准的1991年《建立非洲经济共同体条约》[②]明确地要求成员国在“河流、湖泊流域发展”[③]和“海洋与渔业资源发展和保护”[④]问题上进行合作。然而，Okidi认为第46条第2款d项可能更直接地规定了对动植物物种的保护和对外来物种或新物种引进的预防，该条要求成员国在动植物保护领域相互合作[⑤]。1995年《南部非洲发展共同体共享水道体系议定书》[⑥]的最初版本中已经规定成员国应“在资源发展和环境保护与改善之间要保持平衡以推动可持续发展”[⑦]，且应“预防对生态系统产生不利影响的外来物种进入共享水道系统”[⑧]以及“维持和保护共享水道系统以防止污染和环境退化”。[⑨]不过，2000年修订的《共享水道议定书》主要遵从了1997年《联合国水道公约》[⑩]所适用的方法，或多或少地复制了其关于污染和生态系统保护的条款。[⑪]

采用生态系统方法保护国际水道的核心是建立“环境流量”（environmental flows）制度，该制度“越来越被认为是实现综合水资

---

① (Algiers, 15 September 1968), (1968) 1001 *UNTS* 4.

② (Abuja, 3 June 1991), printed in 30 *ILM* (1991) 1241.

③ 同上，第46条第2款b项。

④ 同上，第46条第2款c项。

⑤ 第237页注②，第169页。

⑥ (28 August 1995), text in FAO, *Treaties Concerning the Non-Navigational Uses of International Watercourses: Africa* (FAO Legislative Study 61, 1997), at 146.

⑦ 同上，第2条第3款。

⑧ 同上，第2条第11款。

⑨ 同上，第2条第12款。

⑩ 第223页注①。

⑪ Revised Protocol on Shared Watercourses in the Southern African Development Community (Windhoek, 7 August 2000), Article 4(2).

源管理（IWRM）[①]和解决河流健康、可持续发展以及利用者之间利益分享的必要组成部分”[②]。世界自然保护同盟（IUCN）已经将“环境流量”定义为“在一个河流、湿地或海岸区域内提供的一种维持生态系统及其惠益的水制度，上述水体中存在竞争的用途、各种流量被规制”[③]。世界自然保护联盟的指导文件进一步解释道，“环境流量的目标是在质和量以及时间方面提供充分供应的流量制度，以维持河流和整个河流体系的健康”，同时，该文件也强调了社会和经济因素的重要性[④]。世界银行将环境流量概念界定为“为了维持生态系统的状况而留存在河流生态系统中的水或者是排放到河流生态系统中的水”，尽管世界银行对其的完整定义也包括了社会、经济以及环境方面的因素[⑤]。因此，在建立环境流量制度中涉及的问题复杂性本身就意味着需要一个精密的制度机制。Scanlon 和 Iza 认为，尽管公约文件一般不会直接提出可持续河流体系的环境流量概念，但是，对该概念的认可可以从相关规定以及“非河流”条约[⑥]和不具

---

① “全球水伙伴关系组织”将综合水资源管理界定为：

“促进水、土地和相关问题的协调发展与管理，以便在不危害重要生态系统的可持续性的前提下，以一种公正合理的方式使经济和社会福利产生最大化的效果。”

参见 Global Water Partnership, *IWRM, Technical Paper No.4*, available online at www.gwpforum.org/gwp/library/TACN04.pdf.

② J. Scanlon and A. Iza, “International Legal Foundations for Environmental Flows” (2003) 14 *Yearbook of International Environmental Law*, 81, at 83.

③ M. Dyson, G. Bergkamp and J. Scanlon (eds), *Flow: The Essentials of Environmental Flows* (IUCN), at 3, available online at www.iucn.org/themes/law.

④ 同上，第 5 页，其接着解释道：

“对一条特定的河流来说，其流量的合适程度将因此决定于将被管理的河流系统的价值。那些价值将决定如何平衡对河流水的环境的、经济的和社会的需求和使用。”

⑤ World Bank, *Environmental Flows: Concepts and Methods*, Water Resources and Environment Technical Note C.1 (2003). See Scanlon and Iza, 本页注 ②, at 84.

⑥ Including, *inter alia*, the 1971 Convention on Wetlands of International Importance Especially as Waterfowl Habitats (Ramsar, 2 February 1971), 996 *UNTS* 245, Article 3(1); the 1992 Convention on Biological Diversity, Articles 5, 6, 8 and 14; the 1979 Convention on the Conservation of Migratory Species of Wild Animals (23 June 1979) (1980) 19 *ILM* 15, Articles I(1) and V(2); the 1972 Convention Concerning the Protection of the World Cultural and Natural Heritage (16 November 1972), (1972) 11 *ILM* 1358; the 2003 revised African Convention on

有约束力的文件①中获得②。然而，许多被援引的条款更多地支持采取生态系统的方法而不是具体的环境流量制度。尽管很少有人认为制定环境流量条款是一般国际法或者国际习惯法的明确要求，但1998年被纳入国际法协会《国际水资源规则》中的一项条款阐明了该规则可能的要求：

“流域国应当根据公平利用原则独立地或者在适当时与其他流域国合作，采取所有合理的措施确保河流流量充足以保护国际水道（包括河口地区）的生物、化学和物理的完整性。”③

国际法协会的2004年《柏林规则》④，更新和替代了国际法协会1966年《赫尔辛基规则》，它将“生态完整性”确立为保护水环境的习惯法要求的核心，该概念被界定为“水和其他资源的自然状态足以确保水生环境生物的、化学的和物理的完整性”⑤。第22条规定：“国家应当采取一切适当的措施保护对于保持依赖于特定水域的生态系统所必要的生态完整性”，此条被评

---

the Conservation of Nature and Natural Resources (Maputo, 11 July 2003), reprinted online at www.iucn.org/themes/law, Article VII; and the 1985 ASEAN Agreement on the Conservation of Nature and Natural Resources (Kuala Lumpur, 9 July 1985), Article 8.

① Including, *inter alia*, Agenda 21, *Report of the United Nations Conference on Environment and Development*, UN Doc. A/CONF.151/26, Annex 2 (1992); the draft IUCN Covenant on Environment and Development, Environmental Policy and Law Paper No. 31 Rev (2000), Articles 19 and 20; and the Johannesburg Plan of Implementation of the World Summit on Sustainable Development, *Report of the World Summit on Sustainable Development*, UN Doc. A/CONF.199/20 (2002), para. 25(c).

② Scanlon和Iza文，第341页注②，第85~99页。

③ 国际法委员会《国际水资源规则之Campione汇编》第10条，包括1966年至1999年间制定的规则。参见Article 10 of the Campione Consolidation of the ILA Rules on International Water Resources, comprising the rules adopted between 1966 and 1999. See ILA, *Rules on Water Resources* (London, 2000), reprinted in ILA, *Report of the Seventy-First Conference* (2003).

④ 第257页注①。

⑤ 第3条第6款。

注为“流域各国在利用水上对环境最基本的义务”[①]。第22条的评注进一步解释，“如果没有对于生态完整性的承诺，可持续发展是不可能的”，并且信心十足地说，“此条规定的义务不仅是最近被国际和国内法律所承认，并且迅速获得了普遍接受”[②]。

《柏林规则》第五章“水环境保护”包含了进一步支持有关“生态流量”和“外来物种”的条款。第24条规定：“各国应当采取一切适当措施，确保流量充足以保护一个流域（包括河口水域）水的生态完整性。”对第24条的评注意见指出，“保护最小流量的义务正在获得国际法的认可”，“该条表明了为保存水环境生态完整性所需要的控制标准”[③]。第25条规定：

> “各国应当采取一切适当措施，防止有意或者过失引进外来物种进入水环境，如果此物种对于依赖于特定水资源的生态环境可能产生重大的不利影响。”

评注意见指出，“引进外来物种是对于生态系统中的生物完整性最具破坏力的行为”，明确地把这条规定与风险预防方法联系起来，并加以解释说，“风险预防原则要求一般不允许对这一禁止性规则的例外”[④]。它指出，第25条“比《联合国水道公约》走的更远，不仅在于它不要求证明对于其他流域国造成重大危害的威胁”，而且在于——不同于1997年公约——此条规定“没有提及转基因生物体”[⑤]。此外，对于第22条的评注意见明确指出，由于这些义务“要求各国采取‘一切适当的措施’，来保护依赖于该水体的生物群落的生态完整性”，它们使用了审慎注意的标准，认识到“影响水域的人类活动的必要性排除了生态完整性的绝对标

---

① 第257页注①，第27页。

② 同上，第27~28页；转引自A. Utton and J. Utton, “The International Law of Minimum Stream Flows” (1999) 10 *Colorado Journal of International Environmental Law and Policy*, 7.

③ 同上，第29页。

④ 同上。

⑤ 同上。

准"[①]。

一般来说，科罗拉多河及其所引起的科罗拉多三角洲的生态系统的恶化，可能是证明生态系统保护必要性最好的例证。由于科罗拉多河水的过度分配，流入三角洲的淡水流量在20世纪里减少了75%，这造成了三角洲的湿地较之从前减少5%[②]。三角洲目前的生态特点是滩涂干燥、植被损害和物种濒危。利益相关者现在建议为1944年美国和墨西哥之间关于分配河水的条约增加生态性内容[③]，这将会明显为保护三角洲而增加水资源分配[④]。

广义的生态系统方法亦得到了国际组织和编纂机构的不同程度宣言和决议支持，这包括若干联合国水与环境系列会议[⑤]、世界环境与发展委员会（WCED）的环境法专家组[⑥]、可持续发展委员会[⑦]和国际法协会[⑧]。1982年，联合国环境规划署指出，从1972年到1982年期间，"通过将河流流域视为一个整体的方式来更好地管理水资源的必要性，得到了不断的认可"[⑨]，在1991年经济合作与发展

① 同上，第28页。

② 详见 D. F. Luecke et al., *A Delta Once More: Restoring Riparian and Wetland Habitat in the Colorado Delta* (Environmental Defence Fund, Boulder, CO, 1999), at 4.

③ Treaty Relating to the Utilization of the Waters of the Colorado and Tijuana Rivers and of the Rio Grande (Washington, 3 February 1944), 3 *UNTS* 314.

④ See generally, R. E. Verner, "Short Term Solutions, Interim Surplus Guidelines, and the Future of the Colorado River Delta" (2003) 14:2 *Colorado Journal of International Environmental Law and Policy*, 241.

⑤ See, for example, *Report of the United Nations Water Conference, Mar del Plata*, 14-25 March 1977, UN Doc. E/CONF.70/29; *Dublin Statement on Water and Sustainable Development*, reprinted in (1992) 22 *Environmental Policy and Law*, 54.

⑥ 例如第3条和相关的评论将生态系统界定为：植物、动物、微生物与构成他们环境的非生命组成部分构成的一个体系。第239页注⑦，第45~54页。

⑦ See Commission on Sustainable Development, *Review of Sectoral Clusters: Freshwater Resources,* Report to the Secretary-General, UN Doc. E/CN.17/1994, reported in (1994) 24 *Environmental Policy and Law*, 212.

⑧ See the ILA Draft Articles on the Relationship Between Water, Other Natural Resources and the Environment, *Report of the Fifty-Ninth Conference* (1980) 374.

⑨ M. Holdgate, M. Kassas and G. White (eds) *The World Environment 1972-1982: A Report by the United Nations Environment Programme* (UNEP, 1982), at 124.

组织指出对国际航道生态系统管理的需求日益提高[①]。联合国中期计划（1992~1997 年）明确承认社会经济发展活动对国际水道生态系统的威胁，其指出：

“随着经济社会的不断发展，淡水生态系统与人类活动之间的相互作用关系越来越复杂和不可调和。流域开发活动也会带来负面影响，导致不可持续的发展，当这些水资源由两个或更多的国家共享时更是如此。”[②]

《21 世纪议程》第 18 章明确地采用了生态系统方法，并宣称其一般宗旨为：

“确使地球上的全体人口都获有足够的良质水供应，同时维护生态系统的水文、生物和化学功能，在大自然承载能力的限度内调整人类活动”[③]

第 18 章继续解释生态系统方法对水资源综合管理的意义以及对淡水资源的质量和供应进行有效保护的意义：

“水资源综合管理的依据构想是，水是生态系统的组成部分，水是一种自然资源，也是一种社会物品和有价物品，水资源的数量和质量决定了它的用途性质。为此目的，考虑到水生生态系统的运行和水资源的持续性，必须予以保护，以便满足和调和人类活动对水的需求。在开发和利用水资源时，必须优先满足基本需要和保护生态系统。”[④]

Tanzi 和 Arcari 指出，《21 世纪议程》尽管没有约束力，但有超过 180 个国家参与里约进程的国家接受了这一文件，它可能在

① OECD, *The State of the Environment* (OECD, 1991), at 69.

② Medium-term plan for the period 1992–1997, UN GAOR, 47th Sess., Supp. No. 6, UN Doc. A/47/6/Rev.1, vol. I, major programme IV, International economic cooperation for development, Programme 16 (Environment), at 221, para. 16.25, cited in McCaffrey, *supra*, n. 4 at p.283, at 388.

③ Agenda 21, Chapter 18, para. 18.2, UN Doc. A/CONF.151/26 (Vol. I), at 167.

④ 同上，第 18.8 段，第 168 页（重点强调）。

进一步阐释可持续发展这一关键理念中“对于重新理解水道利用和管理的有关问题”产生影响①。事实上，在水资源的语境下考虑生态系统概念的范围后，应该注意，在联合国环境与发展会议的过程中，会议秘书长就此主题准备了一份特别报告并被临时纳入到《21世纪议程》之中②，他在其中强调了淡水资源与其他问题之间的联系。同一份报告稍早时期的版本指出：

“河流水、湖泊水和地下水与其他环境因素的接触是永久性的，它们被用于各种各样的人类活动中，其中许多活动可能会因为没有足够数量和质量的供水而无法开展。但是，反过来说，这些活动产生污染，这导致了严重的自然生态系统退化。”③

这个报告特别强调了七个跨部门的问题：水和农业的关系，森林减少，能源发展中水的利用，居民区的供水，工业耗水，大气和水生环境之间的紧密联系，与水媒传染病相关的对人类健康的影响。④

1997年《联合国公约》⑤第20条和第22条特别规定了对水道生态系统的保护和保存。然而，在其中纳入“生态系统”一词，反映了该条款草案细化过程的最新发展，它源于国际法委员会

---

① 第341页注②，第10页。McCaffrey进一步指出，1997年《联合国水道公约》，通过第20~23条认可了生态系统方法，该公约虽然还没有生效，在一项大会决议中以103票赞同、3票反对、27票弃权的绝对多数通过了联合国大会的决议。参见S. C. McCaffrey书，第283页注④，第390页。

② *Protection of the Quality and Supply of Freshwater Resources: Application of Integrated Approaches to the Development, Management and Use of Water Resources: Options for Agenda 21*, UN GAOR Preparatory Committee for the UN Conference on Environment and Development, 3rd Sess., UN Doc. A/CONF.151/PC/42/Add.7 (1991).

③ *Protection of the Quality and Supply of Freshwater Resources: Application of Integrated Approaches to the Development, Management and Use of Water Resources*, UN GAOR Preparatory Committee for the UN Conference on Environment and Development, 2nd Sess., UN Doc. A/CONF.151/PC/32 (1991), para. 42.

④ 同上，第5段a~g项。

⑤ 第223页注①。

1988年的讨论，当时有人建议，该条款草案应该在未来的引导性条款中加入“国际环境水道”的明确定义，以便能够清晰地涵盖国际水道的生态或者生态系统①。同时，第23条规定，水道所属国采取措施保护和保存“海洋环境”，从而以一种与广泛的生态系统方法相一致的方式将利用和保护水道与保护海洋环境连接起来。

第20条规定：“水道国应单独地和在适当情况下共同地保护和保全国际水道的生态系统。”国际法委员会在对1994年《条款草案》的评注意见中解释说：

> “……保护国际水道的生态系统的义务，是对包含在第5条中的要求的具体适用，第5条规定，水道国在利用和开发国际水道时，应着眼于与充分保护该水道相一致。”②

评注意见将“生态系统”这个术语界定为是“一个由相互依存和作为一个共同体发挥功能的、生物和非生物部分组成的生态单元”③。这进一步表明，第20条规定“提供了可持续发展的关键基础”④。由于生态系统方法的规范法律地位已获得广泛的支持，国际法委员会得出结论认为：“在国家实践和国际组织的工作中，已存在与第20条规定义务相关的充足先例”⑤，并举出了几个最典型

---

① *Report of the International Law Commission on the Work of its Fortieth Session, Yearbook of the International Law Commission* (1988), para. 2. 详见Nanda文，第251页注④，第177页。

② *Report of the International Law Commission of its Forty-Ninth Session* (1994), UN Doc. GAOR A/49/10/1994, 195, at 282 (hereinafter *ILC Report* (1994)). See also, ILA, II *Yearbook of the International Law Commission* (1994), Part 2, at 119. See further, *Report of the International Law Commission* (1990), GAOR, A/45/10/1990, at 147 and 169. 参加Birnie和Boyle书，第336页注④，第313页。

③ *ILC Report* (1994), at 280~281. 它也赞同欧洲经济委员会在这个问题上的报告，报告认为：“生态系统通常被界定为一个自然的空间单元，其中有生命的组织体与无生命的组织体相互适应而互动”；参见*Ecosystems approach to water management* (ENVWA/WP.3/R.7/Rev.1, para. 9, at 3)，引自上注，第281页。

④ 同上，第282页。

⑤ 同上，第283页。

的例证[①]。委员会的评论指出，保存的义务特别适用于“处于原始或未受污染条件下的淡水生态系统”，必须将它“尽可能保持在自然状态”[②]，对此，Birnie 和 Boyle 指出：“这种保存主义者的解释，不仅远远超出了任何公平平衡的概念，而且不符合国际法院在‘加布奇科沃—大毛罗斯大坝案’中对曾经原始的多瑙河的可持续发展采取的谨慎路径。”[③]然而，还应当指出的是，在国际水道的语境下，法院似乎已经含蓄地将具有潜在深远影响的风险预防原则与生态系统方式联系起来：

“法院考虑到，在环境保护领域，必须要求做到警惕和预防，因为对环境的损害往往具有不可逆转的特性，而且对这一类型的损害修复机制具有固有的局限性。”[④]

国际法委员会明确了两个概念的联系，并指出，“保护国际水道生态系统的义务是对采取预防行为原则的一般适用”[⑤]，随后进一步提及“第 20 条所体现的风险预防行动原则。”[⑥]似乎是无可争议的是，第 20 条中所规定义务的功能是适用风险预防原则，因此要求各国采取预防措施应对水道生态系统的严重威胁或者不可逆转的损害，即使是缺乏这种损害的可能性或必然性的科学证据[⑦]。考虑到关于生态系统的运转、损害和修复的过程产生的复杂的科学、由此导致的科学不确定性，这样的规定是很合适的。

国际法委员会评注意见中“生态系统”的定义似乎与《公约》第 21 条中采用的“环境”的概念相一致，根据委员会的说法，该概念它包括“依赖水道的动植物”[⑧]，“因此比作为第 20 条主题的国

① 同上，第 284~289 页。

② 同上，第 282 页。

③ 第232页注 ③，第 313 页。

④ 第234页注 ⑥，第 140 段，第 78 页。

⑤ *ILC* Report (1994), at 282.

⑥ 同上，第 287 页。

⑦ 关于预防原则的概述，参见310页注 ③ 所引用的文献。

⑧ *ILC Report* (1994), at 293.

际水道的‘生态系统’的内涵更为宽广”①。然而，尽管委员会论证了第20条适用于水道的“生态系统”而不是水道“环境”，因为后者可能还潜在地包括周围的陆地区域②，因此认为“生态系统”这个概念并不旨在覆盖水道自身以外的区域，但Birnie和Boyle认为：

“值得怀疑的是，委员会细心选择的术语是否真正有意义地界定了这一义务所包含的潜在的范围。任何试图保护一条河流的‘生态系统’的努力都不可避免地会影响到它周围的陆地区域或它们的‘环境’。”③

广义上的“生态系统”不仅包含着水里或水边的植物和动物，还包含着那些在集水区内能够影响到或者它们的退化能够影响到水道的自然特征④。McCaffrey进而引用那些能够产生这样的影响的放牧或者伐木行为的例证⑤。因此，尽管《联合国水道条约》否定了更宽泛的“国际流域”的概念而支持更严格的“国际水道”的概念⑥，但至少在环境保护和自然保护方面，生态系统方法可能允许将公约条款应用于规制包括沿岸国和非沿岸国在内的更广泛的领域内发生的大量活动。人们采用生态系统概念的目的是为了限制条约的适用范围，这在某种程度上比较讽刺。根据国际法委员会的报告：

“这些义务与‘国际水道生态系统’有关，委员会采用这一表

① 同上，第294页。

② 同上，第280页。

③ 第232页注③，第314页。

④ McCaffrey书，第283页注④，第393页。

⑤ 同上。关于水道与森林关系的描述，参见N. Bankes, “International Watercourse Law and Forests”, in Canadian Council of International Law, *Global Forests and International Environmental Law* (CCIL, 1996) 137.

⑥ See, in particular, J. Bruhacs, “The Problem of the Definition of an International Watercourse”, in H. Bokor-Szego (ed.), *Questions of International Law* (Sijthoff & Noordhoff and Academiai Kiado, Budapest, 1986), Vol. 3, at 70. 亦可参见Tanzi和Arcari书，第355页注⑤，第56~68页；McCaffrey书，同上第22~55页。

达是因为它比水道“环境”的概念更精确。后者可以在相当宽泛的意义上被解释，适用于那些对河道的保护和维护只有很小影响的河道‘周围’区域。”①

Tanzi 和 Arcari 指出：

“由于生态系统的概念包含了植物、动物以及他们所赖以生存的地理环境（包括陆地区域）之间动态的互动关系，就保护国际水道的义务而言，人们不能抛弃这个概念中先验的领土意义。”②

他们接着得出结论：

“如果对生态系统范围的评估包含着由外部原因引起的其组成部分之间的物理反应，那么生态系统的范围就必然包括那些利用过程中会或多或少的直接影响到水道的陆地区域。”③

同样的，Sohn 在评论国际法委员会《条款草案》中采用这一概念的领土意义时，令人信服地指出“水道生态系统会被陆地上活动所影响，不仅是那些直接相邻的陆地，还经常包括那些离河谷或者临近的山脉很远的地方”④。事实上，对生态系统领土意义的关注看起来好像已经落在了中国的后面，中国在联合国大会公约工作组审议期间就提议用“生态平衡”的概念代替“生态系统”的概念，这一提议得到了很多代表的支持⑤。

当然，一个综合性的生态系统方法对国际水道的水和纯粹的内水都能够产生保护义务。换句话说，这一概念可能用于保护一个水道国自己的生态系统，而不用考虑任何明显的跨界影响。尽

① *ILC Report* (1994), at 280.

② 第355页注⑤，第240页。

③ 同上，第 240~241 页。

④ L. B. Sohn, “Commentary: Articles 20-25 and 29” (1992) 3 *Colorado Journal of International Environmental Law and Policy*, 215, at 216.

⑤ 支持这一建议的代表团有：俄罗斯、西班牙、土耳其、泰国、苏丹、埃塞俄比亚、马来西亚、哥伦比亚、黎巴嫩、瑞士和卢旺达。详见 Tanzi 和 Arcari 文，第355页注⑤，第 241 页。

管第21条、第22条和第23条很明显是关于对其他国家或者海洋环境造成的损害的，并且这三条被普遍认为是将现存的国际习惯法进行成文化，但第20条肯定能够被理解为对水道国在保护其他水道国以及自己的生态系统施加了义务。有意思的是，1997年《联合国水道条约》第20条完全没有提到跨界影响。事实上，从国际法委员会的评注意见中我们可以看出，委员会认为对水道生态系统的保护是对保护国际水道生态系统这一更一般的义务的一种具体实施，无论其是否有跨界影响①。因此，一个国家可以在任何跨界危害被察觉或发生之前就主张这一责任，所以生态系统的概念天生就具有风险预防的性质，并且能够在有害行为导致生态平衡无法恢复之前、促使采取预防行动。McCaffrey 指出，已经有被广泛接受的国际文件“对河道生态系统的保护做出了贡献，尽管他们本身并不涉及国际水道”，这些文件包括规定了国家生态义务的1971年《拉姆萨尔公约》②，这一义务对国际水道和非国际水道都产生了影响以及1992年《联合国生物多样性公约》③。McCaffrey 认为，“随着对不同物种和自然系统的相互作用的理解日益增加，似乎不可避免的是：国家会在其实践中认识到水道生态系统理念和因此而产生的法律保护的扩展”。④这些考虑被大量的水道条约所承认，其中包括1990年《易北河公约》⑤和1999年《莱茵河公约》⑥。同样，与陆源海洋污染相关的各区域性条约也趋向于对非国际水道提供同样的生态系统保护⑦。此外，Fuentes 指出：

“诉诸于可持续发展理念，可能会促使把利用国际水道对国家

① See *ILC Report* (1994), at 280；其中指出“第20条通过规定保护和保存国际水道生态系统的一般义务而引入了条款草案的第五部分”。

② Convention on Wetlands of International Importance Especially as Waterfowl Habitats (Ramsar, 2 February 1971), printed in (1972) 11 *ILM* 969.

③ 第237页注⑥。

④ 第283页注④，第393页。

⑤ 第337页注⑧，第1条第2款。

⑥ 第337页注③，第3条第1款。

⑦ 详见 Birnie 和 Boyle 文，第232页注③，第315页。

环境的影响作为公平利用原则应用中应该考虑的一种相关因素。”[1]

生态系统方法对国际水道区域内的沿岸国和非沿岸国——这些国家可能导致对水道生态系统的不利影响，反之也会受其影响——也是有意义的，并为其创设了相关权利和义务。如果是这样的话，这些非沿岸国将会享有生态保护的利益，其可能涉及对海洋环境或生物多样性的保护，对更广泛的生态系统完整性的保护或区域气候的维护，而且他们采取行动的权利不是由领土利益的冲突而引发，而是由并不直接根源于领土完整性的生态利益的冲突而引发。这很容易存在争议，比如，一种借道很多国家的领土进行迁徙的水禽物种，虽然通过水道只有很短的时间，但实际上也是水道生态系统的一部分。1992 年《赫尔辛基公约》却分“缔约国”与“沿岸缔约国”的权利和义务的原理正在于此[2]。

第 20 条规定的义务具有前瞻性，各国要“保护和保存”水道生态系统，这意味着他们无论如何都必须保持目前的状况。国际法委员会的评注意见指出，“保护”的义务“要求水道国保护国际水道的生态系统免遭损害或破坏”，这“包括有责任保护那些生态系统免遭重大的损害威胁”，而保存的义务特别适用于“处于原始或未受破坏状态下的淡水生态系统”，必须将其“尽可能保持在自然状态”[3]。因此，就由于水土流失正处于退化状况的国际水道生态系统而言，乍看起来似乎没有行动的义务。第 21 条中规定的一些积极义务似乎不太适用于整治现有的生态环境的退化，如果退化不是由该条定义的污染活动造成[4]。但是，在回应大多数代表团

---

① X. Fuentes 文，第 241 页注 ⑦，第 177 页。

② 第 272 页注 ④，第 2~8 条和第 9~16 条。

③ *ILC Report* (1994), at 282.

④ 1997 年《联合国水道公约》第 21 条第 1 款规定：

“为本条的目的，‘国际水道污染’是指人的行为直接或间接引起国际水道中的水在成分或质量上的任何有害变化。”

与水道生态系统恢复有关的一般情况，参见 L. A. Teclaff and E. Teclaff, “Restoring River and Lake Basin Ecosystems” (1994) 34:4 *Natural Resources Journal*, 907.

在大会工作组审议期间对第 20 条进行修改的提案以明确地增加恢复退化的河流生态系统的义务时①，工作组的专家顾问解释说，生态系统的恢复和再生“已被第 21 条所涵盖，该条提到的预防、减少和控制污染是指恢复原状（*status quo ante*）”②。然而，Nanda 认为，无论第 20 条的适用是否要求恢复生态系统，很有可能“将水道国的注意力转向生态系统退化的更宽泛的原因”，比如造成滥伐森林并导致水土流失的贫困和人口增长问题③。此外，尽管第20条及其评注意见都没有提及关于改变水道水量的影响，但很显然在国际水道筑坝或调水所导致的后果“都需要被仔细研究，因为第20条规定了保护和保存国际水道生态系统的义务”④。这也被经合组织的建议所支持，即“对水质和水量的定量关系的彻底评估必须在管理决策之前做出。”⑤

这似乎可以合理地推出，根据第 20 条保护水道生态系统的义务是一项“审慎注意”义务，而不是各国只能有限进行抗辩的“严格”义务⑥。事实上，在其对第21条的评注意见里，国际法委员会是这样阐明的，“认同第 20 条项下‘保护’生态系统的义务”第 21 条项下防止重大污染损害的义务“包括行使谨慎注意以防止此类损害的威胁的义务。”⑦因此，第 20 条要求所有会对水道生态系统产生潜在影响的国家，包括作为 1997 年《公约》缔约国的非水道沿岸国，采取一切适当的措施来保护和保存水道生态系统。这一被国家寄予厚望的标准将会体现为“在这一地区相关国家之间或

① 例如，参见荷兰的提案，UN Doc. A/C.6/51/NUW/WG/CRP.50 (1997).

② UN Doc. A/C.6/51/SR.21 (1996), para. 59, at 12. 亦可参见 Bankes 文，第349页注⑥，第 184 页。并可参见 Tanzi 和 Arcari 文，第355页注⑤，第 245~246 页。

③ 第251页注④，第 183~184 页。

④ 同上，第 184~185 页。

⑤ 第345页注②，第 65 页。

⑥ 参见 McCaffrey 书，第283页注④，第 394~395 页；Tanzi 和 Arcari 文，第335页注⑤，第 246 页。

⑦ *ILC Report* (1994), at 291~292.

发展水平较接近的国家之间中可能适用的标准和做法。"[①] 事实上，由于风险预防原则的不断演进，该国家行为标准可能会被解读为要求确立"水道保护的整体方案，该方案应该是主动性的、预防性的，而不是被动性、补救性的。"[②] 该义务的风险预防性质会给国家施加严格的、主动的责任；值得注意的是，国际法委员会起草委员主席在1990年的声明中强调，删掉条款草案第20条关于各国"采取一切合理措施"义务的规定，是为了加强保护义务[③]。McCaffrey注意到："这一积极的保护义务比'无明显损害规则'更深入了一步，因为它要求纵使没有对其他国家造成污染危害的时候，也要采取更积极的措施。"[④]

另外，尽管在第20条中没有明确的指出，对于水道生态系统的保护义务是否如同水道利用的其他环境义务一样，要受公平平衡的约束，但是看来它应该根据《公约》的一般原则来进行解释。国际法委员会把包含于第20条中的义务与《公约》第5条规定的、占主导地位的公平利用原则[⑤] 明确挂钩，并说明这是"对第5条要求的一种具体应用，该条要求水道国家应以与充分保护的水平相一致的方式利用和发展国际水道"[⑥]。更进一步地说，生态系统方法已经与公平利用理念的核心——可持续发展概念紧密相连。一

---

① McCaffrey书，第283页注④，第395页。McCaffrey似乎在这里暗示在判断审慎注意相关标准时共同但有区别责任具有潜在重要性。

② 同上。

③ *ILC Yearbook* (1990), at 281.

④ S. McCaffrey, "The Law of International Watercourses: Some Recent Developments and Unanswered Questions" (1989) 17 *Denver Journal of International Law and Policy*, 505,514.

⑤ 尽管一定程度上特点不太鲜明，因此很难下定义，但Birnie和Boyle（第232页注③，第302~303页）将"公平利用"原则描述如下：

"公平利用以权利平等或主权分享为基础，且不应与平均划分相混淆。相反，它会总体上带来与各国的需要和利用相适应的利益的平衡……。什么是'公平和合理'的利用，无法进行精准的定义。正如在其他情况下……这个问题向来需要对相关因素（包括环境保护）的平衡，而且必须根据个案的具体情况予以回应。"

⑥ *ILC Report* (1994), at 282.

些重要的评论者曾指出，公平合理利用原则是1997年《公约》第5条和第6条所规定的国际水法基础性的实体性原则，“该原则规定——实际上是要求——国家应考虑与资源可持续发展相关的因素，从而为相关概念的实施构建法律框架”。① 在“加布奇科沃—大毛罗斯大坝案”② 中，笔者曾建议，在寻求两个原则协调的过程中，比较明智的做法是将“公平利用”理解为一个适用于国际水资源可持续发展的方式③。因此，尽管生态系统保护似乎从属于公平的平衡，它也可能具有一定的重要性，特别是第6条明确地列举了一些予以考量的因素，包括生态因素④、节约利用⑤、水道的潜在利用⑥，只得促进与可持续发展和生态系统保护相关目的的实现。国际法委员会声称：“保护和保存水生生态系统，有助于确保生命支持系统可持续的生存能力，从而为可持续发展提供基本的基础。”⑦ 事实上，一些评论者论断：“根据《公约》，生态系统保护是公平利用这一概念的题中之义”⑧。McCaffrey提出为了有效生态系统保护的目的而应“重新确定公平利用的导向”，更普遍地来说，“水资源短缺和环境保护深深促进了国际水道利用和管理法在实体和程序方面的双重变革”⑨。此外，Birnie和Boyle指出，尽管有关

① Wouters和Rieu-Clarke文，第287页注④，第283页。亦可参见Kroes文，第288页注④，他在第83页指出，可持续发展的概念和公平利用原则一定程度上是彼此相像的，因为二者都包括利益的平衡以及拥有相同的方法。

② 第234页注⑥。

③ McIntyre文，第285页注②，第88页。

④ 1997年《公约》，第6条a款。

⑤ 同上，第6条f款。

⑥ 同上，第6条e款。

⑦ *ILC Report* (1994), at 281-2.

⑧ Tanzi和Arcari书，第335页注⑤，第245页。亦可参见Brunnée和Toope文，第230页注①，第65页。

⑨ 第283页注④，第20页。亦可参见E. Hey, 'Sustainable Use of Shared Water Resources: The Need for a Paradigmatic Shift in International Watercourses Law', in G. Blake et al. (eds), *The Peaceful Management of Transboundary Resources (Graham & Trotman/Martinus Nijhoff, Dordrecht/Boston/London, 1995), 127, at 141~143; A. Nollkaemper, 'The Contribution of the International Law Commission to International Water Law:*

生态系统保护的传统义务中很少明确地提到要从属于公平的平衡，但是要求平衡经济和环境目标的可持续发展的首要目标已得到普遍公认，尤其是那些发展中国家所缔结的水道协定①。可列举的例证包括1995年的《湄公河条约》②和1995年的《共享水道议定书》③。事实上，国际法委员会对《条款草案》第20条的评注意见本身就规定，国家在采取行动保护和维护生态系统时：

"……这些行动要在公平的基础上采取。……当然，何为在公平基础上的行动是随着具体情况而改变的。纳入考虑的因素包括相关的水道国在多大程度上导致了这一问题以及它们将在多大程度上受益于这一问题的解决。"④

这一立场也为各种宣示性文件所支持⑤。

第22条是专门针对预防引进对生态系统有害的外来物种或新物种，根据国际法委员会的评论，这一条款是必要的，因为公约所采用的污染的概念并不包括生物学上的改变⑥。第22条规定：

"水道国应采取一切必要的措施，防止把可能对水道生态系统有不利影响从而对其他水道国造成重大损害的外来或新的物种引进国际水道。"

国际法委员会在《条款草案》的评注意见指出：

"将这些外来的或新的动植物物种引进到水道会扰乱水道的

Does it Reverse the Flight from Substance?' (1996) 27 Netherlands Yearbook of International Law, 39, at 67~69.

① 第232页注③，第315页。

② 第338页注①。

③ 第340页注⑥。

④ *ILC Report* (1994), at 282~283.

⑤ See, for example, the 1992 Dublin Statement on Water and Sustainable Development and the 1998 Declaration of the UN Conference on Water and Sustainable Development, UN Doc. E/CN.17/1998/16, Annex 9/4 (1998).

⑥ *ILC Report* (1994), at 297.

生态平衡，带来严重的问题，包括堵塞入水口和机械装置、破坏休闲娱乐、加速水体富营养化进程、破坏食物链网、导致其他珍贵物种的消亡以及传播疾病。外来物种和新物种一旦引入将极难根除。”①

有证据显示，在有关自然保护的国际环境文件中尝试控制引进这些物种的文件正在呈增长趋势。1976 年《南太平洋自然保护公约》② 和 1979 年《欧洲野生动物和自然栖息地保护公约》③ 都被世界环境和发展委员会（WCED）的专家组引用为这类文书的例证④。《联合国海洋法公约》⑤ 第 196 条是 1997 年《公约》第 22 条制定的基础，⑥ 该条规定，国家“各国应采取一切必要措施以防止、减少和控制……由于故意或偶然引进外来的或新物种致使……可能发生重大和有害的变化”。在其他的水道条约中几乎没有这种规定的先例，尽管修订后的 2000 年《共享水道议定书》中第 4 条第 2 款 c 项包含有一个相似的义务，它规定：

“缔约国应采取一切必要的措施，防止将可能会对水道的生态系统产生不利影响从而对其他水道国造成重大伤害的的外来的或新的物种引入到共享水道。”

第 22 条同时适用于有意或意外的物种引进。一位评论者指出，“这具有重要意义，因为一个生态系统的可持续性取决于其组成部分——包括植物和动物——之间的自然平衡”⑦。然而，为与 1997 年《公约》第 7 条中的一般规则保持一致，不利影响的门槛

① 同上。

② (Apia, 12 June 1976), reproduced in W. Burhenne, *International Environmental Legal Materials and Treaties*, 976:45.

③ (Berne, 19 September 1979), printed in (1982) *UKTS* 56.

④ 第 239 页注 ⑦，第 49 页。

⑤ 第 237 页注 ①。

⑥ 有关该条的背景，参见 Tanzi 和 Arcari 书，第 335 页注 ⑤，第 271~274 页。

⑦ Okidi 文，第 229 页注 ②，第 153 页。

被限定为“对其他水道国的重大损害”，而义务属于审慎注意义务，即要求每个水道国必须采取“一切合理预期的措施防止这些物种的引进”[①]。国际法委员会的评注意见解释，“‘物种’同时包括植物、动物和其他生物有机体”并且“还包括寄生虫和病媒”[②]。它进一步将“外来”（alien）一词定义为非本地物种，将“新”界定为包括通过生物工程产生或改变的物种，从而引发了水道国允许在水道附近种植和养殖农业或水产业转基因生物的议题[③]。

Okidi援引了世界自然保护同盟对维多利亚湖的报告，作为一个引进外来物种而带来潜在性问题的例证。该报告指出：

> “维多利亚湖是世界上鱼类多样性和本土性最丰富的湖泊之一，却没有进行任何保护。把尼罗河鲈鱼引入维多利亚湖，除了使当地的捕鱼量减少，还带来了严重的生态后果。在与坦桑尼亚和乌干达的合作中要求采取一些保护机制。”[④]

同样，在拟议的加里森大坝（Garrison Dam）工程——该工程计划从美国北达科他州的灌溉土地实行大规模跨流域调水使其大量回流，并排向加拿大马尼托巴省的河流中——的争议中，大坝的风险、亦即生物的国际转移是关注的焦点问题[⑤]。更多例证还包括圣劳伦斯河和五大湖中七鳃鳗的大量滋生和水葫芦的泛滥，这些生物先是被带到非洲用于装饰私人花园中的泳池，而现在则在整个尼罗河和扎伊尔河及非洲的其他湖泊已达到妨碍航行和捕

---

① *ILC Report* (1994), at 297~298. 可参见Nanda文，第251页注④，第198~199页。

② 同上，第297页。

③ 同上。然而，评论又指出：“该条仅仅关注对那些将物种引入到水道本身，而不关注水道外进行的养鱼或其他活动。”

④ IUCN, Commission on National Parks and Protected Areas, *Action Strategy for Protected Areas in the Afrotropical Realm* (1978), at 37. 参见Okidi文，第229页注②，第153页。

⑤ See further, L. K. Caldwell, “Garrison Diversion: Constraints on Conflict Resolution” (1984) 24 *Natural Resources Journal*, 839, cited in A. E. Utton, "International Water Law and the International Law Commission: Articles 21 and 22 – Four Questions and Two Proposals“ (1992) 3 *Colorado Journal of International Environmental Law and Policy*, 209, at 212.

鱼的程度[①]。就此，Okidi 进一步指出：

“一旦外来或新物种进入到生态系统中，则可能很难控制其行为及繁殖或传播的速度。在引进那些行为具有长期不可预测性的动植物物种充满科学蛊惑的生物技术时代，尤其如此。”[②]

因此，引进外来或新物种对生态系统的潜在不利影响往往是不可预测的，人们期待风险预防原则在适用和解释第 22 条的义务时发挥重要作用。这一点被国际法委员会在它对《条款草案》的评注意见中证实[③]。事实上，《21 世纪议程》建议“在适当时……，在水质管理中引进风险预防方法”[④]，而Brunnée与Toope从更普遍的意义上总结，“风险预防原则是任何一个旨在促进生态平衡和生态系统完整性的制度的重要基石。”[⑤] 有意思的是，Nanda 建议：

“既然这些物种会严重破坏国际水道生态系统，根据这一条款，委员会的‘推动国际法逐渐发展’的任务，将促使其严肃地探求对严格责任的适用。”[⑥]

1997 年《联合国水道公约》第 23 条接着规定：

“水道国应考虑到一般接受的国际规则和标准，单独地和在适当情况下同其他国家合作，对国际水道采取一切必要措施，以保护和保全包括河口湾在内的海洋环境。”

根据《条款草案》评注意见的解释，“海洋环境”包括“海洋水、动植物以及海床和海底”[⑦]。Tanzi 和 Arcari 认为，和其他关于生态保护的公约条款相一致，第 23 条项下的责任标准是审慎注意

---

① 参见 L. B. Sohn 文，第350页注 ④，第 215, 221 页。

② 第229页注 ②，第 154 页。

③ *ILC Report* (1994), at. 298.

④ Agenda 21, Chapter 18, para. 18.40(b)(v), *supra*, n. 4 at p.345.

⑤ 第230页注 ①，第 68 页。

⑥ 第251页注 ④，第 199 页。

⑦ *ILC Report* (1994), at 300.

义务[①]。他们同样认为，“鉴于本条款和第20~22条间的联系，会产生风险预防原则同样适用于第23条实施的情况”[②]。这一条款的目的与1982年《联合国海洋法公约》以及关于陆源污染的区域条约网络相一致[③]。例如，在界定海洋环境污染时，《联合国海洋法公约》第1条第1款第4项指出“海洋环境，包括河口湾”。同样，1974年《防止陆源污染海洋公约》第1条第1款提到“对海洋生态系统的危害”[④]。事实上，第23条所载义务在过去的几十年间得到了编纂机构的支持。例如，6条关于“陆源海洋污染条款”被国际法协会1972年8月纽约会议上通过，提供了明确的支持[⑤]。

通过要求水道国在采取保护海洋环境措施时考虑“一般接受的国际规则和标准”（GAIRS），《公约》似乎既重申在习惯的和成文的海洋环境法项下现有的国家义务，又寻求去协调不断扩大的国际水道法律体系和海洋环境法律体系。1994年《条款草案》的评注意见将此短语解释为“既指一般国际法规则，又指国际协定所产生的规则以及为遵守这些协议被各国和国际组织所采用的标准。”[⑥] 国际法委员会对1991年《条款草案》的评注意见指出：

> “水道国根据本条款进行计划和采取措施时，要考虑这些规则和标准，以确保这些措施是符合任何调整保护和保全海洋环境的可适用规则和标准。”[⑦]

① 第355页注⑤，第276页。

② 同上。

③ UNCLOS Articles 194(3)(a) and 207. 关于陆源海洋污染的地区性法律文件，可详见Birnie和Boyle书，第232页注③，第410~415页。

④ (Paris, 4 June 1974), (1974) 13 *ILM* 352.

⑤ ILA, *Report of the Fifty-Fifth Conference* (New York, 1972), available at www.ilahq.org. See D. Caponera (ed.), *The Law of International Water Resources* (FAO Legislative Study No. 23, Rome, 1980), at 317.

⑥ *ILC Report* (1994), at 300.

⑦ *Draft Articles on the Law of the Non-Navigational Uses of International Watercourses and Commentaries Thereto Provisionally Adopted on First Reading by the International Law Commission at its Forty-Third Session* (1991), at 151.

因此，一般接受的国际规则和标准很可能包括 1995 年《保护海洋环境免受陆源活动影响的全球行动纲领》（GPA）中规定类型的指南，该纲领在由 109 个国家参加的政府间会议上通过，旨在"成为一个国家 / 或地区当局在设计和实施持续行动中采纳的，用来防止、减少、控制和 / 或消除来自陆地活动导致的海洋退化的概念性和操作性指导。"[①]Sohn 认为，效仿《联合国海洋法公约》第 207 条制定的第 23 条，由于它超越了一个国家适用通过批准国际协定而接受的规则的义务，导致这项条款往往被低估。他认为，"通过接受第 23 条，国家就接受一切有关的规则和标准，不论它是否已经批准包含这些规则和标准的公约。"[②]事实上，在联合国大会工作组的审议上，就这个条款所适用的范围，土耳其提出一项提案将依据第 23 条考虑的规则限于"生效的国际法规则"[③]。但是，应该指出的是，该条文主要关心的是国际水道，而不是海洋环境。国际法委员会的评注意见强调，"不过，第 23 条规定所阐述的义务实质上不是为了保护海洋环境本身，而是'就保护国际水道环境'而采取对于环境保护而必要的措施。"[④]

这一规定有可能使非沿岸国家受益，如比利时是毗邻莱茵河河口的非沿岸国家，它们可以免受国际水道污染而带来的后果[⑤]。更进

① UN Doc. A/51/116 (1996), Annex, at 21. 参见 Tanzi 和 Arcari 书，第355页注⑤，第 277 页。

② 第350页注⑤，第 221 页。关于海洋法领域适用的"一般接受的国际规则和标准"的范围，参见国际法委员会 1996 年赫尔辛基大会的成果；ILA, *Report of the Sixty-Seventh Conference* (1996), available at www.ila-hq.org. See further, E. Franckx (ed.), *Vessel-Source Pollution and Coastal State Jurisdiction* (Kluwer Law International, The Hague, 2001), at 21; E. J. Molenaar, *Coastal State Jurisdiction over Vessel-Source Pollution* (Kluwer Law International, The Hague, 1998), at 141.

③ See *Report of the Drafting Committee*, UN Doc. A/C.6/NUW/WG/L.1/Add.2 (1996), at 3. 支持该提案的国家有：法国、智利、中国、印度和哥伦比亚。详见 Tanzi 和 Arcari 书，第355页注⑤，第 276 页。

④ *ILC Report* (1994), at 299.

⑤ See further, R. E. Stein, "The Potential of Regional Organizations in Managing Man's Environment", in J. L. Hargrove (ed.), *supra*, n. 10 at p.337, at 265.

一步，它可能为内陆沿岸国创设了海洋环境方面的义务。同时，它可能也为水道国创设了内部海洋环境的义务。正如 1994 年《条款草案》评注意见所阐述的，根据第 23 条规定，国家的义务：

“……区别于并补充于与第20条至22条规定的义务。因此，一个水道国可以通过不违反其不对其他水道国造成明显的（现在是重大的）损害的方式污染国际水道及破坏河口。第23条要求前一水道国采取必要措施保护和保全河口湾。”①

第 23 条的一般义务，可以在保护海洋环境方面发挥潜在的特别作用。因为，据统计超过 80% 的海洋污染源于陆源污染②。

就《联合国水道公约》以及它所取代的国际法委员会《条款草案》，Brunnée 和 Toope 认为，由于国际法委员会在联合国体系中的特殊地位以及因此导致的国家的国际实践现实对其法律编撰过程中不断发展所施加的限制，该委员会以一种非常谨慎的方式寻求从生态视角加强现行规范及逐步发展这些规范③。他们提供大量事例说明委员会试图谨慎地引进和加强生态系统保护方法。最具有意义的是，在采用“国际水道”作为《条款草案》的地理术语时，国际法委员会利用了更含蓄的生态导向的概念取代了在商议过程中采用的“共享自然资源”和“国际流域”等概念④。这两个概念均受到了阻力，原因是由于各个国家都考虑到了上述概念会对逐渐限制该水道周围国家领土的主权。⑤然而，考虑到《联合国

① *ILC Report* (1994), at 299.

② 参见 Okidi 文，第229页注②，第 155 页。详见 S. Burchi, “International Legal Aspects of Pollution of the Sea from Rivers” (1977) 3 *Italian Yearbook of International Law*, 115; A. E. Boyle, ‘The Law of the Sea and International Watercourses: An Emerging Cycle’ (1990) 14 *Marine Policy*, 151.

③ 第230页注①，第 58 页。

④ See, for example, S. McCaffrey, “International Organizations and the Holistic Approach to Water Problems” (1991) 31 *Natural Resources Journal*, 139, at 151~158; J. L. Wescoat Jr., “Beyond the River Basin: The Changing Geography of International Water Problems and International Water Law” (1992) 3 *Colorado Journal of International Environmental Law and Policy*, 301; Bruhacs, *supra*, n. 776; Okidi, *supra*, n. 2 at p.229, at 173.

⑤ 例如，可参见 Sette-Camara 的评论 , in (1976) I *Yearbook ILC*, at 270.

水道公约》第 2 条 a 项中“国际水道”概念的广泛定义，Brunnée 和 Toope 得出的结论是：

“可以说，国际法委员会已经在草案中利用了太多的流域方法，以此来避免过度利用有争议的术语，同时也用最含蓄的方式讨论了生态导向的问题，其方法是通过禁止对其他水道国及其环境造成损害等规则来体现，而不是明确地规定适用范围。”①

与此相似的是，这些评论者认为，通过强调诸如信息交换预警和科技合作机制等程序规则，而不是非常难以阐释的实体规则，国际法委员会意在是创建框架“以确立一种随后发展实体义务的进程，而不是争取立即制定大量的实体规则。”②他们认为程序规则如同制定实体规则的“催化剂”：

“它们所催生的交流与合作实践能够有效促进各国立场的趋同，进而就实体性义务和标准逐步达成协议。与此同时，合作行动在建立互信和预防冲突方面具有重要功能。”③

然而，尽管国际法委员会认为，存在着无论是否有跨界影响都应保护生态系统的更一般的义务④，国家和条约实践也在不断支持这项形成中的规则，Birnie 和 Boyle 认为：

“无论这种途径的优势何在，在一般国际法中，综合性生态系统保护这一概念尚不发达，……由此不能得出各国有一般义务保护和保存其主权范围内的所有地区的生态系统。”⑤

---

① 第230页注①，第 69 页。

② 同上，第 57 页。

③ 同上。

④ 比如，对于“防止、减少和控制污染”的第 21 条，1994 年评注意见指出：

“预防、减少和控制的义务适用的污染是“可能对其他水道国或其环境造成重大损害”的污染。程度在此之下的污染行为不属于第 21 条第 2 款的调整范围，但根据具体情况，可能适用第 20 条或第 23 条……。”

参见 *ILC Report* (1994), at 293.

⑤ 第232页注③，第 314 页。

Fuentes 同样认为，“不能认定第 20 条和第 21 条编纂了国际习惯法”①，同时她进一步指出，就将这些条款纳入到草案之中而言，国际法委员会评注意见所引用的先例，仅能够“证明世界各国对保护基本生态进程必要性的认可”②和“各国对国际水道污染由来已久的关注。”③Brunnée 和 Toope 进一步指出，尽管 1997 年《联合国公约》第 20 条引入了生态系统的概念，但该条并没有赋予针对其他国家的相应执行权。相反，他们指出：

“然而，国际法委员会回避了这一问题，避免创设反映这些假设性生态系统义务的权利。《条款草案》坚持的还是传统模式，据此只有在第 7 条和第 21 条第 2 款意义下环境损害影响其他水道国时，它才能引发相应的执行权。”④

不过，就生态系统方法在一般国际法中的地位问题，McCaffrey 持一种更为乐观的态度。他指出：

“尽管这项义务被描述为‘新的’或‘形成中的’，但它的基本要素已经成为了一般国际法的一部分。《联合国公约》第 20 条规定的这项义务，直接反映了有关自然系统相互间关系的科学知识的进步。”⑤

不管大家对其明确的法律地位采取何立场，很少有人否认，有关环境权利和义务的科学合理的、具有潜在深远意义的研究方法，这种研究方法会为国际环境法的持续发展注入活力。它通过多种方式允许考虑相关相联的生态因素，而根据传统的国家主权和跨界损害理念而形成的狭隘的方法将排除这些因素。这对于国际水道的环境保护有尤其深远的影响，因为在过去，主权国家自利的短期的、人类中心主义

① 第 241 页注⑦，第 171 页。

② *ILC Report* (1994), at 287.

③ 同上，第 296 页。

④ 第 230 页注①，第 65 页、第 70~71 页。

⑤ 第 283 页注④，第 396 页。

的传统观念，比共享淡水资源的长期保护理念更占上风。

十、结语

因此，无论既定的还是形成中的国际环境法规则和原则的规范地位和实体内容以及它们对共享国际淡水资源的适用，确定其立场并非易事。然而，很明显的是，习惯的和成文的规则和原则紧密相连。对特定规则不断被纳入到成文制度之中的情况支持了下列观点，这些规则已经获得国际习惯法的地位，既定的、乃至形成中的习惯法规则和原则对成文制度的适用产生重大的影响。事实上，就国际法委员会的工作而言，更不用提许多其他制定国际环境法律和政策的政府间机构和权威学术团体的工作，我们可以断言，最普遍适用的环境公约或宣言文件，几乎就是对现行习惯或既定国家实践的成文化编纂。当然，一旦特定的规则或原则被纳入到成文化文件中，其习惯法地位通常会获得极大的提高。而且，上述提及的每一项国际环境法的规则和原则，无论在起源上是习惯法还是成文法，它们彼此都是紧密相连的，都对其中一项活动多项规则的规范地位和实际适用产生了重大的影响。国际环境法中每一项拟议的实体性和程序性规则，都直接或间接地来源于与防止跨界损害义务相关的首要规则。这条规则催生了通知和协商的程序性义务，反过来又有效地要求对潜在有害活动进行环境影响评价。正如 Birnie 和 Boyle 所得出的结论：

“各国必须通过影响评价、通知、协商和谈判制度进行合作，避免对邻国造成不利影响，这一基本命题已经被相关的司法裁判、国际机构的声明和国际法委员会的工作所支持。此外，正如‘拉努湖仲裁案’以及‘核试验案’所表明的，它也被一定的国家实践所支持。”①

同样，风险预防原则有助于履行环境影响评价和通知义务而

① 第232页注③，第126页。

确认潜在的有害活动，也有助于预防跨界损害义务中的审慎注意要求，而从严格意义上来看，适用风险预防原则通常要求进行环境影响评价。关于风险预防原则对其他国际环境法规范的影响，Birnie和Boyle指出“国际法委员会特别报告员指出，风险预防原则早已被包含在预防原则和事先批准原则之中，是正确的判断，在环境影响评价中，‘二者已经形影不离’。”①

然而，可持续发展观念的普遍接受，对于国际环境法规范和原则现今和将来的发展具有特别重要的意义。它被描绘成“包含一系列践行该原则的、更具体的原则的框架理念”②，这些原则包括环境影响评价、信息获取、参与环境决策、风险预防原则、代内公平、代际公平和生态系统方法。更重要的是，可持续发展原则通过同时考虑环境及非环境因素（包括社会、经济以及发展目标）的方式，推动环境保护国际法和共享资源利用国际法之间的协调。在共享淡水资源的特定环境下，公平合理利用原则这项国际淡水法最主导的规范概念，契合了可持续发展的概念并付诸实践③。1997年《公约》第5条规定的公平利用原则，要求水道国根据一份非穷尽清单所列出的因素（包括环境和非环境的考虑因素）实现公平的利益平衡。这反映了国际法委员会在2000年《防止跨界损害公约（草案）》中采取的渐进立场，该文件责成各国“根据第11条，在利益公正平衡的基础上寻求解决方案。”④第11条包括一份非穷尽的清单，列出的相关因素包括：跨境或环境损害风险的程度；预防、最小化或者修复的可能性；潜在危害有关活动的重要性；施行预防或替代措施项目的经济可行性；可能受影响国

① 同上，第120页，引自 *Report of the International Law Commission* (2000) GAOR A/55/10, para. 716.

② Brunnée和Toope文，第230页注①，第66页。

③ 参见Wouters和Rieu-Clarke文，第287页注④，第283页；Kroes文，第288页注④，第83页；McIntyre文，第285页注②，第88页。

④ 第10条。然而，2000年《公约草案》第18条进一步规定：

“本条款草案中规定的义务不影响国家根据相关条约或习惯法规则而应承担的其他义务。”

家对分摊预防措施成本的意愿以及这些国家在地区性或国际性实践中适用的预防标准。因此，在共享淡水资源的问题上，可持续发展能促进在确定公平利用资源的制度时，对环境保护各方面的因素予以充分考虑。换句话说，它涉及在以公平合理制度为基础而利用水，并应充分考虑共享资源的环境保护问题。这种制度可能更适合被称作为“公平和可持续的利用”制度。

国际法的诸多领域都坚定支持通过谈判寻求公平的解决方案的法律义务，比如公海渔业法①以及海洋划界法；②评论者们也许会质疑跨界环境关系是否更基于公平平衡而不是基于有着更大确定性与可预见性的法律规则，这种质疑是合理的③。然而，长期以来，公平利用原则都是国际水道法不可争议的基石，在这个原则框架内考虑与环境保护有关的因素也是适当的。当然了，各国有权缔结任何他们认为必要的、具有法律约束力的成文环境文件。因此，依然有必要在这种利益衡量的过程和进程中广泛地考虑环境因素的权重，通过这一进程可以将这些环境因素纳入到共享淡水资源公平利用的制度之中。在这方面，有人提出，前文分析的得到广泛支持且不断扩大到环境规则和原则体系，强调了在这一过程中环境因素的重要性，并提供了可以据此考虑环境因素进而预防或减轻环境损害的精密机制和程序。可以这样认为：近年来制定了广泛制度和详尽阐释的环境原则和规则——不管审慎注意等实体性要素还是通知等程序性义务，在确定国际水道公平利用制度时权衡相关因素的过程中都极大地加强了环境因素被考虑的权重。

① *Icelandic Fisheries Cases*, *ICJ Rep.* (1974) 3 and 175.

② *North Sea Continental Shelf Case*, *ICJ Rep.* (1969) 3.

③ Birnie 和 Boyle 书，第232页注③，第129~130页。

第八章　国际水道的环境保护（二）：国际习惯法和一般国际法的程序性规则

如果我们同意适用共享淡水资源的习惯法规则，要求避免对其他水道国造成重大损害，进而要求公平合理的利用，那么一国就有必要知道邻国当前的或提议的利用情况，以查明这些利用是否会在其领土范围内造成重大损害，或对共享淡水资源造成重大损害以及这些利用是否公平合理。除了通知程序，水道国也需要对共享水的拟议工程或利用进行协商和谈判的法律机制。Okowa 指出，自 1972 年联合国人类环境会议[①]以来，条约性文件大量增加，“这些要求国家预防环境损害的条约都规定国家在批准可能造成此类损害的活动开展之前必须遵守各种程序”[②]。她进而论述道：

“因为设计这些义务是为了协调计划进行这些活动的国家与可能受此影响的国家之间的利益，在这些义务中反复出现的一个主

① *Report of the UN Conference on the Human Environment*, UN Doc. A/CONF.48/14; (1972) 11 ILM 1416.

② P. Okowa, “Procedural Obligations in International Environmental Agreements” (1996) 67 *British Yearbook of International Law*, 275. See generally, F. L. Kirgis, *Prior Consultation in International Law* (University Press of Virginia, Charlottesville, 1983); P. Sands, *Principles of International Environmental Law* (Manchester University Press, Manchester, 1995), chapter 16, at 596; A. Boyle, “The Principle of Co-operation: The Environment”, in V. Lowe and C. Warbrick (eds), *The United Nations and the Principle of International Law* (Routledge, London, 1994), at 120.

题是试图在进程中保护假定的受害者的同时不过度阻碍来源国的主权。”①

一般来说，程序性义务为环境争端在早期友好地得以解决提供了一个框架，因为它可确保利益相关方获得该工程及其潜在影响的充分信息。其方式之一是为各利益相关方（酌情面向来源国居民和可能受影响国家的居民）的参与提供一种正当诉讼②，还有一种方式就是提供一种达成妥协的机会，比如包括改变原提案或者采取补救措施来减少任何可能的不利环境影响③。虽然许多评论人士可能会在这些法律程序中特别重视跨界环境影响评价④，笔者则认为，从本质上讲，它和国际环境法原则几项核心的实体性义务的履行情况有着密切的内在联系，包括预防跨界损害义务和预防原则，因而与这些实体性规则一起考察环境影响评价更合适⑤。然而，这并不是否认环境影响评价的中心地位，它可以确保以适当的方式通知可能受一项活动影响的国家该活动的潜在影响，并能促成提议国与反对国之间进行有意义的协商和谈判。

“拉努湖仲裁案”指出了一项国家在开发利用国际水道时进行合作的一般习惯法义务：

“当今各国充分认识到国际河流的产业用途所带来的利益冲突的重要性及通过双方让步来协调利益的必要性。达成这种利益妥协的唯一方式是在一个更加广泛的基础上达成协定。……因此，

① 同上，第276页。

② 在跨界水资源方面，可参见 Article 16 of the 1992 Convention on the Protection and Use of Transboundary Watercourses and International Lakes (1992) 31 *ILM* 1312；其规定所有的“沿岸缔约方”应向公众公开以下信息：

“(a) 水质目标；

“(b) 所发放的许可证及需要满足的条件；

“(c) 为监测和评估目的而进行的河水和污水的取样结果，以及遵守水质目标或许可条件的守法检查结果。”

③ 详见 Okowa 文，第368页注②，第277~278页。

④ 包括 Okowa，同上。

⑤ 详见本书第七章。

将会产生一秉善意接受所有沟通和联系的义务，以此通过广泛的利益比较和互惠善意，为国家之间达成协定提供最好的条件。”①

在最近的“加布奇科沃—大毛罗斯大坝案”中，国际法院强调了水道国之间合作的必要性，例如，其强调“只有通过国际合作，才有可能采取行动缓解……航行、防洪和环境保护的问题”②。然而，国际法委员会的委员在讨论国际水道这一问题的过程中，对于各国要进行要合作是一种有约束力的法律义务还是仅是一项愿望这一问题存在分歧。例如，Calero Rodriguez 认为，“合作是一种目标，一种行为准则，而不是一项如果违反了就可能导致国际责任的严格的法律义务”③；而 Graefrath 坚持认为“合作不仅仅是一个崇高的原则，更是一种法律义务”④。然而，尽管对于合作义务本身确切的法律地位存在分歧，大多数人仍认为，“这是一项伞型条款，是包括了一系列更加具体的法律义务的集合体，总体而言，这些义务反映了国际习惯法”⑤；例如，Reuter 认为，“这种合作义务是对这一系列义务的一种标示”⑥；Sands 持有类似的看法，他解释说，合作义务“已经被转换为更具体的承诺”，包括：

“关于环境影响评价的规则……确保邻国得到必要信息的规则（要求信息交流、协商和通知）……提供紧急状况的信息……和环境标准的跨界执行。”⑦

---

① *Spain v. France 24* ILR, 101 (1957); 12 *RIAA* 281, at 308. See C. B. Bourne, “Procedure in the Development of International Drainage Basins: The Duty to Consult and to Negotiate” (1972) 10 *Annuaire Canadien de Droit International*, 219.

② *Case Concerning the Gabčíkovo-Nagymaros Project (Hungary/Slovakia)*, (1997) *ICJ* Reports 7, at 20.

③ (1987) *Yearbook of the International Law Commission*, vol. 1, at 71. See S. McCaffrey, *The Law of International Watercourses* (OUP, Oxford, 2001), at 401.

④ 同上，第 85 页。

⑤ McCaffrey 书，本页注③，第 401 页。

⑥ (1987) *Yearbook of the International Law Commission*, vol. 1, at 75.

⑦ P. Sands 书，第368页注②，第 197~198 页。

然而，尽管有些委员仍质疑合作义务的准确的法律性质和地位，但国际法委员会最终决定在 1994 年《条款草案》中明确这一义务[①]。该一规定成为了 1997 年《联合国水道公约》第 8 条的基础[②]，该条体现了合作义务对实现国际水道的最佳利用和充分保护双重目标的现实重要性[③]。第 8 条还强调了联合机制或者委员会促进这种合作的作用[④]。《联合国水道公约》为了让相当含糊的合作义务产生实际的效用，做出了进一步的详细规定，包括通知、协商和谈判、交换信息、以及参与争端解决程序的义务[⑤]。

要求注意和考虑国家活动的跨界环境影响这一一般原则，建立在知情的国家自利活动的基础上，并且早已得到了广泛的国际支持。例如，在 1972 年联合国人类环境会议筹委会的《宣言草案》中，原则 8 规定："一个国家有理由相信另一国的活动可能对其环境或国家管辖范围以外地区的环境造成损害的，可以请求就该活动进行国际协商"。《宣言草案》原则 20 进一步规定：

> "国家有义务提供在其管辖或控制下的对他国环境有影响或可能有影响的开发活动的信息，只要他们相信或有理由相信这些信息可以用来避免他们国家管辖范围之外的环境发生重大不利影响的风险。"

虽然由于巴西的反对[⑥]，原则20在斯德哥尔摩未获通过，但是

---

① *Report of the International Law Commission* (1994), at 105.

② Convention on the Law of the Non-Navigational Uses of International Watercourses (New York, 21 May 1997), 36 *ILM* 719 (1997). 未生效。

③ 第 8 条第 1 款规定：

"水道国家应当在主权平等、领土完整、互利和善意的基础上进行合作，使国际水道得到最佳利用和充分保护。"

④ 第 8 条第 2 款规定：

"在确定这种合作的方式时，水道国如果认为有必要，可以考虑建立联合机制或委员会，以便参照不同区域在现有的联合机制和委员会中进行合作所取得的经验，为在有关措施和程序方面的合作提供便利。"

⑤ 参见下文。

⑥ 很明显，巴西反对的原因是因为巴西计划在巴拉纳河上修建三座高坝，而这

这一观念得到了广泛的支持。事实上，联合国大会随后以 115 票对 0 票、10 票弃权的绝对多数通过了一项决议，专门解决了具有潜在跨界环境损害活动的通知问题，联大决议指出：

"认识到：基于避免在毗邻区人类环境造成重大损害的可能的观念，而向官方和公众提供其国家管辖范围之内待建工程的技术数据……将有效实现环境领域的国际合作；而且这些技术数据应以合作和睦邻友好与合作的精神而被提供和接受。……"①

自 20 世纪 60 年代初以来，国家实践支持了应对受潜在威胁的国家就不利环境后果进行协商这一一般权利的存在。例如，在空间活动范围内，如果有理由相信空间活动可能带来重大危害的风险美国宣布准备"在进行空间活动前进行恰当的国际协商"②。无独有偶，就改变气候的活动而言，美国在为了控制加勒比海地区的飓风而进行人工降雨之前，已经和其他的国家达成了共识③，并且已经认识到避免可能影响他国气候的活动的必要性。④实际上，在 1971 年美国国务卿就准备建议，"也许是国际社会达成共识的时候了，各国享有在采取可能影响到所在国家环境甚至是整个国际环境的活动之前被协商的权利"⑤。

尤其是在国际水资源方面，美国在这方面的实践再次提供了一个早期的而高度发达的水污染通知和协商条款范例，该条款可

条河是下游的阿根廷的重要的水源。See A. E. Utton, "International Environmental Law and Consultation Mechanisms" (1973) 12 *Columbia Journal of Transnational Law*, 56, at 71~72.

① UNGA Resolution 2995, 15 December 1972, reprinted in (1973) 68 *Department of State Bulletin*, at 56~57.

② R. N. Gardner, "Outer Space Problems of Law and Power" (1963) 49 *Department of State Bulletin*, 367, at 369.

③ R. J. Davis, "The United States and Mexico: Weather Technology, Water Resources and International Law" (1972) 12 *Natural Resources Journal* (October).

④ H. Cleveland, "The Politics of Outer Space" (1965) 52 *Department of State Bulletin*, 1007, at 1010.

⑤ W. Rogers, "U.S. Foreign Policy in a Technological Age" (1971) 64 *Department of State Bulletin*, 198, at 200. 一般情况，参见 Utton 文，第371页注⑥，第 64~66 页。

能具有国际影响。1956年的《联邦水污染法》规定：

“联邦内政部长无论在何时从主管国际机构收到报告、调查或研究，在有理由相信任何（州际的或者适航水域的）污染正在危及国外居民的健康和财产，并且国务卿要求他减轻污染时，如果他相信污染的程度使其有充足理由采取该行动，他应正式通知有关的州和州际污染控制机构，并且迅速召开会议……。部长应该通过国务卿邀请可能受到该污染不利影响的国家出席并参加会议，为了会议的目标，该国的代表将享有一国水污染控制机构的全部权利。”①

事实上，Okowa指出，1972年斯德哥尔摩会议之前，纳入这样的程序性义务在许多早期关于处理国际水道管理的条约中已经尤为普遍了②。在1977年介绍国际水法的程序性规则的重要性时，Schachter简明阐释了这种重要性的原因以及程序性义务与水法灵活的且核心的公平利用原则之间关系的性质：

“程序性要求应被视为水资源公平分配中的关键要素……这是很合理的。他们的极度重要性体现在水资源公平利用规则的广泛性和灵活性。在缺乏强制性和明确的水资源分配规则的情况下，

---

① Section 466g(d)(2). 引自Utton文，第371页注⑥，第65~66页。

② 第368页注②，第275页。引用的例证包括General Convention of 14 December 1931 between Romania and Yugoslavia concerning the Hydraulic System, 135 *LNTS* 31; the Agreement of 10 April 1922 for the Settlement of Questions Relating to Watercourses and Dykes on the German-Danish Frontier, 10 *LNTS* 201; the Treaty of 24 February 1950 between Hungary and the USSR concerning the Regime of the Soviet-Hungarian State Frontier, *UN Legislative Texts and Treaty Provisions concerning the Utilization of International Rivers for Other Purposes than Navigation* (hereinafter *Legislative Texts*), No. 226, at 823; the Agreement of 8 July 1948 between Poland and the USSR concerning the Regime of the Polish-Soviet State Frontier, 37 *UNTS* 25; the Treaty of 11 January 1909 between Great Britain and the United States of America relating to Boundary Waters and Questions concerning the Boundary between Canada and the United States, *Legislative Texts*, No. 79, at 260; the Convention of 11 May 1929 between Norway and Sweden on Certain Questions relating to the Law on Watercourses, 120 *LNTS* 263.

更需要明确事先通知、协商和决策程序的要求。事实上这样的规定经常能够从相邻国家在有关共同的湖泊与河流所达成的协定中发现。”①

最近，联合国欧洲经济委员会制定的1992年《赫尔辛基公约》为缔约国施加了一系列程序性义务，包括交换和共享水资源现有以及计划利用有关的信息、参与协商和提供预警②。同样，1997年《联合国水道公约》也包含了详细的程序性规定③。

2004年被国际法委员会通过的《柏林规则》④“是一个所有相关习惯国际法的全面集成，水资源管理人、法庭或者其他法律决策者在解决有关水资源管理的问题时必须考虑到它”，而且它还是“对《赫尔辛基规则》及该协会不时通过的相关规则的全面修订”⑤，它还具体规定，“为了参与国的共同利益，各国应当在管理国际流域的河水时善意地进行合作”⑥。另外，《柏林规则》的第十一章“国际合作与管理”，规定了详细的程序性规则，包括“信息交换”⑦、“项目、计划、工程或活动的通知”⑧、“协商”⑨以及“建立全流域或其他联合管理安排”⑩。这证明了国际法协会水资源委员会有关国际合作的程序安排在实践中的重要意义。

1973年，Utton得出的结论是：

---

① O. Schachter, *Sharing the World's Resources* (Columbia University Press, New York, 1977), at 69，引自McCaffrey书，第370页注③，第398页。

② 第369页注②。到2000年底，公约有26个签署国和32个缔约国（参见http://untreaty.un.org/…）。总体情况参见A. Nollkaemper, *The Legal Regime for Transboundary Water Pollution: Between Discretion and Constraint* (Graham & Trotman, Dordrecht, 1993).

③ 参见后文。

④ ILA, *Berlin Rules on Water Resources Law* (2004), available at http://www.asil.org/ilib/WaterReport2004pdf.

⑤ 同上，第2页。

⑥ 第11条。

⑦ 第56条。

⑧ 第57条。

⑨ 第58~59条。

⑩ 第64~65条。

“有限领土主权或者睦邻友好的基本原则已经要求国家考虑其所进行的活动对其他国家的环境影响；但是，实施这种考虑的制度性机制完全是不充分的。为考虑对环境有潜在危害的活动因素而细化并开发相关适当的论坛，这种努力仍然有待完成。”①

这个观点已经为多数主要评论者所接受②。然而，在淡水水资源共享的问题上，Bourne 认为，根据《赫尔辛基规则》内在的合理性要求，要求在利用国际水道可能对其他水道国产生重要环境影响时，应当在规划阶段即履行预先通知义务，而不是等到损害已经发生之后③。而且，他还为可能受到影响的水道国详细地阐释了程序性规则：

“首先，一国在从事可能对共同流域国造成重大损害的项目或利用行为前，应事先通知他国。……其次，希望从事可能对共同流域国造成重大损害的工程或者利用活动的国家，应当给他国提供充分的信息，以便他们充分意识到拟建工程或者利用活动的真实性质。第三，如果共同流域国基于拟建工程或利用活动可能对他们产生不利影响而表示反对，一国有义务本着善意与这些反对国进行协商和谈判。第四，一国有义务中止其水工程或利用，直到已经通知其他共同流域国并提供了信息且已经收到回复，或在合理时间内没有收到回复；如果共同流域国提出反对，则要等谈判已经经过了合理的时间而没有成功，或努力试图进行谈判却未取得结果。”④

考虑到在 1997 年《联合国水道公约》最终采纳的程序规

---

① Utton 文，第 371 页注 ⑥，第 59 页。

② 例如，可参见 A. Goldie, in L. Hargrove (ed.), *Law, Institutions and the Global Environment* (Oceana, New York, 1972), at 129; and A. Lester, “River Pollution in International Law” (1963) 57 *American Journal of International Law*, 828, at 833.

③ C. B. Bourne, “International Law and Pollution of International Rivers and Lakes” (1971) 6 *University of British Columbia Law Review*, 121.

④ 同上，第 122 页。

则和国际习惯法的最新进展，Bourne 教授的建议显示了它的预见性。

一、通知义务

实践中，相关国家通常会事先通知邻国其开发共享自然资源的规划①，评论者认为这是一项国际习惯法的义务要求②或“国际环境法普遍认可的一项原则”③。若干国家已经开始谋求依据这一事先通知义务解决国际争端④。这项义务已经在近期的一些重大公约和宣言中得到广泛的支持，特别是 1992 年《生物多样性公约》⑤、1992 年《关于工业事故跨界影响的公约》⑥、1989 年《控制危险废物越境转移及其处置的巴塞尔公约》⑦、国际法协会 1982 年《关于跨界污染的蒙特利尔规则》⑧和《里约宣言》。例如,《里约宣言》原则 19 规定:

“各国应将可能具有重大不利跨越国界的环境影响的活动预先

① See, J. Barberis, *Los Recursos Naturales Compartidos entre Estados y el Derecho Internacional* (Editorial Tecnos, Madrid, 1979), at 45, 72, 108, 136, and 156, cited in J. Barberis, ‘The Development of International Law of Transboundary Groundwater’ (1991) 31 *Natural Resources Journal,* 167, at 179.

② See, for example, E. J. de Aréchaga, “International Law in the Past Third of a Century” (1978-I) 159 *Recueil des Cours de l’Academie de Droit International,* at 198; F. L. Kirgis, *supra,* n. 2 at p.368, at 86, 128; *Management of International Water Resources: Institutional and Legal Aspects,* UN Doc. ST/ESA/5 (1975), at 50~51.

③ See J. G. Lammers, “The Present State of Research Carried Out by the English-Speaking Section of the Centre for Studies and Research”, in *La pollution transfrontiere et le droit international* (Academie de Droit International de La Haye – Centre d’etude et de recherché de droit international et des relations internationals, 1985), at 109~110.

④ 例如，可参见“拉努湖仲裁案”，第369页注①;“伊泰普大坝”争端，见 McCaffrey 文，第370页注③，第 265~267 页；以及苏丹宣称埃及未能通知其关于阿斯旺高坝的技术细节，见 McCaffrey 文，同上，第 233 页及以下。

⑤ (1992) 31 *ILM* 822, Article 14(d).

⑥ (1992) 31 *ILM* 1333, Article 3 and 10.

⑦ (1989) 28 *ILM* 657, Article 6.

⑧ *Report of the 60th Conference* (Montreal, 1982), Article 5.

告知可能受到影响的国家，并及时提供有关资料，在早期阶段善意地同这些国家进行协商。”①

此外，Okowa声称，即使这一义务没有得到明确表达，它也“必须被作为任何要求实施环境影响评价的隐含要求得以执行”，此种评价之所以被要求是出于保护第三国的利益②。

通知的一般义务会引发一系列问题。例如，没有明确的规则用以判定去通知哪些可能受到某一特定活动影响而有权被通知的国家。没有任何一项规定了通知义务的环境条约解释这一问题，尽管国际法委员会在其阐释国际法不加禁止行为导致损害后果的国际赔偿义务的过程中已经建议，当许多国家可能受到影响时，应在国际组织框架内进行通知和协商③。这种不确定性不可能在国际水道中造成重大问题，因为水道国的相互依赖是很明确的，除非国家采取“生态系统方法”而要求考虑更广泛的国家共同体（可能也包括非沿岸国）的利益④。如果某一水道涉及的沿岸国数量众多，或者采用了一种更为开放的生态系统方法，那么采用一种附带多边机构的共同管理方式在推动常规通知方面的潜在优势就很明显了。而且，在确定来源国必须通知潜在受影响国家该影响活动的类型和损害形式方面也可能存在困难。这可能取决于任何正被利用的共享资源的特性或任何可能引起损害的活动的潜在规模或可能性，国际法委员会再次注意到，论某一行动是否要求通知均应建立在个案基础上，充分考虑所有相关的情势⑤。最后，尽管相关条约条款并未对通知义务的规范内容做出明确的规定，

---

① (1992) 31 *ILM* 874.

② 第368页注②，第289页。不过，欧洲经济委员会1991年《跨界环境评价公约》（30 *ILM* 802）第3条明确规定了通知义务。

③ 关于国际法委员会贡献的详细内容，参见Okowa文，第368页注②，第290页。

④ 关于“生态系统方法”，参见本书第七章。详见O. McIntyre, “The Emergence of an ‘Ecosystem Approach, to the Protection of International Watercourses under International Law” (2004) 13:1 *Review of European Community and International Environmental Law*, 1.

⑤ 参见Okowa文，第368页注②，第291页。

但是 Okowa 基于一份对国家实践和编纂机构的工作的详细考察，提出了诸多如果该项义务没有背离其实践意义就可能隐含其义的实体性原则[①]。例如，她认为就存在跨界损害风险的行动方案或者实际行动而言，来源国应向潜在受影响国提供“与此行动的性质、所涉风险及可能引起的损害等有关的所有必要信息……以使潜在受影响国能对形势做出自己的评价”[②]。此外，通知义务要求来源国通知行动迅速，通常不迟于通知本国公众，一定要在该行动开始之前或任何相关建设获得批准之前。通知应指明一个做出回应的合理时间，来源国也可能要求受影响国提供与其可能受到的环境影响相关的可合理获得的信息。Okowa 还认为被通知国有义务在合理的时间内做出回应，以至于不真正影响到来源国的行动，而且被通知国不做出回应会被推论是默认接受来源国拟采取的行动，随后不得再主张来源国利益考量不当[③]。不管怎样，如果相关条约对通知义务的实体内容做出些许详细规定，或涉及习惯法义务时，则要遵循国家应一秉善意履行国际义务的一般要求[④]。例如，这一概念可能表明通知应提早多久做出以及做出回应的合理期限是多长等。进而，Okowa 建议“国际关系中一秉善意行事的要求表明，在被通知国做出回应之前，来源国不应开展其计划的行动”[⑤]。

事先通知可能影响共享水资源的计划行动这一义务在 1972 年

---

① 同上，第 291~300 页。例如，1991 年《跨界环境影响评价公约》第 3 条就详细列举了应通知的信息。

② 第368页注 ②。亦可参见 J. Barboza, *Second Report on International Liability for Injurious Consequences of Acts Not Prohibited by International Law, Yearbook of the International Law Commission* (1986) vol. 2 part I, at 152.

③ 同上，第 297~298 页。支持这一主张的裁判，参见 *Temple of Preah Vihear case* (1962) *ICJ Reports*, at 22-3; *Gulf of Maine case* (1984) *ICJ Reports*, at 308; *Frontier Dispute (Burkina Faso v. Mali)* (1986) *ICJ Reports,* at 575; *Eletronica Sicula (ELSI) case* (1989) *ICJ Reports*, at 44; *Great Belt case* (1991) *ICJ Reports* 3.

④ See the *Nuclear Tests* case (1974) ICJ Reports at 269, para. 46, and the *Great Belt* case, counter memorial of the Government of Denmark, *Pleadings*, vol. 1, at 248.

⑤ 第368页注 ②，第 296 页。

斯德哥尔摩《人类环境宣言》已得到明确承认[①]，其第 51 条建议 b 款 i 项指出：

“当拟采取可能会对他国产生重大环境影响的重要水资源活动时，他国有权在此活动实施之前得到适当的通知。”

在此之后，联合国大会就共享自然资源的各国之间事先通知和协商这一主题展开讨论，并明确表示支持在众多极具影响力的文件中存在一项习惯法义务，这些文件包括《关于两个以上国家共享自然资源环境领域合作的第 3129 号决议》[②]和《关于各国经济权利和义务宪章的 3281 号决议》[③]。后者第 3 条规定：

“对于两国或两国以上所共有的自然资源的开发，各国应合作采用一种报道和事前协商的制度，以谋对此种资源作最适当的利用，而不损及其他国家的合法利益。”

同时，OECD 宣称支持存在一项关于共享自然资源事先通知和协商的要求。1974年11月14日，OECD 理事会通过了《第C（74）224号建议》，其附件 E 部分就这一主题提出了详细的建议[④]。OECD 理事会随后于1977年5月17日《第 C（77）28（final）号建议》和1978年9月21日《第 C（78）77（final）号建议》修改和拓展了这一规定[⑤]。1977年的联合国水会议也通过了一项要求交流利用共享水资源信息的建议[⑥]。建议第86条 g 项规定：

“在对共享资源利用方式缺乏协定的情况下，资源共享国

① 第368页注①。

② 13 December 1973, UN Doc. A/RES/3129 (XXVIII) (1974), reprinted in (1974) 13 *ILM* 232.

③ 12 December 1974, UN Doc. A/RES/3281 (XXIX) (1975), reprinted in (1975) 14 *ILM* 251.

④ See generally, *OECD and the Environment* (OECD, Paris, 1986).

⑤ 参见 J. Barberis 文，第376页注①，第 180 页。

⑥ Report of the United Nations Conference, Mar del Plata, 14-25 March 1977, UN Doc. E/Conf.70/CBP/1 (1977).

应交换其未来资源管理所依据的相关信息，以避免可预见的损害。”

被广泛接受的1992年《赫尔辛基公约》要求缔约国签订双边或多边协定，或作其他安排，以设立联合机构负责“交流有关可能引起跨界影响的现有的或者拟议中的用水及其设施的信息”①、和“根据适当的国际法规，参与实施跨界水体的环境影响评价”②。作为针对国际合作采取更广泛的生态方式的少数条约文件，该公约第9条要求“受到直接和重大跨界影响的”非沿岸缔约国，应“参与该跨界水体沿岸各缔约国设立的多边机构的活动”③。许多有关共享淡水资源的双边协定规定了详细的通知要求，支持国家践行习惯法义务，通知共同流域国可能影响利益的规划活动。例如，1973年8月30日美国和墨西哥通过的国际跨界与水委员会之《第242号备忘录》的第6条规定：

“为了实现避免未来问题的目标，美国和墨西哥在对各自地表和地下水资源实施任何新的开发计划前，以及在本国领土范围内与对方接壤的地方对原有开发计划作实质性的改变从而可能会对另一国产生严重影响时，应当事先相互协商。”④

但是，这样一种义务只是意在向潜在受影响国提供拟议项目通知，并没有要去征得他们的同意。

1997年《联合国水道公约》第三部分第11~19条与“计划采取的措施”有关，规定了详细的程序规则要求水道国应就计划采取的可能产生不利影响的措施予以通知、进行协商和谈判。不幸的是这些程序规则仅适用于计划采取的措施，故未能解决水道的现行利用问题，因为它没有规定任何评价要求。此外，可能有人

---

① 第369页注②，第9条第2款h项。

② 第9条第2款j项。

③ 第9条第3款和第4款。

④ 1973年8月30日美国和墨西哥通过换文同意批准的《关于永久和明确解决国际问题的备忘录》。关于文本，参见 Doc. OAS/Ser. IVI/CJI 75 REV.2, Suppl. 1, at 35.

认为将现有的利用、设施和项目排除在这一程序之外，会强化水道国的领土主权和妨碍更广泛的水道合作[①]；以及它“进而限制了发展中国家与更多发达国家竞争进入水道的能力”[②]。但是，这些原则性条款允许水道国缔结更多的双边或多边协定，“为相关水道共享国提供这样一个框架，使他们能够建立特定的制度以满足水道的具体需求和特点……”[③]。执行计划采取的措施的水道国都必须遵从《联合国水道公约》第 5 条和第 7 条所规定的实体性义务，而无论它是否遵循第三部分所规定的程序规则。

1997 年《联合国水道公约》第 11 条对水道国施加了一种一般义务，即“应就计划采取的措施对国际水道国状况可能产生的影响交换资料和互相协商，并在必要时进行谈判”。出于国际水道环境保护的目的，这一条款标志着国际法委员会 1993 年《草案条款》的一个重大改进[④]，该草案并未设定与对水道本身带来不利影响有关的通知义务，仅涉及对水道国的影响[⑤]。更具体地说，1997 年《联合国水道公约》第 12 条规定：

“对于计划采取的可能对其他水道国造成重大不利影响的措施，一个水道国在执行或允许执行之前，应及时向那些国家发出有关通知。这种通知应附有可以得到的技术数据和资料，包括任何环境影响评估的结果，以便被通知国能够评价计划的措施可能

---

① See D. J. Lazerwitz, “The Flow of International Water Law: The International Law Commission’s Law of the Non-Navigational Uses of International Watercourses” (1993) 1 *Indiana Journal of Global Legal Studies*, at 9 (http://ijgls.indiana.edu/).

② 同上。

③ 同上，第 10 页。

④ See R. Rosenstock (Speical Rapporteur), *First Report on the Law of the Non-Navigational Uses of International Watercourses* (1993) United Nations General Assembly, Doc. A/CN.4/451.

⑤ See generally, E. Hey, “Sustainable Use of Share Water Resources: The Need for a Paradigmatic Shift in International Watercourses Law”, in Blake et al., (eds), *The Peaceful; Management of Transboundary Resources* (Graham & Trotman/Martinus Nijhoff, Dordrech/ Boston, 1995), at 140~141.

造成的影响。”

因此，通知国并没有义务向所有水道国通知计划采取的措施，而只是有义务通知那些受到该措施不利影响达到一定程度的水道国；但是，是由通知国来判断是否可能存在重大不利影响，以及哪些国家受到了影响。根据《条款草案》第 12 条的早期版本，可能只要对其他水道国“明显的不利影响”（appreciable adverse effect）出现，一国就要通知计划采取的措施；国际法委员会在其评注意见中解释：

“这一标准所确立的限制低于第7条所指的‘明显的损害’。‘明显的不利影响’可能不会发展至第7条项下‘明显的损害’这一水平。‘明显的损害’对于设立这一程序的动机而言是不太合适的……。”①

由此，尽管用语发生了变化，但是第 12 条所规定的事先通知义务的门槛——“重大的不利影响”（significant adverse effect）——低于第7条关于“重大损害”的禁止性规定②。这样，它意在倡导“通过要求通知…… 甚至在有迹象表明拟议的利用可能导致合法的重大损害之前通知，实现防止损害进而避免争端的目标”③。Bourne 等评论者主张应采纳更广泛的可行规则纳入这一程序性规则，以便对实施计划采取的措施的判断建立在所有相关当事国可见的事实的基础上④。

对于《联合国水道公约》第 12 条所表述的“对其他水道国的

① International Law Commission, *Report of International Law Commission on the work of its fortieth session* (1998), *United Nations General Assembly Official Records, forty-fifth session,* Supplement No. 10(A/43/10), at 35~36.

② See Commentary to Article 11, *International Law Commission Report* (1994), at 111.

③ McCaffrey 文，第370页注③，第 407 页。

④ C. B. Bourne, “The International Law Commission's Draft Articles on the Law of International Watercourses: Principle and Planned Measures” (1992) 3 *Colorado Journal of International Environmental Law and Policy*, 65, at 70.

重大不利影响”这一术语是包括对那些水道国未来发展的不利影响，还是只限于对发展现状的不利影响，还存在一些争议。大多数评论者认为，就未来利用而言，至少对于那些尚未到合理规划阶段的利用，不能做出任何确定性的评价，因为它可能会在未来某个不特定的时间进行不现实或不合理的发展而导致计划采取的措施愈加复杂，甚至推延该措施①。但是，该公约第17条第2款明确要求就计划采取的措施进行的协商和谈判，“应在每个国家都必须善意地合理顾及另一个国家的权利和正当利益的基础上进行”。显然，水道国将来也可以主张在其领土内利用其水的可能性构成其一种“正当利益”，而这在适用第12条时应被充分考虑。而且，如果发现没有包括未来的利用，这可能意味着只有当前利用会享有程序上的保护，从而主张和鼓励对这种利用的快速或早期发展。但是，根据第5条所规定的公平合理利用原则，未来利用或许依然能够得到一些实体性保护。实际上，在被明确要求根据公平合理利用原则进行考量的因素之中就包括“对水道的现有和潜在利用”②。

当计划采取措施的水道国决定不通知另一水道国时，后者如果“有合理的根据”认为计划采取的措施可能对其造成重大不利影响，可根据第12条的要求获得通知，并在提交请求时附带阐释其立场的书面文件③。根据1993年《条款草案》的解释，期望被通知的水道国可能负有重要义务去证明它“有重要理由去相信”计划采取的措施可能会对其产生明显或重大影响④。但是，预料的不利影响的门槛已由该草案中的“明显的”转变为《联合国水道公约》中的“重大的”。根据《联合国水道公约》第17条的要求进行协

① 同上，第71页。See also C. B. Bourne, “Procedure in the Development of International Drainage Basins” (1972) 22 *University of Toronto Law Journal*, 172 at 176~177, 187~190.

② 第6条第1款e项。

③ 第18条第1款。

④ 参见R. Rosenstock文，第381页注④。

商和谈判的两个国家[①]，其中计划采取措施的国家被要求“在6个月内应不执行或允许执行计划采取的措施”；对于这一规定一直存在争议[②]。但是，根据特定程序，可以在以下情况下豁免这项义务，即“为了保护公共卫生、公共安全或其他同样重要的利益，必须紧急执行计划采取的措施”[③]。类似地，这一义务在“紧急状况”情况下也可能被大大地放宽[④]，此时水道国可以“立即采取一切实际可行的措施，预防、减轻和消除该紧急情况的有害影响”[⑤]。在此情况下，如果在该水道国领土内发生任何紧急情况，该水道国应“毫不迟疑地以可供采用的最迅速方法，通知其他可能受到影响的国家和主管国际组织”[⑥]。有意思的是，只有紧急情况下通知义务才由其他水道国扩展至任何“潜在受影响国”。必须记住的是，在上述提及的通知义务的各种例外情况中，与公平合理利用及不引起重大损害的义务有关的实体性规则继续适用于任何可被实施的措施。

1997年《联合国水道公约》进一步对就计划采取的措施通知其他水道国的义务作了详细的规定。其中第13条规定，除另有协定外，发出通知的水道国应给予被通知国6个月的期限来对计划采取的措施可能造成的影响进行研究和评估。在“评价计划采取的措施遇到特殊困难”因被通知国提出要求时，这一期限必须延长6个月。实际上，这一规定可说是对正在形成中的国际环境法原则（“共同但有区别义务原则”或“代内公平原则”[⑦]）的一个很好的诠释。此外，该公约第14条要求在此期间内发出通知国应依请求

---

① 第18条第2款。

② 第18条第3款。

③ 第19条。

④ 第28条第1款将“紧急情况”界定为：

“对水道国或其他国家造成严重损害或有即将可能造成严重损害危险的情况，这种情况是由自然原因，例如洪水、冰崩解、山崩或地震，有的是人的行为所突然造成的，例如工业事故。”

⑤ 第28条第3款。

⑥ 第28条第2款。

⑦ 详见本书第七章。

提供“为进行准确评价而需要的任何其他可以得到的数据和资料”。由于发出通知国只需提供“可以得到的”技术性[①]和补充[②]数据和资料，因此并不鼓励其提供在措施规划期间的此类数据和资料。但是，重要的是，《联合国水道公约》第 12 条明确要求通知应附有任何环境影响评价的结果，这也是 1993 年《条款草案》之后纳入的要求[③]。先前的《条款草案》就因为忽略这一要求而招致了强烈的批评。例如，Székely 在评论 1991 年《条款草案》时指出：

“所有这些都与国际法、至少是环境资源领域的国际法形成强烈对比，后者正快速发展，不但被强制性要求事先和及时通知，这种通知还应当包含对该规划行动可预见的影响评价，而且这一评价应考虑各种环境因素和其他利益国相关的影响。”[④]

值得一提的是，1992 年《赫尔辛基公约》规定缔约国应予建立的联合机构的任务之一是“根据适当的国际法规，参与实施跨界水体环境影响评价”[⑤]。McCaffrey 认为，公约第 12 条明确提及环境影响评价“是坚信应当单独引入环境影响评价要求的特定代表团和对此持反对意见的代表团之间相互妥协的结果”[⑥]。无论如何，《公约》的程序性要求可被看做是对《赫尔辛基规则》的一个重大

---

① 第 12 条。

② 第 14 条。

③ R. Rosenstock 文，第 381 页注④。参见 E. Hey 文，第 381 页注⑤，第 140 页。

④ A. Székely, "'General Principles'and 'Planned Measures' provisions in the international Law Commission's Draft- Navigational Uses of International Watercourses: A Mexican Point of View"(1992) 3 *Colorado Journal of International Environmental Law and Policy*, 93, and 100. See also, J. G. Lammers, "Commentary on Papers Presented by Charles Bourne and Alberto Székely " (1992)3 *Colorado Journal of International Environmental Law and Policy*, 103, 作者认为，缺乏这一规定“是《条款草案》的一项弱点”，第 111 页。

⑤ 第 369 页注②，第 9 条第 2 款 j 项。

⑥ 第 370 页注③，第 408 页。他特别提到了荷兰的提案，后者受 1991 年《埃斯波公约》的启发，要求第 12 条增加第 2 款，规定拟议项目应进行环境影响评价，并允许其他相关国家参与环评进程，A/C.6/51/NUW/WG/CRP.38, 11 October 1996.

改进①,《赫尔辛基规则》只是要求各国就共享河流的水相互提供“相关的与合理可得的”信息②。1997年《联合国际水道公约》第31条允许水道国保留“对其国防或国家安全至关重要的数据或资料”，鉴于没有相应的指南来帮助确定何种信息应被视为此类信息，这一条款往往会被滥用以规避程序规则。例如，水道国会很容易主张任何与大坝或发电站有关的信息就国家安全而言都是很敏感的。但是，第31条的确要求水道国“应同其他水道国进行善意合作，以期尽量提供在这种情况下可能提供的资料”。更重要的是，该公约第14条也规定，在第13条所述的6个月期间内，通知国“未经被通知国同意，不得执行或允许执行计划采取的措施”。此项义务再一次在特别紧急的情况下③被豁免，在紧急情况下④被放宽。

根据第15条，被通知国应在此期限内尽早将其结论告知通知国，如果被通知国认定执行计划采取的措施将不符合公平合理利用原则或不引起重大损害的义务，则其应列举得出这一结论的理由。因此，这个通知程序的目标主要有二：其一是帮助遵守对第5条所规定的公平合理利用原则的约定；其二是确保实际履行第7条规定的不引起重大损害的义务。这表明1993年《条款草案》出现以来这些目标正在得到扩展，该草案主要关注如何推动实施《条款草案》第7条规定的不造成明显损害的义务⑤。根据第16条，如果通知国在规定的期限内未收到答复，则通知国“可按照向通知国发出的通知和向其提供的任何其他数据和资料，着手执行计划采取的措施”。此外，第16条明确规定，没有在规定的利用期限内做出答复的被通知国随后的任何索赔要求，可以用通知国在答复期限届满后采取的行动所花的费用抵消。这意味着1993年《条

---

① International Law Association, Helsinki Rules on the Uses of International Waters of International Rivers, *Report of the Fifty-Second Conference* (Helsinki, 1967), Art, XXLX, at 518.

② 参见 Lazerwitz 文，第381页注①，第9~10页。

③ 第19条。

④ 第28条。

⑤ 参见 E. Hey 文，第381页注⑤，第140页。

款草案》以来被通知国的义务被强化了，据此如果被通知国没有及时对通知做出回复，则不会产生明确的法律后果[①]。就这点而言，1993 年《条款草案》一直遭受非议。Bourne 认为：

"1993 年《条款草案》因未对被通知国没有对拟采取措施的通知做出回应规定任何实质性处罚，造成其未对被通知国提供任何激励，以促使其致力于参与为公平合理解决国际水道公平利用所固有的复杂问题提供良机的进程。"[②]

他认为，这种状况对发出通知国是不公平的，因为它将丧失通过阐明或修订其计划而满足反对者要求的机会，也可能不得不推迟实施或着手执行但承担导致不确定性法律义务的风险。他主张未做出回应的被通知国，"应禁止根据第 5 条或第 7 条对争议措施的实施提出诉求"[③]。美国国务院在更早之前已表明此观点，即被通知国的"同意不需要明确表达；如果它被提供机会提出反对，其沉默应视为同意"[④]。但是，需要注意的是，水道国仍应受公平合理利用原则和不引起重大损害的义务的约束，这与被通知国未能对通知做出回应无关。

二、信息交换

除了要求向邻国通知计划采取的行动或可能引发跨界环境损害的特定事故之外，越来越多的环境条约要求缔约国在常规基础上监测污染物的来源及影响，并与其他相关国家交换由此收集的信息，这通常是通过负责实施该条约制度的国际机构来进行的。Okowa 认为，"几乎所有的环境保护条约机制都有定期交换信息的

---

① 同上，第 141 页。

② C. B, Bourne 文，第383页注 ①，第 68 页。

③ 同上，第 69~70 页。

④ Mr William Griffin, Memorandum of the State Department, Legal Aspects of the Use of Systems of International Waters, S. Doc. No. 118, 85th Cong., 2nd Sess., 91 (1958).

规定”[1]，这些义务可以帮助当事国理解“环境变化的性质、程度和危害后果……以及根据不断变化的科学证据来评估可采取措施的有效性”[2]。这类条约条款的典型例证包括：1979年《长程越界空气污染公约》第8条[3]；1991年《美国与加拿大空气质量协定》第6条、第7条[4]；1992年《工业事故跨界影响公约》第15条[5]；《保护臭氧层维也纳公约》第5条[6]《关于消耗臭氧层物质的蒙特利尔议定书》第9条第1款[7]；1982年《联合国海洋法公约》第61条、第143条、第200和第244条[8]；1991年《关于环境保护的南极条约议定书》第6条第2款[9]；1989年《控制危险废物越境转移及其处置巴塞尔公约》第13条[10]；《联合国人类环境宣言》原则20[11]。有意义的是，1992年里约进程所通过的公约或宣言都明确规定了环境信息交流的义务，包括《生物多样性公约》第17条[12]、《气候变化框架公约》第4条H款[13]和《里约宣言》原则9[14]。

特别是就共享水资源而言，许多双边与多边协定都对常规信息交流做出了明确规定[15]。典型的例证包括1995年《湄公河协定》第

① 第368页注②，第300页。

② 同上。

③ (1979) 18 *ILM* 1442.

④ (1991) 30 *ILM* 676.

⑤ (1992)31 *ILM* 1333.

⑥ (1990)*UNTS* No. 1,Cm. 910.

⑦ (1990) *UNTS* No. 19 Cm. 977.

⑧ (1982) 21 *ILM* 1261.

⑨ (1992) 30 *ILM* 1461.

⑩ (1989) 28 *ILM* 657.

⑪ *Report of the UN Conference on the Human Environment,* UN Doc. A/CONF,48/14, (1972)11 ILM 1416.

⑫ (1992) 31 *ILM* 822.

⑬ (1992) 31 *ILM* 849.

⑭ *Rio Declaration on Environment and Development* (1992) 31 *ILM* 874.

⑮ 关于全面的考察，参见McCaffrey列举的水道协定，S. McCaffrey, *Fourth Report* (1988) *Yearbook of the International Law Commission*, Vol. 2, part I, at 210.

24 条 C 款①、1960 年《印度河水条约》第 6 条②和修订后的 2000 年《南部非洲发展共同体议定书》第 3 条第 6 款。一些条约为数据和资料的收集与交流建立了联合机构③或委员会④，其他条约允许来自某一水道国的技术专家为进行调查或收集资料进入另一国的领土⑤，还有一些条约规定一国应另一水道国的要求可建立观察站。⑥1992 年《赫尔辛基公约》对环境信息交流的义务做出了非常详细的规定，其中第 13 条要求河岸权国家：

“交流关于下列事项的合理可得的数据：

“a. 跨界水体环境状况；

“b. 应用和实施最佳可得技术以及开发和研究成果所获得的经验；

“c. 排放和监测数据；

“d. 已被采用和拟议中的防止、控制和减少跨界影响的措施；

“e. 主管机关或者相关组织颁发的废水排放规章和许可证。”⑦

上述第 13 条进一步要求缔约国“交流其国内法规的资料”⑧和“推动最佳可得技术的交流”⑨。相似地，1997 年《联合国水道公约》第 9 条第 1 款就合作义务做出如下规定：

① (1995) 34 *ILM* 864.

② *Legislative Texts*, No. 98, at 300.

③ 例如，Articles IV and VI of the 1996 Treaty on Sharing the Ganges Waters at Farakka (1997) 36 *ILM* 519. 一般参见 McCaffrey 文，第370页注③，第 412 页。

④ Article 2 of the 1944 Treaty between Mexico and the United States relating to the Utilization of the Waters of the Colorado and Tijuana Rivers and the Rio Grande, *Legislative Texts*, No. 77, at 236.

⑤ 例如，Protocol 1, Article 3 of the 1946 Treaty concerning the Waters of the Tigris and Euphrates (Iraq and Turkey), *Legislative Texts*, No. 104, at 376.

⑥ 例如，1960 年《印度河水条约》第 7 条第 1 款 a 项，本页注③。

⑦ 第369页注②，第 13 条第 1 款。

⑧ 第 13 条第 2 款。

⑨ 第 13 条第 4 款。

“水道国应定期交换水道状况，特别是关于水文、气象、水文地质和生态性质的而且与水质有关的便捷可得的数据和资料以及有关的预报。”

就这一义务的持续性和常规性而言，1997 年《联合国水道公约》第 11 条确立了就计划采取的措施对国际水道状况带来的可能影响有关的信息进行交流的单独义务。该公约第 9 条借鉴了 1992 年《赫尔辛基公约》的要求①，规定如果一个水道国尽力满足另一个水道国获得不是便捷可得的数据或资料的要求，可以要求请求国支付由此而导致的的合理费用②。该公约进一步规定另一水道国可获得的信息应是有用的和可理解的，水道国“应尽力以便于接到数据和资料的其他水道国加以利用的方式收集和在适当情况下处理这些数据和资料”③。

McCaffrey 认为这种义务是“附属于公平利用原则和防止重大损害的义务，甚或是其不可缺少的重要组成部分之一”④。他进一步解释道：

“如果没有共同沿岸国提供水道状况的数据和资料，对一水道国而言，无论是在其领土内规制利用和提供保护（特别是防止洪灾和污染），还是确保与其他水道共享国之间的利用是公平的和合理的，都是不可能的，即使可能，也是非常困难的。”⑤

相似的情况是，世界环境与发展委员会环境法专家组将这一义务与公平利用原则紧密联系起来，宣称“提供信息的义务原则

① 第 13 条第 3 款规定：

“如果一沿岸缔约国被其他缔约国要求提供并不可得的信息，前者应努力配合这一请求，但可相应要求付费，要求请求国支付合理的数据或资料收集，以及适当的处理费用”。

② 第 9 条第 2 款。

③ 第 9 条第 3 款。

④ 第370页注③，第 411 页。

⑤ 同上。

上可能涉及诸多因素……为了实现跨界自然资源的公平合理利用，不得不考虑这些因素”①。

Okowa 认为，至少在相关条约规定未能提供行之成效进行外部评价或审查的情况下，有效履行这一义务会存在诸多问题。她指出：

“判定违反此类性质义务，会带来很多问题，因为无法对其履行情况进行可观评判。关于收集或传播信息并没有统一的原则和规则。”②

不过，她进一步推测“如果损害发生，没有提供此类信息可被视为负有此义务的水道国对其管辖与控制范围内的获得没有履行审慎注意的一种证据”③。这样的话，合作进行信息交流的义务，就像一般合作义务的其他方面一样，有助于判定违反防止跨界污染义务的情况。但是，一些评论者认为，定期交流信息和资料最重要的好处是沿岸国之间关系的改善和更密切的合作。例如，Ely 和 Wolman 已观察到更成熟的合作可能得益于信息的常规交流（该观点可能更为乐观），即：

“首先，可能最多是单独收集的数据的交流；其次，是数据的标准化；再者，是数据的联合收集；水资源利用预测的交流；计划的交流；项目的共同规划；在平等分配消费用水、河流污染、争端解决机制等领域的协定；以及理想情况，在一国范围内共同投资开发资源、共同收益和设施协调管理等方面的协定。”④

---

① See R. D. Munro and J. G. Lammers, *Environmental Protection and Sustainable Development: Legal Principles and Recommendations* (Graham & Trotman/Martinus Nijhoff, London/Dordrecht/Boston, 1987), at 95.

② 第368页注②，第 301 页。

③ 同上。

④ N. Ely and A. Wolman, “Administration”, in A. H. Garreston, R. D. Hayton and C. J.

三、善意协商/谈判义务

绝大多数与环境保护有关的条约都要求水道国进行协商或谈判，以期达成一个兼顾通知国与被通知国利益的协定。例如，这样的协定通常可能会涉及尽可能减轻相关计划采取的措施的负面影响或赔偿受影响国的战略①。甚至当一潜在受影响国没有收到通知时，它通常有权在得知拟议活动后要求尽快进行协商②。但是，协商义务并不能等同于要求获得反对国的同意③，而只是要求来源国努力考量反对国的利益与关注④。在"拉努湖仲裁案"中，仲裁庭认为，实际它等同于授权反对国进行否决，这可能会是对来源国主权的严重干涉⑤。类似地，在"核试验案"中，国际法院反对澳大利亚主张因拟议活动对其他国家施加了不可接受的损害风险，因而该国对该项目享有否决权。Ignacio-Pinto 法官认为：

"如果法院接受澳大利亚的请求，这如同在执行国际法中一个新概念，借此将禁止国家在其领土主权内从事任何有风险的活动，并将授权任何国家干预他国内部事务。"⑥

因此，尽管潜在受害国可能会反对，通知国仍有权实施其

Olmstead (eds), *The Law of International Drainage Basins* (Oceana, New York, 1967) 124, at 146-7, cited in McCaffrey, 第370页注 c, at 412.

① 例如，在"古特大坝案"中，美国和加拿大达成协议，美国同意加拿大在圣劳伦斯河国际流段修建跨越边界的大坝，但加拿大应就美国因该大坝所遭受的任何损失予以赔偿；参见 Report of the United States Settlement of Gut Dam Claims (1969) 7 *ILM*, at 128-3. 详见 Okowa 文，第368页注②，第310页。

② 例如，参见Article 3(7) of the 1991 ECE Convention on Transboundary Environmental Impact Assessment, *supra*, n. 2 at p.377, and Article 4(2) of the 1992 Convention on the Transboundary Effects of Industrial Accidents, 第376页注⑦。

③ Kirgis 文，第368页注②，第361页。

④ Okowa 文，第368页注②，第306页。

⑤ 第370页注①，第129~130页。

⑥ See order of 22 June 1973 (1973) *ICJ Reports*, at 132. See, also, the judgment of Judge de Castro, (1974) *ICJ Reports*, at 368~390.

计划项目，潜在受害国甚至不能坚持该活动应以特定的方式来实施或应采取特定的风险预防措施以维护他们的利益。但是 随着风险预防原则及其具体实施方式（诸如风险预防性的环境标准和最佳可得技术），要求采用风险预防措施的情况可能会增加。尽管来源国可以不顾谈判的结果而开展行动，但这种谈判的内容很可能在任何与其随后引起的损害义务有关的程序中发挥作用 。

调整各类活动并对缔约国施加了进行协商或谈判的义务的条约条款的例证非常多。诸如，1957 年《欧洲原子能条约》第 34 条、第 41 条和第 43 条①、1968 年《非洲自然和自然资源保护公约》②、1974 年《北欧环境保护公约》第 11 条③、1974 年联合国环境规划署《关于保护波罗的海海洋环境的赫尔辛基公约》第 12 条④、1979 年《长程越界空气污染公约》第 5 条⑤、1982 年《联合国海洋法公约》第 197~201 条⑥、1985 年《东盟自然和自然资源保护协定》第 19 条和第 20 条⑦、1991 年欧洲经济委员会《跨界环境影响评价公约》第 5 条⑧、1991 年《美国加拿大空气质量协定》第 5 条⑨、1992 年《生物多样性公约》第 17 条⑩及 1992 年《工业事故跨界影响公约》第 4 条⑪。

在“拉努湖仲裁案”中，仲裁庭认为存在一项要求国家进行谈判的习惯法规则，至少在国际水道利用方面如此⑫。国际法院从

---

① 298 *UNTS* 162.

② 1001 *UNTS* 4.

③ (1974) 13 *ILM* 511, 1092 *UNTS* 279.

④ UNEP, *Selected Multilateral Treaties in the Field of the Environment, Reference Series 3* (Nairobi, 1983), at 405, 13 ILM 546 (1974).

⑤ (1979) 18 *ILM* 1442.

⑥ (1982) 21 *ILM* 1261.

⑦ Text reproduced in (1985) 15 *Environmental Policy and Law*, at 64.

⑧ 第 377 页注②。

⑨ 第 388 页注④。

⑩ (1992) 31 *ILM* 822.

⑪ 第 376 页注⑦。

⑫ 第 370 页注①，(1957) 24 ILR 101, at 146.

多个角度考量谈判义务并认为这是一项构成国际关系基础的基本原则①。判决书支持“谈判义务是一般国际法的一项原则”这一主张②。该义务并不要求必须达成协定，而是只要求当事国必须进行切实谈判和必须一秉善意谈判③。当一方没有正当理由终止谈判、非正常地拖延或施加时间限制、不遵从商定程序或有组织的拒绝考量他国的建议或利益时，谈判将无法进行④。仲裁庭强调商谈必须内容广泛，不能限于诸如记录在案的申诉等形式要求⑤。国际法院采纳了这一观点，认为当事国必须进行有意义的谈判，当一方不考虑某种妥协的可能性而反复重申其立场时，这样的谈判就不会出现⑥。事实上，就此仲裁或判决指南而言，Nollkaemper 认为，协商义务意味着处于争议中的国家“必须与潜在受影响国进行观点交流以在其最终决定当中对双方利益进行考量”⑦。在“拉努湖案”中，仲裁庭认为，任何未根据善意原则而进行的谈判都可能会遭致处罚，Okowa 认为“某种程度上程序性谈判是可司法的法律义务，不履行协商程序的基本原则可能会使该国承担责任”⑧。

---

① *North Sea Continental Shelf Cases (Federal Republic of Germany v. Denmark and Federal Republic of Germany v. Netherland) (1969) ICJ Reports* 2, at 47.

② *Fisheries Jurisdiction Case (United Kingdom v. Iceland) (1973) ICJ Reports* 2, at 46 (dissenting opinion of Judge Padilla Nervo).

③ “拉努湖仲裁案”，第370页注①，12 *RIAA* 281, at 315.

④ 同上，第 307 页。参见 Barberis 文，第376页注②，第 182 页，和 Okowa 文，第368页注②，第 307 页。亦可参见“北海大陆架”案，本页注④，第 85 段和第 86 段；和国际常设法庭在“立陶宛和波兰铁路交通案”（*Railway Traffic between Lithuania and Poland*）的咨询意见，*PCIJ Series* A/B, No. 42, at 116.

⑤ 第376页注①, (1957) 24 *ILR* 139.

⑥ *North Sea Continental Shelf Cases, supra, n. 156; Case Concerning Claims Arising Out of Decisions of the Mixed Graeco-German Arbitral Tribunal set up under Article 304, Part X of the Treaty of Versailles* (Between Greece and the Federal Republic of Germany), 19 *Review of International Arbitration Awards*; cited in J. Barberis, *supra*, n. 1 at p.376, at 181.

⑦ A. Nollkaemper, *The Legal Regime for Transboundary Water Pollution: Between Decision and Constraint* (Martinus Nijhoff/Graham & Trotman, Dordrecht, 1993), at 165.

⑧ 第368页注②，第 307 页。

但是，尽管一些评论者支持协商和谈判义务已在国际习惯法中得以确立这一主张①，主流观点依然是“除了紧急状况下的通知，其他程序性义务是否已被纳入习惯法仍颇值得怀疑”②。这种观点认为，虽然在施加程序义务的条约不断增加，但“并不存在遵从条约或受之影响的国家实践的证据”③。国际法协会跨界污染法律事务委员会在 1984 年指出，信息交流、通知和协商的程序义务已经是国际法的组成部分④；国际法学院（IDI）更为谨慎，其空气污染特别报告员在 1987 年强调，在缺少可适用的条约规定时，一般国际法并没有对当事国施加任何程序义务⑤。实际上，就国际水道污染而言，国际法学院的成员直到 1979 年仍然强烈反对程序义务的习惯法地位⑥。美国法学会并不认为通知和协商的程序义务有任何独立的规范地位，而是认为它只构成了对当事国防止跨界损害实体性义务的补充和履行该义务的必要方式⑦。

尽管缺乏关于环境义务的类似习惯要求，但在共享水资源领域的习惯法施加了通知他国、提供信息和进行协商的约束性义务，

---

① 例如参见 A. Boyle, 'Nuclear Energy and International Law: An Environmental Perspective' (1989) 60 *British Yearbook of International Law*, 257, at 281; E. Jiménez de Aréchaga, *supra*, n. 2 at p.376, at 197; Kirgis, supra, n. 2 at p.368, chapter 2; P. Birnie and A. Boyle, *International Law and the Environment* (OUP, Oxford, 1992), at 103; P. Sands, *Principles of Internaional Environmental Law* (MUP, Manchester, 1995), at 604~607; L. A. Teclaff, *Water Law in Historical Perspective* (William S. Hein Co., New York, 1985), at 473. See further, Okowa, *ibid*, at 317.

② Okowa 文，同上。

③ Okowa（同上，第 319 页）特别提到了国际法不加禁止行为所致损害后果之国际赔偿责任相关的国家实践的调查，(1985) *Yearbook of the International Law Commission*, vol. 2, part I, at 22~58.

④ ILA, *First Preliminary Report of the Committee on Legal Aspects of Long-Distance Air Pollution, Report of the 6th Conference* (1984), at 378. 详见 Okowa 文，第 368 页注②，第 325 页。

⑤ (1987) 62:I *Annuaire de L'Institut de Droit International*, at 220~221. 参见 Okowa 文，同上。

⑥ “La Pollution des fleuves et des lacs et le droit international” (1979) 58:I *Annuaire de L'Institute de Droit International*, 296~309. 参见 Okowa 文，同上。

⑦ American Law Institute, *Third Restatement* (St Paul, 1987), at 114. 参见 Okowa 文，同上。

并且被广泛接受①。对这些习惯法义务的早期支持可见于欧洲②及其他地区关于国际水道利用的条约③和国家实践④，Okowa 指出，总体上这些义务即使在缺乏可适用的条约规定的情况下也得到了履行⑤。在根据 1909 年《跨界水条约》第 9 条所确立的国家联合委员会的主持下，美国和加拿大之间由于美国关注白杨河（Poplar）发电站的跨界影响而进行了协商，这提供了此领域相关国家实践的一个事例⑥。权威的评论者 McCaffrey——他也曾担任国际法协会关于水道的特别报告员——已经承认程序规则在国际水道法语境中根据特别法（lex specialis）而获得的特殊地位，这也是由于

① 例如，参见 J. Bruhacs, *The Law of Non-Navigational Uses of International Watercourses* (Martinus Nijhoff, Dordrecht, 1993), at 176-7.

② 例如，the 1921 Barcelona Convention on the Regime of Navigable Waterways of International Concern, 7 *LNTS* 35; THE 1948 Convention regarding the Regime of Navigation on the Danube, 33 *UNTS* 196; the 1963 Berne Agreement concerning the International Commission for the Protection of the Rhine, reprinted in *Tractatenblad Van Het Koninkrijk Der Nederlanden*; the 1964 Agreement concerning the Use of Waters in Frontier Waters concluded between Poland and the USSR, 552 *UNTS* 175; Article 9 of the 1974 Agreement concerning Co-operation in Water Economy Question in Frontier Rivers concluded between the German Democratic Republic and Czechoslovakia, reprinted in *Sozialistische Landeskultur Umweltschutz, Textansgabe Ausgewählter Rechtsvorschriften, Staatsverslag Der Deutsch Dem. Rep*. 375 (1978); the 1976 Convention on the Protection of the Rhine against Chemical Pollution (1977) 16 ILM 242. 关于全面的考察，参见 Kirgis 书，第368页注②，第 2 章。

③ 例如，Article IX of the 1909 Boundary Waters Treaty, *supra,* n. 2 at p.373; the 1959 Nile Waters Agreement; Article 6 of the 1960 Indus Waters Treaty, 419 *UNTS* 125; the 1964 Agreement concerning the River Niger Commission, 587 *UNTS* 19; the 1971 Act of Santiago concerning Hydrologic Basins concluded between Argentina and Chile; the 1973 US–Mexico Agreement on the Permanent and Definitive Solution to the International Problem of the Salinity of the Colorado River (1973) 12 *ILM* 1105; Article 9 of the 1978 US–Canada Great Lakes Water Quality Agreement, 30 *UST* 1383.

④ 关于该领域国家实践的全面考察，参见 J. G. Lammers, *Pollution of International Watercourses* (Martinus Nijhoff, The Hague, 1984), at 165, *et seq.*

⑤ 第368页注②，第 319 页。

⑥ 参见 "Contemporary Practice of the United States" (1978) 72 *American Journal of International Law*, 653.

在此领域长期和丰富的国际合作历史而促成的[①]。由此可见，“拉努湖仲裁案”只是特别强调与共享水资源有关的习惯法义务的存在。与国际水资源有关的现代条约实践支持应根据国际习惯法进行善意谈判这一观点。例如，1992 年欧洲经济委员会《赫尔辛基公约》第 10 条规定，“应任一沿岸国的请求，各沿岸国应秉承互惠、善意和睦邻的精神进行协商”[②]。编纂适用于国际淡水资源利用的主要习惯法规则的国际机构所有近期的努力，都强调在执行合作义务中通知与协商义务的作用[③]。在其关于国际水道非航行利用的工作中，国际法委员会认为“在环境管理特别是防止跨界损害方面程序保障的作用至关重要。”[④]事实上，这一主题第二任特别报告员 Schwebel 法官对国家、国际组织和仲裁机构的相关实践作了深入考察，认为通知和协商的程序性要求是一般国际法对一国期望中的“不可分割的部分”。[⑤]

1997 年《联合国水道公约》[⑥]第 8 条为水道国施加了一项一般义务，即“应在主权平等、领土完整、互利和善意的基础上进行合作，以便实现国际水道的最佳利用和充分保护”[⑦]，进而建议建立联合机制或委员会以便利此种合作[⑧]。第 11 条进一步要求水道国“应就计划采取的措施对国际水道国状况可能产生的影响交换资料和互

---

① Summary Records of the Meetings of the Forty-First Session (1989) *Yearbook of the International Law Commission*, vol. I, at 91.

② 第 369 页注②。亦可参见 1990 EU-Australia Agreement concerning Co-operation on Management of Water Resources in the Danube Basin, *Official Journal of the EC*, L/90/20.

③ 例如，参见 Article 6 of the Institute de Droit International (IDI) 1979 Athens Resolution on Polluting of River and Lake in International Law (1980) *yearbook of the Institute of the International Law*, Part II, at 199.

④ Okowa 文，第 368 页注②，第 321 页。

⑤ S. Schwebel, *Third Report on the Law of the non-navigational uses of international watercourses* (1982) *Yearbook of the International Law Commission*, vol. 2, part I, at 103. 详见 Okowa 文，同上。

⑥ (1997) 36 *ILM* 700.

⑦ 第 8 条第 1 款。

⑧ 第 8 条第 2 款。

相协商，并在必要时进行谈判”。特别是第17条规定，当被通知国根据第15条的规定通知其反对该计划采取的措施时，两国“应进行协商，并于必要时进行谈判，以期达成公平地解决这种情况的办法”[①]。它进而要求“协商和谈判应在每个国家都必须善意地合理顾及另一个国家的权利和正当利益的基础上进行”[②]。第18条确立了适用于没有通知情况的程序，要求计划采取措施的国家和坚信该措施会给其带来不利影响的反对国“应迅速按照第17条第1款和第2款所述的方式进行协商和谈判”[③]。类似的条款还有允许在特别紧急的状况下迅速实施该计划采取的措施的第19条，要求执行国迅速进行协商和谈判[④]。1997年《公约》将协商作为推进正式谈判的重要一环。例如，第3条第5款要求“水道国应进行协商，以期进行善意的谈判”，同时第17条第1款规定通知国和被通知国“应进行协商，并于必要时进行谈判，以期达成公平地解决这种情况的办法。”由此，协商在本质上不需要对抗，可能只是在就事实情况或当事国的利益或立场交换信息时的讨论[⑤]。

有意思的是，尽管1997年《公约》并不要求水道国采纳水道协定[⑥]、联合管理机制[⑦]或应被禁止、限制或监管排入水道的物质清单[⑧]，但它确实提及在特定情况下各国应友好协商和谈判以期达成

① 第17条第1款。

② 第17条第2款。

③ 第18条第2款。

④ 第19条第3款。

⑤ 参见McCaffrey文，第370页注③，第410页。

⑥ 第3条第5款规定：“如果一个水道国认为，鉴于某一特定国际水道的特征和利用，必须调整和适用本公约的规定，各水道国应进行协商，以期为缔结一项或多项水道协定进行善意的谈判”。

类似地，第4条第2款规定：“如果一个水道国对某一国际水道的利用可能因执行……某一拟议水道协定而受到重大影响……有权参与关于此一协定的协商，并在适当情况下参加……善意谈判。”

⑦ 第24条规定：“经任何水道国要求，各水道国应就国际水道的管理问题进行协商，其中可以包括建立联合机制”。

⑧ 第21条第3款规定：“经任何水道国请求，各水道国应进行协商，以期商定彼

这样的机制。最重要的是第 6 条第 2 款要求“在适用第 5 条或本条第 1 款（公平合理利用原则）时，有关的水道国应在需要时本着合作精神进行协商。”同样地，第 7 条第 2 款要求其利用对另一水道国造成重大损害的水道国应与受影响国就消除或减轻这种损害进行协商，并在适当的情况下讨论赔偿问题。这样，善意协商与谈判的义务就渗透于整个《公约》，并在有效执行实体性原则与规则中发挥着核心作用。

但是，1997 年《公约》中的程序性义务并非没有限制。例如，水道国并无义务建立一种机制，借此应联合评价利用的有效性和不同利用的整合效用①。《公约》没有要求当事国达成协定。Hey 在讨论 1993 年《条款草案》时，对关于水道协定的第 3 条很失望，“它并未指明这种需要，更不用说要求水道国达成这样一个涵盖该整个国际水道的协定。”她认为“如果追求整体发展与管理，达成这样一个涵盖水道全部事务之协定的义务是令人推崇的”②。根据《公约》水道国“就整个国际水道或其任何部分或某一特定项目、方案或利用订立，除非该协定对一个或多个其他水道国对该水道的水的利用产生重大不利的影响，而未经这些国家明示同意”③。Hey 进一步认为，假如所有水道协定会影响所有其他水道国对水道的利用，那么第三水道国至少有权知情其他水道国的谈判，并作为观察国加入进来④。根据第 4 条第 2 款的规定，只有其对某一国际水道的利用在很大程度上受到这一协定影响的第三水道国，“有权在其利用因而受到影响的限度内，参加关于此一协定的协商，并酌情进行友好谈判，以期成为缔约方。”根据国际法委员会关于《条款草案》第 4 条早期的评注意见，该第三水道国有义务证明其利用可能受此协定

此同意的预防、减少和控制国际水道污染的措施和方法，如

（c）制定应禁止、限制、调查和监测让其进入国际水道水中的物质清单。”

① 详见 E. Hey 文，第 381 页注④，第 137 页。

② 同上。

③ 第 3 条第 4 款。

④ 第 381 页注④，第 137~178 页。

的影响[①]。总体上，第三水道国是否被通知相关谈判取决于对《公约》第三部分“计划采取的措施”这一术语的解释，尽管早期的评注意见主张更宽泛的解释，但是关于可行措施的谈判是否应被纳入仍不明确[②]。

在根据该公约第17条或第18条协商和谈判期间，计划采取该措施的水道国应反对国的请求，“应在六个月期限内不执行或允许执行计划采取的措施，除非另有协定”[③]。当在此协商与谈判期间未达成一致意见时，第33条详细规定有关各方应据此设法以和平方式解决与该公约之解释和适用有关的任何争端[④]。

最后，McCaffrey很好地总结了协商乃至谈判义务的法律与实践意义，他指出：

> “协商是保障平衡利用和防止不合理损害之进程的关键因素。实际上，甚至可以认为，平等与合理利用义务在本质上间接要求定期协商，亦即，它是一个以国际水道共享国之间进行常规交流为前提的一个过程。”[⑤]

四、警告义务

评论者通常认为，在出现跨境环境紧急状况时警告邻国之义务

① International Law Commission, *Report of the International Law Commission on the work of its thirty-ninth session* (1987), *United Nations General Assembly Official Records*, forty-second session, Supplement No. 10(A/42/10), at 68.

② International Law Commission, *Report of the International Law Commission on the work of its fortieth session* (1988), *United Nations General Assembly Official Records*, forty-fifth session, Supplement No. 10(A/43/10). 参见Hey文，第381页注⑤，第138页。

③ 第17条第3款和第18条第3款。

④ 见下文。

⑤ 第370页注③，第411页（原文强调）。

要么已在国际习惯法当中明确确立下来[①]，要么正在确立的过程中[②]。在习惯法中存在这一义务的观点在“科孚海峡案”和“尼加拉瓜案”中得到了国际法院的支持。在“科孚海峡案”中，国际法院认为阿尔巴尼亚有义务警告其管辖水域内航行（的船只）所面临的危险[③]，在“尼加拉瓜案”中，国际法院重申一国有义务警告他国他们面临的危险[④]。许多环境条约中都规定了这项警告义务，意在为潜在受灾难性事故影响国提供一个机会采取撤离或其他减轻危害战略[⑤]。在一些公约制度中，这一义务的严格程度及其范围往往取决于许多相关因素，诸如任何可能出现的环境损害的特点及严重性、一国的地理位置与事故发生地的距离以及可能受到影响利益的经济或其他重要性[⑥]。由此，通知要求在核条约当中则最为严格[⑦]。实际上，这一义务的发展因下列事件而得到了快速推动，即 1986 年切尔诺贝利核电站爆炸及苏联延迟48~72小时才通知国际组织[⑧]。这推动了七个重要工业国家在 1986 年 5 月 5 日东京“七国集团”经济峰会后迅速开会就事故的影响发表了一项声明，声明指出：

“每个国家……有责任迅速提供关于核紧急状况与事故的详细

---

① V. Beyerlin, “Neighbour States”, in R. Bernhardt (ed.), *Encyclopedia of Public International Law* (Max Planck Institute, Heidelberg), vol. 10, 310, at 313; O. Schachter, *International Law in Theory and Practice* (Martinus Nijhoff, Dordrecht, 1991), at 373.

② J. Schneider, “State Reponsibility for Environmental Protection and Preservation”, in R. Falk, F. Kratochwil and Mendlowitz (eds), *International Law: A Contemporary Perspective* (Westview Press, Boulder, CO, 1985) 602, at 613. See also, J. Schneider, *World Public Order of the Environment* (University of Toronto Press, Toronto, 1979), at 159.

③ *Corfu Channel (United Kingdom v. Albania)* (1949) *ICJ Reports* at 22.

④ *Nicaragua v. United States (Merits)* (1986) *ICJ Reports* 4, at 112, para. 215.

⑤ 例如，Article 6 of the 1989 Convention on the Control of Transboundary Movement of Hazardous Wastes and their Disposal, *supra*, n. 114; Article 10 of the 1992 Convention on the Transboundary Effects of Industrial Accidents, *supra*, n. 6 at p.376.

⑥ 例如，参见 1991 年欧洲经济委员会《跨界环境影响评价公约》附录三所列举的标准，第377页注 ②。

⑦ 详见 Boyle 文，第395页注 ①。

⑧ See generally, P. Sands, *Chernobyl: Law and Communication* (Grotius, Cambridge, 1988), at 1~6.

的、完整的信息，特别是那些具有潜在跨界影响的状况和事故。我们中的每个国家都接受这种责任……”①

该声明建议七国集团之成员国应视警告义务为国际习惯法正在形成中的原则的发展②。在事故发生三个月内，国际原子能机构召开了一次由政府专家组成的特别会议来准备两项公约。在1986年9月26日国际原子能机构全体大会的一次特别会议上，《核事故早期通报公约》和《核事故或辐射紧急情况援助公约》供开放签署③。前者于1986年10月27日生效，后者于1987年2月26日生效。两项公约已得到广泛的批准，欧共体甚至比执行《核事故早期通报公约》更进一步，在1987年12月采纳了一项《决议》④，该《决议》打算“以《国际原子能机构早期通报公约》为基础并发展之”。⑤而且，作为国际原子能机构公约直接推动之结果，全球一些国家已经达成多项双边协定⑥。

实际上，在一项关于围绕国际习惯法中警告义务之实践的综合研究中，Woodliffe认为在涉及共享自然资源利用的情况下，诸如国际水道系统，警告义务发展迅速⑦。他解释道：

“由于共享自然资源利用加大了跨界环境损害的风险，故而司法普遍支持存在一项向有关国家就可能对其环境引起突发损害影

① Text reproduced in (1986) 25 *ILM* 1004, at 1005~1006.

② See further, A. O. Adede, *The IAEA Notification and Assistance Conventions in Case of a Nuclear Accident* (Martinus Nijhoff, Dordrecht, 1987), at XX.

③ The texts of both Conventions are reproduced in (1986) 25 *ILM* 1369~1386.

④ Decision 87/600 EURATOM O. J. L371/76 (30/12/87).

⑤ See COM (87) 135/2, para. 12.

⑥ 例如，1987 Brazil-Argentina Agreement on Early Notification and Mutual Assistance (1978) 39 *Nuclear Law Bulletin*, 36. 关于1986年之后缔结的双边协定的详细清单，参见Boyle文，第395页注②。亦可参见Okowa文，第368页注②，第297页。

⑦ J. Woodliffe, “Tackling Transboundary Environmental Hazards in Cases of Emergency: The Emerging Legal Framework”, in R. White and B. Smythe (eds), *Current Issues in European and International Law* (Sweet & Maxwell, London, 1990) 105, at 114~115.

响的紧急状况发出警告的义务。”[①]

他引证如下例证来支持其结论：联合国环境规划署《保护和协调利用两个或两个以上国家共享水资源的环境指南之行为原则（草案）》第9条[②]和国际法协会《国际流域水污染条款草案》[③]。国际法协会采纳了2004年《柏林规则》[④]，其第七章全章规定了“极端情势”，它对当事国在“极端情势”[⑤]或“污染事故”[⑥]下通知其他受影响国和主管国际组织以及通知可能带来洪灾的事件[⑦]和符合了发生干旱风险之协定标准的条件[⑧]这一义务作了详细规定。1992年欧洲经济委员会《赫尔辛基公约》规定“沿岸缔约国应毫不迟延地相互通报可能带来跨界影响的重大情势”，进而要求它们“应在适当时建立和实施协调一致的或联合的通信、警告和警报系统，以获取和传送信息”[⑨]。此外，在沿岸缔约国设立的联合机构应执行的任务中，特别包括“建立预警和警报程序”[⑩]。有指导意义的是，1987年国际法学院关于大气污染的特别报告员 Nascimento e Silva 大使保守地认为，尽管程序性义务总体来讲并没有独立的习惯法地位，但是在污染突然迅速扩大的情况下一国发布警告的义务是国际习惯法的组成部分之一[⑪]。

不过，国际习惯法对在跨界环境紧急状况下是否进一步要求当事国在迅速向任何可能受影响国发出警告的义务做出了进一步

① 同上，第115页。

② *Report of the Intergovernmental Working Group of Experts on Natural Resources Shared by Two or More States on the Work of its Fifth Session* (Nairobi, 1978), text reproduced in 17 *ILM* (1978) 1094.

③ International Law Association, *Report of the Sixtieth Conference* (1982) 535, at 540~541.

④ 第374页注④。

⑤ 第32条。

⑥ 第33条。

⑦ 第34条。

⑧ 第35条。

⑨ 第369页注②，第14条。

⑩ 第9条第2款g项。

⑪ 第395页注⑤，第221页。

要求，这一点并不明确。有人认为，为了践行警告义务，它必须由诸多后续义务来补充，如提供援助的义务、制定应急计划的义务或提供诸如援助受影响国减轻跨界损害影响的相关信息的义务等。在与这一领域相关的工作中，国际法协会[①]和由世界环境与发展委员会任命的专家组[②]都提及这一义务是对警告这一基本义务的一种补充。尽管 Woodliffe 怀疑是否存在履行这些义务的一般法律义务，他还是承认这种义务在共享自然资源领域可能存在。[③]他指出[④]：

> “对近期关于相互援助的协定产生重大影响的协定……是1977年法国和瑞士间达成的《关于控制由碳氢化合物或其他水污染物质带来的水污染事故的活动或机构之协定》。”[⑤]

该协定深化实施和扩展了法国和瑞士《保护日内瓦湖免受污染公约》[⑥]。1992 年《欧洲经济委员会公约》明确要求“在发生重大情势时，沿岸缔约国应应要求相互提供援助”[⑦]。此外，他还详细列举了沿岸缔约国应就商谈和达成相互援助程序的诸多问题[⑧]。

随着国际习惯法的发展，1997 年《公约》规定“如果在一个水道国的领土内发生任何紧急情况，该水道国应毫不迟延地以可供采用的最迅速方法，通知其他可能受到影响的国家和主管国际组织”[⑨]。“紧急情况”被广泛定义、它包括：

---

① International Law Association, *First Report of the Committee on Legal Aspects of Long-Distance Air Pollution, Report of the Sixty-First Conference* (1984) 380.

② WCED, *Environmental Protection and Sustainable Development: Legal Principles and Recommendations* (1987), at 116. 提议的法律原则的概要包含在世界环境与发展委员会的报告《我们共同的未来》(Oxford University Press, Oxford, 1987) 的附录一中。

③ 第402页注⑦，第 116 页。

④ 同上，第 121 页。

⑤ 1080 *UNTS* 155.

⑥ 922 *UNTS* 49.

⑦ 第369页注②，第 15 条第 1 款。

⑧ 第 15 条第 2 款。

⑨ 第 28 条第 2 款。

“对水道国或者其他国家造成或立即可能造成重大损害的情况，这种情况有的是由天然原因——例如洪水、冰崩解、山崩或地震，有的是人为——例如工业事故——所突然造成的。”①

1997年《公约》进一步要求：

“在其领土内发生紧急情况的水道国，应与可能受到影响的国家，并在适用情况下与主管国际组织合作，根据情况需要，立即采取一切实际可行的措施，预防、减轻和消除该紧急情况的有害影响。”②

采取“一切实际可行措施”这一要求，在很多情形中等同于向受影响国家提供援助或者提供所有与此相关的更进一步信息的义务。进而，《公约》明确规定“如有必要，水道国应联合一起，并在适用情况下与其他可能受到影响的国家和主管国际组织合作，共同拟定应付紧急情况的应急计划”③。

五、争端解决

人们对此几乎很少有怀疑：各国有强制义务以和平方式解决争端，④1997年《联合国水道公约》重申了基于《公约》所产生争端的义务以及提供最低限度的、基本也是自愿性的机制以协助解决国家间此类争端的义务。⑤但是，通过考察《公约》关于“非歧视”原则或平等诉诸司法的第32条，明显可以看出该公约的起草者及各成员国预料到在避免和解决国际水道争端中受不利影响的私方主体诉诸国内法院和救济的重要作用。《公约》第32条规定：

“除非有关的水道国在与国际水道有关的活动造成重大跨界损

① 第28条第1款。

② 第28条第3款。

③ 第28条第4款。

④ 《联合国宪章》第2条第（3）款。

⑤ 参见下文。

害时，为保护已经受害或面临受害的严重威胁的自然人或法人的利益另行达成协定，水道国不应基于国籍或居所或伤害发生的地方，而在允许这些人按照该国法律制度诉诸司法程序或其他程序或就在其领土内进行的活动所造成的重大损害要求赔偿或其他救济的权利上予以歧视。”

因此，该规定意在要求平等诉诸司法，根据国际法委员会对早期草案的评注意见，“该条款的关键之处在于，当水道国为其公民或居民提供诉诸司法或其他程序时，他们必须平等对待非公民或非居民”①。因为政策原因，一般会倾向在国内寻求私法救济，主要是因为通常认为这样的救济更为快捷和更富有成本效益，同时这些救济也避免某一争端不必要的政治化。就像国际法委员会讨论《草案条款》讨论稿的一位参加者所观察到的：

“在私法层面上需求国内程序有这样几个理由：它们通常成本低廉；它们涉及的是实际参与相关活动的个人或公司；它们为遵从这一规则提供更有效的激励；在特定案例中它们比外交渠道更快捷；它们会做出对相关主体的义务具有法律约束力的和可执行的裁判；它们鼓励在特定水道系统管理中开展区域合作。”②

当然，在有关因所致损害或伤害而请求赔偿的案例中，在私法层面上救济的便利性与所谓的“污染者付费”原则是一致的③。但是，关于1994年《草案条款》的评注意见认为该原则既适用于涉及实际损害的情况也适用于那些可预见损害的情况，并进一步

① *Draft Articles on the Law of the Non-Navigational Uses of International Watercourses and Commentaries Thereto, Provisionally Adopted on First Reading by the International Law Commission at its Forty-Third Session* (September 1991), at 179.

② *Summary Record of the 24th Meeting*, UN GAOR 6th Comm., 45th Sess., 24th Mtg., UN Doc. A/C.6/45/SR.24 (1990), at 170, cited in S. V. Vinogradov, “Observations on the International Law Commission’s Draft Rules on the Non-Navigational Uses of International Watercourses: ‘Management and Domestic Remedies’” (1992) 3 *Colorado Journal of International Environmental Law and Policy*, 235, at 249.

③ 关于“污染者付费”原则，详见本书第七章。

指出：

“既然后一类损害通常可通过行政程序得到更有效的解决，就主要关注‘司法与其它程序’的本条而言，它要求无论是诉诸法院还是任何可适用的行政程序都必须遵从非歧视原则。”[①]

因此，它将会保证平等进入任何国内土地利用规划、发展控制或排污许可的程序，这可能会对拟议的不当用途施加一定的限制。该评注意见还指出，由于一国应“根据其法律制度”允许进入上述程序，这一“义务将不会影响那些要求非居民或外国人以缴纳保证金为利用司法系统的条件以承担司法费用或其他费用的国家的现行做法”[②]。国际法委员会的评注意见进一步解释，该规则只适用于“相关国家另有协议 ……”的情况，因此这一规则是多余的；但是国家不能“通过协定的方式而在授权进入其司法或其他程序或要求赔偿时有所歧视”，因为“国家间协定的目的应当总是保护损害的受害人或潜在受害人的利益”[③]。换句话说，此协定应为解决这样的争端提供可替代的国家间程序。

早在 20 世纪 70 年代，救济平等原则（principle of equality of access）就得到了一些国家的条约和宣言实践的支持[④]，这包括 1974 年《北欧环境保护公约》第 3 条[⑤]，1974 年 OECD《关于跨界污染原则的建议》[⑥]，1978 年联合国环境规划署《保护和协调利用两个或两个以上国家共享水资源的环境指南之行为原则草案》之原则 14[⑦]。从

① *ILC Report* (1994), at 319.

② 同上。

③ 同上，第 320 页。

④ 关于救济平等原则的早期讨论，参见 S. Van Hoogstraten, H. Smets and P. Dupuy, “Equal Right OF Access: Transfrontier Pollution” (1976) 2 *Environmental Policy and Law*, 77, cited in ILC Report (1974), at 322.

⑤ (1974) 13 *ILM* 591.

⑥ Recommendation C(74)224, in OECD and the Environment (OECD, Paris, 1986), at 142. See also, para. 4(a) of OECD Recommendation C(77)28, *ibid*, at 150.

⑦ UNEP Governing Council Decision 6/14, 19 May 1978.

更广泛的范围来看，平等救济原则已被引入 1982 年《联合国海洋法公约》第 235 条第 2 款①，被世界环境与发展委员会环境法专家组采纳的《法律原则和建议》第 13 条和第 20 条②，1987 年《美国对外关系法第三次重述》第 602 条第 2 款③,1991 年《跨界环境影响评价公约》第 2 条④, 1993 年《北美环境合作协定》—— 该协定是对《北美自由贸易协定》的补充——第 6 条和第 7 条，它也是关于民商事判决之管辖权和执行的《布鲁塞尔公约》和《卢加诺公约》的核心内容⑤。

事实上，在莱茵河盐污染引发的跨界损害一案中，欧洲法院裁定《布鲁塞尔公约》和《卢加诺公约》第 5 条第 3 款“必须被理解为其旨在涵盖损害发生地和事件引发地”⑥；同一争端中，荷兰的许多公共机构最终出台了许可法国钾矿企业排放废盐进入莱茵河的法令，该行为被位于斯特拉斯堡的行政法庭裁决无效，因为法国行政部门未能遵从国际公法所规定的、不允许从事可能对法国领土之外产生不利影响的活动的义务⑦。这些荷兰公共机构最终在 1990 年 10 月从巴黎上诉法院获得了 200 万法郎的损害赔偿⑧。

就国际水资源而言，救济平等程序原则已被国际法协会 1982

---

① (1982) 21 *ILM* 1261.

② R. D. Munro and J. G. Lammers, *Environmental Protection and Sustainable Development: Legal Principles and Recommendations* (Graham & Trotman/Martinus Nijhoff, London/Dordrecht/Boston, 1987), at 88~90, 119~126.

③ American Law Institute, *Restatement (Third) of the Foreign Relations Law OF THE United States* (1987).

④ 第377页注②。实际上，有些评论者、特别是 Knox 认为，要求跨界影响评价的国际文件不断增多，是国内环评制定的全面网络发展和“非歧视”原则适用的符合逻辑的延伸。参见 J. H. Knox, ‘The Myth and Reality of Tranboundary Environmental Impact Assessment’ (2002) 96 *American Journal of International Law*, 291.

⑤ (1979) 18 *ILM* 21.

⑥ Case 21/76, *Handelskwekerij G. J. Bier and Stiching “Reinwater” v. Mines Domaniales de Potasse d’Alsace SA*, Judgement of 30 November 1976.

⑦ *La Province de la Hollande septentrionale et autres v. L’Etat-Ministre (Commissaire de la République du Haut-Rhin)*, decision TA 227/81 to 232/81, 700/81 and 1197/81, of 27 July 1983.

⑧ 详见 McCaffrey 文，第370页注③，第 259 页。

年的《国际流域水污染蒙特利尔规则》第 8 条[①] 和 1990 年欧洲经济委员会《关于跨界水污染之责任和赔偿责任指南》第 II.B.8 部分[②] 所采纳。近来，2000 年南部非洲发展共同体修订后的《共享水资源议定书》第 3 条第 10 款 c 项以更沿承 1997 年《 公约》第 32 条的方式对私法救济做了规定。重要的是，2003 年联合欧洲经济委员会《关于由工业事故对跨界水体产生跨界影响所引起的民事责任和损害赔偿议定书》[③] 明确引入非歧视原则，该议定书补充了 1992 年《赫尔辛基公约》[④] 和1992年《工业事故跨界影响公约》[⑤]，并引进了“运营者”应对所引起的跨界损害承担赔偿责任的规定。该条约第 8 条第 3 款规定“各缔约国实施本议定书规定和根据第 1 款而采取的措施，不得有基于国籍、住所或居所的歧视”。第 13 条对所提出诉求的地点作了进一步规定：

“1. 依据本议定书的赔偿要求仅可向以下地方的缔约国法院提出：

“（a）损害结果地；

“（b）工业事故发生地；

“（c）被告的惯常居所地，如被告是公司、其他法人或自然人或法人的联合体，其主要营业地、注册地或管理中心所在地。

2. 各缔约方应确保其法院具备受理此类赔偿要求的必要权能。”

受害方诉诸司法和救济的非歧视原则是国际法协会 2004 年《关于水资源法的柏林规则》第十二章[⑥] “法律救济”的核心。第

---

① ILA, *Montreal Report* (1982), at 544. 参见 McCaffrey 文，同上，第 437 页。

② Doc. ENVWA/R.45, 20 November 1990.

③ (Kiev, 21 May 2003), reprinted in (2003) 4 *Environmental Liability*, 136-40. See generally, P. Dascalopoulou-Livada, “The Protocol on Civil Liability and Compensation for Damage caused by the Transboundary Effects of Industrial Accidents on Transboundary Waters” (2003) 4 *Environmental Liability*, 131.

④ 第369页注 ②。

⑤ (1992)31 *ILM* 1333.

⑥ 第374页注 ④。

69 条授权在具有管辖权的司法或行政机构提供诉讼，第 70 条要求当事国应确保提供有效的行政和司法救济，第 71 条明确规定：

“在向那些遭受或正面临切实损害之严重威胁者提供法院诉讼或救济时，当事国不应因提出损害或可能发生损害的诉求者的国籍或居住地而有所歧视。”①

为采取有效手段消除践行非歧视原则所固有的困难，第 71 条进一步要求当事国确保其法院和行政机构之间的合作，以使另一国的任何受害人“能获得必要的信息，使他们以快捷及时的方式行使其救济权利”②；该条还要求当事国规定拥有可证明利益的公共机构和非政府组织应有权以类似于他国所确立的这类机构的方式参与该国的程序③，并要求当事国应就下列事项做出适当的安排：

“与涉及多个国家的个人或事件的程序有关的、下列领域：

“a. 法院或行政机构的管辖权；

“b. 确定可适用的法律；和

“c. 判决的执行。”④

但是，1997 年《国际水道非航行利用法公约》第 32 条的引入并非无可争议。执行《公约》筹备事务的工作组的一些成员曾表达出对“邻国利用私法手段反对拟议项目带来困扰或阻碍的可能性”的担忧⑤，而印度代表解释说印度反对第 32 条是基于“它假定在某一地区的国家实现了政治和经济一体化”⑥。国际法委员会对 1994 年《条款草案》的评注意见暗示了在该委员会内部的分歧，该委员会的一位委员认为该条款完全不可接受，“因为该条款草案

① 第 71 条第 1 款。
② 第 71 条第 2 款。
③ 第 71 条第 3 款。
④ 第 71 条第 4 款。
⑤ 参见 McCaffrey 文，第 370 页注③，第 438 页。
⑥ 同本页注⑤。

处理的是国家间的关系，不应被延伸至自然人或法人根据国内法所实施的行动”，还有两位委员认为“这样一种对穷尽当地救济原则的扩展可能并不符合该项原则的当前内容”①。Vinogradov对该条标题持批评态度，他解释道“非歧视原则大多数情况被视为是一种国家间关系的宽泛原则，它可能包括但并不限于平等救济的规则”，前一原则只在特定情况下才包含后一项规则②。他进而对这两个概念做一区分并总结了其特点，称“尽管非歧视原则是一项实体性原则，‘平等的救济权利是非歧视原则的一种程序性手段’”③。尽管 McCaffrey 对第 32 条引入平等救济原则总体上持积极态度，但是他也承认“在欧洲和北美以外的地区很少有关于该项原则的国家实践的证据”④。Vinogradov 认为缺少支持“该规则已经演化为一般国际法的一项规范”这一结论的法律确念，同时注意到“只有少数国家通过将之引入其国内立法或成为某一国际协定的成员国的方式接受了平等救济规则”⑤。他进一步指出“目前尚无可将该平等救济规则视为一项普遍认可的原则的、已经生效的、普遍性法律文件”⑥。事实上，他特别注意到：

> “实践表明，该规则主要对小型的国家联合体可行，对那些拥有同样的或相似的社会、政治、法律制度和传统的国家最为有效，就像斯堪的纳维亚国家或 OECD 国家。”⑦

他指出沿岸国之间国内环境法的实质性区别对将该规则引入

---

① *ILC Report* (1994), at 320.

② 第406页注②，第 252~253 页。

③ 同上，第 253 页，引自 J. A. Caputo, “Equal Rights of Access in Matters of Transboundary Pollution: Its Prospects in Industrialised and Developing Countries” (1984) 14 *California Western International Law Journal*, 192, at 197.

④ 第370页注③，第 438 页。

⑤ 第406页注②，第 254 页。但是这一结论多少因 1992 年联合国欧洲经济委员会《跨界水道和国际河流保护和利用公约》（第369页注②）的通过而被动摇，该公约正是通过当天，有 22 个国家签署，其中有 8 个是欧洲联盟的成员国。

⑥ 同上。

⑦ 同上。

国际实践带来了严重障碍，因为“拥有更先进、更严格的环境法规的国家会发现其比对环境关注不足的国家处于更不利的地位”[①]，由此就环境标准而言可能会引起“竞劣”现象（race to the bottom）。因此，很明显国际法委员会在纳入第 32 条是在行使其逐渐发展国际法的职权，同时平等救济或“非歧视”规则可能在根据联合国“框架”公约制定的水道或区域性“子”公约的情况最为有效。

国际法委员会就为在国际层面上解决水道争端设定了基本规则的第 33 条的评注意见明确表明，这项规定在本质上是补充性的，它“适用于相关水道国没有一个解决此类争端的可行的协定”的情况[②]。另一很明显的现象是，实践中，正常情况下它将只适用于司法平等原则不能通过国内私法救济解决争端的情况。作为《公约》前身的《条款草案》的早期版本因未规定特定的争端解决程序 —— 该程序应适用于在现《公约》第 17 条、第18条或第 19 条所指的协商或谈判不能达成协定时的情况——而遭致广泛批评[③]。尽管在国际法委员会内关于公约是否应建立争端解决程序存在多种观点[④]，但是《公约》第 33 条目前已对这样的程序做出了规定。第 33 条第 2 款规定，当事各方：

---

① 同上，第 254~255。亦可参见 Caputo 文，第411页注③，第 198~199 页；其指出：“一国在确认这些区别后，在无法保证其国民可以在外国获得对等待遇之前，不太可能向外国人开放其法庭。……但正是对环境法和污染防治坚持不同的观点，造成了平等救济原则的障碍。”

② *ILC Report* (1994), at 323.

③ 例如，参见 D. D. Caron, “The Frog That Wouldn’t Leap: The International Law Commission and Its Work on International Watercourses” (1992) 3 *Colorado Journal of International Environmental Law and Policy*, 269, at 272~273; 和 E. Hey 文，第381页注⑤，第 138 页。

④ International Law Commission, *Report of the International Law Commission on the work of its forty-fifth session* (1993), *United Nations General Assembly Official Records*, forty-eighth session, Supplement No. 10(A/48/10), PARAS 351~357. 纳入争端解决程序，得到了多个此一主题特别报告员的支持：参见 S. C. McCaffrey (1990) *Sixth Report on the Law of the Non-Navigational Uses of International Watercourses* (1990), United Nations General Assembly, Doc. A/CN.4/427, AT 66~79; and R. Rosenstock (Special Rapporteur) (1993), *First Report on the Law of the Non-Navigational Uses of International Watercourses* (1993), United Nations General Assembly, Doc. A/CN.4/451, PARA. 8.

“可以联合请第三方进行斡旋、调停或调解，或在适当情况下利用它们可能已经设立的任何联合水道机构，或协定将争端提交仲裁或提交国际法院。”

第 33 条第 3 款规定，如果在提出进行谈判要求六个月后，当事各方还未能通过谈判或前文提及的任何其他办法解决争端，在争端任何的一方的请求，应将该项争端提交公正的实况调查。第 33 条第 4 款到第 9 款规定了实况调查委员会应如何设立和如何运作。例如，第 33 条第 5 款规定，如果委员会的成员不能在三个月内就主席人选达成协定，“任何一方可以要求联合国秘书长任命主席，该主席不能具有争端任何一方或有关水道任何沿岸国的国籍”。第 33 条第 7 款责成当事各方向委员会提供它可能需要的资料，并允许委员会进入其各自的领土视察设施和其他自然特征。根据国际法委员会的评注意见，这样的规定“意在避免争端解决机制因缺少某一当事国的合作而受阻”[①]。而且，第 33 条第 10 款规定：

“……缔约国在批准、接受、加入本公约时，或在以后任何时间，可向保存人提交书面文件声明，对未能根据第 2 款解决的任何争端，它承认下列义务在与接受同样义务的任何缔约国的关系上依事实具有强制性，而且无须特别协定：

（a）将争端提交国际法院；和（或）

（b）按照本公约附录规定的程序（除非争端各方另有协定），设立和运作的仲裁庭进行仲裁。”

《公约》附录第 14 条规定应如何组成此类仲裁机构并如何运作。第 33 条第 10 款还允许区域经济一体化组织可就仲裁一事做出大意相同的声明。

因此，第 33 条规定，当事国首先应谋求通过谈判解决任何争端；其次，如果谈判失败，当事国可选择一不具有约束力的程序，如第三国的斡旋、调停或调解，或通过任何既有的联合机构，

① *ILC Report* (1994), at 325.

或者他们也可协定将争端提至具有约束力的仲裁机构或国际法院。最终，如果上述列举的程序不能解决这一问题，他们必须应任何一方之请求提出对争端进行实况调查。由此，《公约》争端解决程序中并不要求各方有事先协定，且可能违背其意愿而强加于它们的唯一要素，是公正的实况调查。国际法委员会对 1994 年《条款草案》的评注意见解释道，根据《公约》第 33 条第 3 款当事国负有将争端提交实况调查的强制性义务，其目的“是通过对事实的客观了解促使争端的解决”，并指出“可以设想利用水道国实况调查机制的当事国经常可以通过消除任何相关事实真相的质疑来阻止争端的升级”。一位评论者认为，“事实 —— 它们常常是以关于国际水道系统及其利用的数据和资料的形式出现 —— 是适用公平利用原则的必要前提”①。事实上，实况调查作为一种争端解决手段的价值早已被各国和国际组织所承认，并且联合国大会发布了一份《关于在维护国际和平与安全领域进行实况调查的宣言》，该宣言将实况调查界定为“就其存在可能危及国际和平与安全的任何争端或状态的事实状况而进行详细了解”②。McCaffrey 还指出在着手引入更正式的争端解决机制之前实况调查机制以及常设联合机构在技术层面解决争端的作用③。特别是，他高度评价了根据 1909 年《跨界水条约》创建的美国与加拿大国际联合委员会和根据 1960 年《印度河水条约》建立印度河常设委员会的经验④。尽管根据 1997 年《国际水道非航行利用法公约》，实况调查委员会，除了通过一份关于实况的报告外，还可以提出“对公平解决该争端适当的建议，当事各方应一秉善意考虑这些建议”⑤，但 McCaffrey 认为实况调查不应对各国构成威胁，因为该报告不具有约束力，

① McCaffrey 文，第 370 页注 ③，第 444 页。

② Annexed to UNGA Resolution 46/59. See *ILC Report* (1994), at 324.

③ 第 370 页注 ③，第 439 页，其研究引自 *Management of International Water Resources: Institutional and Legal Aspects*, UN Doc. ST/ESA/5 (1975), at paras 455 and 457~458.

④ 同上，第 440~443 页。

⑤ 第 33 条第 8 款。

而且作为一份技术报告它不可能被视为具有既判力①。

六、结语

人们基本不怀疑1997年《联合国水道公约》所确立的程序性规则使许多国际习惯法的现行规则得以编撰和正式化。如此一来，该公约进一步强化和规范化了这些规则。在总结《条款草案》第二部分所规定的程序规则时，Bourne指出：

"在很大程度上，信息交流、通知、协商和谈判的基本要求目前已构成了国际习惯法的内容。在将这些规则具体化时，如规定6个月的时限，国际法委员会已致力于积极促进国际法的逐渐发展。……新规定只是详细说明了现行法并将使其更具效力。在此范围内这些规定构成新法，被国际社会接受应该不会有什么困难。"②

但是，基于对国际水道法的特别关注，加之1997年《联合国水道公约》的精心设计，程序规则在促使平等利用这一首要原则（先不提禁止重大跨界损害的辅助性规则）有效适用方面的绝对核心作用，强化了其重要意义。正如特别报告员McCaffrey在其第三次报告中所作的总结：

"公平利用原则并不是孤立存在的。它包括对执行而言非常必要的程序要求的规范框架的一部分：实质性的和程序性原则共同构成了一个不可分割的整体。"③

① 第370页注③，第444页。

② Bourne文，第383页注①，第72页。

③ 第370页注③，第411页，引自McCaffrey, *Third Report*, at 23, para. 34.d。

第九章　结论：确定国际水道公平利用的环境保护因素

制定国际水道公平利用制度的过程中，关于环境因素的作用及其影响，尤其是利用国际水道对其他水道国产生的环境影响等问题，仍在激烈的争论。一些主要机构断言严重损害环境是一种特殊类型的伤害，它会使有害利用本身成为对水道不公平的利用[①]。尽管国际法协会已经明确提出相反的观点，即"某一流域国家利用水并造成共同流域国污染的情况，必须从构成公平利用的各个方面来整体考察"[②]，这一论断是在1972年斯德哥尔摩进程催生现代国际环境法律和政策之前就已经做出了。最近，国际法协会对2004年《水资源法柏林规则》第8条的评注意见坚持了该立场[③]，它指出"国家应采取一切措施预防环境损害或将对环境的损害降到最低"，并称"该义务符合公平利用原则，反对污染或其他

---

① A. Nollkaemper, *The Legal Regime for Transboundary Water Pollution: Between Discretion and Constraint* (Graham & Trotman, Dordrecht, 1993), at 68~69.

② International Law Association, *Report of the Fifty-Second Conference* (Helsinki, 1966), at 499.

③ ILA, *Berlin Rules on Water Resources Law* (2004), available at http://www. asil.org/ilib/WaterReport2004.pdf.

根据特别报告员的评注意见，《柏林规则》声明：

"是对《赫尔辛基规则》及该协会所不时通过的相关规则的全面修订……它对适用到国际流域的习惯国际法提供了清晰的有说服力的和协调的陈述，同时也推动了为21世纪处理国际或全球水源管理正在出现的问题所需要的法律的发展。"

损害环境的行为都不合法的主张”①。但是，该评论还坚定地宣称“处理国际环境问题的国际习惯法早就已经明确指出环境损害不同于其他种类的损害，需要引起特别注意”②。

国际法委员会在对待“实施平等利用原则、预防跨界损害义务的重要性”上表现得更加谨慎③。它在1991年《条款草案》规定了预防损害义务。此草案规定，从本质上来讲，产生严重损害的污染或任何其他种类的滋扰都是不公平的④。1993年，特别报告员Robert Rosenstock提出需要重新考虑和更新《条款草案》，将国际环境法和实践的发展纳入其中；他提出了第7条的新草案，明确规定公平合理利用是确定国际水道允许用途的决定性标准，同时特别关注污染问题，以便创建一个可推翻的不公平推定。⑤他提议的第7条规定：

“水道国在利用国际水道时应审慎注意，以免在未经其同意的情况下对其他水道国产生严重损害，但公平合理利用水道允许的情况除外。以污染的方式造成重大损害的利用应视为不公平和不合理的，除非：

“a.有迹象明确表明环境特殊，迫使其进行特殊调整；而且

“b.不会对人类的健康和安全产生紧急威胁。”⑥

1994年委员会通过的第7条的最终版本没有提及污染问题，只是简单地将预防产生重大损害的义务附属于公平合理的利用原则。第7条的评注意见对此做出以下解释：

---

① 同上，第18页。

② 同上，第17页。

③ 一般参见X. Fuentes, “The Criteria for the Equitable Utilization of International Rivers” (1996) 67 *British Yearbook of International Law,* 337, at 409~411.

④ 详见Fuentes文，同上，第409~410页。

⑤ 见See R. Rosenstock, “Non-Navigational Uses of International Watercourses” (1993) 23 *Environmental Policy and Law,* 241, at 242.

⑥ R. Rosenstock, *First Report on the Law of the Non-Navigational Uses of International Watercourses* (1993), UN Doc. A/CN.4/415, at 10.

“在有些情况下，‘公平合理的利用’国际水道仍会严重损害其他国际水道。在这种情况下，公平合理利用原则仍是平衡相关利益时的指导标准。”①

因此，至少第5条和第7条没有特别对待污染，也没有将其视为特殊的损害类型。但是，国际法协会的1994年《条款草案》和现行的1997年《联合国水道公约》②都将保护和保全国际水道生态系统③规定为一般义务，并将预防、减少和控制会给其他水道国家或其环境带来严重损害的、国际水道的污染的义务纳入其中。④类似地，《公约》也要求水道国采取一切措施保护并保全海洋环境⑤。《公约》和早期《条款草案》的评注意见都没有说明这些义务和平等利用原则之间的关系，更没有说明实施这些环境义务是否限制了平等利用原则的范围。第21条第2款的评注意见仅称“本款是第5条和第7条所述一般原则的具体适用”，这从某种程度上来说没有丝毫的作用⑥。

至少应该指出，在构成实际实施公平利用原则的各个平衡程序中，环境因素可能会享有优先地位或至少变得越来越重要。尽管关于环境保护因素的相对重要性的各种结论只能作为外交谈判者、法律顾问或司法决策者的“经验法则”或宽泛的指导方针，但是这些结论还是有用的，也是必要的。有论者在讨论约旦河案时指出，“仅仅考虑所有这些因素，但不提出权衡它们相对重要性的方法，不能为国际水域争端提供决定性的和现实的结论”⑦。尽

---

① *Report of the International Law Commission to the General Assembly on the Work of its Forty-Sixth Session,* Doc.A/49/10 (1994), at 236.

② 1997 UN Convention on the Law of the Non-Navigational Uses of International Watercourses, 36 *ILM (1997) 719*。

③ 第20条和第22条。

④ 第21条第2款。

⑤ 第23条。

⑥ *ILC Report* (1994), at 291.

⑦ J. M. Wenig, “Water and Peace: The Past, the Present and the Future of the Jordan River Watercourse: An International Law Analysis” (1995) 27 *New York University Journal of*

管 1997 年《公约》第 6 条第 3 款[①] 和第 10 条第 1 款[②] 条分别规定任何因素或利用都不享有固有的优先地位，但是可以明显地看出，第 10 条第 2 款特别提出的人类的基本生存需求[③]，以及第 5~7 条、第 20~23 条规定或暗示的环境保护相关因素，都因为其明确且详细的表述而更重要一些。例如，第 21 条第 3 款专门列出了指示性的预防、减少和控制国际水道污染的措施和方法，并指出水道国应就此达成协议。这些措施和方法包括：

“a. 订立共同的水质目标和标准；

“b. 确定处理来自点源和非点源污染的技术和做法；

“c. 制定应禁止、限制、调查或监测让其进入国际水道水的物质清单。”

明确的一点是，为实际实施预防、减少和控制可能对其他水道国产生重大影响的国际水道污染的义务提供详细的公约指南，可以为确定环境因素是否得到充分考虑，或环境义务（作为共享水公平利用制度的一部分）是否得到适当履行提供重大帮助。很明显，当国际联合机构具备了必要的技术和其他资源可以推动适当的实况调查和协商将极大地有助于实施详细的环境规定[④]。一些评论者将确立了审慎注意要求（《条款草案》）第7条、第20条和第 21 条解释为决定性的标准，因此由未能符合该要求产生的损害本身也是不公平的：

International Law and Policy, 331, at 348.

① 第 6 条第 3 款规定：

“每项因素的权重要根据该根据因素与其他相关因素的相对重要性加以确定。在确定一种利用是否公平合理利用时，一切相关因素要同时考虑，在整体基础上做出结论”。

② 第 10 条第 1 款规定：

“如无相反的协定或习惯，国际水道的任何使用均不对其他使用享有固有的优先地位”。

③ 第 10 条第 2 款规定：

“假如某一国际水道的各种使用发生冲突，应参考第 5~7 条加以解决，尤应顾及人的基本生存需求”。

④ 见下文。

> “1994年通过的《条款草案》……最终将审慎注意作为决定性标准。因此，因未能履行审慎注意而导致的重大损害，同时违反了跨界损害和公平利用两项原则。”①

但是，程序义务、尤其是进行环评的要求，在确保充分理解和阐述与规划或继续利用相关的环境因素、并确保其得到适当的考虑方面，发挥着重要作用。将可持续发展原则等同于国际水道特定语境下的公平利用原则，会有助于支持下列主张，即环境保护因素对后一原则具有非常重要的意义，因为环境保护是可持续发展的重要部分。此外，广泛利用国际联合委员会协助国际水道的共同管理，对确保在制定这些水道的公平利用制度中确定、规定和充分考虑了环境保护相关因素有着重要的作用。这些国际机构具有多项职能，包括调查实况和解决争端等；但因为成立文件中明确规定了其环境责任，他们往往享有为了环境利益而行事的明确职权以及技术、法律、政治和行政方面的专业知识来支持其行动。最后，为了第10条第1款的目的、并为了确定环境保护因素是否可以享有比其他相关因素优先的地位，所拟议的国际环境法规则和原则是否获得了“习惯法”的地位，仍是备受争议。的确，不管它们是否真正获得了习惯法的地位，对这些国际法规则和原则复杂而又详细的规定都提供了一套全面的参考标准和程序，有助于考量环境影响和利益。环境保护原则和规则——无论是实体性的还是程序性的——规范和具体程度，在确保公平平衡各方利益时重点（甚至是不适当的）考虑环境价值方面起着最重要的作用，就此仍存在争议。

一、可持续发展

可持续发展的概念来源于国际环境法的公约和宣言性文件，

---

① J. Brunnée and S. Toope, “Environmental Security and Freshwater Resources: A Case for International Ecosystem Law” (1994) 5 *Yearbook of International Environmental Law,* 41, at 63~64. 不过，详见 Fuentes 文，第417页注③，第411页；后者完全不同意这一解释。

它致力于调和自然环境保护和经济社会发展需求之间的矛盾；可以预见，适用本原则时，环境因素的考量将会很突出。例如，评论员在批评英国最近关于可持续发展的政府白皮书中，谴责英国政府没有充分强调该概念关键性的环境维度①。1987年《布伦特兰报告》将可持续发展的概念作为核心，详细阐述了其实质性内容，称“它有两个重要的概念：第一个概念是‘需求’……第二个概念是‘限制’，即技术水平和社会组织对环境满足当前和未来需求的限制”②。的确，Fuentes在考察了可持续发展概念中环境和发展价值的各自优先性后，总结指出“这一平衡侧重于环境保护”，而且“环境保护的发展在一定程度上以发展领域的国际经济法为代价”③。她解释说造成这种现象的原因是多方面的。第一，她认为国际环境立法中存在“民主赤字”，这是因为“国际环境立法程序开放使得所谓的‘跨国民间团体’更多地参与进来”④，对这些团体而言，“环境关注处于其国际日程中最重要的位置”⑤。另外，她观察到“关注缓解贫穷以及致力于各国间更公平的经济关系的非政府组织，没有环境非政府组织、产业界和商业界产生的影响程度大”⑥。第二，她认为“环境法与国际发展法不同，它特别适合利用‘权利和义务’的语言”，这就赋予了环境法及其所体现的价值以“自治权”或某种形式的绝对性，“在解释和适用环境法时不需要

① 见 A. Ross-Robertson, “Is the Environment Getting Squeezed Out of Sustainable Development?” (2003) *Public Law,* 249. See also, D. Helm, “Objectives, Instruments and Institutions”, in D. Helm (ed.), *Environmental Policy Objectives, Instruments and Implementation* (OUP, Oxford, 2000).

② World Commission on Environment and Development, *Our Common Future (The Bruntland Report)* (OUP, Oxford, 1987), at 43.

③ X. Fuentes, “International Law-Making in the Field of Sustainable Development: the Unequal Competition between Development and the Environment” (2002) 2 *International Environmental Agreements: Politics, Law and Economics,* 109, at 109.

④ 同上，第113页。

⑤ 同上，第115页。

⑥ 同上，第117~118页。

考虑政策因素"[①]。她解释说"这一视角将环境因素推到了一个特权位置，因为没有必要和其他问题一起评估其相关性"[②]。在共享水资源的问题上，Fuentes 特别指出：

> "公平利用原则（原则上要求考虑利用对国际水道的环境影响以及其他标准）和（1997年《公约》）第7、20 和21 条（可解释为具有将环境影响排除在公平利用原则适用范围之外的效果）之间存在明显的冲突。"[③]

她继续指出，这一解释"实际上限制了公平利用原则的实施。根据这一解释，环境影响不受分配（或发展）考虑的约束"[④]。为了支持这一解释，她指出：

> "在国际法的其他领域，如分配跨界自然资源，应将环境影响作为制定共享自然资源公平利用制度又一项考虑因素的主张，放在相当重要的位置。"[⑤]

第三，Fuentes 提到最新出现了"舒适"或"健康"环境人权的概念，并指出"通过确立健康环境的人权，环境因素的优先性可能会高于经济和社会利益"[⑥]。她指出，"环境权的理念甚至超越了可持续发展（以及公平利用）的核心理念：实现环境和发展的一体化"[⑦]。她还说，即便健康环境权不能成为正统意义上的"人权"，但是它会被视为一项政治和公民权利或经济和社会权利；她断言"不管哪种权利，都可以强化健康环境权超越非权利利益的可能性"[⑧]。

---

① 同上，第 118 页。

② 同上。

③ 同上，在第 124 页。

④ 同上。

⑤ 同上，第 125 页。

⑥ 同上，第 126 页。

⑦ 同上。

⑧ 同上，第 128 页。

在利用共享淡水资源方面，有人指出公平合理利用原则会将可持续发展的概念“付诸实施”①。Brunnée 和 Toope 指出：

“公平利用和可持续性的结合会在几个方面促进各国的共同环境利益。第一，该结合强调了在平衡竞争性的利用利益时，考虑环境背景的必要性。在低于跨界损害的阈值、甚至在没有干扰其他国家公平利用权的时候，可持续发展都将对利用水施加长期的环境限制。第二，可持续发展的概念将国家资源的利用和更广泛的国际背景结合起来。因为这个概念既适合‘微观’、又适合‘宏观’的环境管理背景，所以可以根据当地、地区，甚至全球可持续发展标准衡量国家的表现。该概念承认了环境问题的共同性和生态系统的不可分割性。”②

因此，人们普遍认为，将可持续发展的总体目标适用于国际水道利用法，就相当于将大量的环境保护国际规则和标准，尤其是水质量和水道生态系统的国际规则和标准适用于这一领域的法律中。的确，像 Charles Bourne 这样的权威评论者在分析 1997 年《公约》规定的公平、不损害和可持续发展原则时，宣称可持续发展是有赖于公平才能实现的宗旨或目标③。类似地，Lowe 对适用公平原则内在的灵活性做出以下断言：

“这些特征使得公平特别适合讨论尚没有形成具体权利义务的

① P. K. Wouters and A. S. Rieu-Clarke, “The Role of International Water Law in Promoting Sustainable Development” (2001) 12 *Water Law,* 281, at 283. See also, M. Kroes, “The Protection of International Watercourses as Sources of Fresh Water in the Interest of Future Generations”, in E. H. P. Brans, E. J. de Haan, J. Rinzema and A. Nollkaemper (eds), *The Scarcity of Water: Emerging Legal and Policy Responses* (Kluwer Law International, The Hague, 1997) 80, at 83; and O. McIntyre, “Environmental Protection of International Rivers”, Case Analysis of the ICJ Judgment in the Case concerning the Gabčíkovo-Nagymaros Project (Hungary/Slovakia) (1998) 10 *Journal of Environmental Law,* 79, at 88.

② 第420页注①，第 67~68 页。

③ C. B. Bourne, “The Primacy of the Principle of Equitable Utilization in the 1997 Watercourses Convention” (1997) 35 *Canadian Yearbook of International Law,* 215, at 221~230.

竞争性利益的情况。

在法律尚未高度发达的地区尤其如此。新生的代际公平概念和环境法的公平原则就是例证。”①

尽管有人批评1997年《公约》中的公平利用原则没有充分规定如何取得可持续②，Botchway总结道，“《水道公约》与之前的法律文件，尤其《赫尔辛基规则》相比的确有所进步”③。他指出，《公约》采纳的公平利用原则，如果和通知与合作义务结合起来考虑，包含了可持续发展的很多特征；他说“《公约》通过多种方式，纳入了污染者付费、环境关注与经济规划一体化、风险预防和环评的概念”④。另外，他还建议给可持续发展和公平利用的“结合”概念重新命名，称“可以在可持续发展和公平发展的修订版本中重新命名一个整合概念——可持续公平”⑤。

1997年《公约》第5条第1款最终版本的第二句明确提到“实

① V. Lowe, "The Role of Equity in International Law" (1989) 12 *Australian Yearbook of International Law,* 54, at 73. Reprinted in M. Koskeniemmi, *Sources of International Law* (Ashgate, Dartmouth, 2000) 403.

② 特别参见A. Nollkaemper, "The Contribution of the International Law Comm-ission to International Water Law: Does it Reverse the Flight from Substance?" (1996) XXVII *Netherlands Yearbook of International Law,* 39; G. Handl, "The International Law Commission's Draft Articles on the Law of International Watercourses (General Principles and Planned Measures): Progressive or Retrogressive Development of International Law?" (1992) 3 *Colorado Journal of International Environmental Law and Policy,* 123; E. Hey, "Sustainable Use of Shared Water Resources: The Need for a Paradigmatic Shift in International Watercourses Law", in G. H. Blake et al. (eds), *The Peaceful Management of Transboundary Resources* (Graham & Trotman/Martinus Nijhoff, Dordrecht/Boston/London, 1995), 127; R. Rahman, "The Law of the Non-Navigational Uses of International Watercourses: Dilemma for Lower Riparians" (1995) 8 *Fordham International Law Journal,* 9; E. Benvenisti, "Collective Action in the Utilization of Shared Freshwater: The Challenges of International Water Resources Law" (1996) 90 *American Journal of International Law,* 384.

③ F. N. Botchway, "The Context of Trans-Boundary Energy Resource Exploitation: The Environment, the State and the Methods" (2003) 14 *Colorado Journal of International Environmental Law and Policy,* 191, at 222~223.

④ 同上，第223页。

⑤ 同上，第222页（原文强调）。

现最佳和可持续利用”水道，并“与充分保护该水道相一致”，这具有非常重要的意义。当有人想到公平利用原则和“国际法院在大陆架划界案中所发展和适用的‘公平原则—公平结果’原理”并驾齐驱时①，很明显，可持续性及其所内涵的所有环境保护价值是关键性的必要“公平结果”之一②。同样地，国际法院就“比例性”原则作为公平一项功能所发展的判例，将有助于确保任何会对环境价值和目标造成不成比例的不利影响的利用国际水道的行为，不管其社会经济或其他收益如何，都是不被允许的。

从“加布奇科沃－大毛罗斯大坝案”③中，可以清楚地看到，国际法院关心的是在开发多瑙河的过程中，在确定公平利用该河流的制度中，应确保充分考虑环境因素，并赋予环境因素相当的重要性。法院指出，“这需要调和经济发展和保护环境之间的关系，……这也是可持续发展概念所明确要求的”④；对此，Weeramantry法官在其不同意见书认为，（可持续发展）“不仅是一个概念，更是判定本案至关重要，具有规范价值的原则”⑤。因此，在国际水道利用领域，国际法院已经认可正在形成中的可持续发展原则，以便确认并践行1997年《公约》第5条所明确规定的该项原则的内在环境义务，以“实现最佳和可持续的利用”为目标而公平合理利用国际水道。然而，在构成可持续发展概念的各个实体性和程序性因素中⑥，要求国家在进行可能对其他国家产生重大损害的项

---

① 见 A. Tanzi and M. Arcari, *The United Nations Convention on the Law of Int-ernational Watercourses* (Kluwer Law International, The Hague/Boston, 2001), at 98.

② 详见本书第三章。详见国际法协会2004年《水资源法柏林规则》第7条对“可持续性”的规定，第416页注③。

③ *ICJ Rep.* (1997) 7.

④ 同上，第67页，第140段。

⑤ Separate Opinion of Vice-President Weeramantry, at 1. 详见 O. McIntyre 文，第423页注①，第87页。

⑥ 关于可持续发展的要素，详见 P. Sands, “International Law in the Field of Sustainable Development” (1994) 65 *British Yearbook of International Law,* at 379. 亦可参见 Botchway 文，第424页注③，第204~214页。

目或活动时进行环评的规定，在国家和司法活动中获得最明确的支持，因此也获得了最明显的独立的规范地位，在实践中也是对实现可持续性和履行公平利用内在要求的环境义务影响最大的因素。

二、跨界环境影响评价

对国际水道或其他水道国的环境可能产生损害的任何发展或活动都要进行环境影响评价的要求，在确保确定国际水道公平利用制度时充分重视环境关注方面发挥了重要的作用。由于评价实践的发展主要通过下列方式：收集和研究中央数据库的环境影响报告书①、通过一项被广泛用于为跨界环境影响评价设立最低标准的、关于跨界环评的普遍性公约②、以及多边开发银行③和非政府组织编制的、具体部门的指南④，一系列确定、了解和沟通

① 例如，很多学术机构收集和整理完成的环境影响报表，用于教学和研究。

② 1991 (Espoo) Convention on Environmental Impact Assessment in a Transboundary Context (1991) 30 *ILM* 802. See, P. Okowa, "Procedural Obligations in International Environmental Agreements" (1996) 67 *British Yearbook of International Law*, 275, at 282；她指出：

"现有的条约文件中还是可以看到各种标准和大量非争议性原则。例如，1991 年欧洲经济委员会在《环境影响评价公约》就详细规定了良好的环境影响评价的最低要求。"

③ 例如，欧洲复兴和开发银行（EBRD）已经通过了一项《环境政策》，目的是通过非常详细的环境评估程序，确保它资助的项目对环境友好，而且其运行要遵守可适用的监管要求。银行的《环境政策》（第 20 页）要求：

"涉及跨界影响的项目，必须在规划阶段考虑联合国欧洲经济委员会《跨界环境影响评价公约》工作文件中的通知和协商指南，并遵守相关原则。"

它还规定（同上）：

"对于所有根据银行要求进行环境影响评价的项目，银行将遵循联合国欧洲经济委员会《关于在环境领域获取信息、公众参与决策和诉诸司法的公约》的原则的指导……"。

在这方面，该银行已经起草了详细的环境程序，规定了如何进行环境评估，并颁布了涵盖了 80 多套分部门的《环境指南》，例如：鱼类加工、伐木、石头、沙子和砾石提取、纸浆和造纸、危险废物管理、饮用水供应等。更多内容，请参见：http://www.ebrd.com/about/strategy/index.htm。

④ 例如，参见世界自然基金 (WWF) 发布的关于大型水坝建设和操作的指南，网址 http://www.panda.org/dams。

环境问题的日益完善的方法正在不断发展，这就确保决策者可以充分考虑这些环境问题。大量的国际专家组，如世界水理事会（WWC）[①]和全球水伙伴关系组织（GWP)[②]，已经对编制开发共享水资源并要求利用环评程序的方针、行为规范或实践标准做出了贡献。世界水坝委员会(WCD)——一个将所有与大坝建设利益相关的代表、其中也包括环境非政府组织集聚一堂的论坛——于2000年报道了其结论，并提出了26条建设大坝的方针，其中包括提倡利用环境影响评价程序保护环境的方针[③]。特别需要说明的是，世界水坝委员会在其"决策的战略优先性"中建议利用"全面选项评估"，它称：

"在评估过程中，社会环境因素与经济财政因素同等重要。选项评估过程贯穿规划、项目开发和运行的所有阶段。"[④]

争论法律没有要求在可能产生跨界损害的项目或活动中进行环境影响评价，有些多余。进行环境影响评价的义务一般与已被普遍接受的预防产生跨界损害的义务[⑤]和与对可能被产生损害的项目或活动影响的国家的通知和协商的义务是相联的[⑥]。甚至那些认为

---

① 详见 www.worldwatercouncil.org。世界水理事会的"世界水活动清单"列出了840项行动、活动、法律诉讼、政策措施等，其中淡水项目的环境影响评价问题是最重要的。

② 更多内容见 www.gwpforum.org，其中列出了全球水伙伴关系组织委托起草的大量技术文件和报告。

③ World Commission on Dams, *Dams and Development: A New Framework for Decision-Making* (The Report of the World Commission on Dams) (Earthscan, 2000).

④ 见 *Dams and Development: A New Framework for Decision-Making – An Overview,* at 24, available at http://www.dams.org.

⑤ 例如，见 P.-M. Dupuy, "Overview of the Existing Customary Legal Regime Regarding International Pollution", in D. B. Magraw (ed.), *International Law and Pollution* (University of Pennsylvania Press, Philadelphia, 1991) 61, at 66~68. 详见本书第六章。

⑥ 例如，见 P. Birnie and A. Boyle, *International Law and the Environment* (2nd edn) (OUP, Oxford, 2002), at 131. 亦可参见国际法委员会对2004年《水资源法柏林规则》第8条的评注意见（关于预防或最小化环境损害的义务），第416页注③，第17页。其规定："该义务至少包括通知和协商、环境影响评价和平衡活动的社会、生态和金融成本

进行跨界环境影响评价的要求并不是来自预防跨界损害义务的评论者，也没有反对该要求在一般国际法中的规范地位，而是认为该要求源自“非歧视”原则的实施。① 跨界环境影响评价的要求还与对更普遍的可持续发展概念的实际实施② 以及风险预防原则的适用密切相关。③ 另外，如果审慎注意要求是确定违反不造成严重损害义务的决定性标准以及有可能是决定特定利用制度公平与否的关键因素，④ 那么可以初步断定，未能充分进行环境影响评价很有可能违反了该义务。

更实际地说，几乎所有由多边开发银行资助或其他国际发展机构援助的基础设施项目，现在都需要进行环境影响评价程序，以便评估其潜在的国内、跨界和全球环境影响。⑤ 的确，世界大坝委员会对跨界河流储水和调水项目明确提出了以下建议：

“如果一个政府机构计划或协助在共享河流上建设大坝，而违背了在沿岸国之间一秉善意谈判的原则，外部融资机构应撤销其对该机构推动的项目和计划的支持。” ⑥

考虑到环境影响评价程序对有效实施和遵守“一秉善意谈判”

等程序性义务……”（原文强调）。

详见本书第七章。

① 例如，见 J. H. Knox, “The Myth and Reality of Transboundary Environmental Impact Assessment” (2002) 96 *American Journal of International Law,* 291, at 296~301.

② 例如，见 Sands 文，第425页注⑥；Botchway 文，第425页注③；和 X. Fuentes, “Sustainable Development and the Equitable Utilization of International Watercourses” (1998) 69 British Yearbook of International Law, 119, at 125~129.

③ 例如，见 O. McIntyre and T. Mosedale, “The Precautionary Principle as a Norm of Customary International Law” (1997) 9 Journal of Environmental Law, 221; and A. Kiss, “The Rights and Interests of Future Generations” , in D. Freestone and E. Hey (eds), The Precautionary Principle and International Law (Kluwer Law International, The Hague, 1996) 26.

④ Brunnée 和 Toope 文，第420 页注 ①。

⑤ W. V. Kennedy, “Environmental Impact Assessment and Multilateral Financial Institutions”, in J. Petts (ed.), *Handbook of Environmental Impact Assessment: Environmental Impact Assessment in Practice – Impact and Limitations* (Blackwell, Oxford, 1999), 98.

⑥ 第427页注 ③，第 28 页。

原则的重要性，可以清楚地得知，在实践中会经常要求进行环境影响评价程序。不仅对于多边开发银行或其他公共发展机构提供金融支持的项目如此，在向发展中国家提供贷款时，同意遵守世界银行环境标准自愿规范的 40 多个世界领先商业银行出资的项目也是如此[①]。随着时间推移，环评程序日益精妙和全面，并成为那些希望获得这些帮助的国家的事实上的环境影响评价法资料库[②]。明显的一点是，这些规则对发展中国家的影响要比对发达国家的影响要大。《经济学家》最近发表的一份调查指出，发达国家已经建设了大量的水基础设施，因此大部分国际水道的争议可能在发展中国家产生，因为欠发达国家未来的开发最多[③]。为了说明这个问题，该调查指出美国人均储水量为 7 000 立方米，而南非为 700、非洲其他国家为 25，而肯尼亚仅为 4[④]。类似地，埃塞俄比亚仅开采了其水电潜能的约 3%，而日本的开采率为 90%[⑤]。1988 年的预计是“尽管非洲拥有世界约三分之一的水电潜能，它当前的发电量仅为 2%”[⑥]。1992 年的预计是“非洲仅利用了其可耕植土地的 24%”[⑦]。为了说明改善发展中国家水利设施的紧迫性，调查指出世界有 60% 的疾病与水相关[⑧]。2000 年，投资在发展中国家的水利建设的资金在 750 亿 ~800 亿美元之间，WWC 和 GWP 的一个下

---

① 详见 *The Economist,* 7 June 2003, at 7。

② 关于世界银行对环境影响评价的现行规则，见 World Bank Operational Manual OP 4.01: *Environmental Assessment* (1999). 亚洲开发银行、欧洲复兴和开发银行、欧洲投资银行和泛美开发银行资助的发展项目要求的环境影响评价规则的综述，见 (1993) 4 *Yearbook of International Environmental Law,* at 528~549.

③ “A Survey of Water”, *The Economist,* 19 July 2003.

④ 同上，第 10 页。

⑤ 同上。

⑥ C. O. Okidi, “The State and the Management of International Drainage Basins in Africa” (1988) 28 *Natural Resources Journal,* 645, at 649.

⑦ C. O. Okidi, “‘Preservation and Protection’ Under the 1991 ILC Draft Articles on the Law of International Watercourses” (1992) 3 *Colorado Journal of International Environmental Law and Policy,* 143, at 148.

⑧ “A Survey of Water”, 本页注 ③, at 5.

属机构建议，为了实现 2002 年 8 月在约翰内斯堡举行的地球峰会约定的发展目标，投资额度需要增大到 1800 亿美元①。在 20 世纪 90 年代，每年在大型大坝上的投资预计在 320 亿~460 亿美元之间，其中的五分之四都投资在发展中国家②。大型大坝的贷款约占世界银行贷款比例的 10%，而且从促成尼罗河十个国家议定契约中就可以看出世界银行在国际淡水政策领域对国家的影响之大③。很多其他发展机构和捐助国都对水利项目做出了重要贡献，确保了通过要求环境影响评价而充分考虑环境因素。例如，英国海外发展在水利项目的援助份额从 1997 的 3.5%，上涨到 2002 年的 5%④。2003 年 4 月 23 日，欧盟联盟委员会向成员国提出成立一个十亿欧元的水利基金，用于帮助非洲、加勒比和太平洋（APC）国家实现于2002年在约翰内斯堡举行的地球峰会上约定的发展目标⑤。该基金由欧洲发展基金（EDF）管理，用于资助可持续水项目和活动。最后，很多主要的评论者断言，“实际上，很多最不发达国家只会因国际援助设置条件才进行项目的环境影响评价”⑥。

因此，除了提供履行预防跨界损害和合作的义务的方法，以及实际实施风险预防原则和可持续发展的概念外，多边开发银行和其他发展机构广泛利用环境影响评价以确保他们支持的项目在规划中充分考虑了环境因素。进行环境影响评价的实际上的要求，提供了一个有助于考虑环境影响的近乎正式的程序，这超越了在

① 同上。

② WCD, *Dams and Development: A New Framework for Decision-Making,* 第 427 页注③, at 11.

③ 详见 http://www.nilebasin.org。

④ “A Survey of Water”, 第 429 页注 ⑧, at 5.

⑤ Commission Proposal for New EU Water Fund for ACP Countries, MEMO/03/90, Brussels, 24 April 2003. See (2003) 11 *Environmental Liability,* CS25.

⑥ Knox 文，第 428 页注 ①，第 297 页。亦可参见 C. Wood, *Environmental Impact Assessment: A Comparative Review* (Longman, Harlow, 1995), at 303; and C. George, “Comparative Review of Environmental Assessment Procedures and Practice”, in N. Lee and C. George (eds), *Environmental Assessment in Developing and Transitional Countries* (John Wiley and Sons, Chichester, 2000) 35, at 49.

确定公平合理利用国际水道制度中所有其他相关因素——甚至包括第 10 条第 2 款规定，具有特殊地位的人类的基本生存需求相关的要素——的重要性。这样的正式程序能帮助确保在平衡竞争利益的过程中，不得不考虑环境因素。另外，国家一直利用环境影响评价程序及其被国内立法采纳，将强化国家的国际实践，从而支持了进行跨界环境影响评价的要求已经变成国际习惯法规范的主张。

三、国际委员会

当然，对国家在利用国际水道时确定环境因素的相对重要性的国家实践进行实证研究是很难的，因为这些实践一般是秘密进行的、不公开的外交活动。因此，考察为协助流域规划和利用达成政府间协定而设立的国际联合委员会的实践，是一种非常有用的方法。这些机构的组成和功能之间有很大的差异，但大部分都拥有较多的技术技能和资源，而且都在进一步保护国际水道环境和（可能）更广泛的自然环境的明确授权之下运作。最近几年，这种趋势越来越明显。例如，1994 年《默兹河保护协定》和《斯海尔特河保护协定》就设立了国际委员会，协助双方对河流的环境进行保护[①]。与此相同，1994 年《多瑙河保护和可持续利用合作公约》[②]成立了一个国际委员会[③]，确保进行合作以便：

“至少维持和改善多瑙河及其流域当前的环境和水质条件，并尽可能预防和减少发生或可能发生的不利影响和变化。”[④]

多瑙河委员会还有具体的职能，其中包括（如果适用）制定每个工业部门的排放限制、预防释放有害物质和界定水质目标[⑤]。

---

① (1995) 34 *ILM* 851 and 859, Article 2(2).

② *Yearbook of International Environmental Law* (1994), doc. 16.

③ 第 4 条。

④ 第 2 条第 2 款。

⑤ 第 7 条。

美国–加拿大联合委员会（IJC）的实践更有启发性，因为它是成立时间最长的此类机构之一，就利用共享淡水时考虑环境影响提供了全面的实例[①]。美国–加拿大联合委员会是根据1909年《边界水条约》[②]成立的，其目的是对申请利用、堵塞或改道共享边界水（会影响自然水水位或流量[③]）发出批准令，并在两国的要求下调查具体问题[④]。例如，在1975年，缔约国要求美国–加拿大联合委员会调查并报告准备在北达科他州建设和运行的加里森调水计划的跨界影响，并提出相关的改造、改变或调整建议，旨在帮助该计划符合1909年《条约》第4条规定的义务；第4条特别规定“不得在河流的任一岸污染本条约定义的边界水和流过边界的水，从而损害对岸的健康或财产。”[⑤]加拿大和马尼托巴省政府反对该项目，其主要依据是该项目会引入国外生物群，从而给水质和马尼托巴的渔业、野生生物资源带来不利影响。美国–加拿大联合委员会得出下列结论：美国提出的项目会给水质和马尼托巴省的生物资源带来不利影响，从而会损害加拿大的健康和财产[⑥]，而且该省家庭、工业和农业用边界水也会受到有害的影响[⑦]。例如，它计算得出当地商业捕鱼的损失为600万加元，而且“在该条件下，商业捕鱼还会逐渐减产”[⑧]。另外，委员会预计马尼托巴每年会因此损失35 000只鸭子[⑨]。总之，美国–加拿大联合委员会的结论是，尽管大部分不利影响可以减轻，但是外来物种迁徙带来的影响太严

---

① 详见 X. Fuentes 文，第428页注②，第150~155页。

② 1909 Treaty between the United States and Great Britain relating to Boundary Waters, and Questions Arising Along the Boundary between the United States and Canada, 102 *British and Foreign State Papers,* 137.

③ 第3条和第4条。

④ 第9条。

⑤ International Joint Commission, *Transboundary Implications of the Garrison Diversion Unit* (1977), at 131.

⑥ 同上，第3页。

⑦ 同上，第59页。

⑧ 同上，第59~60页。

⑨ 同上，第60页。

重了，唯一可以接受的解决方案是推出建设项目中可能引起外来物种迁移的部分①。因此，可以看出美国－加拿大联合委员会实际上利用了“生态系统方法”来考虑项目的潜在不利影响。类似地，1977年，缔约国要求美国－加拿大联合委员会调查并报告白杨河的水质：

“其中包括萨斯克切温（Saskatchewan）电力公司及其附属设施（其中包括在萨斯克切温省克罗那可附近的采煤厂）对跨界水的影响，并提出帮助政府确认遵守1909年《条约》第4条规定的建议。”②

委员会发现，穿过边界的水量下降将会对白杨河East Fork地区现存的生物群落产生不利影响，尽管它并未构成并违反1909年《条约》第4条的污染，委员会建议政府需要再次考虑该不利影响③。美国－加拿大联合委员会又一次根据“生态系统方法”对项目的环境影响进行了扩大化的审查。另外，在1984年12月和1985年2月期间，美国－加拿大联合委员被要求：

“调查并报告准备在不列颠哥伦比亚的Cabin Creek，接近其与弗拉德赫特河（Flatheaad）源头的地方开发煤矿计划对水质和水量的影响，并提出帮助政府确保遵守本条约第4条规定的建议。”④

委员会明确指出该发展计划会污染弗拉德赫特河，从而给其渔业带来严重影响，因此拟议的煤矿计划将违反1909年《条约》第4条的规定⑤。

这类联合机构的潜在作用通过其在大量关于国际水道的框架公约中被明确提及而大大增强了。尽管1977年《联合国水道公约》

① 同上，第114页。

② International Joint Commission, *Water Quality in the Poplar River Basin* (1981), at 210.

③ 同上，第xiii页和第197页。

④ International Joint Commission, *Impacts of a Proposed Coal Mine in the Flathead River Basin* (1988), at 3.

⑤ 同上，第8~9页。

不要求设立国际联合委员会，但是它在第8条（规定了合作的一般义务）明确承认委员会的重要作用，称：

“在确定这种合作方式时，水道国如果认为有此必要，可以考虑设立联合机制或委员会，以便参照不同地区现有的联合机构和委员会中进行合作所取得的经验，为在有关措施和程序方面的合作提供便利。”①

此类联合机制或委员会特别有助于践行《公约》第四部分预防、降低和控制国际水道污染的特定措施和方法②。2000年南部非洲发展共同体《共享水道修订议定书》③——其中大部分内容都在履行1997年《联合国水道公约》的重要规定——规定了非常详细的实施机构框架④。它列出了南非发展共同体的四个水部门组织：

“i. 水部长委员会；

“ii. 水高级官员委员会；

“iii. 水务部门协调小组；和

“iv. 水资源技术委员会和次委员会。”

这些组织在不同层级上发挥功能水平，协助实施《共享水道议定书》和协调共享水道机构的工作。例如，第5条第2款c项特别规定了水务部门协调小组应：

“（ii）在实施本议定书的事务方面，保持与南部非洲共同体其

---

① 第8条第2款。

② 例如，第21条第3款提出水道国应采用以下措施和方法：

“a. 订立共同的水质目标和标准；

“b. 确定处理来自点源和非点源污染的技术和做法；

“c. 制定应禁止、限制、调查或监测让其进入国际水道水的物质清单。”

③ 《修订议定书》吸纳了1997年《联合国水道公约》中所有重要的实体性规定，而且其序言部分明确提到该公约，并在第1段称：

“谨记《赫尔辛基规则》引起的国际法的发展和编纂，以及联合国随后通过的《国际水道非航行利用法公约》。”

④ 第5条。

他组织和共享水道机构的联络；和……

“（ix）妥善保管所有共享水体管理机构及其在南部非洲 共同体区域内共享水道协定的清单。”

接着，第 5 条第 3 款讨论了“共享水道机构”的问题，称：

“a. 水道国承诺成立相关的机构，如水道委员会、水务局或委员会；

“b. 此类机构的责任由其目标的性质确定，而这些目标必须与本议定书的原则一致；

“c. 共享水道机构应定期或在水务部门协调小组的要求下，提供评估实施本议定书规定的进展（包括各自协议的发展）需要的所有信息。”

相对于 1997 年《联合国水道公约》，1992 年欧洲经济委员会《赫尔辛基公约》关于双边和多边合作的第 9 条明确要求缔约国按照《公约》签署的双边、多边协议或其他协定“都应规定成立联合机构”[①]。第 9 条第 2 款还称：

“这些联合机构的任务在除其他任务外，而且又不损坏现有协议或安排的情况下，包括以下方面：

“a. 收集、汇编和评估数据，以确定可能引起跨界影响的污染源；

“b. 细化水质和水量的联合监控计划；

“c. 起草上述污染源的名录清单和交流信息；

“d. 详细说明废水的排放限制，评估控制计划的有效性；

“e. 详细说明联合水质目标和标准……并提出相关的维护和（如有必要）改善水质的措施；

“f. 制定降低点源（如城市和工业源）和面源（尤其是农业）污染载荷的一致行动计划；

“g. 建立警告和预警程序；

① 第 9 条第 2 款（重点强调）。

"h. 充当论坛，交流可能引起跨界影响的现有和计划用水和相关装置的信息；

"i. 按照本公约第13条的规定，促进最佳可得技术的合作和交流，鼓励科学研究计划领域的合作；

"j. 按照相关的国际法规，参与实施跨界水的环境影响评价。"

第9条还规定了直接和严重受到跨界影响的非沿岸国可参与由沿岸国成立的多边联合机构活动[①]，并在一个流域有两个或更多个联合机构时，协调联合机构的活动[②]。1992年《公约》甚至规定了"联合机构"的定义："为了沿岸缔约国合作而设立的双边或多边委员会或其他相关机构安排"[③]。

非常清楚的一点是，一项涉及"多层复杂性"的规范原则[④]、并且从定义上来看有一定的法律不确定性的原则的实际适用，可以得到专业机构机制的巨大协助。在一场包括公平利用在内的"智者原则"（sophist principle）的讨论中，Franck观察到，"在各种情况下，他们经常要求对规则的含义得到有效的、可信的、制度化的和合理的阐释"[⑤]。因此，通过设立一个政府间技术机构——其职责是确定任何现行或计划的国际水道利用详细的不利环境影响、以及为此目的而提交其调查事实和建议的正式程序机制——的方式，日渐普遍的设立国际联合委员会的趋势将几乎毫无疑问地促使优先考虑环境因素。当然，此类委员会还从事或协助编写环境影响报告书，作为正式跨界环境影响评价程序的一部分。

① 第9条第3款和第4款。

② 第9条第5款。

③ 第1条第5款。

④ T. M. Franck, *Fairness in International Law and Institutions* (Clarendon, Oxford, 1995), at 67.

⑤ 同上，第81~82页。

四、习惯

尽管关于国际环境法诸多规则和原则的国际习惯法地位的争论十分激烈，但无须争论的是那些已经形成的，关于环境保护的习惯法规范[①]。在“加布奇科沃–大毛罗斯大坝案”中，国际法院确定已经出现新的环境规范和标准，而且国家在考虑会对环境产生不利影响的项目或活动时，必须考虑这些新规范和标准。法院称：

“在过去的岁月里，人类出于经济或其他原因，不断干扰自然界。过去，不需要考虑对环境的影响。而现在随着对以不假思索和有增无减的速度进行干扰有了新的科学发现和不断增长的人类——今世后代——风险意识，新的规范和标准得以发展，并体现在过去二十年里的大量文件中。国家不仅需要在计划新活动时，而且在继续过去的活动时，要考虑这些新规范，重视这些新标准。”[②]

法院进而承认这些环境规范和标准中有很多都包含在可持续发展的概念中。

需要提出的是，由于缺乏公平利用相关因素的等级划分，那些“要求将国际环境法的新标准和规则充分用于《公约》中公平利用的条款中、具有较高环境意识的代表团”给联合国大会 1977 年《公约》工作组的审议带来极大的挑战[③]。事实确实如此，芬兰代表团就提出在《公约》第 6 条插入一个新的“引语”，具体内容如下：

“按照第 5 条所述公平合理利用国际水道要求考虑所有相关因素和情势，以期实现水道整体的可持续发展。应特别考虑人类的

① 详见本书第七章和第八章。

② 第 425 页注 ③，第 67 页，第 140 段（重点强调）。

③ 这些代表团包括芬兰、葡萄牙、匈牙利、荷兰和德国。详见 A. Tanzi 和 M. Arcari 书，第 425 页注 ①，第 125~126 页。

基本生存需求。相关的因素和情势应包括：……”①

尽管那些寻求引入环境友好地适用公平利用原则的实体性标准的国家坚定支持这项原则，但是也有很多代表团强烈反对这项原则②，他们反对的理由“很可能是害怕公平利用原则语境下过于突出环境标准”③。

有趣的是，1997 年《联合国水道公约》第 10 条第 1 款明确规定“如无相反的协定或习惯，国际水道的任何利用均不对其他利用享有固有的优先地位。”因此，尽管第 10 条是关于水的竞争性利用、而不是确定水道公平合理利用制度时必须考虑的因素，但是可以认为，任何不符合国际环境习惯法规则或原则的利用，优先性都低于符合国际环境习惯法的任何利用。

尽管如此，Tanzi 和 Arcari 建议：

“从公约的准备工作材料来看，第 10 条中术语‘习惯’的本意是指国际法的正式来源，被称为‘地方’、‘特殊’或‘区域’的习惯；相比一般习惯法，它更接近默示协定的概念。”④

由此可知，在确定哪种利用国际水道的行为可以优先的时候，一定会考虑习惯法规则和原则。因此，可以通过解释正在形成的国际环境习惯法规则，增加环境因素的权重。另外，对于环评来说，多边发展银行和其他国际发展组织很可能通过其政策和惯例的方式，非正式地实施许多正在形成的国际环境习惯法规范和原则。合作义务及其从属的通知和协商义务更是如此⑤。但是，必须

① UN Doc. WG/CRP.18 (emphasis added). 详见 Tanzi 和 Arcari 书，同上，第 125 页。

② 例如，见中国代表发言，UN Doc. A/C.6/51/SR.16 (1996), at 2, para. 1. 见 Tanzi 和 Arcari 书，同上，第 126 页。

③ 见 Tanzi 和 Arcari 书，同上。

④ 见 Tanzi 和 Arcari 书，同上，第 44 页。关于“地方”、“特殊”或“区域”的习惯，详见 A. D’Amato, “The Concept of Special Custom in International Law” (1969) 63 *American Journal of International Law*, 211.

⑤ 例如，见 IFC Operational Policy on Projects on International Waterways (OP 7.50, November 1998), IFC 对国际水道项目的操作政策 (OP 7.50，1998 年 11 月)，其中明确要

谨记的是，新的或正在形成的国际环境法规范很少会出现只涉及绝对义务的情况。尤其是在确定公平利用共享淡水的制度时，必须按照审慎注意和比例性的双重标准审视此类环境规范①。因此，在结合所有相关环境、判定国家的行为是否合理时，必须考虑是否充分实施或遵守预防跨界环境损害等规范。只有在这种情况下，才能将不遵守视为判定制度不公平的重要因素。

五、规范的精密性

但是，在推动公平平衡过程中有效考虑环境价值——这是公平利用原则的核心——最重要的一项因素是：近年来环境规则和原则详细阐释的程度以及由此产生的规范具体性和紧密性的程度。在实体性规则方面，我们只需要考虑环境审慎注意标准的当前和系统发展，该标准支持预防重大损害的义务，而且它与很多活动、工厂和设备的类型、保护和防护设施、技术研究和评估等都有关联。类似地，我们也只需要考虑与进行环评有关的一整套程序和标准。这些详细的程序和标准的确与大量的工业部门和活动种类以及各种栖息地和生态系统相关。在程序性规则方面，只需要考虑水道国就 1997 年《公约》第 21 条第 3 款所采取环境措施进行协商的义务方面的详细指南。有人争论道，将公平利用框架下需要考虑的环境保护问题的价值、方式和程序正规化，环境规则和原则复杂且相互关联的体系得到了平行又独立的发展，这在确保此类问题被合理考虑方面发挥着至关重要的作用。尽管她提出，在实施可持续发展概念和分配跨界自然资源中过度考虑环境因素（相对于发展因素）可能是不适当的，也可能是不公平的。Fuentes 还是建议：

“我们可以这样来解释：因为国际经济和合作法领域国际立

求实施此类项目的国家，本着与其他沿岸国达成协定的愿景，一秉善意进行合作和谈判（第 3 条），并尽早正式通知其他沿岸国（第 4 条）。

① 例如，参见 M. Kroes 文，第 423 页注 ①，第 94~95 页、第 97 页。

法进程的不充分性，相对于可持续发展概念发展维度的缓慢进展，环境关注正在获得优势地位。”①

当然，这表明环境法领域的国际立法进程的有效性在某种程度上推动了环境关注所获得的优先性。

① 第421页注③，第112页。

附 录

国际公约

1. Final Act of the 1815 Congress of Vienna, *Droit International et Histoire Diplomatique* (Paris 1970), Vol. II, 6.
2. 1816 Treaties on Boundaries between Their Majesties the King of Prussia and the King of the Netherlands, 7 October 1816, 3 *Martens Nouveau Recueil* (see.1), at 54–65.
3. 1863 Treaty between Belgium and the Netherlands on the diversion of water from the Meuse.
4. 1866 Treaty of Bayonne and Additional Act concluded between Spain and France.
5. 1868 Treaty of Mannheim.
6. Protocol No. 4 to the 1887 Demarcation of the North-West Frontier of Afghanistan, agreed between Afghanistan and Russia.
7. 1904 Memorandum to the Exchange of Notes between the British and French Governments Defining the Boundary between the Gold Coast and French Soudan.
8. 1905 Treaty of Karlstad (Sweden and Norway).
9. 1906 Convention between the United States and Mexico concerning the Equitable Distribution of the Waters of the Rio Grande for Irrigation Purposes, 34 Stat. 2953; Legislative Texts, No. 75, at 232; *UNTS* No. 455.

10. (1909 Boundary Waters Treaty) Treaty relating to Boundary Waters, and Questions Arising Along the Boundary between the United States and Canada, UN Legislative Texts and Treaty Provisions, ST/LEG/SerB/12, 260; 36 Stat. 2448; *Legislative Texts,* No. 79, at 260; 102 *British and Foreign State Papers,* 137; 4 *American Journal of International Law (Suppl.)* 239.
11. 1913 Convention between France and Switzerland for the Development of the Water Power of the Rhone, Article 5 (Berne, 4 October 1913), *Legislative Texts,* No. 197, at 708.
12. 1919 Treaty of Versailles, *British and Foreign State Papers,* 1919, Vol CXII, (HMSO, London, 1922).
13. 1921 Barcelona Convention on the Regime of Navigable Waterways of International Concern, 7 *LNTS* 35.
14. 1921 Barcelona Statutes, 2 *LNTS* 37.
15. 1922 Agreement of 10 April 1922 for the Settlement of Questions Relating to Watercourses and Dykes on the German–Danish Frontier, 10 *LNTS* 201.
16. 1923 Geneva Convention Relating to the Development of Hydraulic Power Affecting More than One State, 36 *LNTS* 77.
17. Protocol to the 1924 Notes Exchanged between the United Kingdom and France Agreeing to the Ratification of the Protocol Defining the Boundary between French Equatorial Africa and the Anglo-Egyptian Soudan.
18. 1926 Exchange of Notes between the Belgian and British Governments regarding the Frontier of Tanganyika–Ruanda-Urundi.
19. 1929 Protocol to the Final Report of the Commissioners Appointed to Delimit the Boundary between the British and French Mandated Territories of Togoland.

20. 1929 Treaty between Haiti and the Dominican Republic.
21. (1929 Nile Treaty) Exchange of Notes between the UK and Egypt in regard to the Use of the Waters of the River Nile for Irrigation Purposes, 7 May 1929, 93 *LNTS* 44.
22. 1929 Convention of 11 May 1929 between Norway and Sweden on Certain Questions relating to the Law on Watercourses, 120 *LNTS* 263.
23. 1931 General Convention of 14 December 1931 between Romania and Yugoslavia concerning the Hydraulic System, 135 *LNTS* 31.
24. 1933 Declaration on Industrial and Agricultural Use of International Rivers, para. 2, Declaration No. 72 of the Seventh Pan-American Conference, (Montevideo, 24 December 1933); text reproduced in (1974) 2 *Yearbook of the International Law Commission* (part 2), at 212.
25. 1934 Agreement between the Belgian and British Governments regarding Water Rights on the Boundary between Tanganyika and Ruanda-Urundi, *UN Legislative Texts and Treaty Provisions*, 98.
26. 1942 Exchange of Notes between the Governments of Afghanistan, the United Kingdom and India in regard to the Boundary between Afghanistan and India in the Neighbourhood of Arnawai and Dokalim, *UN Legislative Texts and Treaty Provisions*, at 274.
27. 1944 Treaty between Mexico and the United States relating to the Utilization of the
28. Waters of the Colorado and Tijuana Rivers and of the Rio Grande, III *UNTS*, no. 25.
29. 1946 Agreement concerning the utilization of the rapids of the Uruguay River in the Salto Grande Area (Argentina/Uruguay), 30 December 1946.
30. 1946 Treaty concerning the Waters of the Tigris and Euphrates (Iraq

and Turkey), *Legislative Texts*, No. 104, at 376.

31. 1946 International Convention for the Regulation of Whaling, 161 *UNTS* 72; *UKTS* 5 (1949).
32. 1948 Agreement of 8 July 1948 between Poland and the USSR concerning the Regime of the Polish–Soviet State Frontier, 37 *UNTS* 25.
33. 1948 Convention regarding the Regime of Navigation on the Danube, 33 *UNTS* 196.
34. 1949 Agreement on the Reno di Lei Hydraulic Power Concession (Italy /Switzerland), Reno, 18 June 1949.
35. 1949 Agreement between Norway and the Union of Soviet Socialist Republics concerning the Regime of the Norwegian–Soviet Frontier and Procedure for the Settlement of Frontier Disputes and Incidents, *United Nations Legislative Texts and Treaty Provisions concerning the Utilization of International Rivers for Other Purposes than Navigation,* 880.
36. 1950 Treaty between the United States and Canada Relating to the Uses of the Waters of the Niagara River, Article 6 (Washington DC, 27 February 1950), 132 *UNTS* 228.
37. 1950 Treaty between the Government of the Soviet Socialist Republics and the Government of the Hungarian People's Republic concerning the Regime of the Soviet–Hungarian State Frontier, *United Nations Legislative Texts and Treaty Provisions concerning the Utilization of International Rivers for Other Purposes than Navigation,* 823.
38. 1952 Agreement between the Government of the Polish Republic and the Government of the German Democratic Republic concerning Navigation in Frontier Waters and the Use and Maintenance of Frontier Waters, *United Nations Legislative Texts*

and Treaty Provisions concerning the Utilization of International Rivers for Other Purposes than Navigation, 769.

39. 1953 Agreement for the Utilization of the Waters of the Yarmuk River between Jordan and Syria (4 June 1953), 184 *UNTS* 15.
40. 1954 Convention between Yugoslavia and Austria concerning Water Economy Questions relating to the Drava, 227 *UNTS* 128.
41. 1954 Kosi Agreement between Nepal and India, reproduced in S. P. Subedi (ed.), *International Watercourses Law for the 21st Century: The Case of the River Ganges Basin* (Ashgate, Aldershot, 2005) 253.
42. 1956 Convention between the Federal Republic of Germany and France on the Regulation of the Upper Course of the Rhine.
43. 1956 Treaty between Germany, France and Luxembourg on the Opening to Navigation of the Moselle, *BGBL* 1956 II, 1838.
44. 1957 Agreement between Bolivia and Peru concerning a Preliminary Economic Study of the Joint Utilization of the Waters of Lake Titicaca, *Legislative Texts*, No. 45, at 168.
45. 1957 Paatsojoki (Pasvik) River Agreement, UN Doc. A/CN.4/447 and Add. 1-3.
46. 1957 EURATOM Treaty, 298 *UNTS* 162.
47. 1958 Agreement between Czechoslovakia and Poland concerning the Use of Water Resources in Frontier Waters, 538 *UNTS* 89.
48. 1958 Ouz Treaty.
49. 1958 Geneva Convention on the Continental Shelf, 499 *UNTS* 311.
50. 1959 Agreement between the United Arab Republic and the Republic of Sudan for the Full Utilization of Nile Waters (8 November 1959), 453 *UNTS* 51, and 1960 Protocol Establishing the Permanent Joint Technical Committee.
51. 1959 Gandak Agreement between Nepal and India, reproduced

in S. P. Subedi (ed.), *International Watercourses Law for the 21st Century: The Case of the River Ganges Basin* (Ashgate, Aldershot, 2005) 261.

52. 1960 Indus Waters Treaty, 419 *UNTS* 125; *United Nations Legislative Texts and Treaty Provisions concerning the Utilization of International Rivers for Other Purposes than Navigation,* 305.
53. 1960 Frontier Treaty concluded between the Federal Republic of Germany and the Netherlands, 508 *UNTS* 14; *United Nations Legislative Texts and Treaty Provisions concerning the Utilization of International Rivers for Other Purposes than Navigation,* 757.
54. 1960 Agreement between the Kingdom of Norway and the Republic of Finland regarding New Fishing Regulations for the Fishing Area of the Tana River, *United Nations Legislative Texts and Treaty Provisions concerning the Utilization of International Rivers for Other Purposes than Navigation,* 620.
55. 1960 Ems-Dollart Treaty (BGB1. 1963II, at 602).
56. 1961 Protocol concerning the Constitution of an International Commission for the Protection of the Moselle Against Pollution.
57. 1961 Treaty Relating to Cooperative Development of the Water Resources of the Columbia River Basin, Article 6 (17 January 1961), 15 *UST* 1555; 542 *UNTS* 244.
58. 1962 Convention Concerning Protection of the Waters of Lake Geneva Against Pollution, 922 *UNTS* 54.
59. 1962 Franco–Swiss Convention for the Protection of Lake Leman against Pollution.
60. 1963 Treaty between Hungary and Romania concerning the Regime of State Frontier and Co-operation in Frontier Waters, 567 *UNTS* 330.
61. 1963 Agreement concerning the International Commission for

the Protection of the Rhine, reprinted in *Tractatenblad Van Het Koninkrijk Der Nederlanden*, No. 104 (1963).

62. 1963 Act Regarding Navigation and Economic Co-operation between the States of the Niger Basin, 587 *UNTS* 9.
63. 1964 Convention and Statute Relating to the Development of the Chad Basin.
64. 1964 Agreement concerning the River Niger Commission and Navigation and Transport on the River Niger, 587 *UNTS* 19; text reproduced in H. Hohmann (ed.), *Basic Documents in International Environmental Law* (Graham & Trotman, London, 1992), vol. I, at 1263.
65. 1964 Agreement concerning the Use of Waters in Frontier Waters concluded between Poland and the USSR, 552 *UNTS* 175.
66. 1964 Agreement concerning Frontier Watercourses concluded between Finland and the USSR.
67. 1966 Agreement Regulating the Withdrawal of Water from Lake Constance concluded between Austria, the Federal Republic of Germany and Switzerland, 620 *UNTS* 198.
68. 1967 Treaty between Austria and Czechoslovakia concerning the Regulation of Water Management Questions relating to Frontier Waters, 728 *UNTS* 313.
69. 1968 African Convention on the Conservation of Nature and Natural Resources, 1001 *UNTS* 4.
70. 1969 Treaty for the River Plate (Brasilia, 23 April 1969), (1969) 8 *ILM* 905.
71. 1971 Agreement Concerning Frontier Rivers concluded between Finland and Sweden (1971) 825 *UNTS* 191.
72. 1971 Act of Santiago concerning Hydrologic Basins (Chile/Argentina), UN Doc. A/CN.4/274; text reproduced in (1974)

Yearbook of the International Law Commission, vol. 2, part 2, at 324.

73. 1971 Declaration on Water Resources signed by Argentina and Uruguay, text reproduced in (1974) *Yearbook of the International Law Commission,* vol. 2, part 2, at 324.
74. 1971 Declaration of Asunción on the Use of International Rivers, reproduced in (1974) 2 *Yearbook of the International Law Commission* (part 2), 322.
75. 1971 Convention on Wetlands of International Importance Especially as Waterfowl Habitats (Ramsar, 2 February 1971), printed in (1972) 11 *ILM* 969.
76. 1972 Agreement between the US and Canada on the Water Quality of the Great Lakes, 23 *UST* 301, *TIAS* No. 7312 (as amended by the 1978 Agreement on the Water Quality of the Great Lakes, 30 *UST* 1383, *TIAS* No. 9257).
77. 1972 Convention on the Prevention of Marine Pollution by Dumping of Wastes and Other Matter (1972) 11 *ILM* 1294.
78. 1972 Paris Convention for the Protection of the World Cultural and Natural Heritage, 11 *ILM* 1358 (1972).
79. 1973 Treaty on the River Plate and its Maritime Limits (Uruguay and Argentina), (1974) 13 *ILM* 251.
80. 1973 Agreement between Mexico and the United States concerning the Permanent and Definitive Solution to the International Problem of the Salinity of the Colorado River (1973) 12 *ILM* 1105; 24 *UST* 1968, *TIAS* No. 7708. For texts see Doc. OAS/Ser.IVI/CJI 75 rev. 2, Suppl. 1, at 35.
81. 1973 MARPOL Convention, 12 *ILM* (1973) 1319.
82. 1973 Convention on International Trade in Endangered Species of Wild Flora and Fauna, 12 *ILM* 1085 (1973).

83. Statute of the Senegal River, reprinted in W. E. Burhenne (ed.), *International Environmental Law: Multilateral Treaties* (IUCN, Bonn, 1974) 972:19/1.

84. 1974 Agreement concerning Co-operation in Water Economy Questions in Frontier Rivers concluded between the German Democratic Republic and Czechoslovakia, reprinted in *Sozialistische Landeskultur Umweltschutz, Textansgabe Ausgewählter Rechtsvorschriften, Staatsverslag Der Deutsch Dem. Rep.* 375 (1978).

85. 1974 Paris Convention for the Prevention of Marine Pollution from Land-Based Sources, 13 *ILM* (1974) 352.

86. 1974 Helsinki Convention on the Protection of the Marine Environment of the Baltic Sea Area, UNEP, *Selected Multilateral Treaties in the Field of the Environment, Reference Series 3* (Nairobi, 1983), at 405,13 *ILM* 546 (1974).

87. 1974 Nordic Environmental Protection Convention (1974) 13 *ILM* 511, 1092 *UNTS* 279.

88. 1975 Statute of the Uruguay River (Argentina and Uruguay), Uruguay Ministry for External Relations, *Actos Internacionales Uruguay-Argentina 1830-1980* (Montevideo, 1981) 593.

89. 1975 Final Act of the Conference on Security and Co-operation in Europe (1975) 14 *ILM* 1292.

90. 1975 Indo-Bangla Farakka Accord, reproduced in S. P. Subedi (ed.), *International Watercourses Law for the 21st Century: The Case of the River Ganges Basin* (Ashgate, Aldershot, 2005) 277.

91. 1976 Convention concerning the Protection of the Rhine Against Chemical Pollution (1977) 16 *ILM* 242.

92. 1976 Convention on the Pollution of the Rhine by Chlorides (1977) 16 *ILM* 265.

93. 1976 Barcelona Convention for the Protection of the Mediterranean Sea Against Pollution, 15 *ILM* 290 (1976).

94. 1976 Convention on the Conservation of Nature in the South Pacific, reproduced in W. Burhenne, *International Environmental Legal Materials and Treaties* (Looseleaf, Kluwer Law International), 976:45.

95. 1977 Agreement on the Sharing of the Ganges Waters (1978) 17 *ILM* 103.

96. 1977 Agreement Creating the Organization for the Management and Development of the Kagera Basin.

97. 1977 Agreement between France and Switzerland concerning the Activities and Agencies for the Control of Accidental Water Pollution by Hydrocarbons or Other Substances Capable of Contaminating Water, 1080 *UNTS* 155.

98. 1977 Convention on the Prohibition of Military or Any Other Hostile Use of Environmental Modification Techniques, 16 *ILM* 88 (1977).

99. 1978 Agreement between the United States and Canada on the Great Lakes Water Quality, 30 *UST* 1383, *TIAS* No. 9258. Reprinted in *Canadian Treaty Series* No. 20.

100. 1978 Convention on Water Economy in the Amazon Basin (1978) 17 *ILM* 5.

101. 1978 Treaty for Amazonian Co-operation (Brasilia, 3 July 1978), (1978) 17 *ILM* 1045.

102. 1978 Convention relating to the Status of the River Gambia, *Africa Treaties,* No. 10, at 39, (Kaolack, 30 June 1978).

103. 1978 Kuwait Regional Convention for Co-operation on Protection of the Marine Environment from Pollution (1978) 17 *ILM* 511.

104. 1979 Agreement on Paraná River Projects (Argentina/Brazil/

Paraguay), Stroessner City, 19 October 1979.

105. 1979 Bonn Convention on the Conservation of Migratory Species of Wild Animals, 19 *ILM* 15 (1980).

106. 1979 Berne Convention on the Conservation of European Wildlife and Natural Habitats, *UKTS* 56 (1982).

107. 1979 Agreement Governing the Activities of States on the Moon and Other Celestial Bodies (1979) 18 *ILM* 1434.

108. 1979 ECE (Geneva) Convention on Long-Range Transboundary Air Pollution, 18 *ILM* (1979) 1442.

109. 1979 Brussels and Lugano Conventions on jurisdiction and enforcement of judgments in civil and commercial matters (1979) 18 *ILM* 21.

110. 1980 Agreement between France and Switzerland concerning Fishing in the Leman Lake, FAO, *Treaties Concerning the Non-Navigational Uses of International Watercourses – Europe* (Rome, 1993), Legislative Study 50, at 354.

111. 1980 Convention Creating the Niger Basin Authority. (Faranah, 21 November 1980), available at www.fao.org/docrep/*International Conventions* xv

112. 1980 Convention on the Conservation of Antarctic Marine Living Resources, 33 UST 3476; (1980) 19 ILM 841.

113. 1982 United Nations Convention on the Law of the Sea (1982) 21 *ILM* 1261.

114. 1983 US– Mexico Agreement for Co-operation on Environmental Programs and Transboundary Problems, 22 *ILM* (1983) 1025.

115. 1983 Cartagena de Indias Convention for the Protection and Development of the Marine Environment of the Wider Caribbean Region, 22 *ILM* 221 (1983).

116. 1983 Canada–Denmark Agreement for Co-operation Relating to

the Marine Environment, 23 *ILM* 269 (1984).

117. 1985 ASEAN Agreement on the Conservation of Nature and Natural Resources, (1985) 15 *Environmental Policy and Law,* at 64.

118. 1985 Nairobi Convention for the Protection, Management and Development of the Marine and Coastal Environment of the Eastern African Region, in Burhenne, 385:46.

119. 1985 Vienna Convention for the Protection of the Ozone Layer, 26 *ILM* (1987) 1529.

120. 1986 Convention for the Protection of the Natural Resources and Environment of the South Pacific Region (1987) 26 *ILM* 38.

121. Convention concerning Early Notification of a Nuclear Accident (1986) 25 *ILM* 1369–1386.

122. Convention concerning Assistance in the Case of a Nuclear Accident or Radiological Emergency (1986) 25 *ILM* 1369–1386.

123. 1987 Agreement on the Action Plan for the Environmentally Sound Management of the Common Zambezi River System (1987) 27 *ILM* 1109.

124. 1987 Montreal Protocol on Substances that Deplete the Ozone Layer, 26 *ILM* 1550 (1987).

125. 1987 Brazil–Argentina Agreement on Early Notification and Mutual Assistance (1987) 39 *Nuclear Law Bulletin,* 36.

126. 1988 Kuwait Protocol Concerning Marine Pollution Resulting from Exploration and Exploitation of the Continental Shelf, reprinted in (1989) 19 *Environmental Policy and Law,* 32.

127. 1988 Convention on the Regulation of Antarctic Mineral Resource Activities (1988) 27 *ILM* 868.

128. 1989 Treaty on the Highland Water Project (Lesotho and South Africa).

129. 1989 Basle Convention on the Transboundary Movement of Hazardous Wastes and their Disposal (1989) 28 *ILM* 657.
130. 1990 Agreement between Nigeria and Niger concerning the Equitable Sharing in the Development, Conservation and Use of their Common Water Resources.
131. 1990 Agreement concerning Cooperation on Management of Water Resources of the Danube Basin.
132. 1990 Convention of the International Commission for the Protection of the Elbe (Magdeburg, 8 October 1990).
133. 1990 EU–Austria Agreement concerning Co-operation on Management of Water Resources in the Danube Basin, *Official Journal of the EC*, L/90/20.
134. 1990 Kingston Protocol on Specially Protected Areas and Wildlife.
135. 1991 Convention on Environmental Impact Assessment in a Transboundary Context (1991) 30 *ILM* 802.
136. 1991 Protocol on Environmental Protection to the Antarctic Treaty (1992) 30 *ILM* 1455.
137. 1991 Air Quality Agreement between the US and Canada (1991) 30 *ILM* 676.
138. 1991 Bamako Convention on the Ban of Import into Africa and the Control of Transboundary Movement and Management of Hazardous Wastes within Africa.
139. 1991 Treaty Establishing the African Economic Community (Abuja, 3 June 1991), 30 *ILM* (1991) 1241.
140. 1992 Agreement between Namibia and South Africa on the Establishment of a Permanent Water Commission (1993) 32 *ILM* 1147.
141. 1992 United Nations Economic Commission for Europe (UNECE) Convention on the Protection and Use of Transboundary

Watercourses and International Lakes (1992) 31 *ILM* 1312.

142. 1992 United Nations Convention on Biological Diversity, 31 *ILM* (1992) 818.

143. 1992 United Nations Framework Convention on Climate Change, 31 *ILM* (1992) 851.

144. 1992 Espoo Convention on the Transboundary Effects of Industrial Accidents, 31 *ILM* (1992) 1333.

145. 1992 Paris Convention for the Protection of the Marine Environment of the North-East Atlantic, 32 *ILM* 1072 (1993).

146. 1992 Helsinki Convention on the Protection of the Marine Environment of the Baltic Sea Area, 1507 UNTS 167.

147. 1993 Protocol on Shared Water Resources annexed to the 1991 Treaty concerning the Environment signed by Argentina and Chile (1993) No. 34,540 *Diario Oficial de la República de Chile,* at 3.

148. 1993 North American Agreement on Environmental Co-operation (1993) 4 *Yearbook of International Environmental Law,* 831.

149. 1993 Council of Europe Convention on Civil Liability for Damage Resulting from Activities Dangerous to the Environment (1993) 32 *ILM* 1228.

150. 1994 Agreement on the Protection of the River Meuse (26 April 1994), (1995) 34 *ILM* 851.

151. 1994 Agreement on the Protection of the River Scheldt (26 April 1994), (1995) 34 *ILM* 859.

152. 1994 Convention on Co-operation for the Protection and Sustainable Use of the Danube River (26 June 1994), *Multilateral Agreements* 994/49; (1994) 5 *Yearbook of International Environmental Law*, doc. 16.

153. 1994 Treaty of Peace between the State of Israel and the Hashemite Kingdom of Jordan (26 October 1994), (1995) 34 *ILM* 43.

154. 1994 Convention to Combat Desertification, 33 *ILM* (1994) 1016.
155. 1994 Convention on Nuclear Safety, 33 *ILM* 1518 (1994).
156. 1995 Agreement on Co-operation for the Sustainable Development of the Mekong River Basin (5 April 1995), (1995) 34 *ILM* 864.
157. 1995 Treaty of Peace between Israel and Jordan (26 October 1994), (1995) 34 *ILM* 43.
158. 1995 Protocol on Shared Watercourse Systems adopted by the Southern African Development Community (SADC), in FAO, *Treaties Concerning the Non-Navigational Uses of International Watercourses: Africa* (FAO Legislative Study 61, 1997), at 146.
159. 1995 Agreement Relating to the Conservation and Management of Straddling and Highly Migratory Fish Stocks, 34 *ILM* (1995) 1542.
160. 1996 Treaty on Sharing the Ganges Waters at Farakka (1997) 36 *ILM* 519; reproduced in S. P. Subedi (ed.), *International Watercourses Law for the 21st Century: The Case of the River Ganges Basin* (Ashgate, Aldershot, 2005) 279.
161. 1996 Ems-Dollart Environment Protocol.
162. 1996 Protocol to the London Dumping Convention (1997) 36 ILM 1.
163. 1996 Syracuse Protocol for the Protection of the Mediterranean Against Pollution from Land-based Activities.
164. 1996 Mahakali River Treaty between Nepal and India, reproduced in S. P. Subedi (ed.), *International Watercourses Law for the 21st Century: The Case of the River Ganges Basin* (Ashgate, Aldershot, 2005) 267.
165. 1997 United Nations Convention on the Law of the Non-Navigational Uses of International Watercourses (New York, 21 May 1997), (1997) 36 *ILM* 700.

166. 1997 Kyoto Protocol to the Climate Change Convention, (1998) 37 ILM 22.

167. 1998 Convention on the Protection of the Rhine (Rotterdam, 22 January 1998).

168. 1998 UNECE Aarhus Convention on Access to Information, Public Participation in Decision-Making and Access to Justice in Environmental Matters, 38 *ILM* (1999) 517.

169. 1999 Protocol on Water and Health to the 1992 UNECE Convention on the Protection and Use of Transboundary Watercourses and International Lakes, UN DOc. MP.WAT/AC.1/1991/1.

170. 2000 Southern African Development Community (SADC) Revised Protocol on Shared Watercourses, 40 *ILM* (2001) 321.

171. 2000 Cartagena Protocol on Biosafety, to the Convention on Biological Diversity, (2000) 39 ILM 1027.

172. 2003 UNECE Protocol on Civil Liability and Compensation for Damage caused by the Transboundary Effects of Industrial Accidents on Transboundary Waters (Kiev, 21 May 2003), reprinted in (2003) 4 *Environmental Liability,* 136–140.

司法和仲裁机构裁决

国际司法机构

1. *Helmand River Delta* case (1872 and 1905) (Arbitral Awards on 19 August 1872 and 10 April 1905).

2. *San Juan River* case (1888) (Arbitral Award by Grover Cleveland of 22 March 1888).

3. *Kushk River* case (1893) (Arbitral Award of Anglo-Russian Commission of 22 August 1893).

4. *Faber* case (1903) (Cambodia v. Thailand) and ICJ Reports 1.
5. *Case Concerning Claims Arising Out of Decisions of the Mixed Graeco-German Arbitral Tribunal set up under Article 304, Part X of the Treaty of Versailles* (Between Greece and the Federal Republic of Germany), 19 *Review of International Arbitration Awards.*
6. *Norwegian Shipowners Claim, (United States – Norway Arbitration)* (1922), Hague Court Reports, ii. 40; *RIAA,* i. 309; (1923) 17 *American Journal of International Law,* 362.
7. *Cayuga Indians Arbitration,* F. K. Nielsen, *American and British Claims Arbitration* (1926) 307.
8. *Lotus Case, PCIJ*, Series A, No. 10.
9. *Territorial Jurisdiction of the International Commission of the River Oder* case, Judgment no. 16 (10 September 1929), *PCIJ* Series A, No. 23, at 5–46; substantially reproduced in C. A. R. Robb (ed.), *International Environmental Law Reports, Volume 1: Early Decisions* (Cambridge University Press, Cambridge, 1999), at 146–156.
10. *Free Zones of Upper Savoy and the District of Gex (France v. Switzerland)* (1930), *PCIJ,* Ser. A, No. 24, 5.
11. *Railway Traffic between Lithuania and Poland, PCIJ* Series A/B, No. 42.
12. *Diversion of Water from the River Meuse Case, PCIJ* Series A/B, No. 70 (1937). Summarized in (1974) *Yearbook of the International Law Commission,* vol. 2, part 2, at 187.
13. *Trail Smelter Arbitration (U.S. v. Canada)* (1941) 3 *RIAA* 1911.
14. *Corfu Channel Case (Merits) (United Kingdom v. Albania)* (1949) *ICJ Rep*. 22.
15. *Helmand River Delta Case (Afghanistan v. Iran), Report of the*

Helmand River Delta Commission, Afghanistan and Iran (February, 1951), reproduced in *Principles of Law and Recommendations on the Uses of International Rivers,* American Branch Report, ILA (1958).

16. *Lac Lanoux* Arbitration *(Spain v. France)* (1957) 24 *ILR* 101; (1957) 12 *RIAA* 281; (1958) *RGDIP*; (1959) 53 *American Journal of International Law,* 156.
17. *Temple of Preah Vihear* case (1962) *ICJ Reports.*
18. *Pollution of the Rainy River and the Lake of the Woods* case, Report of the IJC on the Pollution of the Rainy River and Lake of the Woods (1965).
19. *South West Africa Case* (1966) *ICJ Rep.*, 248.
20. *Gut Dam Arbitration,* Report of the United States Settlement of Gut Dam Claims (1969) 7 *ILM* 128.
21. *North Sea Continental Shelf* Case (1969) *ICJ Rep.*, 50.
22. *Barcelona Traction (Second Phase)* Case (1970) *ICJ Rep.*, 3.
23. *Namibia* case, *ICJ Rep.* (1971).
24. *Fisheries Jurisdiction Case (United Kingdom v. Iceland)* (1974) *ICJ Rep.*, 3.
25. *Nuclear Tests* case (1974) *ICJ Rep.*, 256.
26. *Anglo-French Continental Shelf Arbitration*, 54 *ILR* 6 (Ct. Arb. 1975), (1979) 18 *ILM* 397.
27. International Joint Commission, *Transboundary Implications of the Garrison Diversion Unit* (1977).
28. *Western Approaches Arbitration,* reported in HMSO Misc. No. 15 (1978), Cmnd. 7438.
29. International Joint Commission, *Water Quality in the Poplar River Basin* (1981).
30. *Case Concerning the Continental Shelf (Tunisia/Libyan Arab*

Jamahiriya) (1982) *ICJ Reports* 18.

31. *Gulf of Maine Case* (1984) *ICJ Rep.*, 246.
32. *Libya-Malta Continental Shelf Case* (1985) *ICJ Rep.*, 13.
33. *Frontier Dispute Case (Burkina Faso v. Mali)* (1986) *ICJ Rep.*, 554.
34. *Military and Paramilitary Activities in and Against Nicaragua (Nicaragua v. United States), Merits* (1986) *ICJ* 14 (Judgment of June 27).
35. *Foremost Tehran Inc. v. Iran* (1986) 10 Iran–US Claims Tribunal Reports 228.
36. *Harza v. Iran* (1986) 11 Iran–US Claims Tribunal Reports 76.
37. *Starrett Housing Corp. v. Iran* (1987) 16 Iran–US Claims 112.
38. *Guinea–Guinea-Bissau Arbitration,* 77 *ILR* 636 (Ct. of Arb. 1988).
39. International Joint Commission, *Impacts of a Proposed Coal Mine in the Flathead River Basin* (1988).
40. *Elettronica Sicula (ELSI)* case (1989) *ICJ Reports*.
41. *Great Belt* case (1991) *ICJ Reports* 3.
42. *Maritime Delimitation in the Area between Greenland and Jan Mayen Case* (1993).
43. *ICJ Rep.*, 38.
44. *Request for an Examination of the Situation in Accordance with Paragraph 63 of the Court's Judgment of 20 December 1974 in Nuclear Tests [New Zealand v. France],* Order 22 IX 95, *ICJ Rep.* (1995) 288.
45. *Legality of the Threat or Use of Nuclear Weapons,* Advisory Opinion (1996) *ICJ Rep.*, 226.
46. *Case Concerning the Gabcikovo-Nagymaros Project (Hungary/Slovakia)* (International Court of Justice, The Hague, 25 September 1997) (1997) *ICJ Reports* 7 (see http://www.icj-cij.org/).

47. *US-Import Prohibition of Certain Shrimp and Shrimp Products: Shrimp-Turtle Case* (1998), WTO Appellate Body, WT/DS58/AB/R.

48. *Measures Concerning Meat and Meat Products: Beef Hormones Case* (1998), WTO Appellate Body.

49. *Southern Bluefin Tuna Case (Provisional Measures)* (1999) ITLOS Nos. 3 and 4.

50. *Ireland v. United Kingdom (The MOX Plant Case),* ITLOS, 41 *ILM* (2002) 405 (Order).

51. *Ireland v. United Kingdom (Order No. 3 – Suspension of Proceedings on Jurisdiction and Merits and Request for Further Provisional Measures),* UNCLOS Arbitral Tribunal (24 June 2003).

欧洲法院

230. Case 21/76, *Handelskwekerij G. J. Bier BV and Stichting "Reinwater" v. Mines Domaniales de Potasse d'Alsace SA*, Judgment of 30 November 1976.

阿根廷

Province of La Pampa v. Province of Mendoza, Supreme Court of Justice of Argentina (December, 1987), summarized in United Nations, International Rivers and Lakes Newsletter, No. 10 (May, 1988)

加拿大

Canadian Wildlife Federation v. Minister of Environment and Saskatchewan Water Comp. (1989) 3 FC 309 (TD).

法国

La Province de la Hollande septentrionale et autres v. L'État-Ministre (Commissaire de la République du Haut-Rhin), decision

TA 227/81 to 232/81, 700/81 and 1197/81, of 27 July 1983.

德国

(Donauversinkung case) Württemberg and Prussia v. Baden (Staatsgerichtshof), 116 Entscheidungen Des Reichsgerichts in Zivilsachen (1927) Appendix 18; 4 Annual Digest of Public International Law Cases 1927-28 (1931), No. 86, 128.

印度

Sind v. Punjab, Report of the Indus Commission (1942).

意大利

Société énergie électrique du littoral méditerranéen v. Compagnie imprese elettriche liguri, 64 Il Foro Italiano, Part 1, at 1036 (1939), 9 Annual Digest of Public International Law Cases 1938-40 (1942), No. 47.

菲律宾

Minors Oposa v. Secretary of the Department of Environment and Natural Resources (1994) 33 ILM 173.

瑞士

Argovia v. Solothurn (1900), see D. Schindler, 'The Administration of Justice in the Swiss Federal Court in the Intercantonal Disputes' (1921) 15 American Journal of International Law, 149.

Zurich v. Aargau (1921) 15 American Journal of International Law, 149.

United Kingdom

Cherry v. Boulthee, 4 My & Cr. 442, 41 Eng. Rep. 171 (ch. 1829).

John Young and Co. v. Bankier Distillery Co. [1893] AC.

Attwood v. Llay Main Collieries Ltd (1926) Ch. 444.

美国

United States v. Rio Grande Dam & Irrigation Co., 174 US 690

(1899).

Kansas v. Colorado, 206 US 46 (1907).

Wyoming v. Colorado, 259 US 419 (1922).

Wisconsin v. Illinois, 281 US 179 (1930).

Connecticut v. Massachusetts, 282 US 660 (1931).

New Jersey v. New York, 283 US 336 (1931).

Washington v. Oregon, 297 US 517 (1936).

Arizona v. California, 298 US 558 (1936).

Colorado v. Kansas, 320 US 383 (1943).

Nebraska v. Wyoming, 325 US 589 (1945).

Wilderness Society v. Morton 463 F. 2d 1261 (1972).

Colorado v. New Mexico, 459 US 176 (1982).

译后记

水作为人类最重要的自然资源之一，是维持各国及其人民生产、生活和经济社会发展的必不可少的物质基础。当前，全球范围内水资源日益短缺，水危机已被列为未来人类面临的最严峻挑战之一。在此背景下，国际水道（也有人称之为国际河流、多国河流、跨国河流或国际流域）的重要性愈发引起了各国的关注。

传统上，各主权国家最关注的是如何确保国际水道利用的公平合理性，例如如何公平、合理分配水量。因为，无论从一般国际法还是国际习惯法来看，“公平利用原则”都是国际水法最核心的原则。但自1997年《联合国国际水道非航线利用法公约》以来，国际社会适用“公平利用原则”的条约、判例和国家实践都开始重视环境保护。这就引发了一个问题：环境保护究竟是一项独立的、有可能与公平利用原则相冲突的实体性义务；还是一项在权衡公平利用中各种利益时需要予以优先考虑的因素？这绝不仅仅是个学术界讨论的纯理论问题，它会在实践中对相关国家的权利和义务产生重大的实质性影响！

我国拥有几十条国际水道，目前正在有计划地开发、利用有关国际水道。但与此同时，我们也听到了来自邻国乃至一些国际组织不同的声音。因此，如何开发、利用国际水道，特别是如何在开发、利用国际水道中保护环境，已经成为摆在我国决策者面前的一项具有战略意义的理论和实践课题，亟待研究。

呈现在读者面前的这本著作，是 Owen McIntyre 教授为了探讨这一重大法律和实践问题而完成的一部力作。McIntyre 教授任职于国立爱尔兰大学，是世界知名的国际水法专家。我和他相识于 IUCN 环境法委员会的国际水法专家组。他担任专家组主席，并邀请我担任联席主席。当我们讨论国际水道环境保护这个话题时，我向他强调了这个问题对中国的重大现实意义。谈话中，对于将这本书翻译成中文介绍给中国的决策者和学者们，以帮助其解决理论和实践的想法，我们一拍即合。

从功利的角度来看，翻译学术著作是个“出力不讨好”的事情。在现行学术评价体制和标准中，译作的权重并不高。另一方面，译者翻得好，是原作者的功劳；翻得不好，是译者能力不逮。尽管如此，我还是决定承担这个翻译任务。一方面，自从研修国际环境法，特别是在武汉大学中国边界与海洋研究院兼职任教以来，国际水法一直是我的主要学术兴趣之一，但鲜有时间和精力进行深入研究，翻译本书敦促我将兴趣转化为行动；另一方面，也是更重要的，这本书的学术价值和实践意义都很重要，我深信它译成中文后可以对我国的国际水法理论和实践发展起到一定的推动作用。

为了兼顾中英文的表达习惯，我在翻译中坚持了几项原则：（1）术语和段落的翻译尽可能参照相关国际法律文件的中文官方译本，但个别明显不符合中文表达习惯的除外，以保证翻译的权威性；（2）对于书中出现的人名、地名和事件，除了约定俗成和众所周知的以外，均保留原文，不予翻译；（3）仅翻译具有解释性、说明性作用的部分引注和引注内容，纯粹标明来源的引注和引注内容不予翻译。后两项原则的主要目的，是方便读者在需要的时候去查阅原文。

本书的翻译过程中，武汉大学环境法研究所的博士研究生李丹、陈学敏、王岚、廖霞林、李妍辉、齐澍晗、伊媛媛、成错、张莽、徐忠麟、庄超、张宇庆、郭少青等参与了部分章节的初稿翻译和校对工作。在此基础上，我对每一章进行重新翻译，并对全书译稿进行了统校。期间，武汉大学中国边界与海洋研究院的蒋小翼博士曾协助我进行了部分校对工作。众所周知，翻译的最高标准是“信、达、雅”，显然本译著离此标准还有较大的差距。也欢迎读者指出其中不足、疏漏甚至是错误之处，以便将来修改完善！

本译著的顺利完成和出版，首先要感谢 McIntyre 教授。在我们达成共识后，他说服 Ashgate 出版社向我提供书稿的 PDF 版本以便利翻译；同时和原出版社积极沟通联系，甚至自费支付了部分版税，才顺利解决中文版版权问题。还有上述提到的各位博士（生），他们的工作奠定了我翻译的基础。对于他们，我表示衷心感谢！

本书的出版得到国家领土主权与海洋权益协同创新中心、武汉大学中国边界与海洋研究院以及武汉大学法学院的支持，其也是我所承担的教育部人文社会科学重点研究基地重大项目“国外环境法理论与实践的最新发展——兼谈新时期中国环境法律的新发展”（2009JJD820005）的成果。在此对上述支持单位和项目一并致谢。

秦天宝

初稿于2013年元旦、德国哥廷根

定稿于2014年端午、武昌南湖畔